Lummer

Erfolgreicher Videorecorder-Service

Heinz Lummer

Erfolgreicher Videorecorder-Service

Eine werkstattgerechte Zusammenstellung moderner Fehlersuchmethoden und Messungen

Mit 221 Abbildungen, darunter 56 farbige Schirmbilder und 32 Tabellen

5., unveränderte Auflage

Franzis'

Die Deutsche Bibliothek – CIP-Einheitsaufnahme

Lummer, Heinz:
Erfolgreicher Videorecorder-Service: eine werkstattgerechte Zusammenstellung moderner Fehlersuchmethoden und Messungen; mit 36 Tabellen / Heinz Lummer. 5. unveränd. Aufl. – München: Franzis 1993
ISBN 3-7723-8325-4

Satz: Franzis-Druck GmbH, München
Druck: Offsetdruck Heinzelmann, München
Printed in Germany - Imprimé en Allemagne.

ISBN 3-7723-8325-4

Vorwort

Die Entwicklung der Videorecorder-Technik schreitet sehr rasch weiter. In immer kürzeren Zeitabständen werden von den verschiedenen Herstellern Schaltungen mit neuen Varianten und technischen Verbesserungen ersonnen, produktionstechnisch umgesetzt und auf den Markt gebracht. Deshalb gibt es inzwischen eine fast unübersichtliche Gerätevielfalt. Für den Reparaturtechniker ist es kaum möglich, neben seiner täglichen Arbeit alle sich laufend ändernden technischen Details eingehend zu studieren und reparaturtechnisch zu beherrschen. Darüber hinaus werden die Gesamt-Schaltungen immer unübersichtlicher. Es ist deshalb eine Voraussetzung für eine erfolgreiche Reparaturausführung, sich zuerst einen klaren Überblick über die Grundschaltungstechnik zu verschaffen. Nur dann ist es möglich, folgerichtig und rationell Fehler zu suchen und zu beseitigen.

Das vorliegende Buch soll es erleichtern, diesen Überblick zu verschaffen. Die einzelnen gebräuchlichen Grundschaltungen werden übersichtlich dargestellt und eingehend besprochen. Die Gesamt-Zusammenhänge zwischen den einzelnen Stufen und Betriebsarten werden auf diese Weise leicht verständlich, und Fehler können den entsprechenden Stufen sofort zugeordnet werden.

Gleichzeitig wird in den einzelnen Kapiteln eine Vielzahl von auftretenden Fehlern beschrieben. Die gesammelten Erfahrungen werden damit zur sofortigen Nutzanwendung weitergegeben. Besonderer Wert wurde außerdem auf die übersichtliche Darstellung der Block- und Einzelschaltbilder gelegt.

So hoffe ich, daß dieses Buch zum nützlichen Ratgeber bei der Fehlersuche in Videorecordern wird und eine ebenso gute Aufnahme findet, wie mein in der Anlage ähnlich aufgebautes Buch „Erfolgreicher Fernsehservice“.

Besonders bedanken möchte ich mich bei meinen Mitarbeitern und bei dem Meister meiner Werkstätte, Herrn Radio- und Fernsehtechnikermeister Egon *Wirtz,* der mir wertvolle Hilfe bei den Versuchsreihen und bei der Durchsicht des Manuskriptes leistete.

Herrn Bernd Koof danke ich für seine Hilfe bei der Anfertigung der Zeichnungen.

Dem Franzis-Verlag und seinen Mitarbeitern sei besonders gedankt für die sorgfältige Herstellung und gute Ausstattung des Buches.

Düren — Heinz Lummer

Vorwort zur 5. Auflage

Kabel- und Satelliten-Fernsehen setzen sich immer mehr durch. Das hat zur Folge, daß das Programmangebot immer umfangreicher und vielfältiger wird. Der Fernseh-Zuschauer ist deshalb nicht mehr in der Lage, alle ihn interessierenden Sendungen direkt zum jeweiligen Sendetermin anzusehen. Das Aufnehmen, Speichern und spätere Wiedergeben von Fernseh-Programmen hat sich auch aus diesem Grund inzwischen weitgehend durchgesetzt. In der Folge davon gewinnt auch der Service an Videorecordern weiter an Bedeutung, und die Techniker müssen sich in stärkerem Maße mit den dabei vorkommenden Reparaturproblemen auseinandersetzen. Guten Rat bei diesen Problemen vermittelt dabei die Fachliteratur. Daraus erklärt sich die unvermindert große Nachfrage nach diesem Buch. Es mußte in rascher Folge mehrmals neu aufgelegt werden, weil es jeweils schnell vergriffen war. So liegt nunmehr die 5. Auflage hier vor. Das zeigt, daß es sich als nützlicher Ratgeber bei der Fehlersuche bewährt hat und in weiten Kreisen der Techniker als solcher genutzt wird.

Inzwischen sind Videorecorder meistens mit Sonderfunktionen, wie VPS-System, Zeitlupe, unterschiedlichstem Timer-Betrieb, S-VHS-System, HiFi-Stereo-Ton-System und noch weiteren Funktionen ausgestattet. Deshalb werden auch Probleme darin besonders behandelt und auftretende Fehler beschrieben. Dem Service-Techniker sollen damit nützliche Hilfen bei seiner manchmal schwierigen Arbeit gegeben werden. So hoffe ich, daß auch diese Auflage des Buches wiederum zum hilfreichen Ratgeber bei der Fehlersuche in Videorecodern wird und daß der Leser großen Nutzen aus den gesammelten Erfahrungen zieht.

Düren — Heinz Lummer

Inhalt

Wichtiger Hinweis

Die in diesem Buch wiedergegebenen Schaltungen und Verfahren werden ohne Rücksicht auf die Patentlage mitgeteilt. Sie sind ausschließlich für Amateur- und Lehrzwecke bestimmt und dürfen nicht gewerblich genutzt werden*).
Alle Schaltungen und technischen Angaben in diesem Buch wurden vom Autor mit größter Sorgfalt erarbeitet bzw. zusammengestellt und unter Einschaltung wirksamer Kontrollmaßnahmen reproduziert. Trotzdem sind Fehler nicht ganz auszuschließen. Der Verlag und der Autor sehen sich deshalb gezwungen, darauf hinzuweisen, daß sie weder eine Garantie noch die juristische Verantwortung oder irgendeine Haftung für Folgen, die auf fehlerhafte Angaben zurückgehen, übernehmen können. Für die Mitteilung eventueller Fehler sind Autor und Verlag jederzeit dankbar.

*) Bei gewerblicher Nutzung ist vorher die Genehmigung des möglichen Lizenzinhabers einzuholen.

Eine Einführung:
1 Der Videorecorder-Service

Der Radio- und Fernsehtechniker, der erfolgreich sein will, muß im Rahmen seiner Tätigkeit flexibel sein. Durch die Einführung neuer Techniken, insbesondere der Mikroelektronik, steigt der Arbeitsanfall im Radio- und Fernseh-Service nicht mehr so stetig an, wie das in den zurückliegenden Jahren der Fall war. Deshalb müssen neue Arbeitsbereiche erschlossen werden, damit die volle Auslastung der Arbeitszeit erhalten bleibt. An erster Stelle bietet sich zu dem Zweck der Service an Videorecordern an. Die Zahl der in Betrieb befindlichen Videorecorder ist inzwischen so angestiegen, daß der Service an diesen Geräten einen hohen Anteil an der Arbeitszeit erreichen kann. Die Voraussetzung hierfür ist jedoch, daß die spezielle Reparaturtechnik an den Geräten beherrscht wird und dabei systematisch und rationell gearbeitet wird.

Der Inhalt dieses Buches möchte dazu beitragen, die gegenüber dem bisherigen Arbeitsgebiet eines Radio- und Fernsehtechnikers veränderten Arbeitsweisen eingehend zu beschreiben und damit näherzubringen. Nach dem Studium des Buches sollte ein weitgehender Überblick über die Schaltungs- und Reparaturtechnik an Videorecordern vorhanden sein. Die Beschreibung der einzelnen Stufen und deren Fehler soll es erleichtern, sich systematisch in das neue Arbeitsgebiet einzuarbeiten. Die Fehlerbeschreibung und die Fehlertabellen sollen dabei helfen, die Fehlersuche wesentlich abzukürzen.

In den ersten Jahren nach der Einführung der Videorecorder in Europa waren es noch mehrere Systeme, nach denen die Videorecorderschaltungen aufgebaut waren. Inzwischen hat sich das VHS-System weltweit soweit durchgesetzt, daß weitaus die Mehrzahl der verkauften Geräte nach diesem System arbeiten. Aus dem Grund wird auch in den folgenden Beschreibungen immer zuerst auf das VHS-System eingegangen. Nur bei wichtigen Abweichungen, die den Service betreffen, werden die anderen auf dem Markt befindlichen Systeme in die Betrachtungen mit einbezogen.

Als Meßgeräte bei der Fehlersuche sollten vorwiegend Spannungsmeßgeräte und Oszilloskope benutzt werden. Dabei ist es empfehlenswert, in wesentlich größerem Umfang mit dem Oszilloskop zu arbeiten, als das bei Fernsehreparaturen üblich ist. Fehler in Mikroprozessorschaltungen und in den Servo-Schaltungen sind mit Hilfe von Oszillogrammaufnahmen schneller zu finden als allein mit Spannungsmessungen.

Bei der Vielzahl der einzelnen Betriebsarten-Schaltungen wird eine Fehlerdiagnose dadurch erleichtert, daß vor Beginn der eigentlichen Fehlersuche alle für den betreffenden Fehler in Frage kommenden Betriebsarten kontrolliert werden.

Dabei wird in der Folge unterschieden zwischen Eigen- und Fremdaufnahmen. Bei einer Eigenaufnahme handelt es sich um eine Aufnahme mit dem zu reparierenden Recorder, die anschließend mit dem gleichen Recorder wiedergegeben wird.

Bei einer Fremdaufnahme handelt es sich um eine Videocassette, auf deren Band eine Aufnahme gespeichert ist, die mit einem anderen Videorecorder aufgenommen wurde. Sie wird durch den zu reparierenden Videorecorder nur wiedergegeben. Für Reparaturzwecke empfiehlt es sich außerdem, ein Testband zu benutzen, mit welchem Testbild und Testton wiedergegeben werden können.

Bei älteren Videorecordern war die wiedergegebene Bildqualität früher häufig mangelhaft. Das hat sich inzwischen geändert. Die Bildqualität ist nunmehr auch bei den preiswerten Geräten sehr gut, so daß damit auch an den Service höhere Anforderungen gestellt werden. Er muß im Reparaturfall in der Lage sein, die gute Bildqualität einwandfrei wiederherzustellen. Moderne Videorecorder erlauben darüber hinaus auch die Wiedergabe des Tones in HiFi-Qualität. Deshalb werden auch bei Reparaturen im Tonteil von HiFi-Recordern hohe Anforderungen an den Techniker gestellt. Es ist deshalb sehr wichtig, sich eingehend mit der Reparaturtechnik zu befassen.

Außerdem nimmt die Zahl der Sonderfunktionen wie Standbild, Zeitlupe, doppelte Spielzeit usw. immer mehr zu. Damit steigen die qualitativen Anforderungen an den Service noch weiter und das Arbeitsgebiet wird dadurch immer interessanter.

Die meisten Reparaturen an Videorecordern können in der Werkstatt ausgeführt werden. Damit ist es leichter möglich, den Arbeitsablauf rationeller zu gestalten, als das bei Reparaturen in der Wohnung des Gerätebesitzers der Fall ist. Der zeitliche Reparaturablauf kann dadurch reibungsloser vorgenommen werden.

So kann zusammenfassend festgestellt werden, daß der Videorecorder-Service eine ausgezeichnete Erweiterung des Arbeitsgebietes eines Radio- und Fernsehtechnikers ist.

2 Der Anschluß eines Videorecorders

2.1 Die Gerätewahl

In den ersten Jahren nach der Markt-Einführung der Videorecorder war das wesentlichste Kriterium bei der Auswahl die Frage nach dem zu wählenden System. Nunmehr ist ein Wandel eingetreten. Weltweit hat sich der Marktanteil des VHS-Systems soweit gesteigert, daß eine deutliche Mehrheit der Käufer dieses System wählt. Damit ist keine Aussage über die Qualität der anderen Systeme verbunden. Inzwischen sind deshalb andere Merkmale wichtiger geworden. Das betrifft in erster Linie die Tonverarbeitung.

Unabhängig von dem gewählten Videosystem (VHS, Beta, Video 2000 oder 8 mm) können hinsichtlich der Qualität der Tonaufnahme und -wiedergabe verschiedene Arten von Heim-Videorecordern unterschieden werden, und zwar:

1. Mono-Videorecorder
2. Stereo-Videorecorder
3. HiFi-Videorecorder

In den vergangenen Jahren wurden meistens Monogeräte an die vorhandenen Mono-Fernsehempfänger angeschlossen. Nach der Einführung des Stereo-Fernsehens steigerte sich der Anteil der verkauften Stereo-Fernsehempfänger ständig. Als Folge davon wurden auch Stereo-Videorecorder in steigendem Maße verkauft, denn Stereosendungen können mit dem Monorecorder nur mit Mono-Ton wiedergegeben werden (*Abb. 2.1.1*).

Es stellte sich jedoch schon bald heraus, daß die Tonqualität der Stereo-Videorecorder im Ton-Längsspurbetrieb höheren Ansprüchen nicht gerecht wird. Deshalb wurde auch für die Speicherung der Tonfrequenz das Schrägspurverfahren eingeführt. Damit ist es nunmehr möglich, die Tonaufnahme und -wiedergabe in Hifi-Qualität vorzunehmen.

Bei einem Neukauf sollte deshalb dann ein Stereo- oder Hifi-Videorecorder gewählt werden, wenn auch auf die Tonqualität höherer Wert gelegt wird. Bei weniger hohen Ansprüchen genügt allerdings auch ein Monorecorder, da für die Kompatibilität gesorgt ist.

Aber auch andere Merkmale sind bei der Gerätewahl zu bedenken. Bei einem Anschluß in Grenznähe, in der Reichweite eines Fernsehsenders der DDR oder von Frankreich sollte beachtet werden, daß ein Videorecorder gewählt wird, der auch die Sendungen dieser, nach dem SECAM-Verfahren arbeitenden Sender aufnehmen kann. Dabei ist zu beachten, daß ein Unterschied innerhalb des SECAM-Verfahrens zwischen SECAM B, G für die DDR und SECAM L für Frankreich besteht, und zwar folgender:

	Träger-Abstand Bild/Ton	Bildmodulation	Tonmodulation
DDR	5,5 MHz	negativ	Frequenzmodulation
Frankreich	6,5 MHz	positiv	Amplitudenmodulation

Abb. 2.1.1 Stereo-Fernsehempfänger und Stereo-Videorecorder

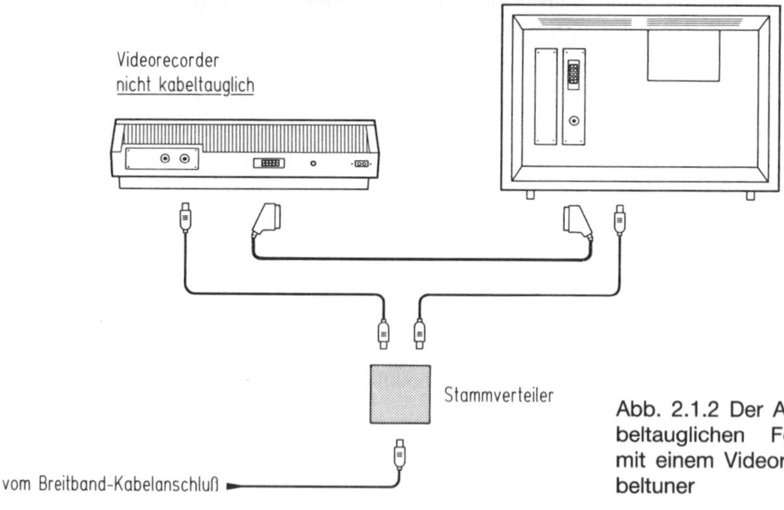

Abb. 2.1.2 Der Anschluß eines kabeltauglichen Fernsehempfängers mit einem Videorecorder ohne Kabeltuner

Weiter sollte beachtet werden, daß der Videorecorder beim Anschluß an das Kabelnetz auch kabeltauglich ist. Wird das nicht beachtet, so kann es passieren, daß ein Fernsehempfänger, der zwar für Kabelfernsehen geeignet ist, nach dem Anschluß an einen nicht kabeltauglichen Videorecorder die über die Sonderkanäle zu empfangenden Sender nicht oder nur in mangelhafter Qualität empfängt, weil in den Antennenverstärker des Videorecorders Filter eingebaut sind, die einen einwandfreien Empfang über die Sonderkanäle verhindern.

Abhilfe kann dann zwar dadurch geschaffen werden, daß die Filter im Breitbandverstärker entfernt werden, oder daß die Antennenzuführung über einen Stammverteiler an den Fernsehempfänger und an den Videorecorder geleitet wird (*Abb. 2.1.2*), doch sollte beim Kauf schon daran gedacht werden.

Beim VHS-System wurde die Möglichkeit der doppelten Spielzeit eingeführt. Die entsprechenden Geräte können auf eine Höchstspieldauer von 8 Stunden umgeschaltet werden. Dabei ist die Bildqualität während der Langspielzeit leicht vermindert. Wenn mehr Wert auf eine längere Aufnahmezeit gelegt wird als auf eine hohe Bildqualität, so sollte ein Gerät mit der Möglichkeit der doppelten Spielzeit gewählt werden.

Außerdem hat sich die Bedienung mit einer Infrarot-Fernbedienung immer mehr durchgesetzt.

So haben Fragen nach einer höheren Ton- und Bildqualität und nach größerem Bedienungskomfort die Frage nach dem System weitgehend in den Hintergrund gedrängt.

2.2 Die Geräteaufstellung

Bei der Aufstellung des Videorecorders ist besonders darauf zu achten, daß die Umluft zirkulieren kann. Durch zu starke Erwärmung können Fehler entstehen. Gerade dann, wenn wiederholt Fehler am gleichen Gerät auftreten, sollte die richtige Geräteaufstellung überprüft werden; denn es kommt häufig vor, daß die Ursache der Fehler in zu starker Erwärmung der Bauteile zu suchen ist. Für gute Belüftung und einen freien Standort sollte deshalb gesorgt werden.

Sollte der Fernsehempfänger keinen AV-Anschluß besitzen, und soll der Betrieb über die Antenne vorgenommen werden, so wird der Fernseh-Antennenanschluß zuerst aus der Antennen-Buchse des Fernsehempfängers genommen und statt dessen in die Eingangsbuchse des Videorecorders gesteckt. Mit dem mitgelieferten Antennenkabel wird dann die Verbindung zwischen der Videorecorder-Antennenausgangsbuchse und dem Fernsehempfänger hergestellt *(Abb. 2.2.1)*. Anschließend wird am Fernsehempfänger die für Video-Betrieb vorgesehene Taste betätigt und damit der für Video-Betrieb vorgesehene Progammplatz eingeschaltet. Im Videorecorder ist für die Wiedergabe eines bespielten Bandes über die Antenne einer der Kanäle zwischen Kanal 30 bis 40 vorgesehen. Meistens ist der Kanal 36 vom Werk vorgewählt worden. Nur dann, wenn der Empfang über diesen Kanal gestört ist, wird die Kanaleinstellung am Videorecorder verändert und ein anderer Kanal gewählt (*Abb. 2.2.2*). Zum Empfang dieses eingestellten Kanales muß der Fernsehempfänger

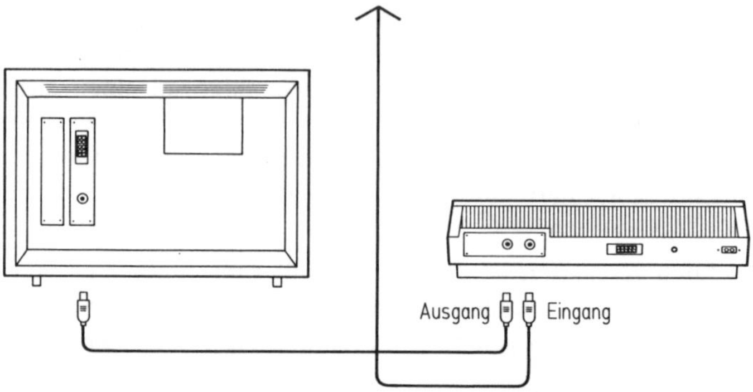

Abb. 2.2.1
Der HF-Anschluß eines Videorecorders über das Antennenkabel

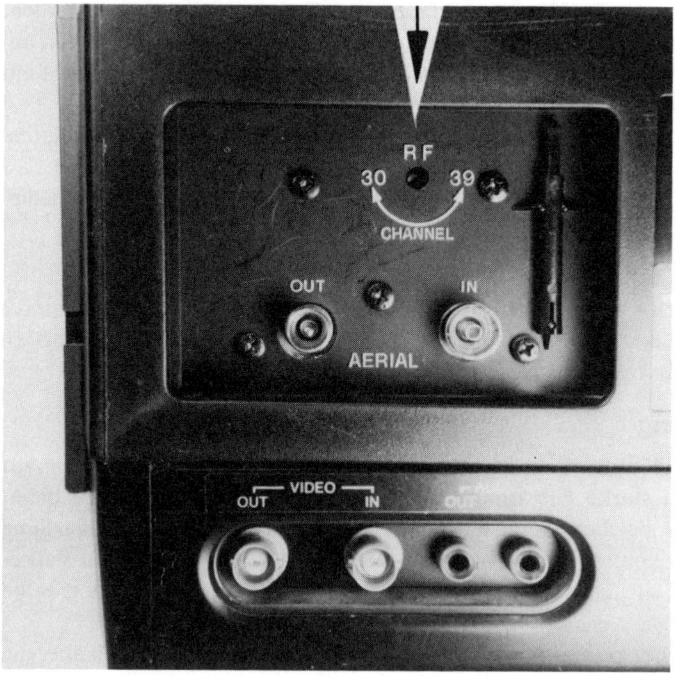

Abb. 2.2.2
An der Rückseite des Videorecorders kann die Grundfrequenz vom Oszillator des UHF-Modulators mittels eines Schraubenziehers verändert werden

ebenfalls programmiert werden. Das wird einfach so vorgenommen, daß eine bespielte Kassette eingelegt und wiedergegeben wird. Dabei wird der Fernsehempfänger auf den eingestellten Programmplatz zwischen Kanal 30 bis 40 abgestimmt. Wenn das Bild und der Ton während des Abstimmvorganges einwandfrei erscheinen, ist der Sender richtig auf die Trägerfrequenz des Videorecorders abgestimmt. Sicherheitshalber wird noch fein nachgestimmt und bei einem Empfänger mit Sendersuchlauf wird anschließend noch gespeichert.

Wenn eine Kassette benutzt wird, mit der ein Testbild aufgenommen wurde, so kann die Bildqualität leicht beurteilt werden. In der Mitte des Testbildes sind 3 Gruppen von senkrechten Schwarz-Weiß-Linien angeordnet, und zwar 1-MHz-, 2-MHz- und 3-MHz-

Abb. 2.2.4 Mit dem Schiebeschalter kann in Stellung „Test“ ein Testbild eingeschaltet werden. Damit kann die Einstellung erleichtert werden

Linien. Wenn die 3-MHz-Linien gerade noch zu erkennen sind, so ist die Auflösung des Bildes und damit die Bildqualität gut. Außerdem müssen die Übergänge zwischen den einzelnen Farben bei den im oberen Drittel befindlichen Farbbalken klar und sauber sein (*Abb. 2.2.3, Tafel F 1*).

Sollte der Fernsehempfänger mit einem AV-Anschluß ausgestattet sein, so kann mit Hilfe dieser einfachen Prüfung auch kontrolliert werden, ob über den AV-Anschluß eine bessere Bildqualität zu erreichen ist. Nach Anschluß der Kabelverbindung für AV-Betrieb kann die Bildqualität in dieser Betriebsart überprüft werden.

Die meisten Videorecorder besitzen zusätzlich noch einen *Testbildgenerator*. Damit kann der Anschluß wesentlich erleichtert werden. Beim erstmaligen Anschluß über die Antenne ist es dann nicht erforderlich, eine Testkassette wiederzugeben, sondern es wird statt dessen das Testbild eingeschaltet (*Abb. 2.2.4*). Dann wird über den Generator ein Balken- oder Streifenmuster für den Wiedergabe-Betrieb eingespeist, mit dessen Hilfe die Abstimmung zwischen Videorecorder und Fernsehempfänger dann vorgenommen werden kann. Zweckmäßigerweise wird das Zusammenschalten beider Geräte folgendermaßen vorgenommen:

1. Die Antennenzuführung wird vom Fernsehempfänger entfernt und in den Antenneneingang des Videorecorders gesteckt.
2. Die Antennenverbindung wird vom Antennenausgang des Videorecorders zum Antennenanschluß des Fernsehempfängers hergestellt.
3. Der Fernsehempfänger wird auf den für Video vorgesehenen Programmplatz (AV) geschaltet.
4. Der Testbildgenerator im Videorecorder wird eingeschaltet oder eine Testkassette wird eingelegt und wiedergegeben.
5. Der Fernsehempfänger wird mit Hilfe des Sendersuchlaufes oder der Handabstimmung nachgestimmt bis das Bild erscheint und der Ton normal zu hören ist.

6. Der Fernsehempfänger wird so fein abgestimmt, daß das Bild scharf eingestellt wird und zwar immer in Richtung der höheren Frequenzen, das heißt in Richtung des nächst höheren Kanals (Taste Feinabstimmung +).

7. Sollte der eingestellte Kanal (z. B. K 36) gestört sein, so wird der Videorecorder auf eine andere UHF-Trägerfrequenz eingestellt und der Abstimmvorgang wird wiederholt. Oftmals muß die UHF-Trägerfrequenz mehrmals verändert werden, wenn in dem Bereich zwischen Kanal 30...40 verschiedene Sender zu empfangen sind, die dann stören können.

In Extremfällen kann es vorkommen, daß alle UHF-Kanäle in diesem Teilbereich gestört werden, dann kann vom Hersteller ein UHF-Modulator angefordert werden, der einen anderen Frequenzbereich hat, wie z. B. Kanal 20...30 oder Kanal 40...50.

2.3 Der HF-Betrieb

Unabhängig von dem gerade zu empfangenden Fernsehbild eines Senders muß es möglich sein, das Programm eines anderen Senders mit dem Videorecorder gleichzeitig aufzunehmen. Zu diesem Zweck ist es erforderlich, daß der Videorecorder ebenso wie der Fernsehempfänger mit einem *HF-Empfangsteil* ausgerüstet ist. Damit ist es dann möglich, aus der Antennensignalspannung die jeweils gewünschte modulierte HF eines bestimmten Senders zu wählen, sie zu verstärken, zu demodulieren und das Video- und Audiosignal zu erhalten. Anschließend werden diese beiden Signale getrennt weiterverarbeitet und im Videorecorder den Videoköpfen sowie dem Ton-Aufnahmekopf zugeführt.

Der aus diesem Grund benötigte HF-Empfangsteil des Videorecorders besteht aus folgenden Funktionsblöcken (*Abb. 2.3.1*):

1. *einem Breitband-Antennenverstärker*
   mit dessen Hilfe die Antennensignalspannung verstärkt wird. Damit werden Pegelverluste durch den Anschluß des Fernsehempfängers und durch die Teilung der Spannung ausgeglichen.

2. *dem Tuner*
   In ihm erfolgt die Abstimmung auf die jeweils gewünschte Trägerfrequenz eines Senders. Außerdem wird die ankommende HF mit einer im Tuner erzeugten Oszillatorfrequenz gemischt und die dabei entstehende Differenzfrequenz (Zwischenfrequenz) wird der ZF-Verstärkung zugeführt.

3. *der ZF-Verstärkung*
   Da die Abstimmung des HF-Eingangskreises gleichzeitig mit der Abstimmung der Oszillatorfrequenz erfolgt, entsteht immer die gleiche ZF, die dann anschließend problemlos verstärkt und geregelt werden kann.

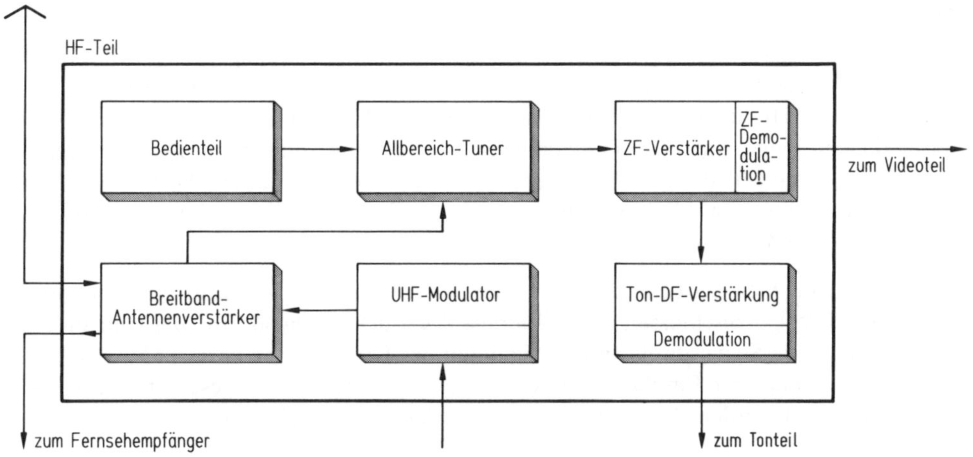

Abb. 2.3.1 Blockschaltbild des HF-Teiles eines Videorecorders

4. *der ZF-Demodulation*
   Nach der ZF-Verstärkung wird demoduliert, und das FBAS-Signal sowie das mit 5,5 MHz geträgerte Tonsignal stehen zur weiteren Verfügung. Das Tonsignal wird nach einer weiteren Verstärkung nochmals demoduliert, so daß dann auch die NF aus dem HF-Empfangsteil herausgeleitet werden kann.

Die Zusammenschaltung des Videorecorders mit dem Fernsehempfänger erfolgt in der schon beschriebenen Weise. Der Antennenanschluß-Stecker wird in die entsprechende Eingangs-Buchse des Videorecorders gesteckt. Damit wird die Verbindung der Antennensignalspannung zum Breitband-Antennenverstärker hergestellt. Nach der Verstärkung wird die HF geteilt. Ein Teil wird an die Antennen-Ausgangsbuchse des Videorecorders geleitet und über das anzuschließende Antennenkabel zum Antenneneingang des Fersehempfängers geführt. Der andere Teil der HF-Eingangsspannung wird in den Tuner des Videorecorders geführt. Damit können beide Geräte unabhängig voneinander empfangen, und da beide über einen abstimmbaren Tuner verfügen, können auch unterschiedliche Sender gewählt werden. Es ist also möglich, mit dem Videorecorder ein Programm aufzuzeichnen und gleichzeitig ein anderes Programm auf dem Bildschirm des Fernsehempfängers zu sehen.

Bei der *Wiedergabe* werden die beiden Signalspannungen für Bild und Ton durch die Video- und Tonköpfe vom Magnetband abgetastet, in der noch in der Folge eingehend dargestellten Weise gewandelt und in dem UHF-Modulator mit einem HF-Träger moduliert. Diese modulierte HF wird zur Antennensignalspannung addiert und zum Fersehempfänger weitergeleitet. Sie kann dann wie eine normal anliegende Antennensignalspannung verarbeitet werden.

Aber auch bei der *Aufnahme* arbeitet der UHF-Modulator und das modulierte HF-Signal wird zum Antennensignal addiert. Dadurch ist es möglich, auf dem dafür vorgesehenen AV-Programmplatz zu kontrollieren, welche Aufzeichnung gerade erfolgt.

2.4 Der AV-Betrieb

Bei der Wiedergabe im HF-Betrieb wird die AV-Signalspannung im UHF-Modulator moduliert und anschließend zur Antennensignalspannung addiert. Anschließend durchläuft die modulierte HF dann im Fernsehempfänger den HF-Teil. Im Verlauf dieses etwas umständlichen Weges kann es zu Qualitätsverlusten des Bildes kommen. Das kann vermieden werden, wenn eine direkte Verbindung zwischen Videorecorder und Fernsehempfänger ohne Einschaltung von UHF-Modulator und HF-Empfangsteil des Fernsehempfängers hergestellt wird (*Abb. 2.4.1*).

Voraussetzung hierfür ist es, daß im Fernsehempfänger eine AV-Buchse eingebaut ist, an die ein AV-Kabel angeschlossen wird. Über die AV-Buchse gelangt dann das vom Videorecorder kommende Signal direkt in den Signalteil des Fernsehempfängers (*Abb. 2.4.2*). Zu diesem Zweck muß der Empfangsteil des Fernsehempfängers dann gesperrt und der AV-Eingang geöffnet werden. Das kann auf verschiedene Weise erfolgen:

1. Der Videorecorder liefert eine Schaltspannung, mit deren Hilfe eine automatische Umschaltung vorgenommen wird.
2. Durch Betätigen einer Taste der Fernbedienung des Fernsehempfängers (AV-Taste).
3. Durch Betätigen eines separaten Schalters im Fernsehempfänger.
4. Durch Einstellen eines bestimmten Programmplatzes des Fernsehempfängers.

Bei modernen Fernsehempfängern, die mit einer DIN-Buchse (nach DIN 45322) oder einer Scart-Buchse (Euro-Normanschluß) ausgerüstet sind, wird weitgehend mit einer Schutzschaltung automatisch umgeschaltet. Anpassungsschwierigkeiten bestehen dann nicht, wenn die Pegel von 1 V für das Videosignal bei 75 Ω und von 0,5 V beim Tonsignal eingehalten werden.

Der AV-Betrieb kann auch zwischen zwei Videorecordern durchgeführt werden. Es kann dann ein Recorder in Wiedergabe-Betrieb arbeiten und der zweite im Aufnahme-Betrieb. Damit können Videokassetten überspielt werden. Zu diesem Zweck wird nur ein AV-Kabel benötigt (*Abb. 2.4.3*). Das Antennenkabel wird beim Überspielen nicht angeschlossen, weil es dadurch zu Störungen kommen kann.

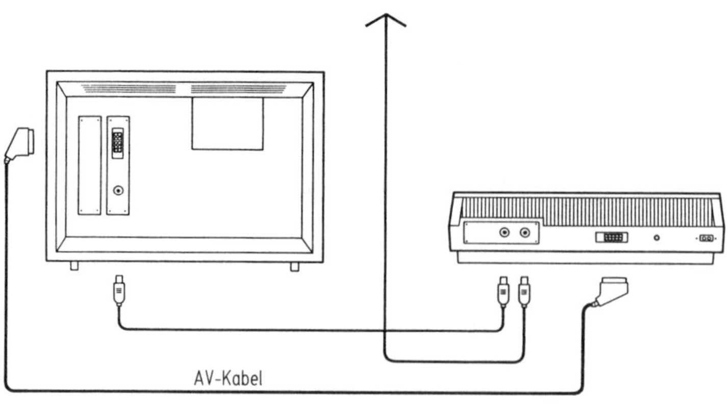

Abb. 2.4.1
Der AV-Anschluß. Zusätzlich zum HF-Anschluß wird das AV-Kabel angeschlossen

Abb. 2.4.2 Der AV-Anschluß an einem Videorecorder mit Euronorm-Anschluß

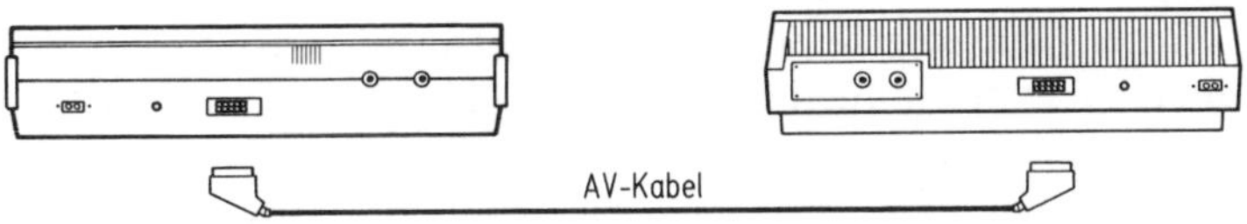

Abb. 2.4.3 Zum Überspielen wird nur das AV-Kabel benötigt. Das Antennenkabel wird dann nicht angeschlossen

Beim Anschluß eines älteren Mono-Videorecorders mit AV-DIN-Buchse an einen Stereo-Fernsehempfänger kann es vorkommen, daß der Mono-Ton nur über einen Lautsprecher wiedergegeben wird. Dann müssen die Kontakte 4 und 6 der AV-Buchse miteinander verbunden werden. Anschließend kann der Mono-Ton über beide Stereo-Lautsprecher gehört werden.

2.5 Der Videoanschluß an Fernsehempfänger ohne AV-Taste

Beim Umschalten des Fernsehempfängers auf Videobetrieb durch Betätigen der dafür vorgesehenen AV-Taste wird automatisch auch die Regelzeitkonstante des Zeilenoszillators im Fernsehempfänger verkleinert. Damit wird die bei dem normalen Betrieb gewünschte Trägheit der Zeilensynchronisation vermindert.

Normalerweise wird deshalb eine gewisse Trägheit gewünscht, weil damit verhindert werden kann, daß kurzzeitig auftretende Störimpulse die Synchronisation beeinflussen oder außer Tritt bringen. Die vom Sender gelieferten Zeilen-Synchronimpulse werden in exakt gleichmäßigen Abständen gesendet. Die Zeilensynchronisation gerät deshalb nicht sofort außer Tritt, wenn der Zeilenoszillator bei Störungen gleichmäßig weiterschwingt.

Beim Video-Wiedergabebetrieb kann es jedoch zu Gleichlaufschwankungen kommen, weil mit leichten Geschwindigkeitsschwankungen gerechnet werden muß. Als Folge davon werden auch die Synchronimpulse nicht mehr in den exakten Abständen wie beim Fernseh-Betrieb an den Fernsehempfänger weitergegeben. Die Zeilensynchronisation muß deshalb diesen Schwankungen schneller folgen können. Das wird durch das Verkleinern der Regelzeitkonstante erreicht.

Beim Anschluß eines Fernsehempfängers, der nicht für Video-Betrieb vorgesehen ist, kann es im Bild zu Regelschwingungserscheinungen kommen. Sie machen sich als „Bauchtanz" (*Abb. 2.5.1, Tafel F 1*) bemerkbar. Auch ein leichtes Abkippen des Bildes im oberen oder unteren Bereich kann sichtbar sein (*Abb. 2.5.2, Tafel F 1*). In extremen Fällen kippt die Zeile ganz weg, und es sind nur noch Streifen sichtbar (*Abb. 2.5.3*).

Durch Ändern der Zeitkonstanten des Zeilenoszillators lassen sich diese Fehler beheben. Auch Fernsehempfänger ohne AV-Taste können dann für den Video-Betrieb genutzt werden.

Die Zeitkonstante muß ungefähr auf ⅕ bis ⅒ ihres ursprünglichen Wertes verkleinert werden, damit die Synchronisation schneller auf Zeitfehler anspricht. Das kann durch das Auswechseln einiger Bauelemente erreicht werden. Der Eingriff ist meistens bei Fernsehempfängern älterer Bauart erforderlich. Bei neuen Empfängern kommen für den Umbau nur noch Portables oder Import-Empfänger in Frage.

In der *Abb. 2.5.4* ist ein Schaltungsauszug einer Phasenvergleichsschaltung zu sehen. Die vom Amplitudensieb gelieferte Spannung synchronisiert den nachfolgenden Zeilenoszillator. Die Elemente der Regelspannungs-Siebkette müssen in ihren Werten verkleinert werden.

Ähnlich verhält es sich bei der Änderung einer Reaktanzstufe, wie das in *Abb. 2.5.5* zu sehen ist.

Bei modernen Schaltungen, die mit ICs aufgebaut sind, ist eine Änderung in den meisten Fällen auch möglich. An einem Anschluß des Amplitudensieb- und Zeilenoszillator-ICs

Abb. 2.5.3 Die Regelzeitkonstante des Fernsehempfängers ist so hoch, daß die Zeile wegkippt. Es sind nur noch Streifen zu sehen

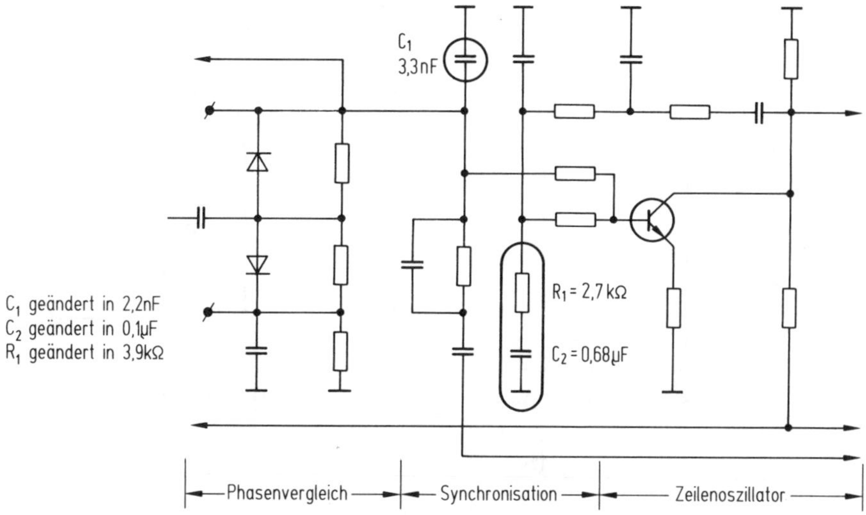

Abb. 2.5.4 Schaltbildauszug einer Phasenvergleichsschaltung für die Zeilensynchronisation. Die Zeitkonstante kann durch Ändern der Werte für R_1, C_1 und C_2 verkleinert werden

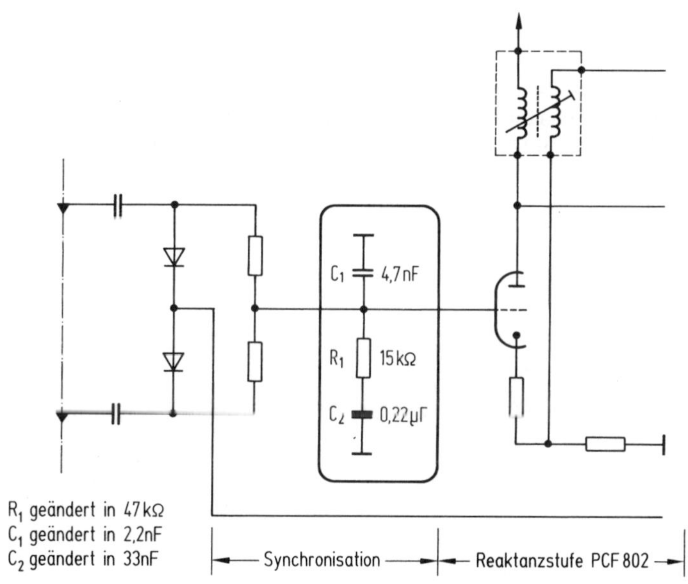

Abb. 2.5.5 Schaltbildauszug einer Reaktanzstufe für die Zeilensynchronisation. Die Zeitkonstante kann durch Ändern der Werte für R_1, C_1 und C_2 verkleinert wordon

liegen ein Kondensator (ca. 22 nF) und ein Widerstand (ca. 50–300 kΩ) parallel gegen Masse. Diese beiden Bauelemente müssen verkleinert oder ganz kurzgeschlossen werden. Damit können auch moderne Fernsehempfänger ohne AV-Anschluß umgerüstet werden (*Abb. 2.5.6*).

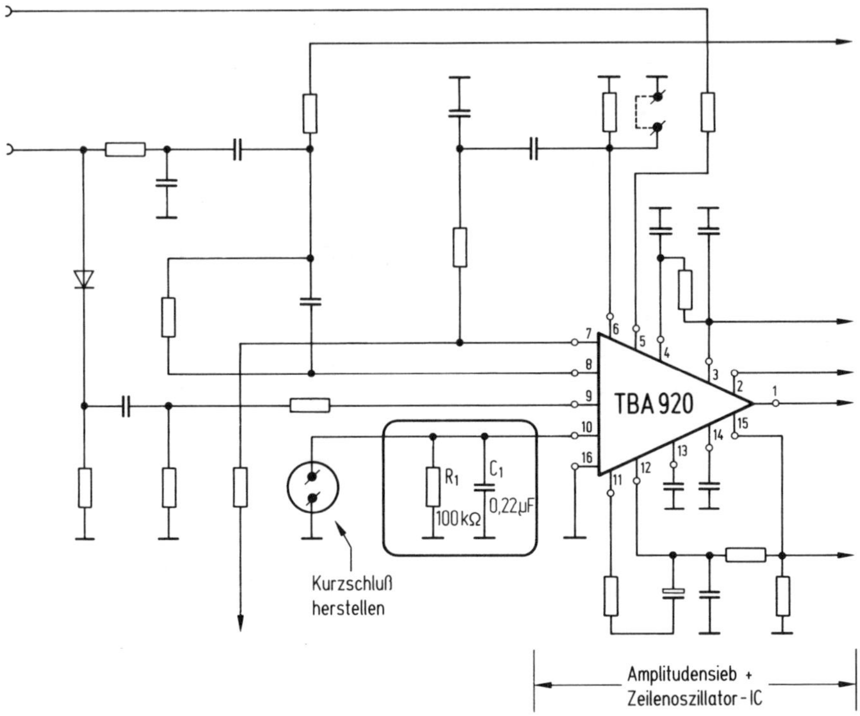

Abb. 2.5.6 Schaltbildauszug einer Zeilensynchronisation mit IC. Die Zeitkonstante kann durch Ändern der Werte für R_1 und C_1 oder Kurzschluß dieser Bauteile verkleinert werden

3 Die Blockschaltbilder

Vor dem Beginn einer Reparatur ist es besonders wichtig, die schaltungstechnischen Zusammenhänge zu überprüfen, damit der aufgetretene Fehler richtig eingeordnet werden kann. Die Grundlage hierfür bilden die Blockschaltbilder. Wegen der komplizierten technischen Abläufe ist es nicht ratsam, von einem alles darstellenden Blockschaltbild auszugehen. Das kann so verwirrend sein, daß keine folgerichtigen Schlüsse gezogen werden können. Es ist übersichtlicher und im Reparaturablauf rationeller, die Schaltungsanordnungen in mehreren Einzel-Blockschaltbildern unterteilt zu beurteilen. Der Signalverlauf kann deshalb in getrennten Blockschaltbildern für Aufnahme und Wiedergabe überprüft werden, und außerdem können die Betriebsartenwahl, die Kontrollschaltung und die Stromversorgung auf diese Weise einzeln kontrolliert werden.

Bei der Reparatur ist es dann die erste Aufgabe des Technikers, zu entscheiden, nach welcher Blockschaltbild-Darstellung er mit der Fehlersuche beginnt. Diese Entscheidung kann meistens erst dann getroffen werden, wenn die einzelnen Betriebsarten wie Aufnahme, Wiedergabe, Vorlauf, Rücklauf, Zeitlupe oder auch AV-Betrieb und HF-Betrieb kontrolliert worden sind. Aus den dann gewonnenen Erkenntnissen wird der weitere Ablauf der Fehlersuche festgelegt.

Stellt sich beispielsweise bei einer Vorprüfung heraus, daß die Wiedergabe einer fremdbespielten Kassette einwandfrei vorzunehmen ist, jedoch eine Eigenaufnahme nicht möglich ist, so bietet sich als Grundlage das Blockschaltbild bei der Aufnahme an.

Funktioniert andererseits die Betriebsartenwahl und ist keine Wiedergabe mit einer Fremdaufnahme möglich, so sollte das Blockschaltbild der Wiedergabe als Ausgangspunkt für die Fehlersuche dienen.

In der Folge wird noch gezeigt, wie diese Entscheidungen mit Hilfe der Vorprüfung getroffen werden können.

Die abgebildeten Blockschaltbilder wurden servicegerecht gestaltet, das heißt, es wurden Bauteile und -gruppen, an denen kaum Fehler auftreten, nicht einzeln in Funktionsgruppen dargestellt. Dadurch wird eine größere Übersichtlichkeit erzielt. So kommen Fehler an den Filtern, Emphasis- und Entzerrer-Schaltungen verhältnismäßig selten vor, und deshalb werden diese Bauteile in den Blockschaltbildern nicht einzeln erwähnt. Der Gang der Fehlersuche kann so leichter verfolgt werden. Die Tonverarbeitung wurde dagegen in die Blockschaltbilder mit einbezogen, weil damit die Vorprüfung bei verschiedenen Fehlerarten besser gedeutet werden kann.

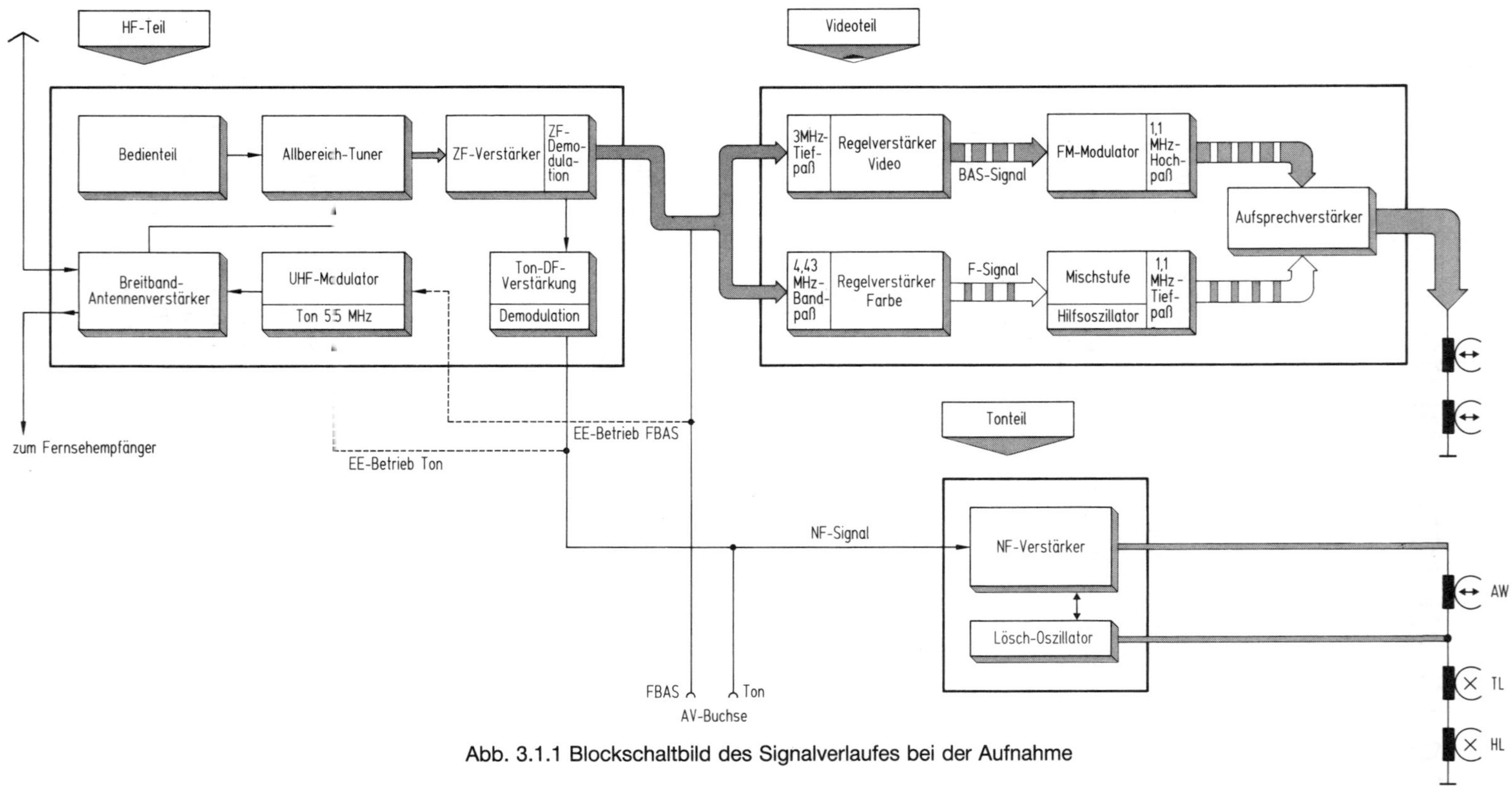

Abb. 3.1.1 Blockschaltbild des Signalverlaufes bei der Aufnahme

3.1 Der Signalweg bei der Aufnahme

Das *Blockschaltbild 3.1.1* wurde in drei Blöcke aufgeteilt, und zwar:

1. HF-Teil
2. Video-Teil
3. Tonteil

Bei dieser Art der Darstellung kann sofort unterschieden werden zwischen den Baugruppen, die bei AV-Betrieb benötigt werden und denen, die zusätzlich bei HF-Betrieb für den Aufnahmebetrieb nötig sind. Damit ist schon eine Fehlereingrenzung dadurch möglich, daß im Reparaturfall einmal im AV-Betrieb aufgenommen wird und dann im HF-Betrieb. Zeigt sich bei der anschließenden Wiedergabe der AV-Aufnahme ein einwandfreies Bild und ist der Ton normal zu hören, ist aber bei der Wiedergabe der im HF-Betrieb erfolgten Aufnahme ein Fehler feststellbar, so konzentriert sich die Fehlersuche auf den HF-Teil.

Das Blockschaltbild zeigt den Signalweg des Bild- und Tonsignales bei der Aufnahme. Die Pfeilrichtung zeigt den Signalverlauf. Die ankommende modulierte Antennensignalspannung wird im Breitband-Antennenverstärker verstärkt und zum Allbereich-Tuner weitergeleitet. Mit Hilfe des Bedienteiles wird die Trägerfrequenz des gewünschten Senders eingestellt und in der im Tuner befindlichen Mischstufe mit der Oszillatorfrequenz gemischt. Anschließend wird die ZF ausgefiltert und demoduliert. Bei diesem Vorgang werden Bild- und Tonsignal getrennt.

Das *Bild- oder FBAS-Signal* wird zum Videoteil geleitet. Über zwei Filter wird das FBAS-Signal getrennt in das BAS- oder Videosignal und in das F- oder Farbartsignal. Beide Signale werden im weiteren Verlauf getrennt verstärkt und geregelt. Im FM-Modulator wird das *Videosignal* in frequenzmodulierte Schwingungen im Bereich von 3...5 MHz umgesetzt. Anschließend durchläuft das FM-Signal einen 1,1-MHz-Hochpaß.

Die *Farbartsignal-Trägerfrequenz* wird mit einer Mischerschaltung in den Bereich unterhalb des FM-Videosignales auf 627 kHz umgesetzt. Das umgesetzte Farbartsignal durchläuft dann einen 1,1-MHz-Tiefpaß.

Beide Signale werden im Aufsprechverstärker wieder zusammengeführt und über rotierende Übertrager den Videoköpfen zugeleitet.

Das *Ton- oder Audiosignal* mit der Trägerfrequenz von 5,5 MHz nach der ZF-Demodulation wird nochmals verstärkt und anschließend demoduliert. Die Ton-NF wird dann aus dem HF-Teil heraus zum Tonteil geleitet. Dort wird die NF-Signalspannung nochmals verstärkt. Vom Löschoszillator wird die Vormagnetisierspannung hinzugefügt und zum Aufnahmekopf geführt.

Die Löschspannung wird den Löschköpfen zugeführt, so daß alle Aufnahmen, die auf dem Band gespeichert sind, vor der Neuaufnahme gelöscht werden.

Die gestrichelten Linien zeigen den Signalverlauf für den *EE-Betrieb*, das heißt für die Rückführung der Signalspannung für Bild und Ton in den UHF-Modulator. Dort wird das vollständige FBAS-Signal und das Tonsignal mit einer Trägerfrequenz im Bereich zwischen Kanal 30...40 moduliert und im Antennenverstärker zur anliegenden Antennensignalspannung addiert. Im angeschlossenen Fernsehempfänger kann das aufzunehmende Bild mit dem Ton über die AV-Taste zu Kontrollzwecken dann empfangen werden.

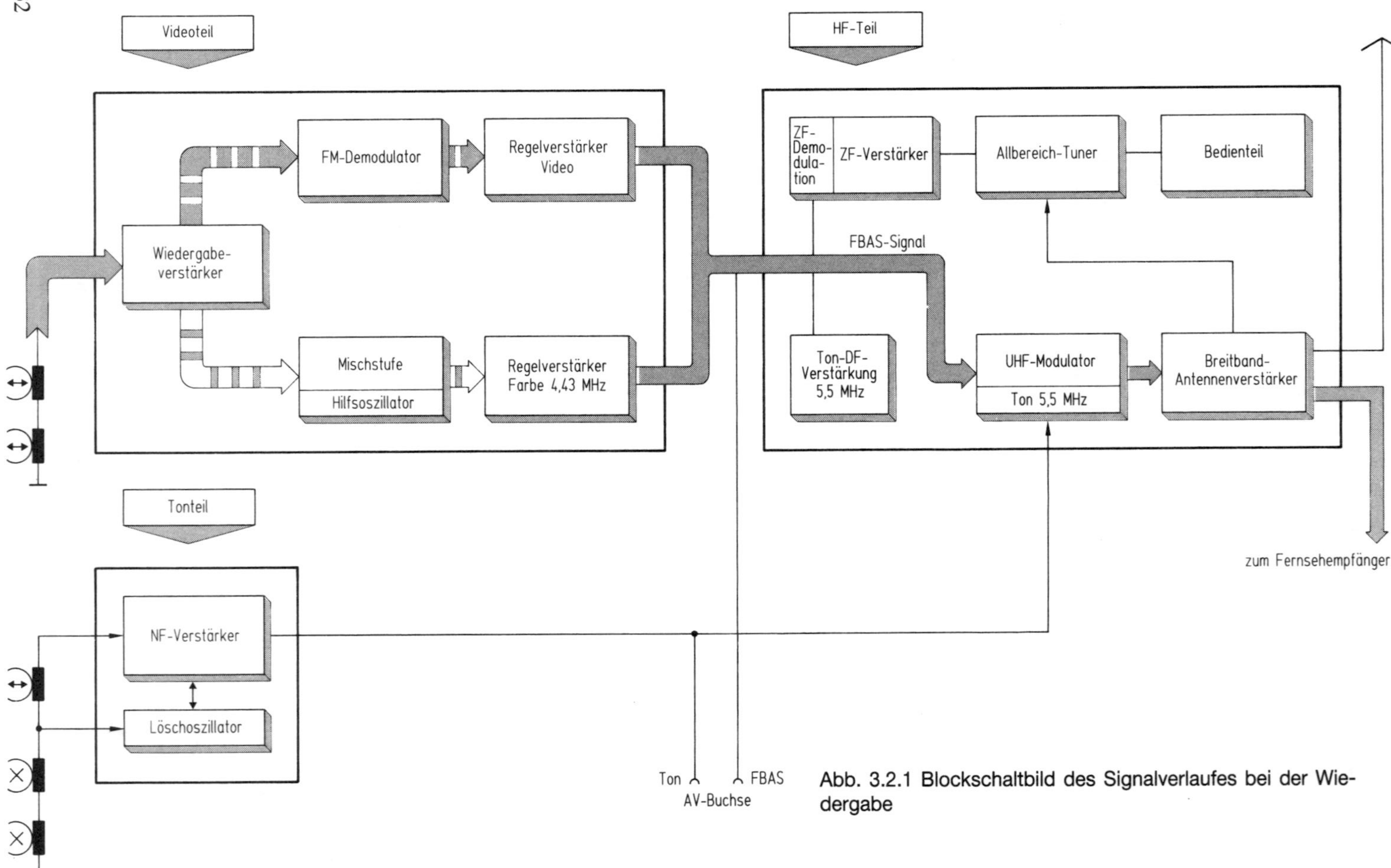

Abb. 3.2.1 Blockschaltbild des Signalverlaufes bei der Wiedergabe

3.2 Der Signalweg bei der Wiedergabe

Die *Abb. 3.2.1* zeigt das Blockschaltbild bei der Wiedergabe. Über die rotierenden Videoköpfe wird die auf das Band gespeicherte Information in die Signalspannung gewandelt und über die rotierenden Übertrager an den Wiedergabe-Kopfverstärker gebracht. Ein aus dem Servoteil gesteuerter Umschalter sorgt dafür, daß die Information von beiden Köpfen abwechselnd am Verstärker anliegt. Die Signalspannungen werden zusammengeführt und verstärkt. Sie enthalten das Y-FM-Signal, das Farbartsignal mit der herabgesetzten Trägerfrequenz von 627 kHz und ein Kontrollsignal für den Servobereich. Ähnlich wie bei der Aufnahme erfolgt die Trennung des Video- und des Farbartsignales über einen Hoch- und einen Tiefpaß.

Das *FM-Signal* wird dem FM-Demodulator zugeführt und demoduliert. Anschließend wird das BAS-Signal verstärkt und geregelt.

Das *627-kHz-Farbartsignal* wird in der Mischstufe mit einem Hilfsträger von 5,06 MHz gemischt und wieder auf die Trägerfrequenz von 4,43 MHz heraufgesetzt. Es wird ebenfalls verstärkt und geregelt. Über einen Bandpaß von 4,43 MHz wird es mit dem BAS-Signal dann wieder zusammengeführt und steht als FBAS-Signal an der AV-Buchse zur Verfügung.

Für den HF-Bereich wird es in den HF-Teil gebracht und dort im UHF-Modulator einem Träger aufmoduliert und zur Antennensignalspannung addiert. Über die Antennen-Ausgangsbuchse wird es zusammen mit der im Breitbandverstärker um ca. 4 dB erhöhten Antennensignalspannung zum angeschlossenen Fernsehempfänger geleitet. Das *Tonsignal* wird vom Magnetband über den Ton-Wiedergabekopf abgenommen und im NF-Verstärker entsprechend verstärkt und im UHF-Modulator auch dem Träger aufmoduliert.

4 Fehlersuche in Breitband-Antennenverstärkern

4.1 Die Wirkungsweise

Die über die Antenne ankommende Signalspannung wird einem Breitband-Antennenverstärker zugeführt. Er hat die Aufgabe, die anliegende Antennensignalspannung sowohl im UHF-Bereich wie auch im VHF-Bereich zu verstärken. Zu diesem Zweck wird die Antennenzuführungsleitung an den Eingang des Verstärkers gelegt. Die Signalspannung wird dem Verstärker dann anschließend über einen 45-MHz-Hochpaß zugeführt. Nach der Verstärkung wird die HF einerseits dem Allbereich-Tuner zugeleitet, und andererseits wird sie an die Antennen-*Ausgangs*buchse gelegt. An diese Buchse wird die Antennenverbindungsleitung zum Fernsehempfänger angeschlossen.

Im *Aufnahme*-Betrieb werden das FBAS- und das Tonsignal nicht nur zum Video- und Ton-Teil weitergeleitet, sondern außerdem auch zum UHF-Modulator zurückgeführt. Im UHF-Modulator erfolgt dann die Modulation der jeweils eingestellten Trägerfrequenz im Bereich der Kanäle 30...40 mit dem FBAS-Signal. Die Modulation der Trägerfrequenz von 5,5 MHz mit dem Ton-NF-Signal erfolgt vorher. Diese modulierte Ton-NF wird anschließend ebenfalls im UHF-Modulator nochmals moduliert. Über einen Symmetrie-Übertrager wird das gesamte Signal dann zum Antennensignal addiert und zum Fernsehempfänger weitergeleitet.

Es ist auf diese Weise möglich, nach dem Einschalten der AV-Taste, gleichzeitig das Fernsehprogramm zu sehen, welches gerade aufgenommen wird. Damit ist eine Kontrolle möglich, und es wird eine elektronische Verbindung zwischen dem aufzunehmenden Bild und dem Fernsehempfänger hergestellt.

Der Begriff Elektronik zu Elektronik, abgekürzt EE, für diese Betriebsart hat sich als Bezeichnung durchgesetzt (engl.: *e*lectronic to *e*lectronic). EE-Betrieb heißt in diesem Fall das Durchschleifen der vom Empfangsteil gelieferten Signalspannung gleich wieder in den UHF-Modulator und weiter zum Fernsehempfänger nach dem Einschalten des Videorecorders.

Im *Wiedergabe-Betrieb* wird das gesamte FBAS- und Tonsignal im UHF-Modulator moduliert und im Antennenverstärker zur Antennensignalspannung addiert. So ist es möglich, über HF-Betrieb und bei eingeschaltetem AV-Kanal im Fernsehempfänger den Wiedergabe-Betrieb durchzuführen.

Zur Versorgung der aktiven Bauelemente des Verstärkers müssen die Spannungen auch dann an dem Breitbandverstärker anliegen, wenn der Videorecorder ausgeschaltet ist. Deshalb ist außer dem Netzschalter an der Vorderseite des Videorecorders meistens noch ein Haupt-Netzschalter vorhanden, mit dem auch der Antennenverstärker mit ausgeschaltet

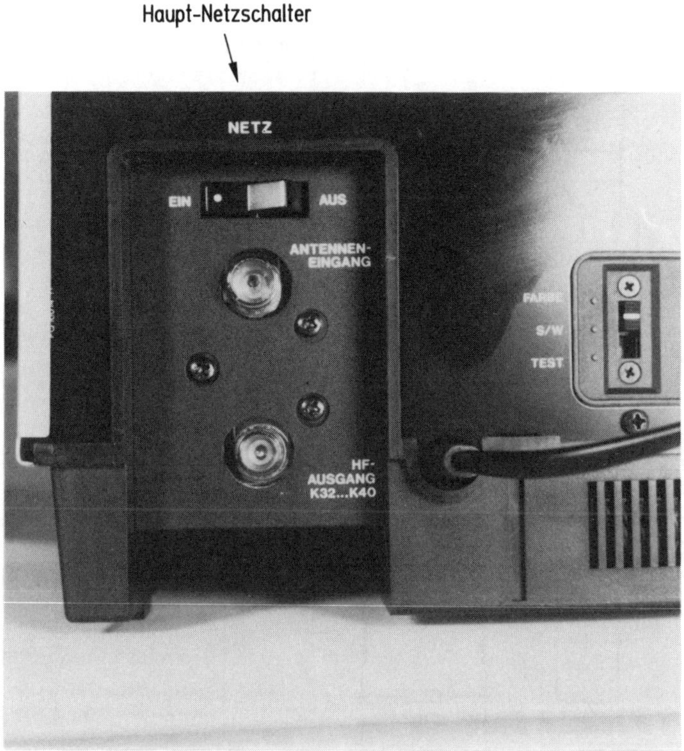

Abb. 4.1.1 Der Hauptnetzschalter ist an der Rückseite angebracht. Nach dem Ausschalten ist auch der Antennenverstärker außer Betrieb

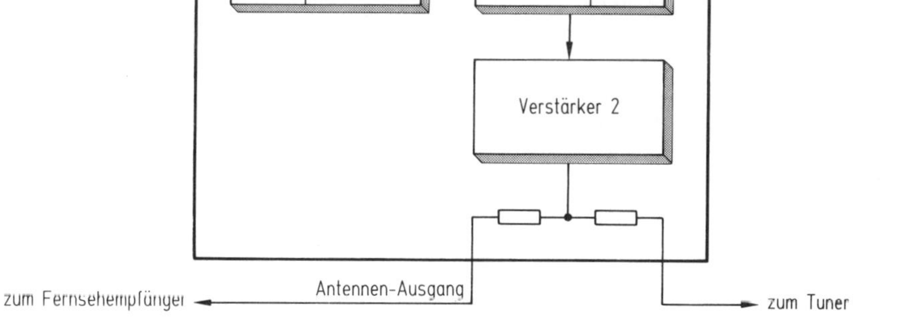

Abb. 4.1.2 Erweitertes Blockschaltbild eines Breitband-Antennenverstärkers

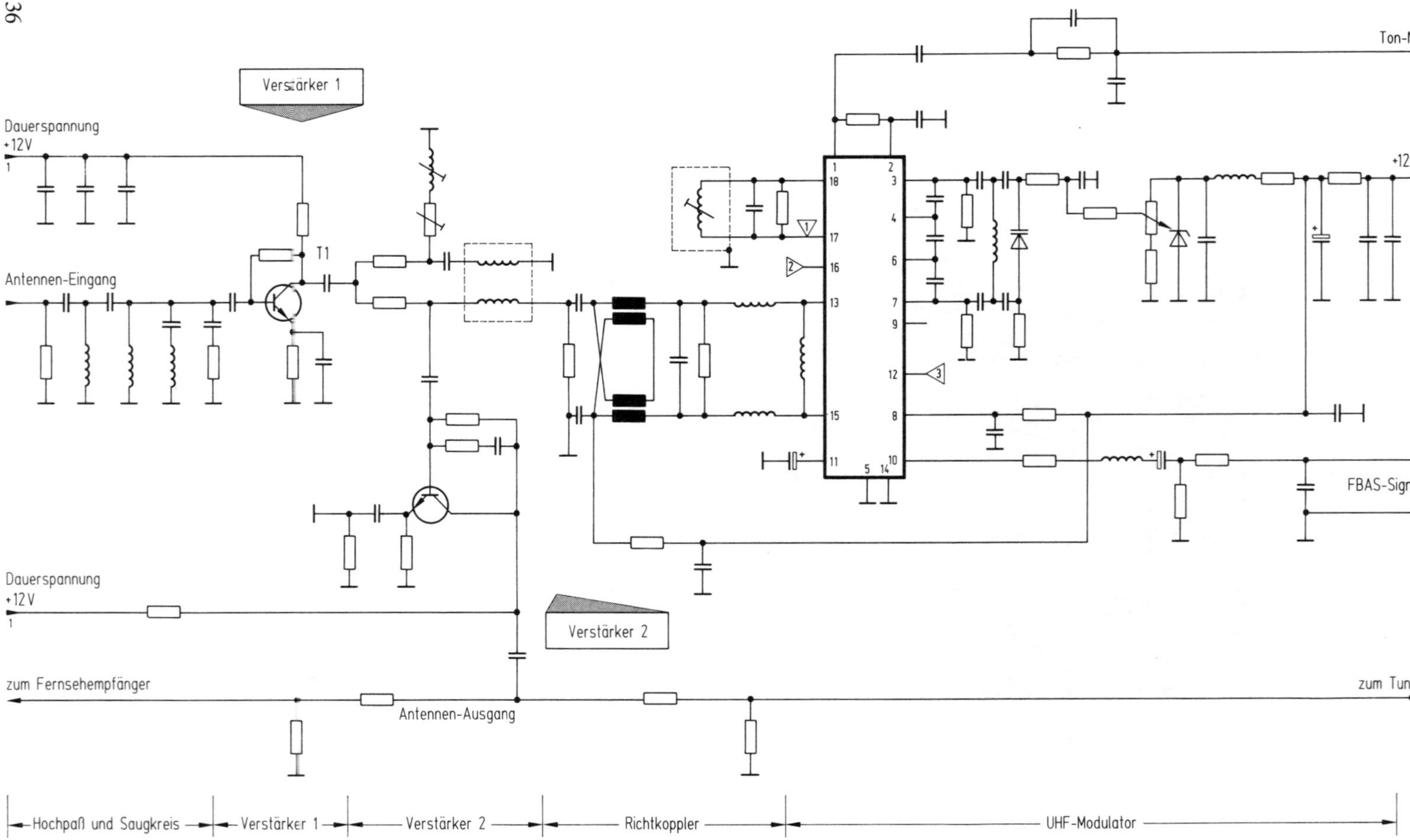

Abb. 4.1.3 Schaltung eines Breitband-Antennenverstärkers und des UHF-Modulators

werden kann. Dieser Schalter ist meistens an der Rückseite angebracht, damit er nicht irrtümlich geschaltet werden kann (*Abb. 4.1.1*).

Das erweiterte *Blockschaltbild 4.1.2* zeigt den Signalverlauf im Verstärker. Die ankommende Antennensignalspannung gelangt über einen 45-MHz-Hochpaß und einen UKW-Saugkreis an den ersten Verstärker.

In älteren Verstärkern ist meistens noch ein Saugkreis für die Frequenz von 145 MHz (Taxifunk) vorhanden. Dieser Saugkreis kann den Empfang der unteren Sonderkanäle des Kabelfernsehens behindern.

Nach der Verstärkung wird das vom UHF-Modulator kommende Signal rückwirkungsfrei zum Antennensignal eingekoppelt. Anschließend erfolgt meistens noch eine weitere Verstärkung der beiden Signale zusammen. Danach wird die Spannung geteilt und einerseits zum Tuner und andererseits zum Fernsehempfänger weitergeleitet. Der Antennenverstärker ist oft zusammen mit dem UHF-Modulator in einem Gehäuse untergebracht. Eine komplette Schaltung zeigt die *Abb. 4.1.3*.

4.2 Fehler

4.2.1 Totalausfall des Breitbandverstärkers

Da die Antennensignalspannung normalerweise auch bei Fernsehempfang im Videorecorder verstärkt wird, weil Videorecorder- und Fernsehempfänger-Anschlüsse beim stationären Betrieb nicht verändert werden, wird sich dieser Fehler zuerst im *Fernsehbild* bemerkbar machen. Je nach der Höhe der am Antenneneingang anliegenden Antennensignalspannung wird ein wenig bis stark verschneites Bild zu sehen sein. Sender, die normalerweise gerade noch mit ausreichender Antennenspannung empfangen werden, sind beim Totalausfall nur mit stark verschneitem Bild zu sehen, oder sie sind ganz verschwunden und der Ton ist nur noch stark verrauscht zu hören (*Abb. 4.2.1.1, Tafel F 2*).
Eine eigene Videoaufnahme wird bei der Wiedergabe den gleichen Fehler zeigen.

Fehlerursache

Die Stellung des *Haupt-Netzschalters* sollte zuerst kontrolliert werden. Er muß eingeschaltet sein. Dann wird die Netzsicherung überprüft.

Weiter sollte festgestellt werden, ob die erforderlichen Spannungen vom Netzteil geliefert werden. Wenn die Spannungen nicht anliegen, wird der Fehler im Netzteil zu suchen sein.

Liefert das Netzteil die erforderlichen Ströme, so empfiehlt es sich, jeweils die drei Spannungen an den Transistoren der Verstärker zu messen. Auf diese Weise werden Fehler an den Transistoren festgestellt. Häufig ist der im Antenneneingang liegende, erste Transistor defekt.

4.2.2 Bild zieht krumm

Das Fernsehbild und auch das Bild bei der Wiedergabe zeigen ein vertikal krumm gezogenes Bild. Der Hintergrund erscheint heller oder dunkler in der fehlerhaften Zone des Bildes *(Abb. 4.2.2.1, Tafel F 2)*.

Wird der Fernsehempfänger allein betrieben, so ist die Fehlererscheinung verschwunden.

Über die Stromversorgung gelangt eine nicht genügend gesiebte Versorgungsspannung in den Breitbandverstärker. Die Fehlerursache ist im Netzteil festzustellen.

Meistens tritt dieser Fehler nicht allein im Antennenverstärker auf, sondern es kann außerdem noch ein Brummen im Ton und weitere Fehler bei der Wiedergabe festzustellen sein, weil die mangelhaft gesiebte Spannung noch andere Baugruppen versorgt. Ausgangspunkt bei der Fehlersuche ist jedoch die Stromzuführung zum Breitbandverstärker. In Richtung Netzteil kann der Fehler dann leicht festgestellt werden. Ein Siebkondensator wird eine verminderte Kapazität aufweisen.

4.2.3 Unterer Sonderkanalbereich (USB) beim Kabelfernsehen zeigt mangelhaften Empfang

Das Fernsehbild und auch das Bild bei Wiedergabe nach einer Eigenaufnahme zeigen im Bereich der Sonderkanäle S 7–S 10 Schnee im Bild.

Im Basiskreis des ersten Transistors am Eingang des Breitbandverstärkers liegen Saugkreise für UKW und teilweise auch für den Taxifunk mit 145 MHz. Da die unteren Sonderkanäle bei einer Trägerfrequenz von 146 MHz beginnen, kann es zur Bedämpfung besonders des Sonderkanales S 7 kommen. Der Saugkreis sollte entfernt werden.

Bei neueren Videorecordern ist schon vom Hersteller dafür gesorgt, daß der Fehler nicht auftreten kann. Eventuell muß der Tuner jedoch gegen einen kabeltauglichen Tuner ausgewechselt werden.

4.2.4 Schnee im Bild

Trotz ausreichender Antennensignalspannung am Antenneneingang zeigt das Bild im HF-Betrieb Schnee. Der Ton ist meist noch normal ohne Rauschen zu hören.

Zur Vermeidung von Übersteuerung besitzen verschiedene Videorecorder einen Schalter mit den Stellungen Level „Low“ und „High“ am Antennenverstärker. In der Stellung „Low“ wird die Verstärkung abgesenkt. Sollte die Antennensignalspannung gerade ausreichend sein, so muß der Schalter in Stellung „High“ stehen. Falls er irrtümlich umgeschaltet wurde, ist die Fehlererscheinung zu sehen (*Abb. 4.2.4.1*).

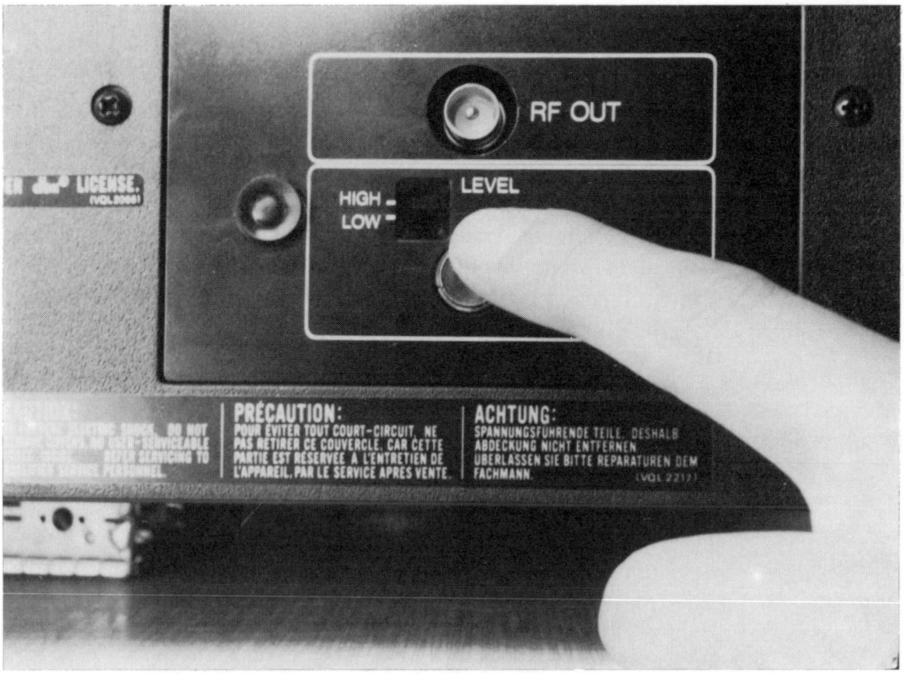

Abb. 4.2.4.1 Mit dem Schalter „Level“ kann der Verstärkungsgrad des Antennenverstärkers höher (Stellung „High“) oder niedriger (Stellung „Low“) eingestellt werden

4.3 Prüfungen des Breitbandverstärkers

1. Prüfung

Die Stromversorgung des Videorecorders kontrollieren

Es besteht die Möglichkeit, daß der Haupt-Netzschalter ausgeschaltet ist oder daß der Videorecorder nicht mit Strom versorgt wird. Er wird deshalb in Betrieb genommen, und es wird eine Kontrollaufnahme gemacht. Bei defektem Breitbandverstärker wird die Fehlererscheinung bei Wiedergabe dann zu sehen sein.

Eine Fremdaufnahme wird bei der Wiedergabe keinen Fehler zeigen.

2. Prüfung

Den Fernsehempfänger allein betreiben

Die Antennenzuführung wird zu dem Zweck vom Videorecorder entfernt und in die Antennenbuchse des Fernsehempfängers gesteckt.

Wenn die Fehlererscheinung dann nicht mehr festzustellen ist, so wird der Fehler im Videorecorder zu suchen sein.

3. Prüfung

Spannungsmessungen
Zuerst wird die Gesamt-Stromzuführung am Eingang des Verstärkers überprüft. Sollte die Spannung vorhanden sein, so muß das abgeschirmte Gehäuse geöffnet werden, und die Spannungen an den Transistoren werden gemessen. Dabei sollte immer am ersten Transistor begonnen werden, der dem Antenneneingang am nächsten ist. Er wird häufiger defekt werden als der zweite, und außerdem stimmen die gemessenen Spannungen am zweiten Transistor meistens nicht mehr, wenn schon der erste defekt ist.

Defekte Bauteile können mit den Spannungsmessungen ebenfalls gefunden werden, da sie meistens einen Fein- oder Kurzschluß aufweisen, der Spannungsabweichungen zur Folge hat.

5 Fehlersuche in UHF-Modulatoren

5.1 Die Wirkungsweise

Das Zusammenschalten eines Videorecorders mit einem Fernsehempfänger soll auch dann möglich sein, wenn am Fernsehempfänger kein besonderer AV-Anschluß vorhanden ist. Außerdem soll eine Kontrolle der Aufnahme im EE-Betrieb möglich sein. Dazu ist es erforderlich, das FBAS-Signal und das Tonsignal zu modulieren. Die modulierte Signalspannung wird anschließend zur Antennensignalspannung addiert und über die Antennenverbindungsleitung zum Tuner des Fernsehempfängers geleitet. Nach dem Abstimmen des Fernsehempfängers auf die Trägerfrequenz des UHF-Modulators kann dann das Signal des Videorecorders empfangen werden.

Das Tonsignal und das FBAS-Signal werden dem UHF-Modulator getrennt zugeführt.

Das *NF-Tonsignal* wird zuerst verstärkt und beeinflußt dann einen mit der Grundfrequenz von 5,5 MHz schwingenden Oszillator. Dadurch entsteht eine mit der NF frequenzmodulierte Schwingung, die anschließend dem Modulator zugeführt wird.

Das *FBAS-Signal* wird dem Modulator direkt zugeleitet. Zur Modulation wird eine Trägerfrequenz benötigt, die in einem besonderen Oszillator erzeugt wird. Die Grundfrequenz des Oszillators muß veränderbar sein und möglichst von Kanal 30 bis Kanal 40 einstellbar sein. Wenn der Kanal 36 = 591,25 MHz nicht anderweitig belegt oder gestört ist, wird diese Frequenz benutzt (Abb. 2.2.2).

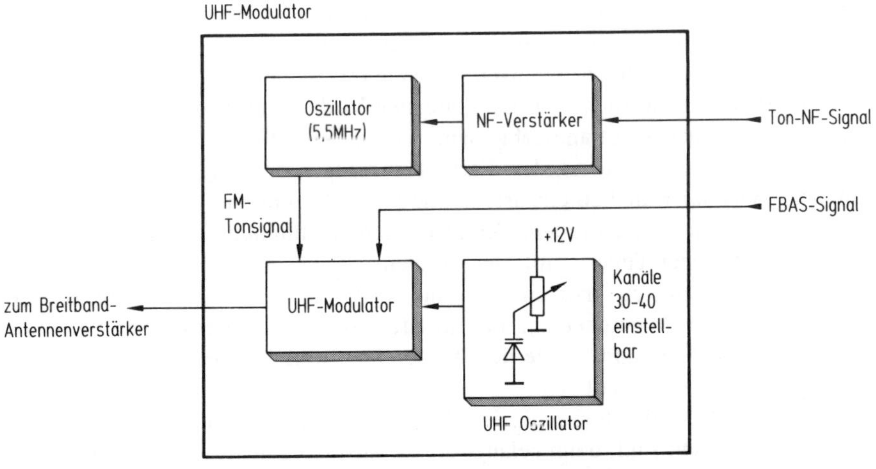

Abb. 5.1.1 Erweitertes Blockschaltbild eines UHF-Modulators

Die *Oszillatorfrequenz* wird in den UHF-Modulator eingekoppelt. Vorher werden das 5,5-MHz-frequenzmodulierte NF-Tonsignal und das FBAS-Signal addiert. Das dadurch entstehende Signal wird dann moduliert. Es wird im Zweiseitenband-Betrieb gearbeitet.

Nach einer weiteren Verstärkung wird die modulierte HF-Signalspannung der Antennen-Ausgangsbuchse zugeleitet und damit in die Antennensignalspannung eingespeist.

Das erweiterte *Blockschaltbild 5.1.1* zeigt das Zusammenwirken der verschiedenen Funktionsblöcke.

Die Abb. 4.1.3 zeigt das komplette Schaltbild eines Breitband-Antennenverstärkers und eines UHF-Modulators, die gemeinsam aufgebaut sind. Es gibt auch andere Schaltungsanordnungen, bei denen der Antennenverstärker und der UHF-Modulator getrennt in abgeschirmten Gehäusen untergebracht sind. Dann bietet sich im Reparaturfall ein Austausch eines der beiden Teile eher an. Die Reparatur bietet jedoch keine allzu großen Schwierigkeiten. Bei Beschaffungsschwierigkeiten und auch aus Kostengründen sollte der Reparatur deshalb der Vorzug vor einem kompletten Tausch gegeben werden.

5.2 Fehler

Ein Fehler im UHF-Modulator wird dann vermutet, wenn der Fernsehempfang bei angeschlossenem Videorecorder fehlerfrei ist, die Wiedergabe einer Testkassette im HF-Betrieb jedoch nur Schnee zeigt und Rauschen zu hören ist. Bei dieser Fehlererscheinung besteht zuerst die Möglichkeit, daß ein Verstimmungsfehler vorliegt, das heißt, der Fernsehempfänger ist auf dem für Videoempfang vorgesehenen Programmplatz nicht auf die Trägerfrequenz des UHF-Modulators abgestimmt. Vor einer Fehlersuche muß deshalb die Abstimmung kontrolliert werden.

Bei modernen Fernsehempfängern mit direkter Kanalwahl und Sendersuchlauf sollte die Abstimmung immer über den Suchlauf vorgenommen werden, weil es passieren kann, daß bei der Direktwahl eine Übereinstimmung schwer erzielbar ist.

Zur Vermeidung von Fehleinstellungen sollte außerdem die Antennenzuführung aus dem Videorecorder entfernt werden. Nur die Antennen-Verbindungsleitung zwischen Recorder und Fernsehempfänger bleibt angeschlossen.

Es ist empfehlenswert, zuerst den Fernsehempfänger bei eingeschaltetem Videoprogrammplatz (AV) auf Kanal 36 einzustellen und anschließend die UHF-Modulatorabstimmung auf diesen Kanal einzustellen. Damit werden Abstimmungsschwierigkeiten umgangen, die bei Synthesizer-Tunern auftreten können.

Wenn kein Empfang zu erzielen ist, dann sollte nach Möglichkeit auf AV-Betrieb umgeschaltet werden. Voraussetzung hierfür ist, daß eine AV-Verbindung vorhanden ist oder hergestellt werden kann. Sollte der Wiedergabe-Betrieb dann funktionieren, so wird der UHF-Modulator fehlerhaft sein.

Wenn der UHF-Modulator und der Breitbandverstärker in einem abgeschirmten Gehäuse untergebracht sind, dann gelangt die Stromversorgung für beide Funktionsblöcke gemeinsam in das Gehäuse. So wird beim Ausfall der Stromversorgung der Antennenverstärker und der UHF-Modulator gleichzeitig ausfallen. Sichtbar ist dann zuerst der vom Breitbandverstärker verursachte Fehler.

5.2.1 Totalausfall des UHF-Modulators

Es ist, wie schon erwähnt wurde, vorab geklärt worden, daß kein Verstimmungsfehler vorliegt, daß also der Fernsehempfänger bei eingeschaltetem AV-Programmplatz auf die UHF-Trägerfrequenz des Videorecorders genau abgestimmt ist. Das FBAS-Signal und das davon getrennt in den Modulator eingeführte NF-Tonsignal werden nicht aufmoduliert und anschließend zur Antennensignalspannung addiert. Der HF-Empfang über die Antennenverbindungsleitung zum Fernsehempfänger ist dann nicht möglich.

Bei der Wiedergabe über die Antenne kann das Bild im Fernsehempfänger nicht sichtbar gemacht werden. Der Ton fehlt ebenfalls.

Beim EE-Betrieb wird es nicht möglich sein, gleichzeitig das Bild im Fernsehempfänger zu sehen, da es dann nicht über den UHF-Modulator zur Antennensignalspannung addiert wird.

Der normale Fernsehempfang bei angeschlossenem Videorecorder ist nicht gestört.

Der UHF-Modulator arbeitet nicht oder die modulierte UHF-Spannung wird nicht zur Addition mit der Antennenspannung weitergeleitet. Der UHF-Modulator kann nur arbeiten, wenn der UHF-Oszillator schwingt.

Wenn die Betriebsspannungen am Oszillator und am UHF-Modulator anliegen, so sollte anschließend die Oszillator-Abstimmung an der Variocapdiode überprüft werden. Sie muß sich dann verändern, wenn ein anderer Kanal eingestellt wird.

Bei älteren Recordern mit Drehkondensator-Abstimmung sollte überprüft werden, ob eine Kapazitätsänderung beim Drehen des Rotors möglich ist. Der Drehkondensator kann überdreht oder der Rotor sogar abgebrochen sein.

5.2.2 Schlechte Bild- und Tonqualität bei HF-Betrieb

Der UHF-Träger arbeitet im Zweiseitenband-Betrieb. Dadurch ergeben sich beim Abstimmen der Grundfrequenz (normalerweise Kanal 36 = 591,25 MHz) zwei Maxima. Das Bild kann also beim Verändern des Kanal-Einstellers zweimal gesehen werden. Wird auf dem falschen Maximum abgestimmt, so zeigt das Bild unscharfe Konturen und zieht im Extremfall krumm. Auch der Ton ist dann eventuell leiser und verzerrt zu hören (*Abb. 5.2.2.1, Tafel F 2*).

Die Abstimmung des UHF-Modulators erfolgt auf dem falschen Maximum. Der Modulator muß nachgestimmt werden.

5.2.3 Tonbrummen bei HF-Betrieb

Beim Fernsehempfang ist keine Tonstörung festzustellen. Erst bei der Wiedergabe oder im EE-Betrieb ist ein Brummen im Ton zu hören.

Zuerst sollte versucht werden, das Brummen dadurch zu beseitigen, daß die Kanaleinstellung des UHF-Modulators verändert wird. Es kann sich um eine Fehleinstellung der Trägerfrequenz handeln.

Führt diese Einstellung nicht zum gewünschten Erfolg, so kann es sich um ein Intercarrierbrummen handeln. Bei der Modulation muß ein Restträger verbleiben, der nicht vom Videosignal moduliert wird. Er soll ca. 20 % betragen. (Meistens ist eine Einstellung für den Schwarzwert vorhanden, mit dem der Restträger eingestellt und das Intercarrierbrummen beseitigt werden kann.)

5.2.4 Kein Ton zu hören bei HF-Betrieb

Das Bild wird einwandfrei über Antenne wiedergegeben, der Ton fehlt jedoch, oder er ist nur sehr leise und verzerrt zu hören.

Da der Ton bei AV-Betrieb normal zu hören ist, muß der Fehler zwischen dem AV-Ton-Ausgang und dem Einkoppeln des Tones in das Videosignal liegen.

Fehlerursache
Als Fehlerquelle kommen der Ton-DF-Verstärker und der 5,5-MHz-Oszillator in Frage.

Fehlt der Ton völlig, so wird der *Oszillator* nicht schwingen.

Ist der Ton dagegen noch fehlerhaft hörbar, so wird der *Verstärker* einen Fehler aufweisen.

Wenn die Spannungsmessung nicht zum Auffinden der Fehlerquelle führt, so kann die Signalspannung mit dem Oszilloskop gemessen werden, und damit der Fehlerort festgestellt werden.

5.3 Prüfung des UHF-Modulators

Beim HF-Betrieb des Videorecorders wird ein Fehler im UHF-Modulator dann vermutet, wenn der Fernsehempfang normal möglich ist, jedoch nach dem Umschalten auf Video-Wiedergabebetrieb kein Bild zu sehen, das Bild verschneit oder der Ton fehlerhaft ist.

1. Prüfung

AV-Wiedergabe-Betrieb durchführen
Dann sollte zuerst AV-Wiedergabe-Betrieb (über AV-Kabel) durchgeführt werden. Bei dieser Betriebsart wird der UHF-Modulator nicht benötigt. Das wiederzugebende Bild wird dann einwandfrei zu sehen sein, wenn ein Fehler im UHF-Modulator vorhanden ist.

2. Prüfung

UHF-Kanal-Einstellung überprüfen
Die Abstimmung zwischen Videorecorder und Fernsehempfänger kann fehlerhaft sein. Deshalb sollte sie zuerst überprüft werden.

Außerdem wird erfahrungsgemäß der Einsteller des UHF-Oszillators (Kanal 30...40) im Videorecorder häufig defekt.

Handelt es sich um eine Spannungseinstellung, so sollte die veränderliche Spannung am Abgriff gemessen werden und durch langsames Drehen vom linken zum rechten Anschlag der Bereich der Spannungsänderung festgestellt werden. Bleibt die gemessene Spannung konstant oder fehlt sie, so wird ein Fehler am Einsteller oder in der Spannungszuführung vorliegen.

Handelt es sich um eine kapazitive Einstellung mittels Drehkondensator, so sollte überprüft werden, ob sich der Rotor tatsächlich durch den Stator drehen läßt. Es kann sein, daß ein mechanischer Fehler vorliegt, der eine Kapazitätsänderung verhindert.

3. Prüfung

Spannungsmessungen im UHF-Modulator
Bei einem *Bildfehler* wird der UHF-Oszillator nicht schwingen oder der Modulator weist einen Fehler auf.

Bei einem *Tonfehler* wird der Ton-NF-Verstärker defekt sein oder der Ton-5,5-MHz-Oszillator schwingt nicht.

Fehlen *Bild und Ton*, so sollte die Fehlersuche im UHF-Modulator beginnen.

6 Fehlersuche im Bedienteil

6.1 Die Wirkungsweise

Mit Hilfe des Bedienteiles wird der Tuner abgestimmt. Dabei werden die Kapazitäten des Oszillator- und des Vorkreises jeweils verändert. Das geschieht mit Variocap-Dioden, deren Sperrschichtkapazität abhängig ist von der in Sperrichtung angelegten Vorspannung. Durch Verändern der Vorspannung wird eine Kapazitätsänderung erzielt. Diese Spannung liefert der Bedienteil. Zur Vereinfachung der Bedienung stehen eine Reihe von Programmplätzen zur Verfügung. Jeder Programmplatz erhält eine bestimmte, einzeln einstellbare und schaltbare Abstimmspannung, die an den Tuner weitergeleitet wird.

Nach dem Einschalten einer bestimmten Programmtaste kann also die Abstimmspannung des Platzes verändert werden, und damit verändern sich die Schwingkreis-Kapazitäten im Tuner. So können jeweils in einem Bereich (VHF oder UHF) alle Sender mit Hilfe einer entsprechenden Abstimmspannung empfangen werden. Die Einstellung erfolgt über jeden Programmplatz einzeln und liegt dann immer abrufbereit an, so daß das Programm des gewünschten Senders nach dem Einschalten des Programmplatzes sofort gesehen werden kann.

Die Aufgabe des Bedienteiles besteht also zusätzlich auch darin, auf Abruf *unterschiedliche* Abstimmspannungen für den Tuner zur Verfügung zu stellen.

6.2 Die mechanische Abstimmschaltung

Die einfache Art der Bedienung besteht darin, die Spannungen mechanisch umzuschalten. Dazu werden meistens Schalter und Kurzhubtasten verwendet. Die vom Netzteil gelieferte Spannung wird dabei an eine Reihe einstellbarer Widerstände gelegt. An den jeweiligen Abgriffen können dann die verschiedenen Spannungen abgegriffen und durch Umschalten jeweils in den Tuner weitergeleitet werden (*Abb. 6.2.1*). Diese Art der Bedienung ist meistens bei älteren Videorecordern anzutreffen. Die Abstimmung der einzelnen Spannungs-Einsteller erfolgt dabei von Hand. Zusätzlich wird meistens noch eine LED-Anzeige dazu geschaltet.

Die *Abb. 6.2.2* zeigt das Schaltbild einer solchen Schaltung. Eine vom Netzteil gelieferte Gleichspannung von 46 V wird stabilisiert und dann an die einzelnen Einstell-Widerstände gelegt. Jeweils über einen Abgriff wird die Spannung an einzelne Schalter gelegt. Wenn einer der Schalter auf „Ein“ geschaltet ist, wird die betreffende Spannung an den Tuner zur

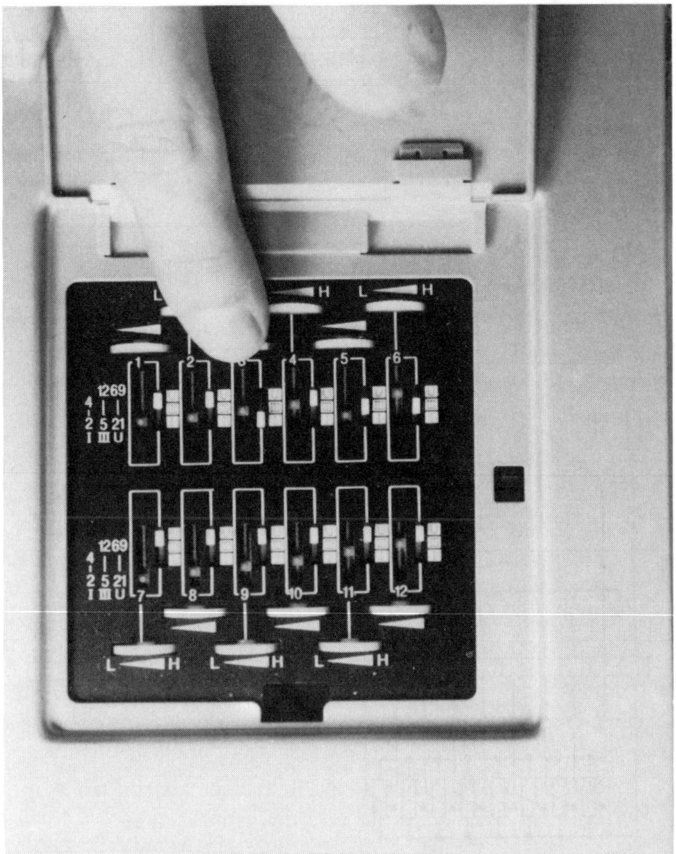

Abb. 6.2.1 Mechanische Sendereinstellung. Mit Hilfe von einstellbaren Widerständen kann die Tuner-Abstimmspannung für jeden Programmplatz einzeln eingestellt werden. Außerdem können die Empfangsbereiche umgeschaltet werden

Abstimmung weitergeleitet. Die Schalter sind wechselweise auslösbar, so daß immer nur eine bestimmte Spannung am Tuner anliegt.

Die Fehlersuche gestaltet sich dabei recht einfach. Im HF-Betrieb wird ein Programmplatz eingeschaltet und der zu diesem Platz gehörende Einsteller verändert. Dabei lassen sich die verschiedenen Programme einstellen. Die Abstimmspannung verändert sich dabei.

Fehlt die Spannung oder läßt sie sich nicht verändern, so wird anschließend festgestellt, ob die Abstimmung keines Programmplatzes funktioniert oder ob es sich nur um den Fehler eines Platzes handelt. Im ersten Fall wird die Abstimmspannungszuführung für alle Programmplätze fehlen und im zweiten Fall wird der geschaltete Einsteller defekt sein, oder es liegt eine Unterbrechung der Spannungsweiterführung vom Einsteller ausgehend vor.

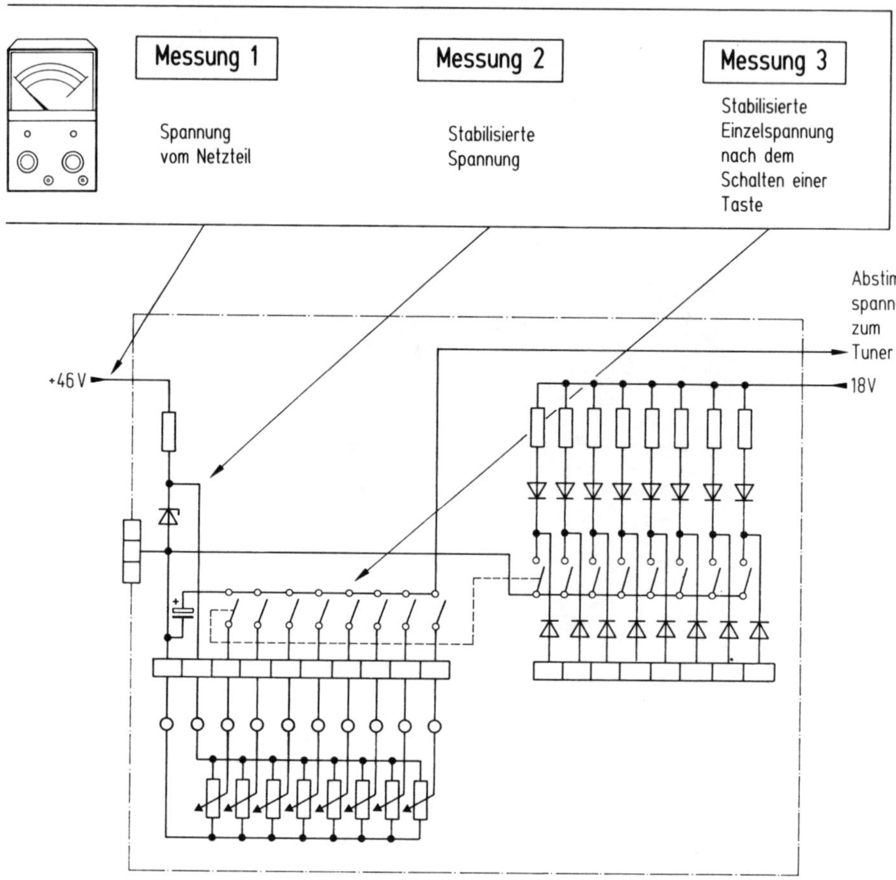

Abb. 6.2.2 Bedienteil zum Schalten der Abstimmspannung

6.3 Fehler

6.3.1 Totalausfall der mechanischen Abstimmschaltung

HF-Betrieb: Aufnahme
Auf dem Bildschirm ist auf dem *AV-Programmplatz* nur Schnee zu sehen. Statt des Fernsehtones ist nur Rauschen zu hören.

Auch beim Verändern aller Programm-Einsteller des Recorders über den gesamten Bereich verändern sich Fehlerbild und -ton nicht. Die Antennenspannung liegt an, und der Antennenverstärker zeigt keinen Fehler, denn die anderen Programme sind einwandfrei zu empfangen.

Im EE-Betrieb ist nur Schnee und Rauschen zu sehen.

Fehlerursache

Die Abstimmspannung liegt nicht am Tuner an. Sie wird vom Netzteil nicht geliefert, oder es liegt ein Fehler zwischen Stabilisierung und dem Anschluß an den Einstellwiderständen vor.

Die Zenerdiode der Stabilisierung sollte zuerst überprüft werden, sie wird häufiger defekt.

6.3.2 Ein Programmplatz läßt sich nicht abstimmen

HF-Betrieb: Aufnahme

Nur ein Programmplatz läßt sich nicht abstimmen. Alle anderen Plätze sind normal einzustellen.

Fehlerursache

Die Abstimmspannung dieses Programmplatzes liegt nicht am Tuner an. Der Einstellwiderstand des betreffenden Programmplatzes wird eine Unterbrechung aufweisen oder der Programmschalter ist defekt.

6.4 Prüfung der mechanischen Abstimmschaltung

1. Prüfung

Kontrolle der Abstimmung im HF-Betrieb (EE-Betrieb)

Über mehrere Programmplätze wird versucht, einen Sender zu empfangen. Sollte sich nur Schnee zeigen und Rauschen zu hören sein, dann folgt die

2. Prüfung

Kontrolle der Antennenspannung

Die Antennenzuführung wird in die Antennenbuchse des Fernsehempfängers gesteckt, und es wird kontrolliert, ob dann normaler Empfang möglich ist. Sollte das der Fall sein, so liegt die Antennenspannung an und die Antennenzuführung wird wieder im HF-Betrieb angeschlossen. Zeigt sich der Fehler wieder, dann folgt die

3. Prüfung

Kontrolle des Antennenverstärkers

Dazu wird der Wiedergabe-HF-Betrieb durchgeführt. Ein angeschlossenes AV-Kabel wird dabei entfernt. Bei einem defekten Antennenverstärker wird keine einwandfreie Bildqualität aller Programme zu erzielen sein.

4. Prüfung

Kontrolle der Abstimmspannung
Diese Spannungsmessung kann an dem Meßpunkt ausgeführt werden, der am leichtesten zugänglich ist. Gemessen wird die vom Netzteil kommende Spannung und die zum Tuner weitergeleitete Abstimmspannung, die sich normalerweise mit dem eingeschalteten Einsteller verändern lassen muß.

Fehlt die Spannung am Eingang des Bedienteiles, so ist der Fehler im *Netzteil* zu finden.

Liegt sie jedoch am Eingang noch an und fehlt sie am Tuner, so ist der Fehler im *Bedienteil* zu finden.

6.5 Sendersuchlauf mit Programmspeicherung

Moderne Videorecorder besitzen zur Tuner-Abstimmung eine Sendersuchlaufschaltung, mit deren Hilfe es möglich ist, die Programmierung automatisch durchzuführen. Nach dem Start des Suchlaufes steigt die Abstimmspannung allmählich an, und der Suchlauf stoppt dann, wenn die Trägerfrequenz eines empfangswürdigen Senders mit ausreichender Spannungshöhe anliegt.

Die Aufgabe des Sendersuchlaufes mit Programmspeicherung besteht darin, den Tuner mit den entsprechenden Abstimmspannungen für die einzelnen Trägerfrequenzen der Sender und mit den Schaltspannungen für die Bandwahl zu versorgen. Der Vorteil dieser Bedienungsart ist der, daß die Abstimmspannung ganz exakt gespeichert wird und sich nicht verändert. Außerdem kann der Abstimmvorgang leichter ausgeführt werden (*Abb. 6.5.1*).

Die Bedienabläufe und der Datenaustausch zwischen Bedienung und Suchlauf erfolgen mit Hilfe der Digitaltechnik. Erst am Ausgang des Digital/Analog-Wandlers steht die gewünschte Abstimmspannung analog zur Verfügung.

Nach der Betätigung der Suchlauftaste gibt ein Mikroprozessor im Steuerbetrieb eine Rechteck-Impulsspannung aus. Die Tastverhältnisse verändern sich stetig. Sie sind anfangs schmal und verbreitern sich allmählich. Diese digitale Information wird in einen D/A-Wandler eingegeben und am Ausgang stellt sich die analoge Steuerspannung ein. Sie verändert sich stetig und durchläuft den Bereich von 0 bis 30 V. Nach Erreichen der höchsten Spannung erfolgt ein Rücksprung, und der Anstieg der Spannung wiederholt sich so lange, bis ein empfangswürdiger Sender gefunden wird. Dann stoppt der Suchlauf. Zu dem Zweck wird eine vom ZF-Verstärker kommende ZF-Referenzspannung mit einer ebenfalls vom ZF-Verstärker entnommenen Diskriminatorspannung verglichen. Bei der Annäherung an die Trägerfrequenz eines empfangswürdigen Senders laufen beide Spannungen auseinander. Die Diskriminatorspannung wird gegenüber der ZF-Referenzspannung negativer. Stellt sich eine höhere Spannungsdifferenz ein (ca. −2 V), so wird mit einer AFC-Schaltung die automatische Nachstimmung eingeschaltet und genau nachgestimmt.

Anschließend muß die eingestellte Abstimmspannung gespeichert werden. Das wird wiederum je nach Schaltungsart auf unterschiedliche Art vorgenommen. Es wird entweder

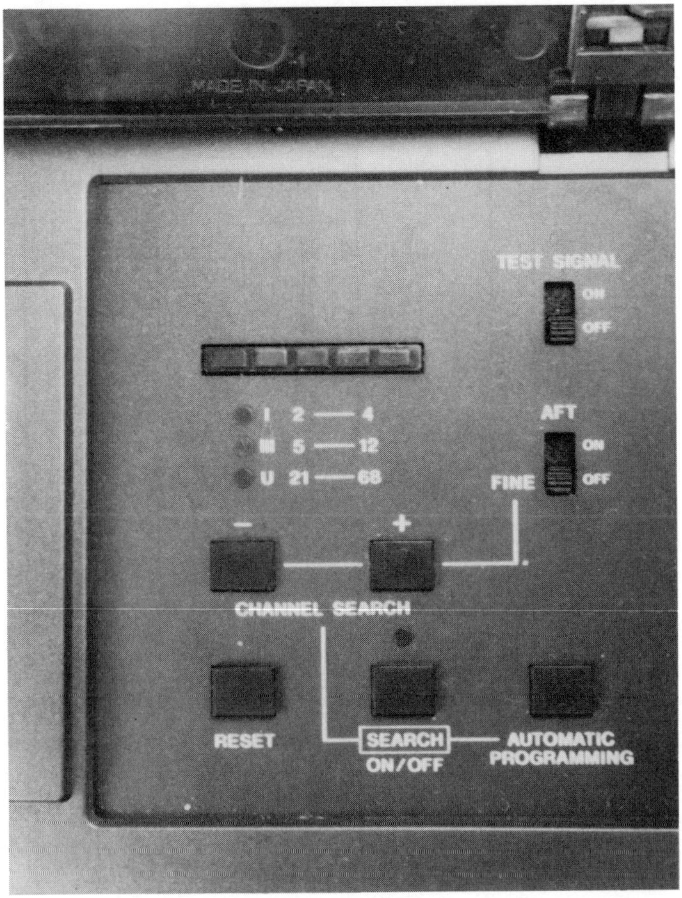

Abb. 6.5.1 Die Bedientasten für den Sendersuchlauf SEARCH = Suchlauf ein/aus Channel SEARCH + und − = Suchlauf vorwärts und rückwärts mit zusätzlicher Feinabstimmung

eine besondere Speichertaste gedrückt, oder es ist eine andere Taste vorgesehen, die die Speicherung gleichzeitig mit vornimmt. Bei anderen Schaltungen wiederum wird nur einige Sekunden gewartet und es ist gespeichert. So werden die entsprechenden Befehle auf den Datenbus gelegt und die gewünschte Speichertaste des Speichers angewählt. Die digitale Information wird in den Speicher gelesen.

Nach Beendigung des Speichervorganges wird der abgespeicherte Wert nochmals ausgelesen und zum Steuer-IC zurückgegeben. Damit kann kontrolliert werden, ob der richtige Wert eingespeichert wurde. Das Bild des programmierten Senders ist auf dem Bildschirm zu sehen.

Auf die gleiche Weise können weitere Sender gespeichert werden. Es muß nur jeweils eine andere Programmtaste gewählt und der Vorgang wiederholt werden.

Soll nun ein gespeicherter Sender aufgerufen werden, damit er empfangen werden kann, so wird die gewünschte Programmtaste betätigt. Der Mikrocomputer legt die gewählte Adresse auf den Datenbus und schaltet den Speicher auf „Lesen“. Damit können die dort

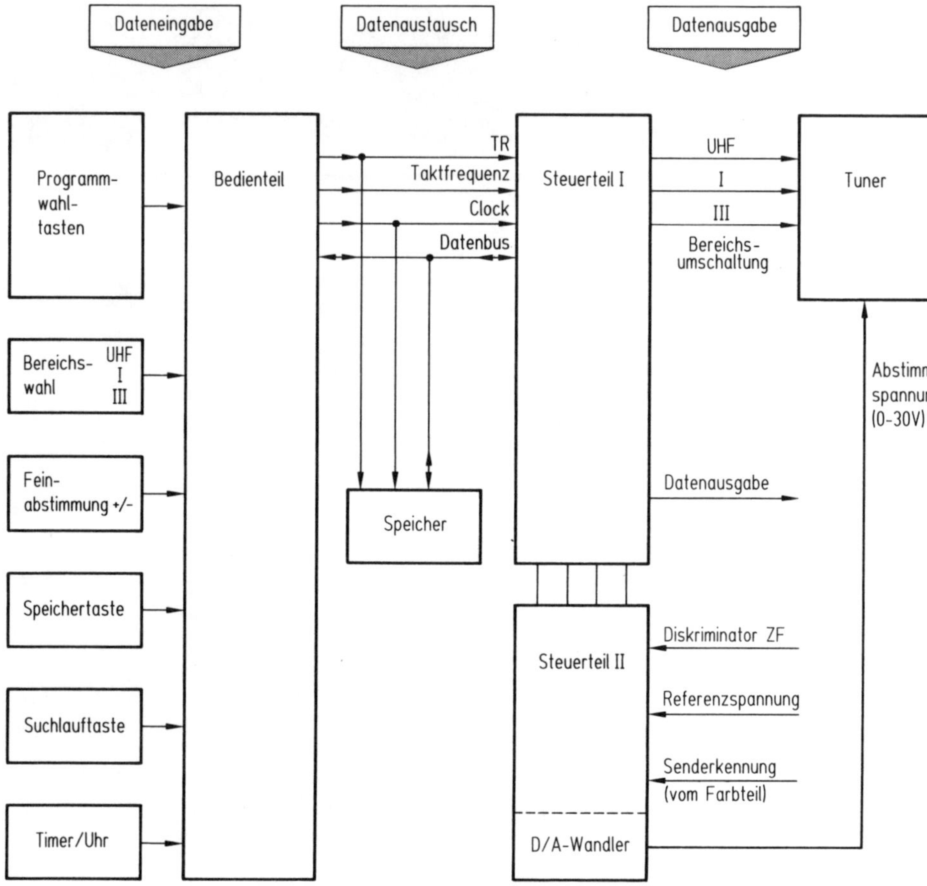

Abb. 6.5.2 Blockschaltbild eines Bedienteiles mit Sendersuchlauf und Programmspeicherung

abgespeicherten Daten für diese Adresse gelesen werden. Über den Datenbus gelangen sie zum Digital/Analog-Wandler, in welchem die Wandlung in die Abstimmspannung des gespeicherten Senders erfolgt. Diese Spannung wird dann zum Tuner weitergeleitet.

Neben den Werten für die Abstimmspannung wird auch die Information für die Bandwahl mitgespeichert und mitausgelesen.

Die *Abb. 6.5.2* zeigt das Blockschaltbild eines Bedienteiles mit Sendersuchlauf und Programmspeicherung.

Die *Dateneingabe* erfolgt zuerst durch die Wahl des gewünschten Bandes I, III oder UHF. Anschließend wird durch Drücken der entsprechenden Taste der Suchlauf eingeschaltet. Im Steuerteil wird dann die Abstimmspannung in Form von Digitalimpulsen erzeugt. Dabei verändern sich die Tastverhältnisse der Impulse, wie schon vermerkt wurde, ständig. Die Impulse verbreitern sich allmählich, bis der breiteste Wert erreicht wird. Danach erfolgt ein

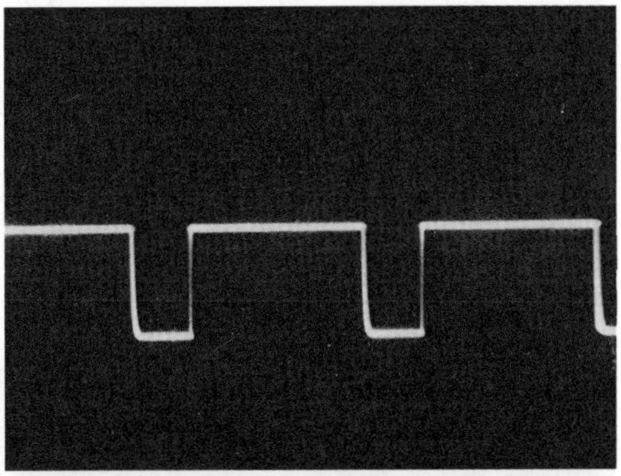

Abb. 6.5.3 Digital-Impulsspannung vor der Digital/Analog-Wandlung für einen Sender im VHF-Bereich (nach der Wandlung 5,2 V)

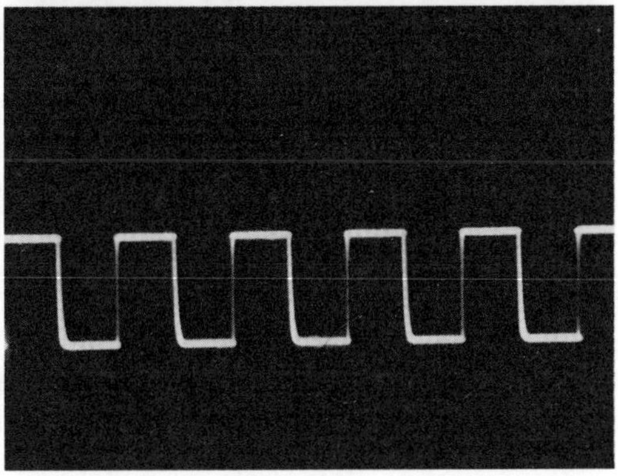

Abb. 6.5.4 Digital-Impulsspannung vor der Digital/Analog-Wandlung für einen Sender im UHF-Bereich (nach der Wandlung 11,2 V)

Rücksprung und die allmähliche Impuls-Veränderung beginnt von neuem (*Abb. 6.5.3* und *6.5.4*).

Diese Spannung wird in den Digital/Analog-Wandler weitergegeben, und dort in die Analogspannung gewandelt, deren Spannungswert sich von 0 bis 30 V stetig analog der Impulsverbreiterung verändert und nach Erreichen des Höchstwertes wieder zurückspringt. Die Spannung wird dem Tuner als Abstimmspannung zugeführt.

Gleichzeitig wird die Diskriminatorspannung vom ZF-Teil zum Steuerteil II zurückgeführt. Beim Anliegen einer Sender-Trägerfrequenz verändert sich die Diskriminatorspannung und der Suchlauf wird gestoppt. Außerdem wird ein H-Signal als Senderkennung in dem Moment ausgegeben, in dem ein Sender anliegt. Je nach Schaltungsart wird darüber hinaus auch noch eine weitere Referenzspannung aus dem ZF-Teil zurückgeführt. Durch Drücken der Tasten „Feinabstimmung +“ oder „Feinabstimmung –“ kann zusätzlich noch von Hand nachgestimmt werden. Der *Datenaustausch* zwischen dem Bedien- und dem Steuerteil erfolgt über den Datenbus. Über die Leitung TR (Transmit/Receive) werden die Daten gesteuert.

Bei H-Impuls wird eingelesen und bei L-Pegel werden Daten ausgegeben. Über die Taktleitung wird der Takt (445 kHz) zum Steuerteil weitergegeben und mit der Clock-Leitung wird die Verbindung zur synchronen Datenübermittlung hergestellt.

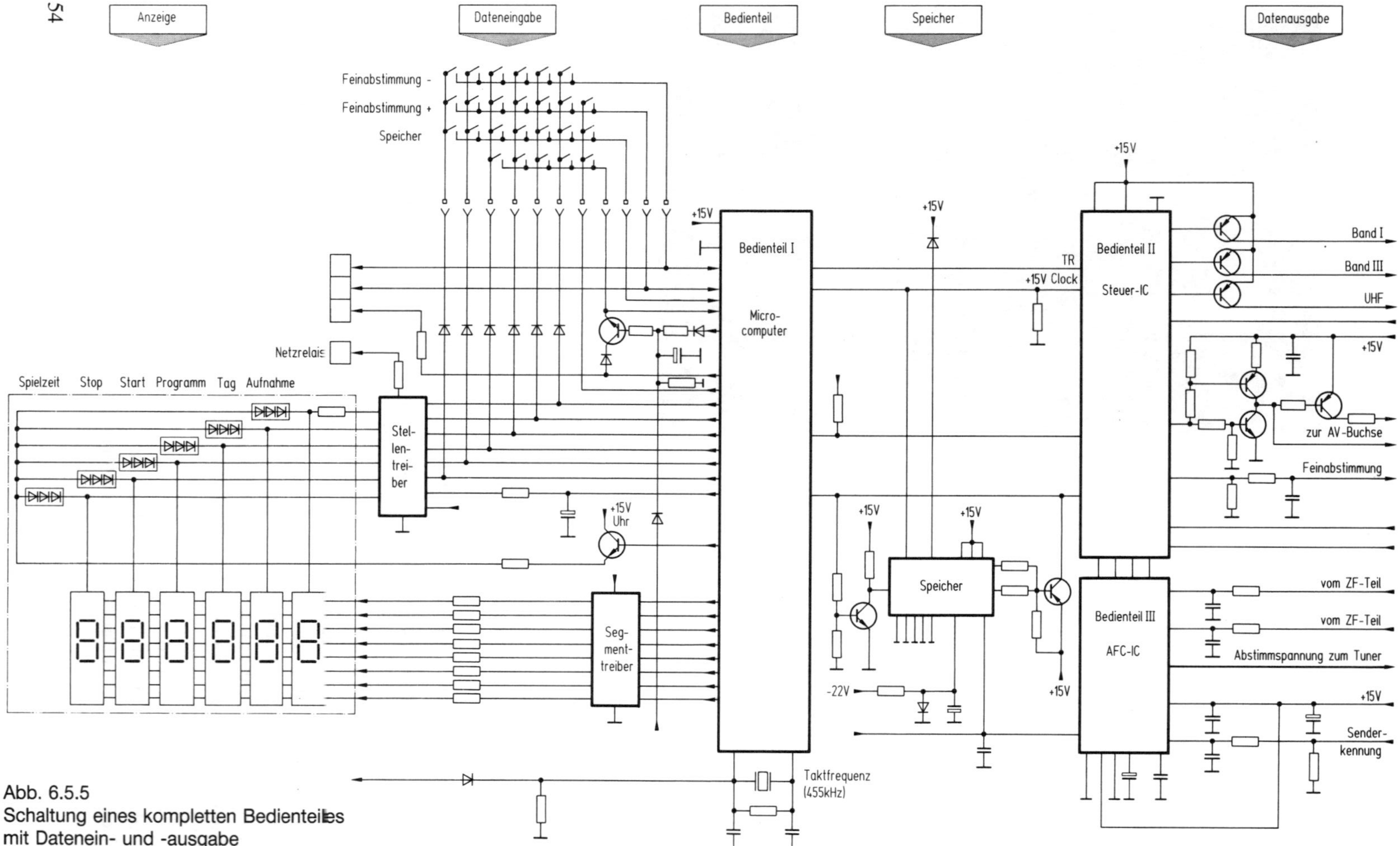

Abb. 6.5.5
Schaltung eines kompletten Bedienteiles
mit Datenein- und -ausgabe

Gleichzeitig ist der Speicher an den Leitungen angeschlossen. Wenn der H-Pegel in der Leitung TR anliegt, werden die vom Bedienteil kommenden Daten zusammen mit den am Clock-Eingang des Steuerteiles anliegenden Clock-Impulsen seriell in das Eingangs-Schieberegister eingelesen. Geht der TR-Eingang anschließend auf L-Pegel, wird umgekehrt mit dem ersten Clock-Impuls in Verbindung mit der Auswahl-Adresse die Subadresse decodiert und die Datenbits in den Speicher übernommen. Anschließend wird das Ausgangs-Schieberegister ausgelesen.

Die *Abstimmspannung* wird digital im Steuerteil I abgeleitet. Am Ausgang liegt die sich ständig im Tastverhältnis ändernde Impulsspannung an, die in den Steuerteil II geleitet wird. Dort wird die Spannung in eine impulsbreitenmodulierte Rechteckschwingung umgesetzt. Anschließend wird daraus die vom Tastverhältnis abhängige Analogspannung erzeugt. Sie wird mit der AFC-Spannung addiert und als Abstimmspannung zum Tuner geführt.

Während des Suchlaufes wird die Diskriminator- und eine Referenz-Spannung vom ZF-Teil zum Steuerteil II geleitet und dort verglichen. Beim Anliegen einer HF-Trägerspannung eines Senders wird der Suchlauf gestoppt. Gleichzeitig liegt ein H-Impuls über die „Senderkennung“ an und es wird auf Sender erkannt.

Mit dem Betätigen der *Speichertaste* werden die so feststehenden Daten in den Speicher eingegeben.

Beim späteren Drücken einer Programmtaste werden die gespeicherten Daten aus dem Speicher ausgelesen und dem Steuerteil I zugeleitet. Die gewünschte Abstimmspannung wird ausgegeben und der Sender kann empfangen werden.

Die *Abb. 6.5.5* zeigt eine komplette Schaltung mit Daten-Ein- und Ausgabe. Auf der Daten-Eingabe-Seite ist die Schaltung der Eingabe-Tasten, der LED-Anzeigen für die einzelnen Funktionen und die numerische Anzeige zu sehen. Im Bedienteil wird auch die Uhr gesteuert. Außerdem werden weitere Daten von der Ablaufsteuerung eingegeben, die in diesem Zusammenhang nur erwähnt sein sollen.

Der Bedienteil-Mikrocomputer wird mit 15 V gespeist. Die Spannung wird über den Haupt-Netzschalter eingeschaltet. Gleichzeitig wird beim Einschalten immer zurückgesetzt (Reset). Anschließend kann die Befehlseingabe durch Schließen der Bedientasten-Schalter vorgenommen werden. Der weitere Ablauf der Speicherung und des Sendersuchlaufes war schon erläutert worden.

Die *Datenausgabe* wird über die rechts angeordneten Anschlüsse vorgenommen, und zwar die Spannungen für Band I, Band III, UHF, Feinabstimmung, AV-Buchse und Abstimmung.

6.6 Fehler in der Programmwahl

6.6.1 Der Videorecorder schaltet nicht ein

Obwohl die LED-Anzeige „Netz ein“ anzeigt, sind keine Funktionen auszuführen.

Fehlerursache

Es sollte zuerst versucht werden, nach einiger Zeit nochmals zu schalten. Es besteht die Möglichkeit, daß der *Bedienteil-Mikrocomputer* statisch aufgeladen ist. Dann blockiert er und es ist keine Datenausgabe möglich. Sollte der Fehler nach einiger Zeit wieder auftreten, oder wiederholt er sich ständig, so muß der Bedienteil-Mikrocomputer ausgewechselt werden. Bringt das wiederholte Einschalten keinen Erfolg, so sollte nach der Betriebs-Spannungskontrolle und der Kontrolle des Resetimpulses die Taktfrequenz an diesem Mikrocomputer überprüft werden. Der Quarz kann defekt sein. Ist auch die Taktfrequenz vorhanden, so wird der Bedienteil-μC defekt sein.

6.6.2 Die Programmwahl funktioniert nicht

HF-Aufnahmebetrieb:
Es kann kein Programm geschaltet werden. Auf dem Bildschirm des angeschlossenen Fernsehempfängers ist nur Schnee zu sehen oder der Schirm ist dunkel getastet.

Mit dem Suchlauf können die Sender jedoch eingestellt werden.

Fehlerursache

Die Datenausgabe des Bedienteiles ist defekt. Da der Suchlauf funktioniert, arbeitet auch der Speicher. Der Bedienteil-μC wird defekt sein.

6.6.3 Einige Programmplätze lassen sich nicht wählen

Eine Programmwahl ist nicht für alle Programme möglich.

Fehlerursache

Die Dateneingabe dieser Programmwahl ist defekt. Wenn die dazugehörige Anzeige ebenfalls nicht funktioniert, so wird die Kontaktgabe fehlerhaft sein. Arbeitet die Anzeige jedoch, so liegt eine Leitungsunterbrechung zum Dateneingang vor, oder der μC ist defekt.

6.6.4 Die Programm-Anzeige leuchtet nicht

Die Programme lassen sich jedoch normal schalten und programmieren.

Fehlerursache

Die Stromversorgung der Anzeige ist defekt. Es ist unwahrscheinlich, daß alle LEDs defekt sind. Bei der Digitalanzeige wird ein Treiber defekt sein oder dessen Stromversorgung fehlt.

6.6.5 Die Programme verschwinden beim Umschalten im HF-Aufnahme-Betrieb

Mit dem Sendersuchlauf lassen sich die einzelnen Programmplätze belegen, nach dem nächsten Umschalten sind die Programme jedoch wieder verschwunden. Dann ist nur Schnee zu sehen und Rauschen zu hören. Auch eine Aufnahme ist dann nicht möglich.

Fehlerursache

Die Speicherung ist defekt. Der Bedienteil-µC oder der Speicher sind defekt. Sollte für die Betriebsspannungserzeugung des Speichers ein Akkumulator vorhanden sein, so kann dieser defekt sein.

6.6.6 Die Programme verschwinden nach einiger Zeit im HF-Aufnahme-Betrieb

Mit dem Sendersuchlauf lassen sich die einzelnen Programmplätze belegen, nach einiger Zeit verschwinden sie jedoch, ohne daß geschaltet wurde. Dann ist nur Schnee zu sehen und Rauschen zu hören. Eine Aufnahme ist dann nicht möglich.

Fehlerursache

Der Speicher verliert sein „Gedächtnis". Die Betriebsspannung des Speichers wird erheblich unterschritten oder der Speicher ist defekt.

Der Akkumulator, der die Betriebsspannung liefert, kann ebenfalls defekt sein.

6.7 Fehler im Sendersuchlauf

6.7.1 Der Suchlauf startet nicht

Die gespeicherten Programme sind mit den Programmwahltasten zu schalten. Es ist jedoch nicht möglich, andere Programme zu speichern.

Fehlerursache

Da die gespeicherten Programme gewählt werden können, arbeitet der Speicher normal. Es ist deshalb zuerst zu prüfen, ob die Suchlauf-Start-Spannung nach dem Start vorhanden ist. Außerdem kann ein Fehler im Steuerteil vorhanden sein.

6.7.2 Der Suchlauf stoppt nicht

Der Suchlauf startet und läuft durch. Das ist daran zu erkennen, daß auf dem Bildschirm des angeschlossenen Fernsehempfängers die Programme der einzelnen Sender kurz zu sehen sind und dann wieder verschwinden. Bei optimaler Einstellung dieser Sender stoppt der Suchlauf jedoch nicht.

Fehlerursache

Vom ZF-Teil wird die Diskriminator- (oder Referenz-) Spannung nicht zurückgeführt. Meistens handelt es sich dabei um einen Verstimmungsfehler des Diskriminators. Außerdem kann die Senderkennung fehlen.

Bei einzelnen Gerätetypen stoppt der Suchlauf nur dann, wenn das Kassettenfach geschlossen wird. Bei geöffnetem Fach hält der Suchlauf nicht an. Das Kassettenfach muß geschlossen werden.

6.7.3 Der Suchlauf stoppt neben den Sendern

Der Stop-Befehl wird zwar ausgeführt, aber er erfolgt nicht zum Zeitpunkt, wenn der Sender optimal abgestimmt ist. Meistens wird zu spät gestoppt.

Fehlerursache

Die Stopspannung vom ZF-Teil entspricht nicht dem Abstimmfrequenz-Verlauf. Meistens handelt es sich um einen Verstimmungsfehler, der durch Nachstimmen zu beheben ist.

6.7.4 Der Suchlauf stoppt zu häufig

Er hält auch dann an, wenn nicht empfangswürdige Sender anliegen, also Sender, die mit nicht ausreichender Antennensignalspannung am Antenneneingang anliegen.

Fehlerursache

Es wird eine zu hohe Suchlauf-Stop-Spannung erzeugt und eingegeben. Der Fehler liegt in der Stop-Spannungserzeugung im ZF-Teil.

6.8 Die Fernbedienung

Zusätzlich zu der Bedienung von Hand kann bei vielen Gerätemodellen drahtlos fernbedient werden. Die Betriebsartenwahl wird mit einer Fernbedienung vorgenommen. Die unterschiedlichen Befehle wie beispielsweise Wiedergabe, Aufnahme, Stop, Programmwahl, Zeitlupe, Zeitraffer, Vorlauf, Rücklauf, usw. werden digital von der Fernbedienung ausgegeben und auf einen Träger moduliert. Es entsteht dadurch die Impulsspannung, die über eine Infrarot-Frequenz ausgestrahlt wird (*Abb. 6.8.1*).

6.8.1 Infrarot-Vorverstärker

Eine Fotodiode empfängt die von der IR-Fernbedienung abgestrahlte IR-Signalfrequenz. Die Empfindlichkeit der Fotodiode bei einer Wellenlänge von ca. 940 nm ist sehr hoch. Da

Abb. 6.8.1 Fernbedienung eines Videorecorders

sich die abgestrahlte Infrarotenergie jedoch mit größer werdender Entfernung im Quadrat verringert und außerdem eine Richtungsempfindlichkeit der Fotodiode gegeben ist, muß mit sehr starken Pegelunterschieden der Empfangsenergie gerechnet werden. Die empfangene IR-Energie muß deshalb sehr hoch verstärkt werden, wenn sie nur schwach auf die Fotodiode auftrifft. Eine hohe Eingangsspannung muß dagegen stark begrenzt werden, damit keine zu großen Pegelunterschiede am Ausgang auftreten. Die Regelung muß darüber hinaus sehr schnell vonstatten gehen, damit die Befehle eindeutig erkannt werden können. Die Vorverstärkerschaltung muß deshalb neben dem Verstärker eine Regelung und eine Verstärkungsbegrenzung für den gewünschten Frequenzbereich enthalten. Die *Abb. 6.8.1.1* zeigt die Schaltungsanordnung eines Vorverstärkers. In Serie zur Fotodiode liegt ein Parallelresonanzkreis, der eine selektive Anhebung des Nutzsignales bewirkt. Eine Impedanzwandlerschaltung mit Tr1 sorgt für eine Entkopplung zwischen Fotodiode und IC-Eingang. Im IC wird die Spannung verstärkt, gefiltert und begrenzt. Am Ausgang steht die Verstärker-Impulsspannung zur Verfügung. Es handelt sich um einen 7-Bit-Code, der als Spannungsspitze oszillografisch darzustellen ist. Die Spannung wird anschließend decodiert

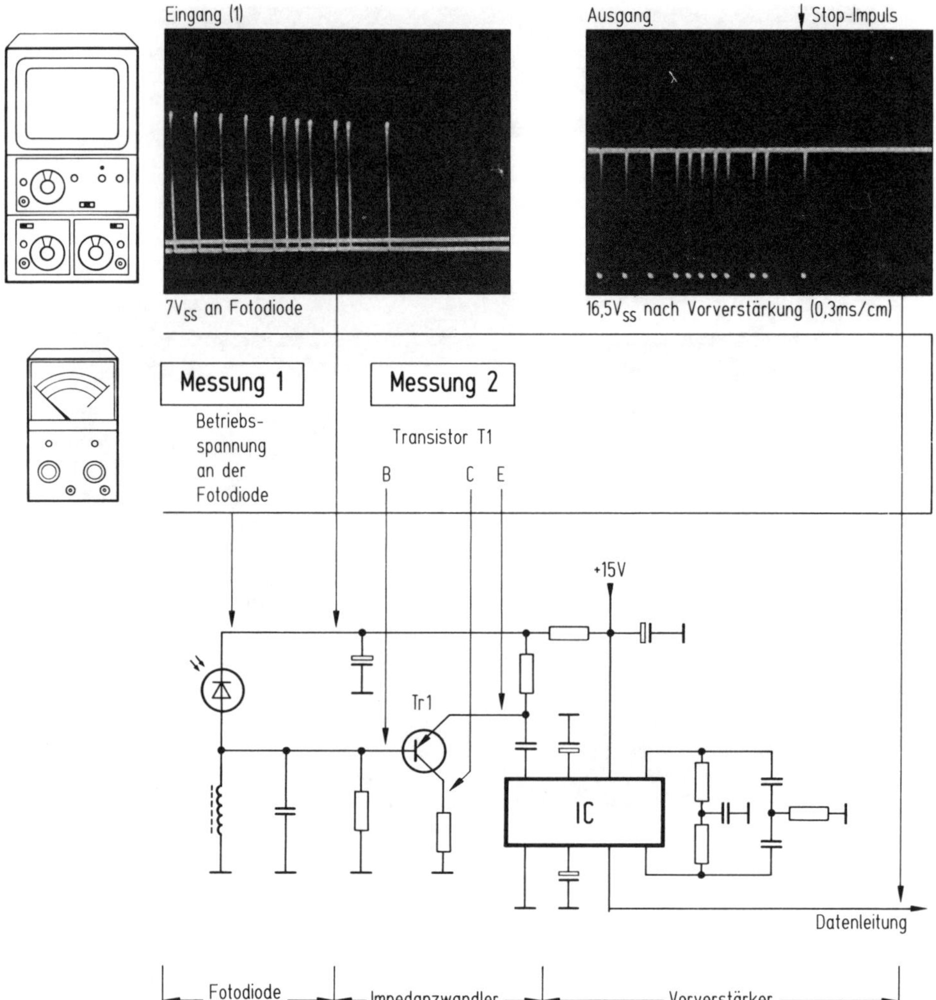

Abb. 6.8.1.1 Schaltungsanordnung eines Infrarot-Vorverstärkers

und zur Dateneingabe und je nach Fernbedienart zur Programmwahl weitergeleitet. Das erweiterte *Blockschaltbild 6.8.1.2* zeigt den Signalweg.

6.8.2 Fehler

6.8.2.1 Totalausfall des IR-Vorverstärkers

Der Videorecorder wird bei diesem Fehler nicht fernzubedienen sein.

Die Nahbedienung am Recorder wird jedoch normal möglich sein.

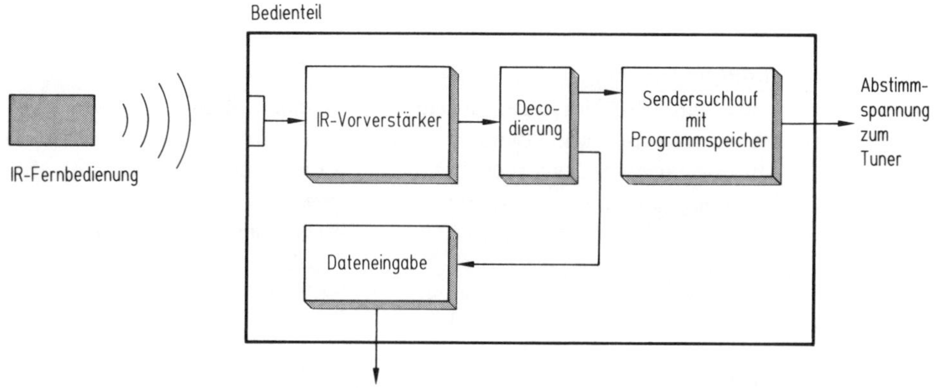

Abb. 6.8.1.2 Erweitertes Blockschaltbild des Signalverlaufes bei Fernbedienung

Der IR-Vorverstärker wird die von der Fernbedienung abgestrahlte modulierte Signalfrequenz nicht weiterleiten. Folglich werden die Bedienbefehle nicht ausgeführt.

Fehlerursache

Meistens ist die Fotodiode defekt, und die Wandlung der modulierten Signalspannung in die Befehlsspannung kann nicht erfolgen. Außerdem kann der Signalweg im Verstärker unterbrochen sein. Das IC wird defekt sein, oder es liegt ein Spannungsfehler vor.

6.8.2.2 Verminderte Verstärkung

Bei einwandfrei arbeitender Fernbedienung kann es vorkommen, daß die Fernbedienfunktionen nur in unmittelbarer Nähe des Videorecorders auszuführen sind.

Fehlerursache

Die Fotodiode ist nicht mehr empfindlich genug oder die Verstärkung reicht nicht aus. Das IC wird defekt sein, oder es liegt ein Spannungsfehler vor.

6.8.3 Prüfungen von IR-Vorverstärkern

1. Prüfung

Die auftretenden Fehler in IR-Vorverstärkern gleichen denen, die bei einem Defekt der IR-Fernbedienung festzustellen sind. Da Fernsteuerungen häufiger defekt werden, *sollte zuerst die Fernsteuerung überprüft werden.*

2. Prüfung

Fotodiode überprüfen
Über der Fotodiode wird die Versorgungsspannung gemessen. Das Instrument bleibt angelegt und dann wird die IR-Fernbedienung in richtige Strahlrichtung in die Nähe der Fotodiode gebracht und eine Taste gedrückt. Dabei muß die gemessene Spannung absinken. Bleibt die Spannung jedoch konstant, so wird die Fotodiode defekt sein.

Diese Prüfung kann auch mit einer eingeschalteten Taschenlampe statt der Fernbedienung vorgenommen werden.

3. Prüfung

Spannungsmessungen
Die Spannungen im Verstärker sollten anschließend gemessen werden. Damit können weitere Fehler lokalisiert werden.

4. Prüfung

Oszillogramm-Aufnahme
An der Fotodiode wird ein Oszillogramm aufgenommen. Gleichzeitig wird die eingeschaltete IR-Fernbedienung auf die Fotodiode gerichtet. Dann muß die Impulsspannung sichtbar sein.

Anschließend wird das Oszillogramm am Ausgang des IR-Vorverstärkers aufgenommen. Es muß dort verstärkt zu sehen sein. Sollte das nicht der Fall sein, so wird der Vorverstärker defekt sein.

7 Fehlersuche in Tunern und in der ZF-Verstärkung

7.1 Die Wirkungsweise des Tuners

Vom Antennenverstärker wird die verstärkte Antennensignalspannung in den Tuner geleitet. Er hat die Aufgabe, die HF-Signalspannung zu verstärken und mit der im Tuner erzeugten Oszillatorfrequenz zu mischen. Die bei der Mischung entstehende Zwischenfrequenz wird dann aus dem Tuner herausgeführt. Das erweiterte Blockschaltbild (*Abb. 7.1.1*) zeigt diese Vorgänge.

Die Abstimmung der Sender wird mit der Abstimmspannung vorgenommen, die vom Bedienteil geliefert wird. Auch die Umschaltung der Empfangsbereiche (Band I, Band III und UHF) erfolgt über den Bedienteil. Zusätzlich wird der Tuner automatisch geregelt.

Im Wiedergabe-Betrieb wird der Tuner nicht benötigt. Seine Aufgabe besteht darin, eigene Aufnahmen von Fernsehprogrammen, unabhängig vom Fernsehempfänger, vorzunehmen. Nur mit einem eingebauten Tuner ist es möglich, ein Fernsehprogramm zu sehen und gleichzeitig ein anderes Programm aufzunehmen.

Immer mehr hat sich das Fernsehen über Kabelanlagen durchgesetzt. Dabei ist ein wesentlicher Unterschied im Empfang der einzelnen Programme gegenüber dem Empfang über die eigene Antenne zu beachten. Bei der Übertragung der HF-Signalspannung über längere Kabelwege entstehen Verluste, die mit steigender Frequenz höher werden. Aus diesem Grund wurden beim Kabelfernsehen zuerst die Kanäle im VHF-Bereich belegt. Damit auch gegenseitige Störungen der Sender vermieden werden, wurde zuerst nur jeder zweite Kanal belegt. Bei den Kanälen 2–12 der Bänder I und III können auf diese Weise nur 6 Sender übertragen werden.

Weitere Sender werden deshalb auf den Sonderkanälen S 1 bis S 10 zwischen Band II und Band III und S 11 bis S 19 zwischen Band III und Band IV/V untergebracht.

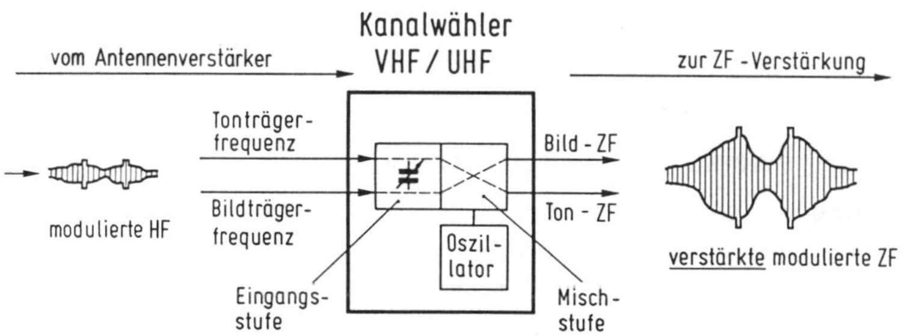

Abb. 7.1.1 Erweitertes Blockschaltbild eines Tuners

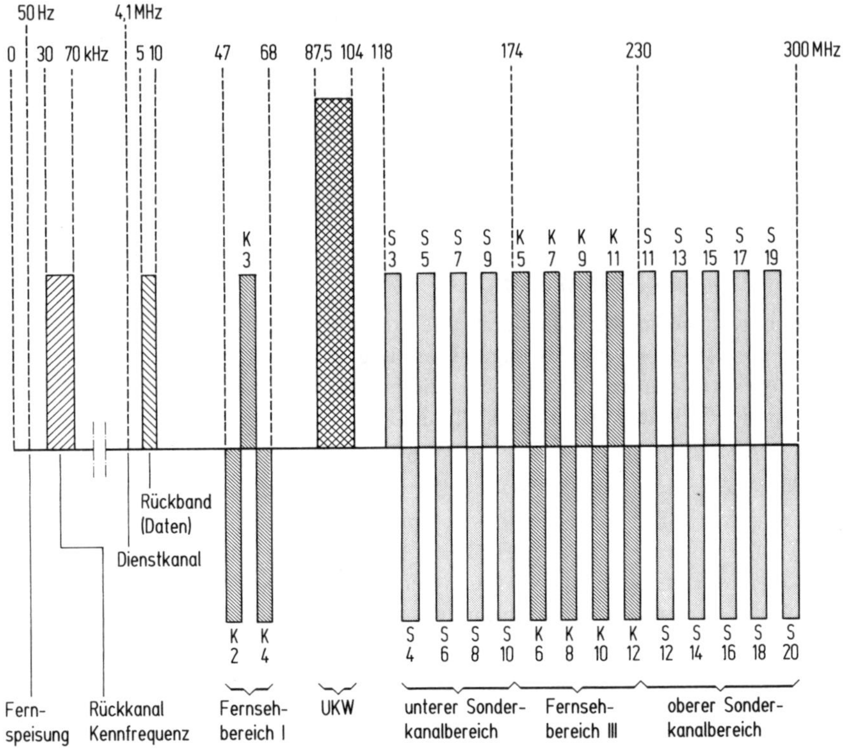

Abb. 7.1.2 Kanalverteilung der Sonderkanalbereiche des Kabelfernsehnetzes

Damit kann der VHF-Bereich von 48,25 MHz bis 62,25 MHz in Band I und dann ab 105,25 MHz bis 287,25 MHz oberhalb von Band III belegt werden.

Ältere Videorecorder, die nicht mit Kabeltunern ausgerüstet sind, können die Sonderkanäle nicht immer empfangen, weil diese beiden Bereiche (der obere und der untere Sonderkanalbereich) teilweise ausgefiltert werden oder nicht abgestimmt werden können.

Die *Abb. 7.1.2* zeigt die Anordnung der Sonderkanäle für das Kabelfernsehen.

7.2 Die Wirkungsweise der ZF-Verstärkung

Die Zwischenfrequenz gelangt vom Tuner in den ZF-Verstärker. Beide Funktionsgruppen sind meistens als Einheit zusammen aufgebaut oder liegen eng beisammen. Der Bildträger hat nach der Mischung eine Frequenz von 38,9 MHz und die beiden Stereo-Ton-Kanäle haben Träger von 33,16 MHz und 33,4 MHz. Bei Monorecordern hat der Tonträger eine Frequenz von 33,4 MHz.

Abb. 2.2.3 Teil eines Testbildes zur Kontrolle der Auflösung. An der sichtbaren Auflösung der Linien kann die Bildqualität kontrolliert werden (zu Seite 17)

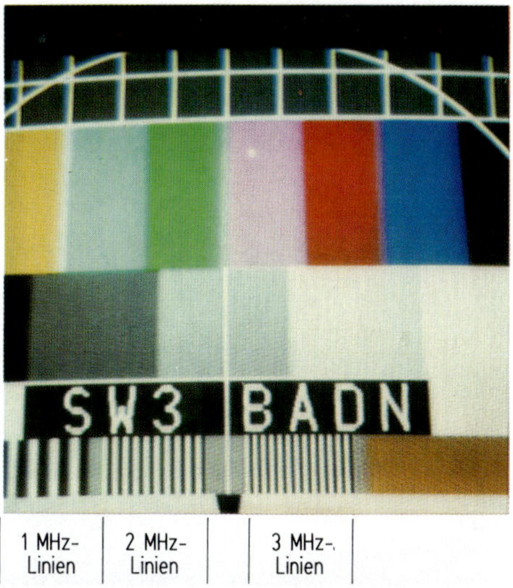

Abb. 2.5.1 Der Fernsehempfänger ist für den Videobetrieb nicht geeignet. Die Regelzeitkonstante ist zu groß (zu Seite 22)

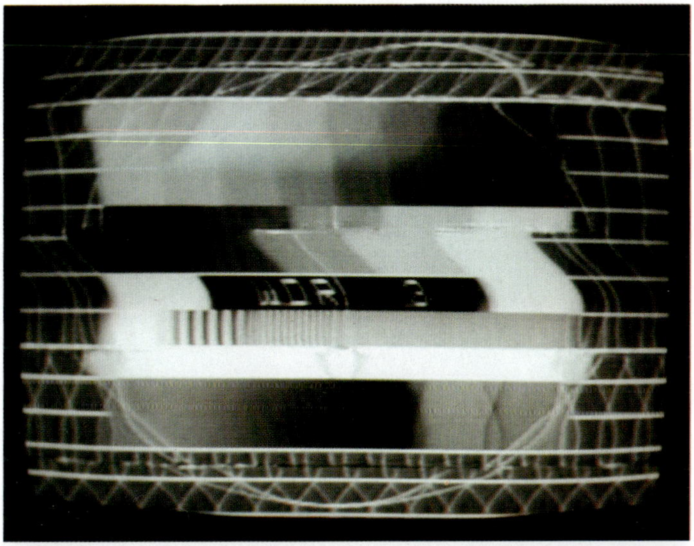

Abb. 2.5.2 Der Fernsehempfänger ist für den Videobetrieb nicht geeignet. Das Bild kippt zeitweilig im oberen und unteren Bereich leicht weg. Die Regelzeitkonstante stimmt nicht (zu Seite 22)

Farbbild-Tafel F2

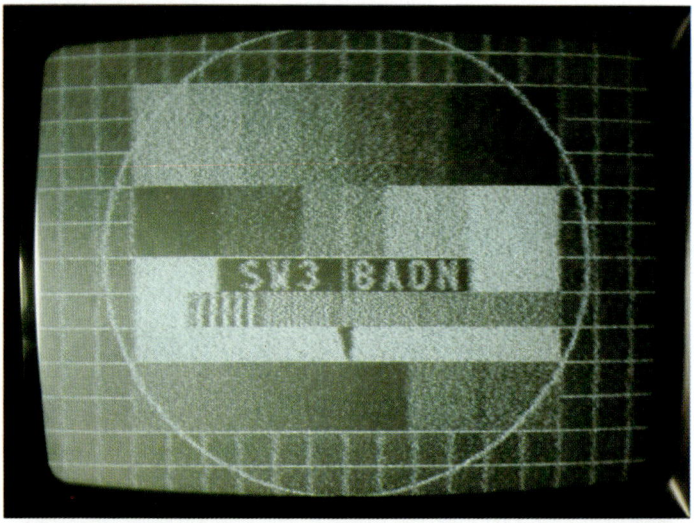

Abb. 4.2.1.1 Der Breitband-Antennenverstärker des Videorecorders ist defekt. Es ist ein mehr oder weniger verschneites Bild zu sehen. Der Fernsehempfänger ist mit einem Videorecorder betriebsbereit zusammengeschaltet (zu Seite 33)

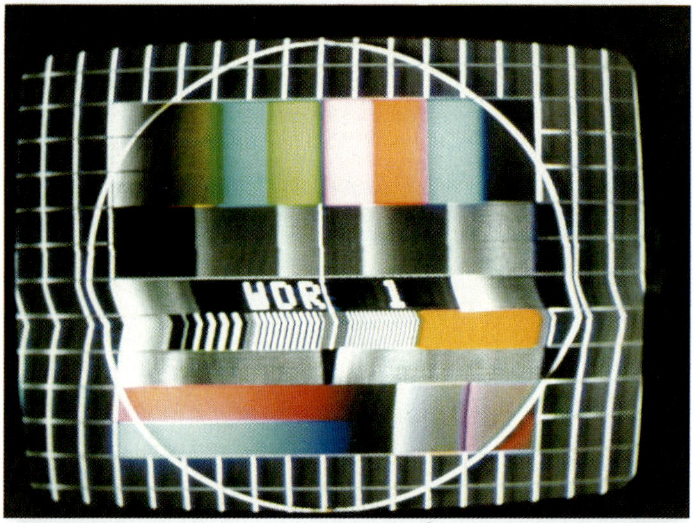

Abb. 4.2.2.1 Das Bild zieht krumm. Die Versorgungsspannung des Antennenverstärkers ist nicht genügend gesiebt. Der Fernsehempfänger ist mit einem Videorecorder betriebsbereit zusammengeschaltet (zu Seite 34)

Abb. 5.2.2.1 Das Bild wurde auf das falsche Maximum der UHF-Trägerfrequenz abgestimmt. Es zeigen sich unscharfe Konturen, und der Ton ist nicht mehr einwandfrei zu hören (zu Seite 39)

Abb. 7.3.1.1 Bei der Wiedergabe einer Eigenaufnahme ist nur grobkörniger Schnee zu sehen und Rauschen zu hören. Der Tuner ist völlig ausgefallen (zu Seite 61)

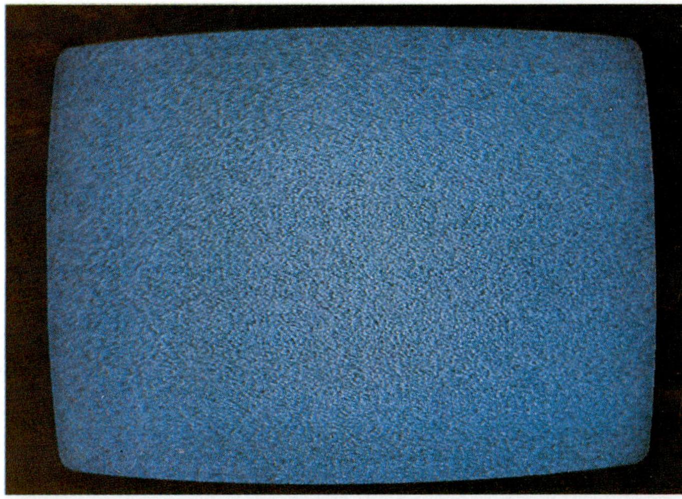

Abb. 7.3.2.1 Bei der Wiedergabe einer Eigenaufnahme ist das Bild verschneit zu sehen. Der Schnee ist grobkörnig. Die Vorstufe des Tuners ist defekt (zu Seite 62)

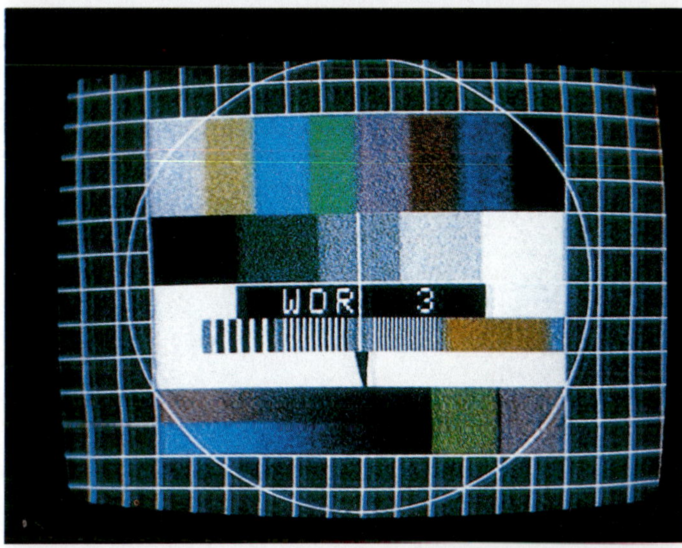

Abb. 7.3.3.1 Bei der Wiedergabe einer Eigenaufnahme ist das Bild sehr stark verschneit zu sehen. Die Farben fehlen. Die Mischstufe ist defekt (zu Seite 62)

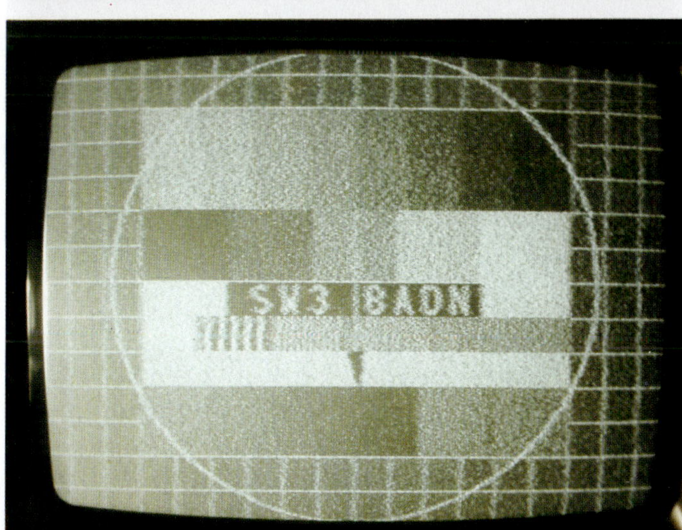

Farbbild-Tafel F4

Abb. 7.3.4.1 Bei der Wiedergabe einer Eigenaufnahme verzieht sich das Bild ständig mehr oder weniger. Die Tuner-Abstimmspannung ist nur mangelhaft gesiebt (zu Seite 62)

Abb. 7.3.5.1 Bei der Wiedergabe einer Eigenaufnahme ist nur feinkörniger Schnee oder eine helle Bildfläche zu sehen. Die ZF-Verstärkung ist defekt (zu Seite 63)

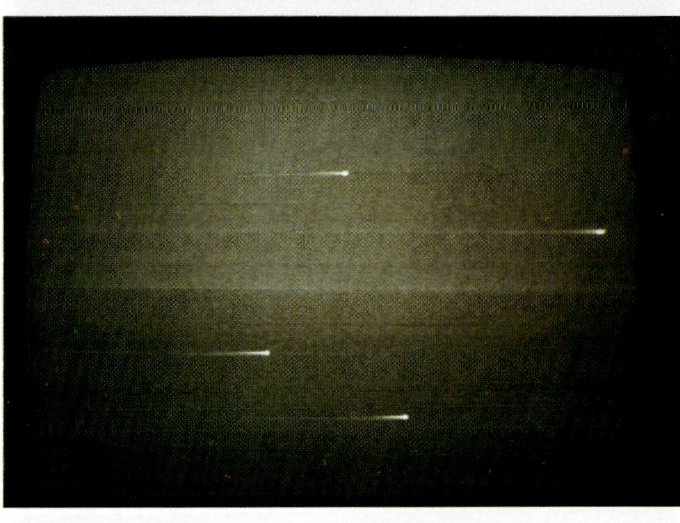

Abb. 8.3.1.1 Der Y-Signalweg ist unterbrochen. Auf dem Bildschirm ist nur eine graue oder schwarze Fläche zu erkennen (zu Seite 72)

Abb. 8.3.2.1 Die Verstärkung des Y-Signalweges ist vermindert. Die Konturen fehlen (zu Seite 73)

Abb. 8.3.2.2 Die Verstärkung des Y-Signales ist vermindert. Im Schwarzweiß-Bild fehlen tiefes Schwarz und helles Weiß (zu Seite 73)

Abb. 8.3.3.1 Kurzschluß im Tiefpaß (3 MHz). Die Farbkanten sind fehlerhaft, und die Farben sind verfälscht (zu Seite 73)

Farbbild-Tafel F6

Abb. 8.7.1.1 Der Farbartsignalzweig ist bei der Aufnahme unterbrochen. Deshalb ist bei der Wiedergabe einer Eigenaufnahme nur ein Schwarzweiß-Bild zu sehen (zu Seite 79)

Abb. 8.7.2.1 Die Verstärkung des Farbartsignales ist vermindert (zu Seite 80)

Abb. 8.7.3.1 Der Farbaufsprechstrom ist zu hoch. In den Farben ist die dabei auftretende Störung zu erkennen (zu Seite 80)

Farbbild-Tafel F8

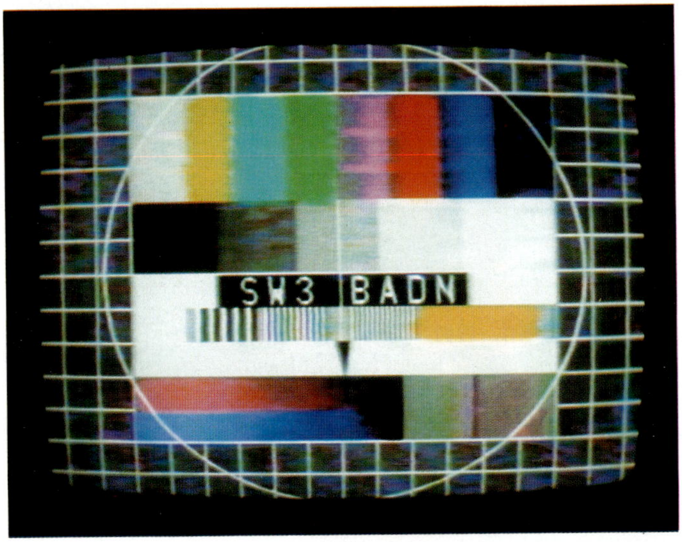

Abb. 8.7.4.1 Das 1. Filter des Farbartsignal-Zweiges weist einen Kurzschluß auf (zu Seite 80)

Abb. 8.9.3.1 Der Farbaufsprechstrom ist zu niedrig. Die Farben sind verrauscht (zu Seite 83)

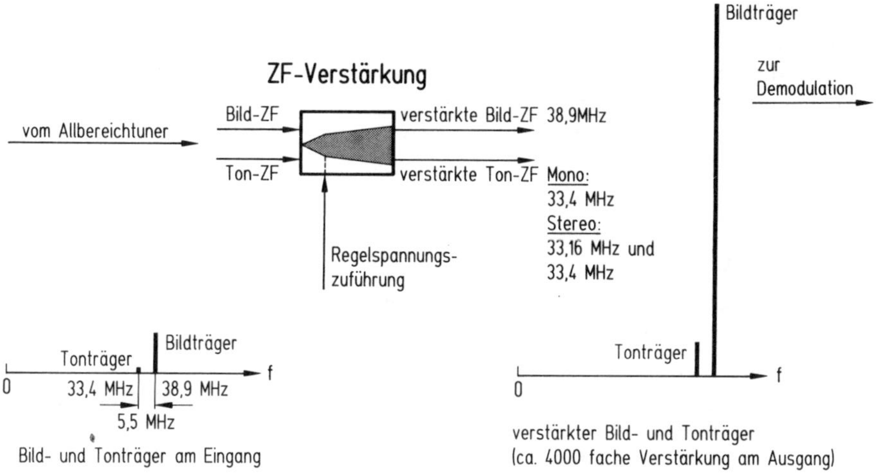

Abb. 7.2.1 Erweitertes Blockschaltbild eines ZF-Verstärkers

Die *Abb. 7.2.1* zeigt das Blockschaltbild des ZF-Verstärkers. Er hat eine vier- bis zehntausendfache Verstärkung und muß geregelt werden.

Nach der Verstärkung wird demoduliert, und es stehen dann das FBAS-Signal und die Tonsignale, die noch mit 5,5 MHz und 5,74 MHz bei Stereoempfang oder nur mit 5,5 MHz bei Monoempfang geträgert sind, zur Verfügung. Nach einer weiteren Verstärkung wird diese Ton-DF wiederum demoduliert, so daß dann die Ton-NF zur Verfügung steht.

7.3 Fehler

7.3.1 Totalausfall des Tuners (Abb. 7.3.1.1, Tafel F 3)

Die Wiedergabe einer Fremdkassette funktioniert einwandfrei. Bei der Wiedergabe einer Eigenaufnahme ist nur Schnee zu sehen und Rauschen zu hören. Der Schnee ist *grobkörnig*. Der Sendersuchlauf des Videorecorders stoppt nicht. Beim Durchlaufen ist auch kurzzeitig kein Bild im EE-Betrieb zu sehen.

Bei Geräten ohne Sendersuchlauf ist mit der Senderabstimmung kein Bild einzustellen. Die Antennensignalspannung liegt an. Der Antennenverstärker arbeitet normal.

Der Fernsehempfang (im HF-Betrieb) ist normal.

Eine AV-Aufnahme wird einwandfrei wiedergegeben.

Fehlerursache

Der Tuner ist völlig ausgefallen. Zuerst sollte die Spannungszuführung kontrolliert werden.

Anschließend wird die Abstimmspannung während des Abstimmvorganges gemessen. Die Spannung muß sich dabei allmählich verändern. Sollte die Abstimmspannung fehlen, so muß der Bedienteil in die Fehlersuche mit einbezogen werden. Außerdem muß noch die Regelspannung überprüft werden.

Bei der Fehlersuche im Tuner sollte bei einem Totalausfall zuerst der Oszillator überprüft werden.

7.3.2 Fehlerhafte Vorstufe (Abb. 7.3.2.1, Tafel F 3)

Die Wiedergabe einer Fremdkassette funktioniert einwandfrei. Bei der Wiedergabe einer Eigenaufnahme ist das Bild verschneit zu sehen. Der Schnee ist grobkörnig. Der Ton ist mit Rauschen zu hören.

Die Antennensignalspannung liegt an. Der Antennenverstärker arbeitet normal. Der Fernsehempfang (im HF-Betrieb) ist normal.

Eine AV-Aufnahme wird einwandfrei wiedergegeben.

Fehlerursache

Die Vorstufe des Tuners ist defekt. Zuerst sollten die Spannungen kontrolliert werden.

In den meisten Fällen ist bei dieser Fehlererscheinung der Vorstufentransistor defekt.

7.3.3 Fehlerhafte Mischstufe (Abb. 7.3.3.1, Tafel F 3)

Die Wiedergabe einer Fremdkassette funktioniert einwandfrei. Bei der Wiedergabe einer Eigenaufnahme ist das Bild nur sehr stark verschneit zu sehen. Der Ton ist mit Rauschen zu hören.

Die Antennensignalspannung liegt an. Der Antennenverstärker arbeitet normal. Der Fernsehempfang (im HF-Bereich) ist normal.

Eine AV-Aufnahme wird normal wiedergegeben.

Fehlerursache

Die Mischung kommt zwar noch zustande, aber die Signalspannung wird nur mangelhaft zur ZF-Verstärkung weitergeleitet.

Die Betriebs- und Regelspannungen sollten zuerst überprüft werden. Die Mischstufe wird defekt sein.

7.3.4 Fehlerhafte Tuner-Abstimmspannung (Abb. 7.3.4.1, Tafel F 4)

Die Wiedergabe einer Fremdkassette funktioniert einwandfrei. Bei der Wiedergabe einer Eigenaufnahme zeigt sich die Störung.

Das Bild verzieht sich ständig mehr oder weniger. Der Ton ist nicht gestört.

Der Antennenverstärker arbeitet normal. Der Fernsehempfang (im HF-Betrieb) ist normal.

Eine AV-Aufnahme wird einwandfrei wiedergegeben.

Fehlerursache

Der Tuner-Abstimmspannung ist eine Brummspannung überlagert. Die Siebung der Spannung ist fehlerhaft. Ein Siebkondensator, die Zenerdiode oder das Sieb-IC sind defekt.

7.3.5 Totalausfall der ZF-Verstärkung (Abb. 7.3.5.1, Tafel F 4)

Die Wiedergabe einer Fremdkassette funktioniert einwandfrei. Bei der Wiedergabe einer Eigenaufnahme ist nur *feinkörniger* Schnee zu sehen und Rauschen zu hören. Der Sendersuchlauf stoppt nicht. Beim Durchlaufen ist auch im EE-Betrieb kurzzeitig kein Bild zu sehen.

Bei Geräten ohne Sendersuchlauf ist mit der Senderabstimmung kein Bild einzustellen.

Die Antennenspannung liegt an. Der Antennenverstärker arbeitet normal. Der Fernsehempfang (im HF-Bereich) ist normal.

Eine AV-Aufnahme wird normal wiedergegeben.

Fehlerursache

Die ZF-Verstärkung ist völlig ausgefallen. Bei einem Fehler am ZF-Eingang wird noch feinkörniger Schnee bei der Wiedergabe der Eigenaufnahme zu sehen sein. Bei einem Fehler am ZF-Ausgang wird bei der Wiedergabe einer Eigenaufnahme nur noch eine helle Fläche zu sehen sein. Auch das Tonrauschen wird nicht mehr oder nur noch schwach zu hören sein.

Zuerst sollten die Betriebsspannungen überprüft werden. Dann sollte die Regelspannung gemessen werden. Der ZF-Verstärker wird defekt sein, wenn die Betriebsspannungen anliegen.

7.3.6 Tonausfall bei Eigenaufnahmen

Die Wiedergabe einer Fremdkassette funktioniert einwandfrei. Bei der Wiedergabe einer Eigenaufnahme ist das Bild einwandfrei zu sehen. Der Ton ist jedoch nicht zu hören.

Bei der Wiedergabe einer AV-Aufnahme ist der Ton normal zu hören.

Fehlerursache

Der Verstärker des mit 5,5 MHz modulierten Tones ist defekt. Das Tonsignal kann deshalb nicht zum NF-Verstärker und anschließend zum Ton-Aufnahmekopf weitergeleitet werden.

7.3.7 Intercarrierbrummen während des EE-Betriebes

Beim normalen Fernsehempfang zeigt sich kein Tonfehler. Erst nach dem Umschalten auf Video-Aufnahme Betrieb ist während des EE-Betriebes ein Intercarrierbrummen zu hören. Dieses Brummen zeigt sich besonders dann, wenn Schrifttafeln eingeblendet werden.

Auch bei einer Eigenaufnahme kann der Brummton zeitweilig zu hören sein.

Fehlerursache

Das Intercarrierbrummen ist dann zu hören, wenn die Restträger-Amplitude unterschritten wird. Das kommt meistens dann vor, wenn der ZF-Verstärker nicht einwandfrei abgestimmt ist. Der Abgleich sollte nachkontrolliert werden. Oft hilft ein leichtes Nachstellen der Spulenkerne der ZF-Filter.

Außerdem kann die Restträger-Einstellung des UHF-Modulators falsch sein. Sie muß nachgestellt werden.

8 Fehlersuche bei der Aufnahme

Nach der Demodulation im HF-Teil stehen das FBAS-Signal und das Ton-NF-Signal zur weiteren Verfügung. Die beiden Signalspannungen werden getrennt weiterverarbeitet. Das FBAS-Signal, das aus dem Farbartsignal und dem Y-Signal besteht, wird in den Videoteil weitergeleitet. Die *Abb. 8.1* zeigt eine Zeile des FBAS-Signales.

Eine direkte Aufzeichnung des FBAS-Signales ist aus verschiedenen Gründen nicht möglich. Ein wesentlicher Grund ist dabei der, daß es zur Zeit nicht möglich ist, die FBAS-Signalspannung mit der vollen Bandbreite von ca. 5,5 MHz direkt zu speichern, ohne daß der Kostenaufwand dabei zu hoch wäre. Es muß deshalb ein Kompromiß eingegangen werden, mit dessen Hilfe eine gute Bildqualität bei vertretbar niedrigen Kosten gewährleistet ist. Dieser Kompromiß wurde auf folgende Weise gefunden:

Zuerst wird eine Spaltung des FBAS-Signales in das BAS-Signal und das Farbartsignal vorgenommen. Das BAS-Signal wird anschließend in eine frequenzmodulierte Spannung im Bereich von ca. 3...5 MHz gewandelt. Dem Farbartsignal mit seinem Träger von 4,43 MHz wird durch Mischung mit einem Hilfsträger eine andere Trägerfrequenz gegeben. Das Farbartsignal liegt dann unterhalb des FM-Bereiches des BAS-Signales. Die Bandbreite des BAS-Signales wird auf 3 MHz beschränkt. In der *Abb. 8.2* ist das gesamte Frequenzspektrum des FBAS-Signales zu sehen. Das Farbartsignal mit unterdrücktem Träger von 4,43 MHz befindet sich im oberen Bereich. Im Videorecorder wird das Signal in den unteren Bereich transponiert, wie das die *Abb. 8.3* zeigt.

Das BAS-Signal wird frequenzmoduliert. Der FM-Hubbereich befindet sich dann zwischen 3 bis 4,4 MHz. Aus diesem Bereich wurde das Farbartsignal verlagert. Das untere Seitenband liegt zwischen dem Farbartsignal-Bereich und dem FM-Hub-Bereich des BAS-Signales.

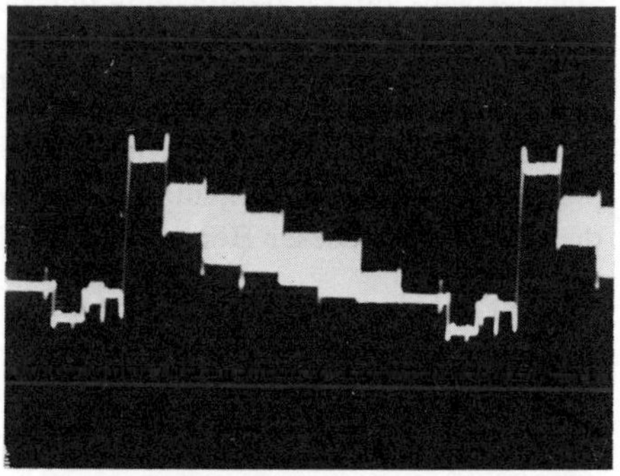

Abb. 8.1 Oszillogramm einer Zeile des FBAS-Signales

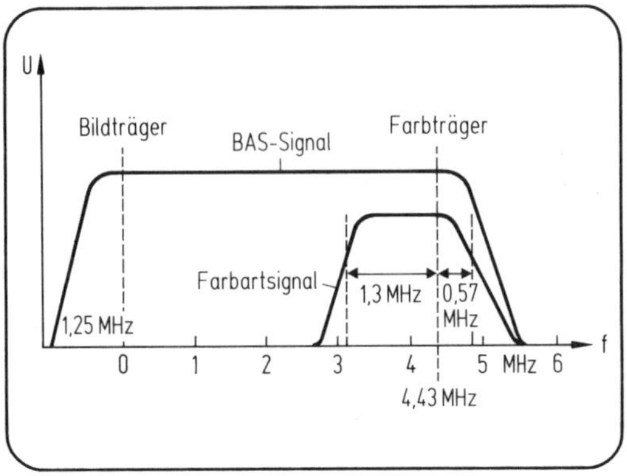

Abb. 8.2 Das Frequenz-Spektrum des FBAS-Signales vor der Aufbereitung

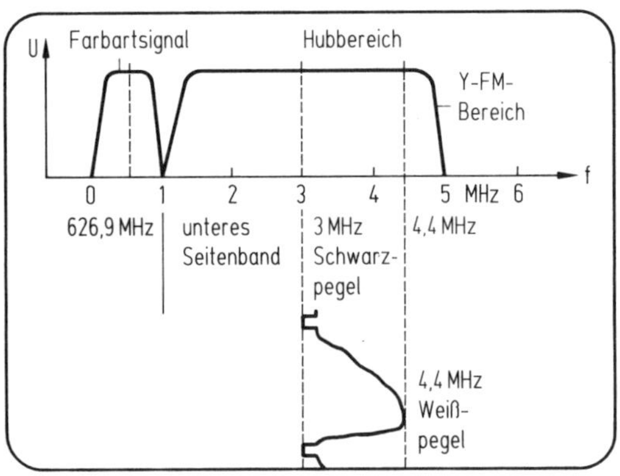

Abb. 8.3 Das Frequenz-Spektrum nach der Aufbereitung

Eine Umwandlung des Farbartsignales vom amplitudenmodulierten in ein frequenzmoduliertes Signal ist nicht nötig, weil die Bandbreite nur 1 MHz beträgt.

Die *Abb. 8.4* zeigt nochmals den Farbträger und den Frequenzbereich des Farbartsignales vor der Umsetzung, also am Eingang des Videoteiles. Der Frequenzbereich des BAS-Signales wird zur Verdeutlichung der Zusammenhänge angedeutet.

Die *Abb. 8.5* zeigt das gleiche Signal nach der Umsetzung in den Bereich unter 1 MHz.

Die *Abb. 8.6* zeigt den Frequenzbereich des BAS-Signales vor der Umsetzung. Dieses Signal wird in ein frequenzmoduliertes umgewandelt. Die *Abb. 8.7* zeigt den Hub-Bereich dieses Signales. Dieser Bereich mußte für das BAS-Signal freigemacht werden.

Es ist üblich, das BAS-Signal auch Y-Signal zu nennen, deshalb soll dieser Ausdruck in der Folge benutzt werden.

Das erweiterte Blockschaltbild des gesamten Videoteiles bei der Aufnahme zeigt die *Abb. 8.8*. Das vom HF-Teil kommende FBAS-Signal wird in die zwei Signalzweige getrennt und

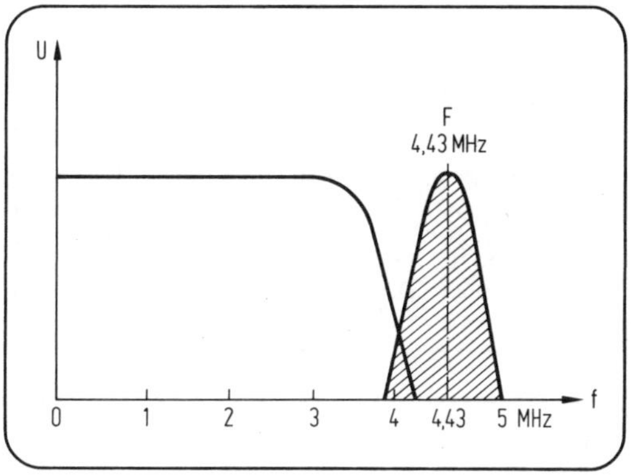

Abb. 8.4 Der Frequenzbereich des Farbartsignales *vor* der Umsetzung. Der Frequenzbereich des BAS-Signales wird zusätzlich angedeutet

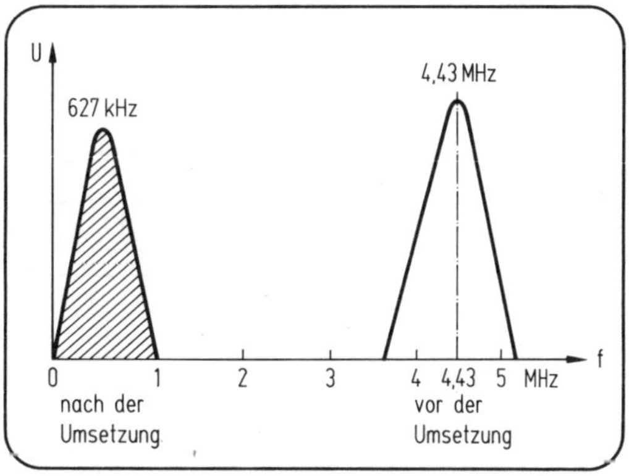

Abb. 8.5 Der Frequenzbereich des Farbartsignales nach der Umsetzung. Das BAS-Signal wurde ebenfalls umgesetzt

wird am Ende wieder in geänderter Form zusammengefügt und zur Aufnahme dem Videokopf zugeleitet.

8.1 Der Signalweg des Y-Signales

Die Trennung des Y-Signales vom Farbart-Signal am Eingang des Videoteiles erfolgt mit Hilfe eines Filters, das eine Grenzfrequenz von ca. 3 MHz hat. Die darüberliegenden Frequenzen werden gesperrt. Das Farbartsignal und auch der 5,5-MHz-Tonträger werden durch die Zwischenschaltung dieses Tiefpasses vom Y-Signal getrennt. Auch Störungen des Y-Signales durch das Farbartsignal werden durch diese Filterung verhindert.

Das amplitudenmodulierte Y-Signal wird anschließend, wie schon beschrieben wurde, in ein frequenzmoduliertes Signal umgesetzt. Dadurch wird die weitere Verarbeitung vereinfacht und es werden folgende Vorteile erzielt:

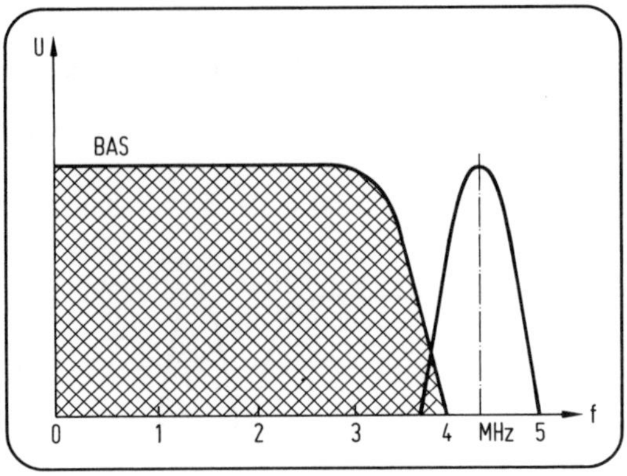

Abb. 8.6 Der Frequenzbereich des BAS-Signales *vor* der Umsetzung. Der Frequenzbereich des F-Signales wird angedeutet

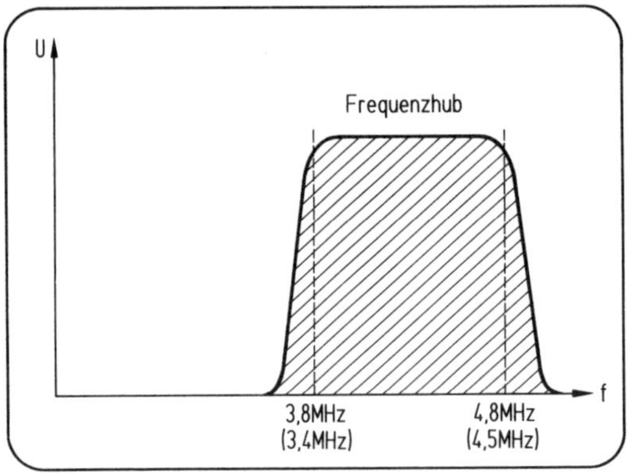

Abb. 8.7 Der Hub-Bereich des umgesetzten, frequenzmodulierten BAS-Signales

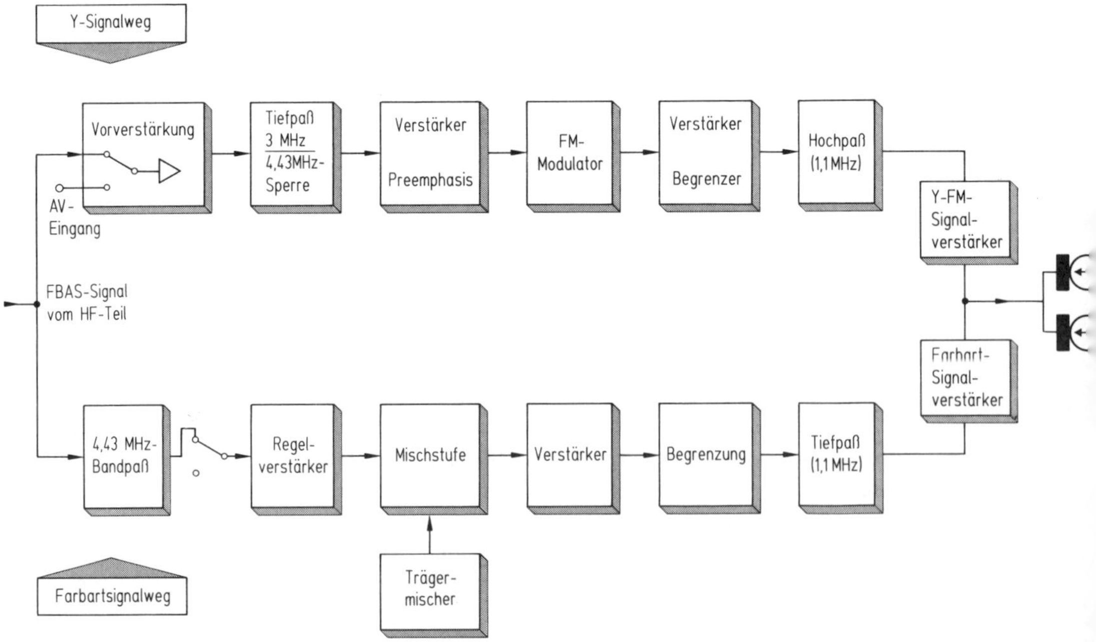

Abb. 8.8 Erweitertes Blockschaltbild des Videoteiles bei der Aufnahme

1. Nach der Umwandlung ist die Amplitude der Spannung konstant. Damit kann der Aufsprech*strom* trotz unterschiedlicher Amplituden immer gleichbleibend sein.
2. Mit der Begrenzerschaltung können Amplitudenfehler und -störungen im Wiedergabe-Betrieb leicht verhindert werden.
3. Gleichspannungsanteile, die im Y-Signal enthalten sind, werden durch die Umwandlung in einen bestimmten Frequenz-Anteil geändert und bleiben damit erhalten.
4. Probleme durch ständige Amplitudenänderungen in den Köpfen werden vermieden, eine Entzerrung der Kopfspannungskurve wird erleichtert.

Durch die Umwandlung wird jedem Helligkeitswert des Y-Signales ein bestimmter Frequenzwert zugeordnet. Schwarz, Grau in allen Abstufungen und Weiß des Fernsehbildes werden zu Frequenzen in dem schmalen FM-Signal-Bereich.

Dem Schwarzpegel (Boden des Synchronimpulses) wird die untere Frequenz zugeteilt und der Weißpegel entspricht dann der oberen Modulatorfrequenz.

Bei der FM-Modulation entstehen normalerweise mehrere Seitenbänder, die zu den jeweiligen Trägerfrequenzen addiert (bzw. subtrahiert) werden müssen. Damit wird die Breite des gesamten Frequenzbandes bestimmt. Der Übertragungsbereich müßte normalerweise so breit sein, daß das obere und das untere Seitenband noch mit berücksichtigt würden. Zu der höchsten Modulatorfrequenz von 4,8 MHz müßten noch 3 MHz für die Übertragung des oberen Seitenbandes addiert werden und von der niedrigsten Modulatorfrequenz müßten 3 MHz subtrahiert werden, so daß der Gesamt-Übertragungsbereich von 0,4 MHz bis 7,4 MHz reichen würde. Es ist jedoch möglich, ohne größere Bildqualitätsminderung das obere Seitenband zu unterdrücken, da darin die gleichen Informationen wie im unteren enthalten sind. Im unteren Bereich kann darüber hinaus zusätzlich noch eine Reduzierung der Bandbreite vorgenommen werden, so daß das gesamte Frequenzband von etwa 1 MHz bis 4,8 MHz reicht.

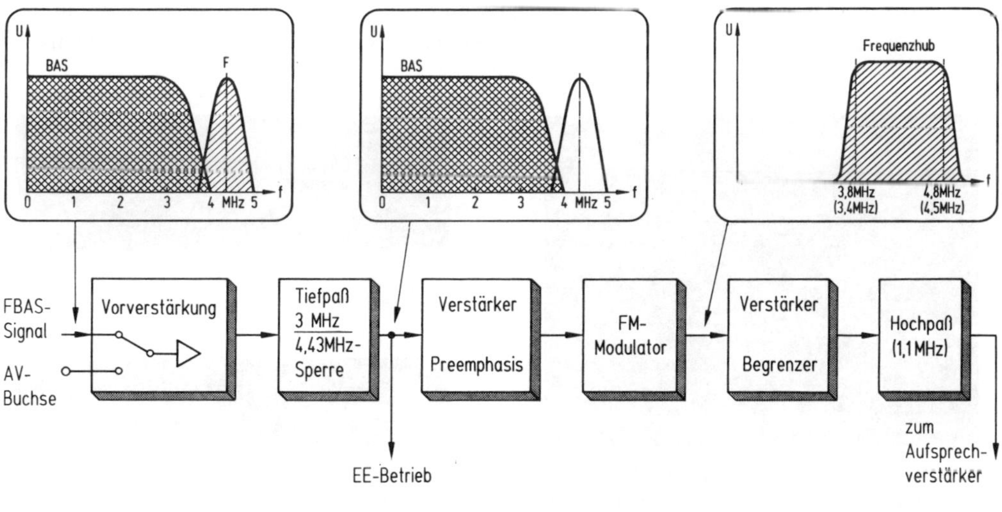

Abb. 8.1.1 Erweitertes Blockschaltbild des Y-Signalweges bei der Aufnahme

Der Verlauf des Y-Signales beim Aufnahme-Betrieb ist in der *Abb. 8.1.1* zu sehen. Am Eingang des Y-Signalzweiges liegt das FBAS-Signal an, das bei der Aufnahme vom HF-Teil kommt. Es kann auch über die AV-Buchse eingespeist werden. Damit beide Signale sich nicht gegenseitig stören, wird auf die jeweils gewählte Betriebsart umgeschaltet. Anschließend wird das BAS-Signal mit dem 4,43-MHz-Filter ausgefiltert, das heißt, das Farbartsignal wird gesperrt. Das Y-Signal wird dann verstärkt, und die hohen Frequenzen werden in einer Preemphasis-Schaltung angehoben. Der Sinn dieser Schaltung ist es, das Signal-Rausch-Verhältnis zu verbessern. Bei der Frequenzmodulation erhöht sich der Rauschanteil der höheren Frequenzen. Durch die Anhebung des Signales in der Preemphasis-Schaltung und der Absenkung bei der Wiedergabe in der Deemphasis-Schaltung wird der Signal-Rauschspannungs-Abstand verbessert.

Damit das aufzunehmende Bild gleichzeitig auf dem Bildschirm des Fernsehempfängers gesehen werden kann, wird ein Teil der Signalspannung herausgeführt, zum Farbartsignal addiert und zum HF-Modulator geleitet (EE-Betrieb).

Außerdem wird der Weißwert eingestellt und der Schwarzwert begrenzt. Anschließend wird die Signalspannung zum FM-Modulator geleitet. Die Frequenz des FM-Modulators wird vom Pegel des Signales gesteuert. Der Oszillator schwingt durch die vorherige Weißwerteinstellung bei Weiß mit einer Frequenz von 4,8 MHz. Der Hubbereich beträgt ca. 1 MHz, so daß der Pegel der Impulsdächer bei 3,8 MHz liegt. Das FM-Signal durchläuft noch eine Verstärker- und Begrenzerstufe und wird anschließend mit dem eingesetzten Farbartsignal im Verhältnis von ungefähr 10:1 überlagert.

8.2 Die Fehlersuche im Y-Signalzweig

Bei der Fehlersuche im Bereich des BAS-Signales bis zur FM-Modulation kann noch eine Eingrenzung des Fehlerortes dadurch vorgenommen werden, daß der EE-Betrieb mit in die Überlegungen einbezogen wird. Die Signalspannung für den EE-Betrieb wird je nach

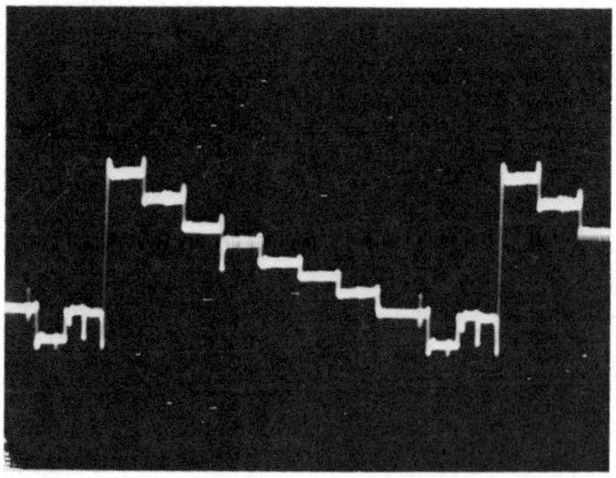

Abb. 8.2.1 Oszillogramm einer Zeile des BAS-Signales. Das F-Signal ist nicht mehr sichtbar

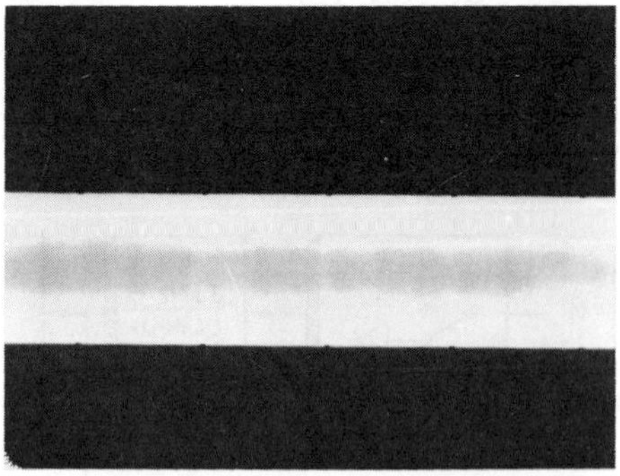

Abb. 8.2.2 Oszillogramm der FM-Modulatorspannung mit gleichbleibender Amplitude

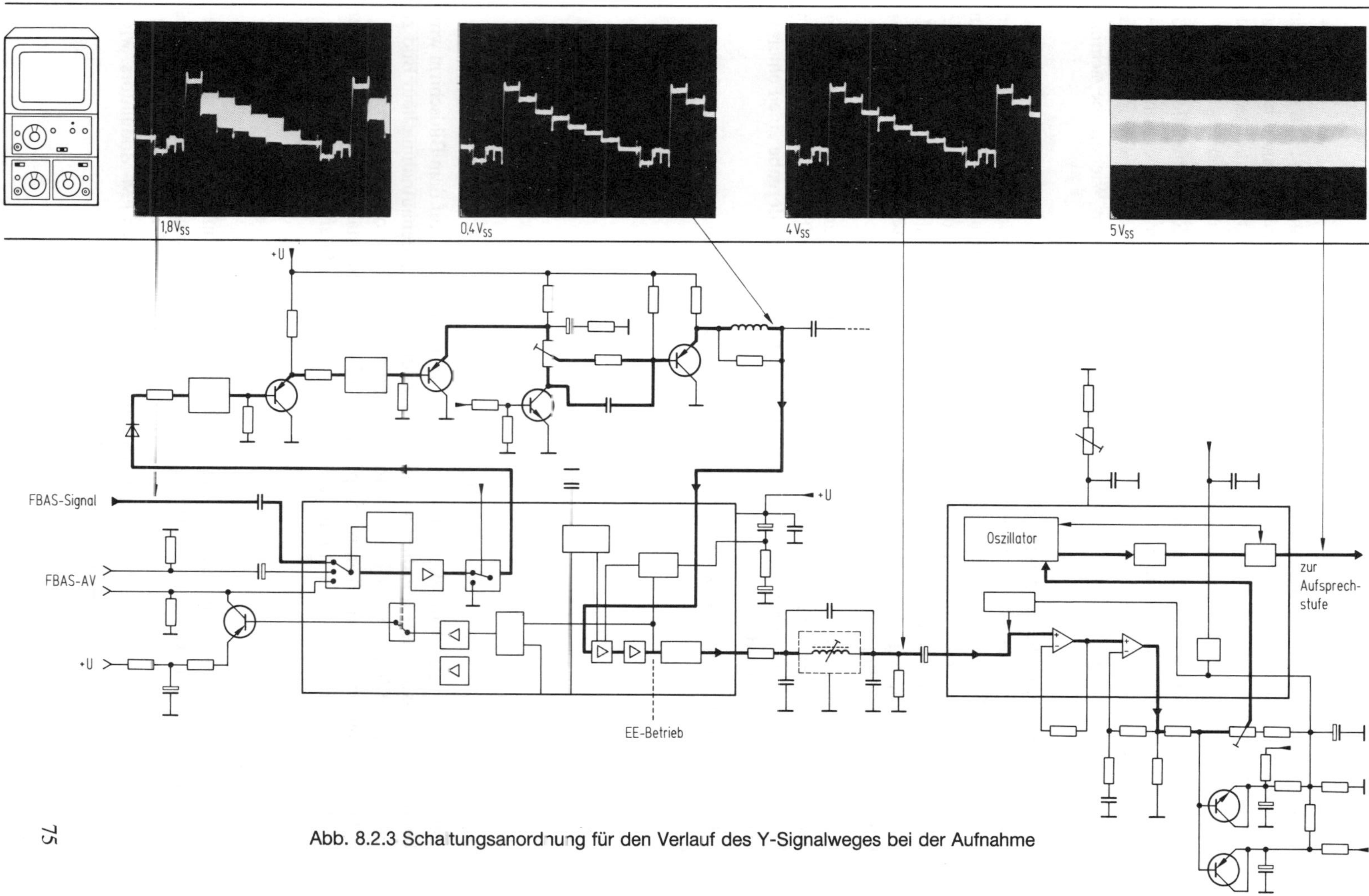

Abb. 8.2.3 Schaltungsanordnung für den Verlauf des Y-Signalweges bei der Aufnahme

Schaltung an unterschiedlicher Stelle herausgeführt. Daraus folgt, daß der Fehler zwischen der FBAS-Signaltrennung und dem Herausführen des EE-Anschlusses liegen muß, wenn der Fehler im Aufnahme-Betrieb auf dem angeschlossenen Bildschirm des Fernsehempfängers zu sehen ist.

Umgekehrt wird die Fehlererscheinung in der Mehrzahl der Reparaturfälle auf dem Kontrollbild bei der Aufnahme nicht zu sehen sein, wenn ein Fehler nach der Auskopplung der Signalspannung für den EE-Betrieb, beispielsweise im FM-Modulator, vorliegt. Die Eigenaufnahme ist dann fehlerhaft, was jedoch erst bei der späteren Wiedergabe sichtbar wird.

Bei den Fehlern, die in diesem Signalzweig vermutet werden, empfiehlt es sich, das Oszilloskop zur Fehlersuche zu benutzen. Damit sind Fehler leicht festzustellen. Nach dem Filter muß das BAS-Signal zu sehen sein (*Abb. 8.2.1*). Diese Signalspannung muß dann anschließend im Verlauf des Signalweges bis zum FM-Modulator meßbar sein. Auch die Verstärkung ist einwandfrei in der unterschiedlichen Amplitude sichtbar. Nach der FM-Modulation ist die Signalspannung allerdings als *gleichbleibende* Wechselspannung hoher Frequenzen zu oszillografieren (*Abb. 8.2.2*).

Bei der Aufnahme und bei der Wiedergabe werden teilweise unterschiedliche Verstärker benutzt. Es kann deshalb so sein, daß beim Abspielen eines fremdbespielten Bandes kein Fehler zu sehen ist, dagegen nach der Eigenaufnahme bei deren Wiedergabe eine Fehlererscheinung sichtbar wird.

Die *Abb. 8.2.3* zeigt das komplette Schaltbild des Y-Signalweges für den Aufnahmebetrieb.

8.3 Fehler

8.3.1 Totalausfall des Y-Signalzweiges

Bei einem Totalausfall kann der Y-FM-Modulator nicht arbeiten. Auf dem Bildschirm wird bei der Wiedergabe einer mit diesem Fehler aufgenommenen Eigenaufnahme kein Bild zu sehen sein. Die Bildfläche ist je nach Helligkeitseinstellung heller oder dunkler grau.

Je nach angeschlossenem Kontrollempfänger wird der Ton normal zu hören sein oder er wird als Folge des Bildfehlers stummgeschaltet (*Abb. 8.3.1.1, Tafel F 4*).

Fehlerursache

Zwischen der Auskopplung des BAS-Signales bis zur Aufsprechstufe kann eine Unterbrechung oder ein Kurzschluß im Signalweg vorliegen. Die Aufnahme eines Oszillogrammes vor dem FM-Modulator führt zur Klärung, ob der Fehler im Y-Zweig oder vor dem FM-Modulator zu suchen ist. Fehlt die Signalspannung am Eingang des FM-Modulators, wird der Fehler rückwärts in Richtung FBAS-Eingang festgestellt.

8.3.2 Verminderte Verstärkung

Im Bild fehlen tiefes Schwarz und helles Weiß (*Abb. 8.3.2.1, Tafel F 5*). Der Fehler ist dann am besten zu sehen, wenn der Farbkontrast zurückgenommen wird, also nur noch ein Schwarzweiß-Bild sichtbar ist. Dann ist im Bild nur noch helleres und dunkleres Grau zu sehen (*Abb. 8.3.2.2, Tafel F 5*).

Fehlerursache

Es besteht die Möglichkeit, daß ein Einsteller für die Grundeinstellung der Y-Signal-Verstärkung verstellt wurde. Außerdem kann es sein, daß ein aktives Bauelement in dem Y-Signalzweig defekt ist oder die Spannungsversorgung fehlerhaft ist.

Im Oszillogramm ist dieser Fehler deutlich daran zu erkennen, daß die Größenverhältnisse zwischen dem Zeilenimpuls und der Signalamplitude nicht mehr stimmen (*Abb. 8.3.2.3*).

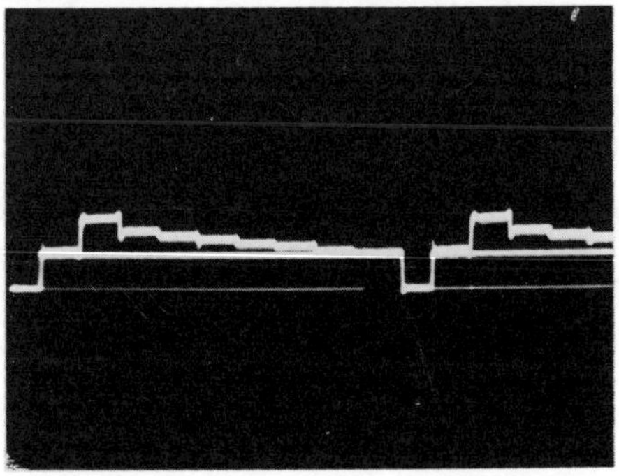

Abb. 8.3.2.3 Fehlerhafte BAS-Signalspannung. Das Verhältnis zwischen der Amplitude des Zeilenimpulses und der Signalspannung stimmt nicht mehr. Die Signal-Amplitude ist zu niedrig

8.3.3 Kurzschluß im Tiefpaß (3 MHz)

Das Farbartsignal wird dann nicht ausgefiltert und verursacht eine Störung an den Farbübergängen. Außerdem sind Farbverfälschungen festzustellen (*Abb. 8.3.3.1, Tafel F 5*). Deutlich ist das bei Weiß und Gelb zu sehen.

Fehlerursache

Der Tiefpaß filtert den 4,43-MHz-Farbträger nicht aus. Ein Kondensator wird einen Kurzschluß aufweisen oder das Filter ist defekt.

8.4 Die Aufbereitung des Farbartsignales

Das Farbartsignal steht im FBAS-Signal am Eingang des Videoteiles zur Verfügung.

Mit Hilfe eines Bandpasses, der eine Bandbreite von 1 MHz hat, wird es vom FBAS-Signal getrennt. Der Bandpaß sperrt darüber hinaus auch den Tonträger-Bereich um 5,5 MHz. Damit das Farbartsignal aufgezeichnet werden kann, muß, wie schon festgestellt wurde, die Farbhilfsträgerfrequenz in eine Frequenz im Bereich unter 1 MHz umgesetzt werden.

Bei den verschiedenen Systemen werden dabei unterschiedliche Trägerfrequenzen benutzt. So wird bei VHS als Trägerfrequenz die 40+1/8fache Zeilenfrequenz gewählt. Das ergibt eine Frequenz von 627 kHz.

Bei dem System Video 2000 wird die 36fache Zeilenfrequenz benutzt. Das ergibt eine Frequenz von 562,5 kHz.

Bei dem System Beta werden zwei Trägerfrequenzen jeweils für die beiden Schrägspuren der zwei Halbbilder verwendet und zwar 685,546 kHz und 689,453 kHz. Diese Frequenzen werden folgendermaßen von der Zeilenfrequenz abgeleitet:

1. Zeilenfrequenz (44-1/8)×15625 Hz = 685,546 kHz
2. Zeilenfrequenz (44+1/8)×15625 Hz = 689,453 kHz

Die Verkopplung mit der Zeilenfrequenz wird bei allen Systemen deshalb vorgenommen, weil damit die Synchronisation erleichtert wird. Laufzeitfehler lassen sich so leichter ausgleichen.

Zur Umsetzung der Farbhilfsträgerfrequenz von 4,43 MHz auf 627 kHz beim VHS-System wird eine Hilfsfrequenz von
4,433 MHz + 0,627 MHz = 5,06 MHz benötigt.

Diese Hilfsfrequenz wird gleichermaßen für Aufnahme- wie auch für den Wiedergabe-Betrieb benötigt. Auch muß sie mit dem Sendersignal verkoppelt werden, damit keine Synchronisationsstörungen bei Aufnahme und Wiedergabe auftreten können. Das ist auch

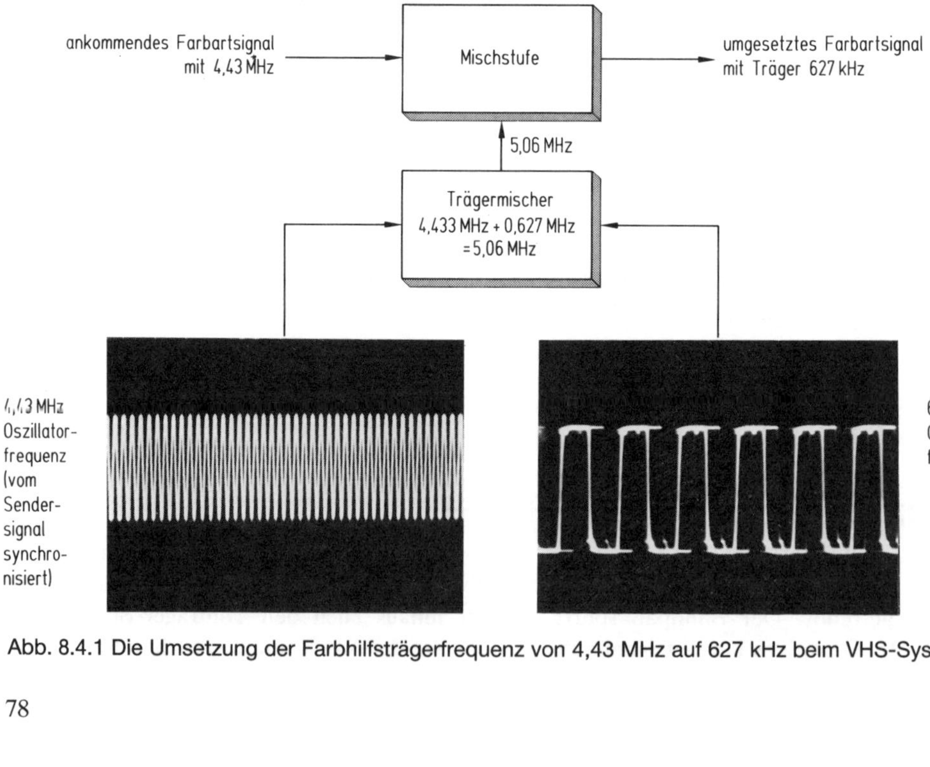

Abb. 8.4.1 Die Umsetzung der Farbhilfsträgerfrequenz von 4,43 MHz auf 627 kHz beim VHS-System

der Grund dafür, weshalb sie nicht in einem besonderen Oszillator erzeugt wird, sondern durch Mischen der Frequenzen von 4,43 MHz und 0,627 MHz entsteht.

Die Frequenz von 0,627 MHz wird entweder mittels eines spannungsgesteuerten Oszillators, der von der Zeilenfrequenz synchronisiert wird, erzeugt oder durch Teilung einer höheren Oszillator-Frequenz (5,015 MHz), die ebenfalls durch die Zeilenfrequenz synchronisiert wird (*Abb. 8.4.1*).

Die Farbhilfsträger-Frequenz von 4,43 MHz wird beim Aufnahme-Betrieb von einem quarzgesteuerten Oszillator geliefert, der vom Senderburst synchronisiert wird. Beim Wiedergabe-Betrieb liefert ein freischwingender Oszillator die Frequenz. Beide Frequenzen (4,43 MHz und 0,627 MHz) werden gemischt und die Summenfrequenzen von
4,433 MHz + 0,627 MHz = 5,06 MHz
wird herausgefiltert und über einen Bandpaß mit eingebauter Differenzfrequenzsperre (3,8 MHz) dem Kammfilter-System zugeführt.

8.5 Der Signalweg des Farbartsignales

Der Bandpaß von 4,43 MHz trennt das Farbartsignal vom FBAS-Signal. Gleichzeitig werden alle störenden Frequenzen unterhalb und oberhalb gesperrt. Das Farbartsignal wird anschließend in einem Regelverstärker soweit verstärkt, daß es mit einer automatischen Farbpegelregelung auf einem konstanten Pegel gehalten werden kann. Die *Abb. 8.5.1* zeigt das Oszillogramm einer Zeile dieser Signalspannung. Anschließend gelangt das Signal in die Mischstufe, in der es mit der Trägerfrequenz von 5,06 MHz gemischt wird. Das Mischprodukt von 627 kHz wird dann aus der Mischstufe herausgeführt, nochmals verstärkt, in der Amplitude begrenzt und durchläuft dann einen Tiefpaß von 1,1 MHz. Dadurch wird nur die umgesetzte Signalspannung (627 kHz) zur nachfolgenden Aufsprechstufe weitergeleitet. Die Abb. 8.8 zeigt den Signalverlauf des Farbartsignales unten im Bild. Das erweiterte Blockschaltbild des Signalverlaufes des Farbartsignales bei der Aufnahme zeigt die *Abb. 8.5.2*.

Beim *Aufnahme-Betrieb* wird die Trägerfrequenz von 5,06 MHz mit einer Oszillatorfrequenz von 627 kHz, die über einen Teiler mit dem Zeilensynchronsignal verkoppelt ist und

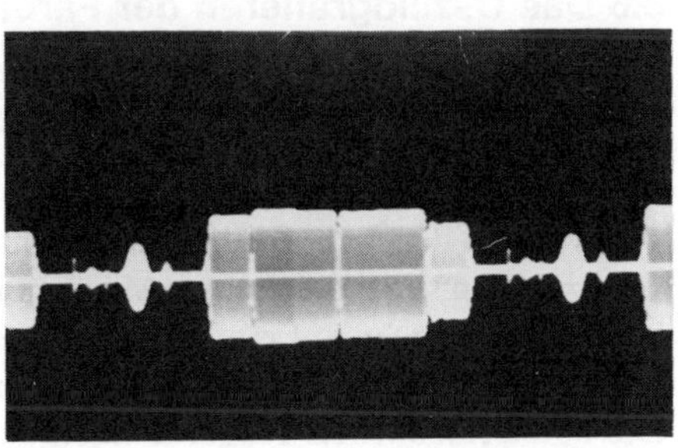

Abb. 8.5.1 Das Oszillogramm einer Zeile des Farbartsignales (F-Signal)

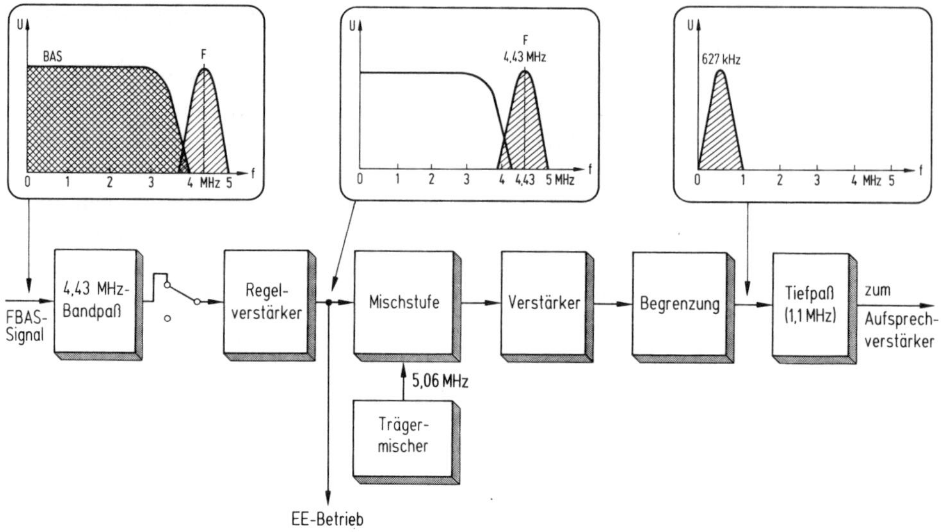

Abb. 8.5.2 Erweitertes Blockschaltbild des Farbartsignalweges bei der Aufnahme

der vom Farbhilfsträger kommenden synchronisierten Frequenz von 4,43 MHz im Trägermischer erzeugt.

Beim *Wiedergabe-Betrieb* wird eine 4,43-MHz-Frequenz statt dessen von einem Quarz-Oszillator erzeugt.

Das komplette Schaltbild des Signalverlaufs des Farbartsignales bei der Aufnahme zeigt die *Abb. 8.5.3*.

8.6 Das Oszillografieren der Farbartsignal-Trägerfrequenzen

Bei der Fehlersuche kann es vorteilhaft sein, einerseits zwischen dem Farbartsignal mit 4,43-MHz Träger und andererseits dem umgesetzten Farbartsignal mit der Trägerfrequenz von 627 kHz zu unterscheiden.

Bei den in der Regel recht unübersichtlich angeordneten Schaltzeichnungen mit teilweise verwirrenden, uneinheitlichen Angaben ist es oft nötig, den Signalweg zu verfolgen. Wenn bei den Messungen auf einfache Weise geklärt werden kann, welche der beiden Trägerfrequenzen des Farbartsignales gerade gemessen wird, so kann das eine wesentliche Hilfe sein. Die unterschiedlichen Träger können bei exakter Einstellung des Oszilloskopes gut unterschieden werden.

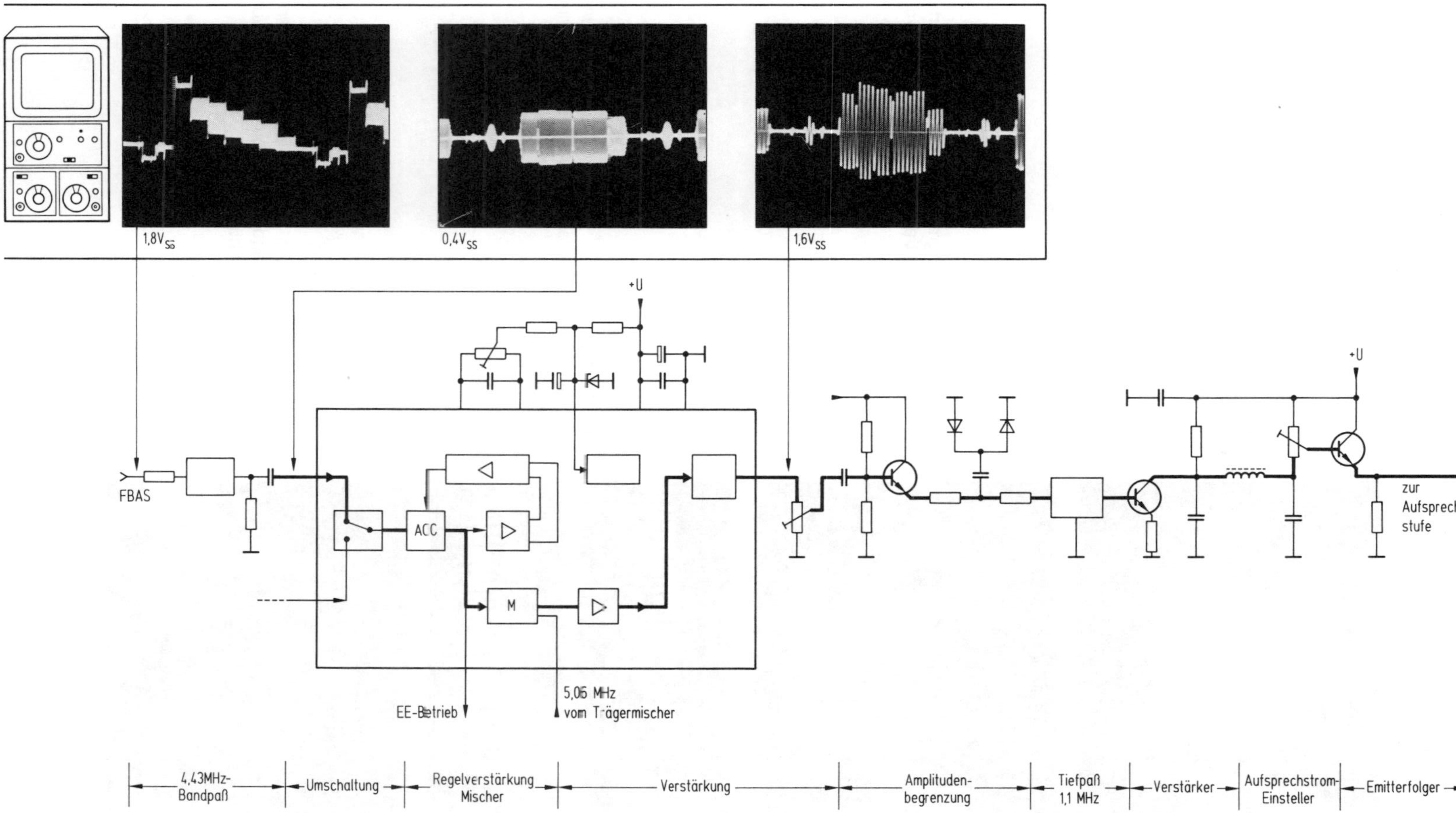

Abb. 8.5.3 Schaltungsanordnung für den Verlauf des Farbartsignalweges bei der Aufnahme

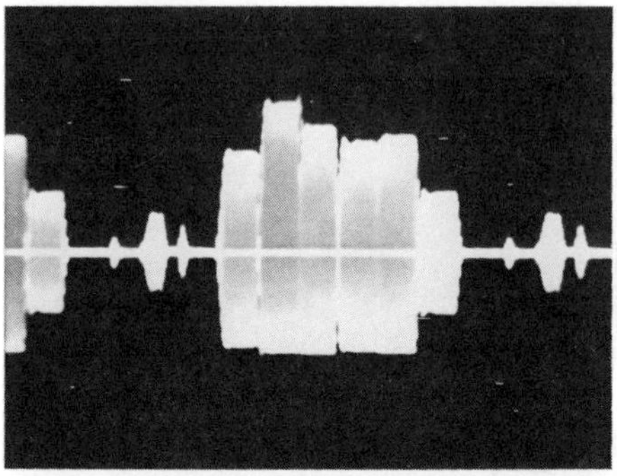

Abb. 8.6.1 Das Oszillogramm einer Zeile des Farbbalkentestbildes mit unterdrücktem Träger von 4,43 MHz

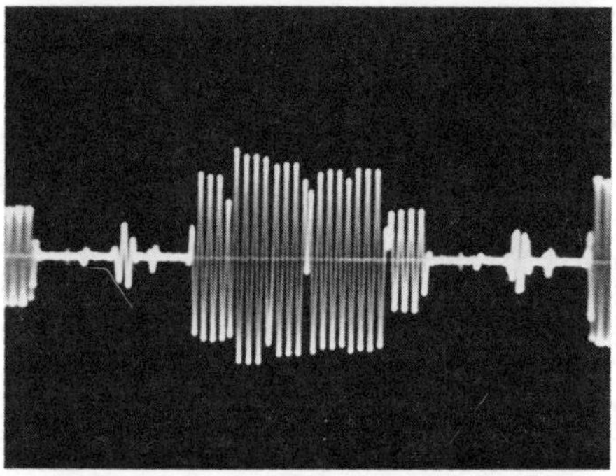

Abb. 8.6.2 Das Oszillogramm einer Zeile des Farbbalkentestbildes mit transponiertem Träger von 627 kHz

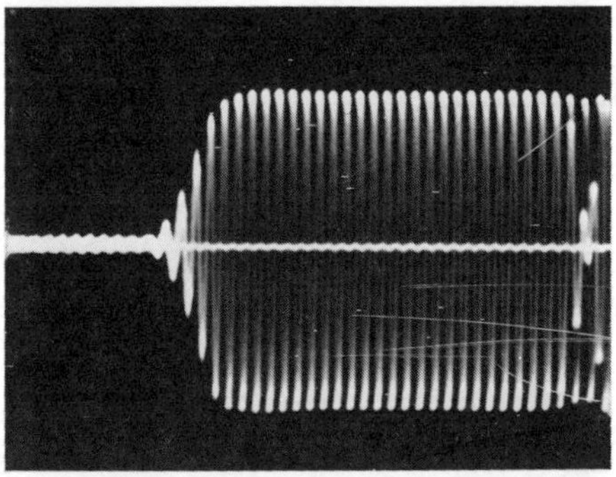

Abb. 8.6.3 Vergrößertes Teilbild eines Farbbalkens einer Zeile. Die Trägerfrequenz von 4,43 MHz wird dabei sichtbar

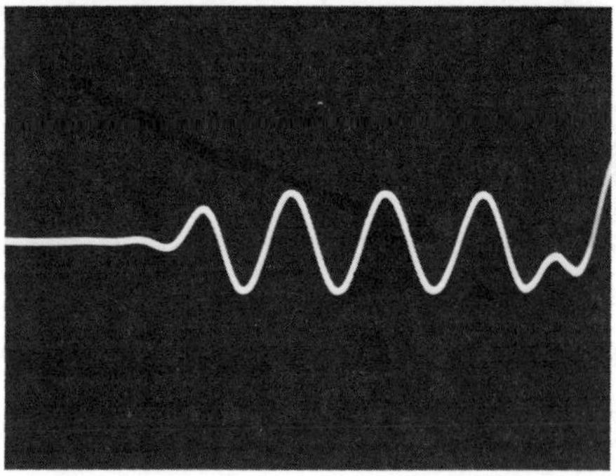

Abb. 8.6.4 Vergrößertes Teilbild eines Farbbalkens einer Zeile. Die geänderte Trägerfrequenz von 627 kHz wird dabei sichtbar

Die *Abb. 8.6.1* zeigt ein nach der Zeile aufgelöstes Farbbalken-Testbild mit dem unterdrückten 4,43-MHz-Träger. Darunter ist in der *Abb. 8.6.2* das gleiche Signal geträgert mit 627 kHz zu sehen.

Noch deutlicher läßt sich der Unterschied dann darstellen, wenn nur ein Teilbereich einer Zeile angesehen wird. Die *Abb. 8.6.3* zeigt ungefähr den 10. Teil einer Zeile. Es handelt sich um eine Zeile des linken Farbbalkens des Farbbalken-Testbildes. Es können in diesem Bereich ungefähr 28,5 Schwingungszüge gezählt werden. Da es sich um den 10. Teil einer Zeile handelt, ergibt sich folgende Rechnung

$285 \times 15.625 \approx 4{,}43$ MHz

Das entspricht der Trägerfrequenz des Farbartsignales. Darunter ist der gleiche Teilabschnitt einer Zeile des transponierten Farbartsignales zu sehen. Es sind ungefähr 4 Schwingungszüge sichtbar (*Abb. 8.6.4*).

Daraus ergibt sich folgende Rechnung:

$40 \times 15.625 \approx 627$ kHz.

Das entspricht der Trägerfrequenz des umgesetzten Farbartsignales von 627 kHz.

8.7 Fehler

8.7.1 Totalausfall des Farbartsignal-Zweiges bei der Aufnahme

Bei einem Totalausfall steht das transponierte Farbartsignal nicht zur Addition mit dem Y Signal zur Verfügung. Das Y-Signal wird dann allein im Aufsprechverstärker weiterverarbeitet. Es wird nach der Aufnahme ein Schwarzweißbild zu sehen sein, wie das in der *Abb. 8.7.1.1, Tafel F 6* zu sehen ist.

Fehlerursache

Es kann eine von zwei verschiedenen Fehlerursachen vorhanden sein.

1. Der Signalweg ist unterbrochen. Dieser Fehler ist am leichtesten oszillografisch zu verfolgen. Den ersten Hinweis gibt der EE-Betrieb.

Fehlt die Farbe schon bei der Aufnahme im Kontrollbild, so liegt der Fehler vor der Auskopplung des Signalanteiles für den EE-Betrieb.

Zeigt das Kontrollbild jedoch die Farbe und fehlt diese bei der anschließenden Wiedergabe, so ist der Fehler in dem Zweig nach der EE-Signal-Auskopplung bis zum Zusammenführen mit dem Y-Signal zu suchen.

2. Es entsteht keine Trägerfrequenz von 5,06 MHz. Diese zum Mischen mit der ankommenden 4,43-MHz-Signalspannung erforderliche Frequenz wird aus einer Frequenz von 627 kHz und einer zweiten von 4,43 MHz gemischt. Fehlt eines der beiden Signale, so kann das Farbartsignal nicht vom 4,43-MHz-Träger auf den 627 kHz-Träger transponiert werden, und der Farbanteil steht nicht zur weiteren Verfügung.

8.7.2 Verminderte Verstärkung

Bei der Verminderung der Farbartsignal-Spannung wird der Regelverstärker aufgeregelt, das heißt, er versucht durch erhöhte Verstärkung den Fehler auszugleichen. Als Folge davon wird der Rauschanteil im Restsignal übermäßig verstärkt, und es wird im Farbbild ein verstärktes Rauschen sichtbar. Die Farben bleiben meistens in der Farbstärke erhalten, nur der Rauschanteil steigt an, wie das in der *Abb. 8.7.2.1, Tafel F 6* zu sehen ist.

Fehlerursache

Zuerst sollte kontrolliert werden, ob die in dem Farbartsignal-Zweig liegenden Einsteller verstellt wurden. Besonders die Einstellung des Aufsprechstrom-Einstellers am Ende des Zweiges sollte überprüft werden. Außerdem kann eine der Verstärkerstufen defekt sein.

8.7.3 Erhöhte Verstärkung

Die Signalspannung soll trotz unterschiedlicher Höhe des FBAS-Signales am Aufsprech-Verstärker eine immer gleichbleibende Amplitude haben. Das wird dadurch erreicht, daß eine sehr wirksame Regelung vorgenommen wird und außerdem wird die Amplitude zusätzlich begrenzt. Bei einem Defekt kann deshalb am Aufsprechverstärker eine zu hohe Farbartsignal-Spannung anliegen. Dazu zeigt das Bild zu starken Kontrast und eine Störung, wie sie in der *Abb. 8.7.3.1, Tafel F 7* zu erkennen ist.

Fehlerursache

Auch bei diesem Fehler sollte zuerst die Stellung der Einsteller im Farbartsignal-Zweig überprüft werden. Ein Verdacht ist gegeben, wenn ein Einsteller an einem Anschlag steht, denn normalerweise ist die Mittelstellung in etwa als Norm anzusehen. Außerdem sollte die Regelstufe überprüft werden.

8.7.4 Kurzschluß des Bandpasses

Dabei wird das Farbartsignal nicht einwandfrei ausgefiltert. So können Reste des BAS-Signales die weiteren Vorgänge beeinflussen.

Der Fehler macht sich bei der Wiedergabe einer Eigenaufnahme im Bild bemerkbar. Die Farbübergänge sind nicht mehr einwandfrei zu unterscheiden (*Abb. 8.7.4.1, Tafel F 8*). Ein zur Kontrolle aufgenommenes Schwarzweißbild ist bei der Wiedergabe einwandfrei zu sehen.

Fehlerursache

Der Fehler kann nur im Farbartsignal-Zweig zu suchen sein. Die fehlerhaften Farbübergänge lassen vermuten, daß der Fehler am Beginn des Signalzweiges zu suchen ist. Der Bandpaß kommt deshalb als erste Fehlerursache in Frage.

8.8 Der Aufsprechverstärker

8.8.1 Die Wirkungsweise

Im Aufsprechverstärker werden die beiden Signale (Y-FM-Signal und umgesetztes Farbartsignal 627 kHz) entweder einzeln in einer Gegentaktendstufe verstärkt und anschließend zusammengeführt und addiert, oder die beiden Signale werden sofort zusammengeführt und dann gemeinsam verstärkt. Dabei ist die Amplitude des Y-FM-Signales wesentlich höher als die des Farbartsignales. Im Oszillogramm *Abb. 8.8.1.1* sind beide Signale deutlich zu sehen. Das frequenzmodulierte Y-Signal wird von dem Farbartsignal überlagert. Der Vorgang entspricht demjenigen, der bei einer Tonbandaufnahme vorgenommen wird. Die Vormagnetisierung kann mit dem Y-FM-Signal verglichen werden, und das Tonsignal entspricht

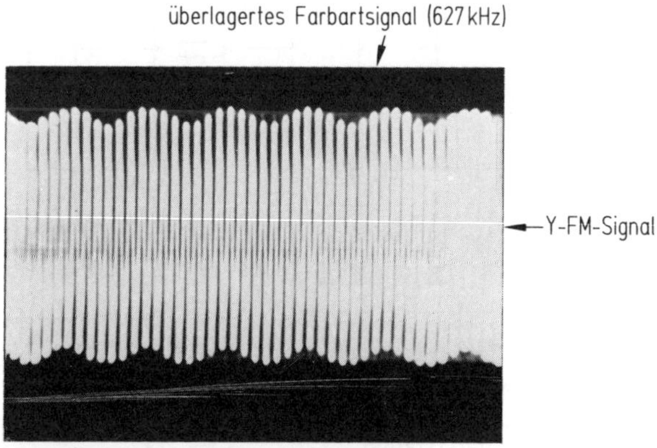

Abb. 8.8.1.1 Die Überlagerung des Y-FM-Signales mit dem Farbartsignal

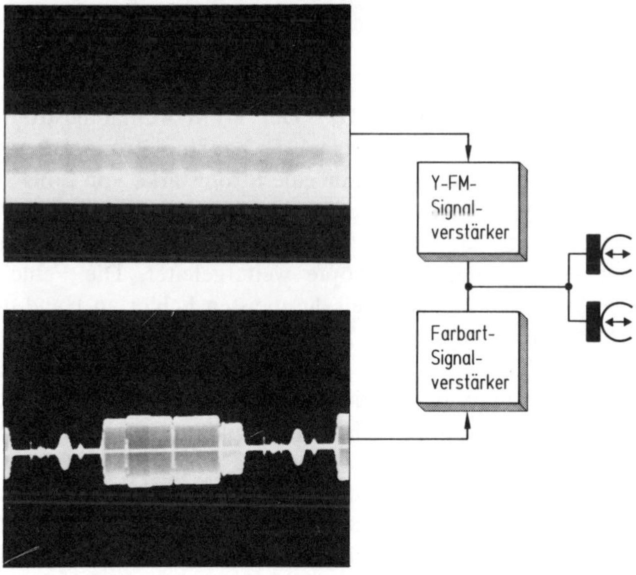

Abb. 8.8.1.2 Blockschaltbild eines Aufsprechverstärkers mit getrennter Verstärkung des Y-FM-Signales und des Farbartsignales

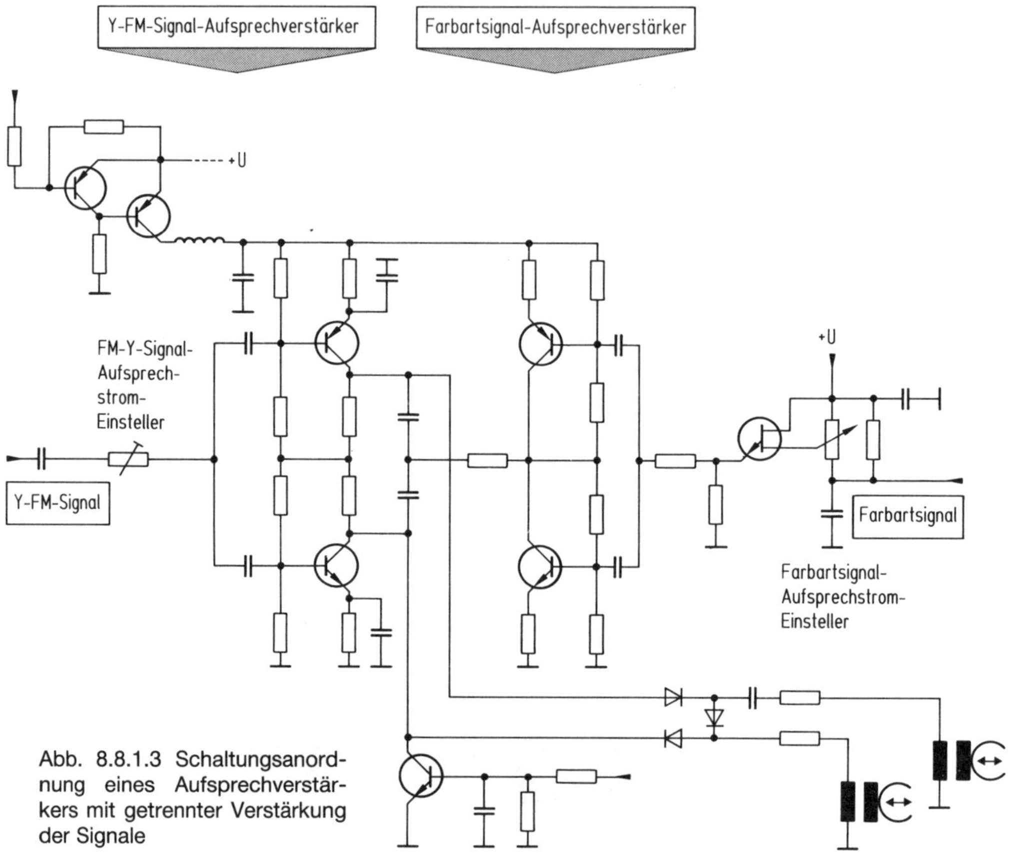

Abb. 8.8.1.3 Schaltungsanordnung eines Aufsprechverstärkers mit getrennter Verstärkung der Signale

dem Farbartsignal (627 kHz). Der Y-FM-Aufnahmestrom wirkt ebenfalls als Vormagnetisierstrom für das Farbartsignal. Er hat eine Stromstärke von 20 bis 30 mA. Der Farbartsignal-Strom hat dagegen nur eine Stromstärke von 2 bis 3 mA. Das Blockschaltbild *Abb. 8.8.1.2* zeigt einen Aufsprechverstärker, bei dem die beiden Signale getrennt verstärkt und anschließend addiert werden. Die überlagerte Signalspannung wird dann zu den rotierenden Übertragern der Videoköpfe weitergeleitet. Die Fehlersuche gestaltet sich in diesem Bereich recht einfach, weil die meisten Fehler an Hand des Oszillogrammes leicht festgestellt werden können.

Die *Abb. 8.8.1.3* zeigt eine komplette Schaltung mit getrennter Gegentaktverstärkung. Das Verhältnis der beiden Aufsprechströme kann mit der Aufsprechstrom-Einstellung verändert werden. Bei falsch eingestelltem Farbartstrom kann ein Streifenmoiré im Bild zu sehen sein. Der Strom ist dann zu hoch und muß mit dem entsprechenden Einsteller verringert werden. Auch der wesentlich höhere Y-FM-Strom kann nachgestellt werden. Der Strom hat dann seine richtige Stärke, wenn die im Schaltbild angegebene Spannung Spitze-Spitze des Ausgangssignales mit dem Meßwert übereinstimmt.

8.9 Fehler

8.9.1 Totalausfall des Aufsprechverstärkers

Die Eigenaufnahme des Bildes ist nicht möglich. Die Tonaufnahme ist jedoch einwandfrei zu hören oder der Ton wird stummgeschaltet, weil das Bild fehlt.

Der EE-Betrieb ist normal.

Die Wiedergabe einer fremdbespielten Kassette ist einwandfrei.

Fehlerursache

Bis zur Auskopplung der Signalspannung für den EE-Betrieb ist kein Fehler vorhanden. Es können bei der Fehlererscheinung deshalb nur gleichzeitig der Y-Signalweg und der Farbartsignal-Zweig defekt sein, oder der Aufsprechverstärker und die Videoköpfe sind defekt, wenn davon ausgegangen wird, daß kein mechanischer Fehler vorliegt. Da es unwahrscheinlich ist, daß beide Zweige gleichzeitig defekt geworden sind und die Fehlererscheinung bei defekten Videoköpfen anders aussieht, bleibt der Aufsprechverstärker als Fehlerursache übrig.

Der Fehler wird nach der Zusammenführung der beiden Signalspannungen zu finden sein. Der gemeinsame Verstärker wird ausgefallen sein.

8.9.2 Der Farbaufsprechstrom ist zu hoch

Im Farbbild der Eigenaufnahme ist eine Störung zu sehen, wie sie die Abb. 8.7.3.1, Tafel F 7 zeigt. Die Tonaufnahme ist einwandfrei zu hören. Der EE-Betrieb ist normal.

Die Wiedergabe einer fremdbespielten Kassette ist einwandfrei.

Fehlerursache

Das Verhältnis der beiden Signalspannungen zueinander stimmt nicht. Der Farbaufsprechstrom ist zu hoch. Der Einsteller sollte nachgestellt werden, oder die Regelung im Farbartsignal-Zweig arbeitet nicht.

8.9.3 Der Farbaufsprechstrom ist zu niedrig

Im Farbbild der Eigenaufnahme sind die Farben verrauscht, wie das in der *Abb. 8.9.3.1, Tafel F 8* zu sehen ist. Die Tonaufnahme ist einwandfrei zu hören. Der EE-Betrieb ist normal.

Die Wiedergabe einer fremdbespielten Kassette ist einwandfrei.

Fehlerursache

Der Farb-Aufsprechstrom ist zu niedrig. Zuerst sollte die Farbartsignal-Spannung kontrolliert werden. Sie wird zu niedrig sein. Mit dem Einsteller wird versucht, die richtige Spannungshöhe einzustellen. Sollte das nicht möglich sein, so wird der entsprechende Verstärker überprüft.

8.9.4 Die Einstellung des Aufsprechstromes

Eine direkte Kontrolle ist bei der Einstellung des Farbaufsprechstromes deshalb nicht möglich, weil das Ergebnis erst bei der späteren Wiedergabe überprüft werden kann. Zur Vereinfachung des Einstellvorganges empfiehlt sich deshalb folgende Arbeitsweise:

1. Der Einsteller wird in den verschiedenen Einstellungen mit Markierungen versehen.
2. Es wird ein Mikrofon angeschlossen und darüber aufgenommen.
3. Während der Aufnahme wird der Einsteller in zeitlichem Abstand so verändert, daß er in die verschiedenen markierten Stellungen gedreht wird.
4. Gleichzeitig wird über das Mikrofon aufgesprochen, welche markierte Stellung gerade eingestellt ist.

Bei der späteren Wiedergabe kann dann sofort gesehen und gehört werden, welche Einstellung die richtige ist. Auf diese Weise wird die Kontrolle vereinfacht.

8.9.5 Fernsehbild bei EE-Betrieb dunkler

Bei einer Videoaufnahme ist das Kontrollbild dunkler als das Bild bei der Wiedergabe.

Fehlerursache

Nach der Auskopplung der EE-Signalspannung aus dem Aufnahmeteil wird diese meistens nochmals verstärkt. Auch kann die Verstärkung durch das Verändern eines besonderen Einstellers verändert werden (EE Level). Es ist deshalb zu prüfen, ob der Einsteller falsch steht oder ob der Verstärker einen Defekt aufweist.

8.10 Die Übersprech-Kompensation

Da die Aufzeichnung der schmalen Videospuren rasenlos, also direkt nebeneinander ohne Zwischenraum erfolgt, sind Übersprech-Störungen unvermeidlich. Besonders an den Spurrändern machen sich diese Störungen bemerkbar.

Für das BAS-Signal wird eine ausreichende Kompensation mit Hilfe des Winkelversatzes der Videokopfspalte erreicht.

Zur Dämpfung der Übersprechstörungen werden die Kopfspalte dabei gegeneinander geneigt. Beim VHS-System beträgt die Spaltneigung des sogenannten Azimutwinkels ±6°. Beim Beta-System wird um ±7° geneigt und bei Video 2000 beträgt die Neigung ±15°. Die gegeneinander abgewinkelten Kopfspalte lassen beim Aufnahme- und beim Wiedergabe-Betrieb kaum Verluste des Nutzsignales entstehen. Dagegen werden die Übersprech-Störungen so stark gedämpft, daß sie das höherfrequente, frequenzmodulierte BAS-Signal kaum noch stören.

Diese Art der Übersprech-Kompensation ist jedoch für die umgesetzte Farbträgerfrequenz fast unwirksam. Dazu bedarf es einer besonderen Schaltungsanordnung, die bei Aufnahme-Betrieb jeweils die Phase des zweiten Halbbildes umschaltet.

8.10.1 Die Übersprech-Kompensation mit Kammfiltern

Damit der Phasenwinkel im PAL-Farbfernsehempfänger eindeutig bestimmt werden kann und damit der gesendete Farbton richtig wiedergegeben werden kann, wird vom Sender gleichzeitig zur Synchronisation des Farbhilfsträger-Oszillators der alternierende Burst mitgesendet.

Der Farbhilfsträger-Oszillator im Empfänger ersetzt den im Sender unterdrückten Farbhilfsträger, und durch die Synchronisation mit dem alternierenden Burst ist eine synchrone Demodulation der R-Y- und B-Y-Signale erst möglich.

Phasenfehler, die auf dem Übertragungsweg auftreten können, werden beim PAL-Verfahren dadurch beseitigt, daß die V-Anteile des Farbartsignales von Zeile zu Zeile umgepolt werden, das heißt, die Phasenlage wird jeweils um 180° umgeschaltet. Mit Hilfe einer Laufzeitleitung (64 µs) werden dann jeweils zwei aufeinanderfolgende Zeilen verglichen, indem eine Zeile über die Laufzeitleitung geführt wird und dadurch eine Zeilenlänge (64 µs) verzögert wird. Die andere Zeile wird direkt herangeführt, so treffen beide Zeilen in entgegengesetzt gerichteter Phasenlage zusammen, und etwaige Phasenfehler heben sich auf.

Bei der Aufzeichnung würden durch die ständig wechselnden Phasenlagen im Farbteil Störungen auftreten, weil die Halbbilder und damit die Zeilen mit den Zeilensynchronimpulsen dicht nebeneinander geschrieben werden. Es muß deshalb dafür gesorgt werden, daß die Störspannungen nicht wirksam werden. Das kann mit Hilfe von Kammfiltern erreicht werden.

Ein Kammfilter besteht aus einer Verzögerungsleitung, die das Signal um 128 µs, das ist die Zeit, in der zwei Zeilen geschrieben werden, verzögert und einer nachfolgenden Addierstufe.

Wird eine Nutzsignalspannung durch das Kammfilter geleitet, so trifft in der Addierstufe eine Zeile des Signales mit einer um zwei Zeilen verzögerten Signalspannung zusammen.

Die beiden Zeilen haben normalerweise, ohne daß sie durch das Kammfilter geführt werden, einen zeitlichen Abstand von 128 µs zueinander. Es kann in der Praxis davon ausgegangen werden, daß sich der Zeileninhalt über zwei Zeilen nicht wesentlich ändert, deshalb können beide Signalspannungen, die unverzögerte und die verzögerte, problemlos addiert werden. Die Amplitude der Summenspannung wird dadurch verdoppelt. Die Störsignalspannung ist in dieser addierten Spannung im Nutzsignal mit enthalten. Es wird beispielsweise in der ersten Zeile das Störsignal der 316. Zeile enthalten sein, weil das erste Halbbild direkt neben dem zweiten Halbbild aufgezeichnet wird. Kopf 1 zeichnet das erste Halbbild auf und direkt daneben zeichnet Kopf 2 das zweite Halbbild auf. Dabei bleiben die Verhältnisse durch das Zeilensprungverfahren und den Zeilenversatz unberücksichtigt.

Im Gegensatz zu den addierten Nutzsignalspannungen zweier Zeilen werden die Störspannungen aufgehoben. Die *Übersprechanteile werden der Addierstufe immer gegenphasig zugeführt.* Auf diese Weise löschen sie sich gegenseitig aus. Das wird dadurch erreicht, daß während der *Aufnahme* die Phase des jeweils 2. Halbbildes mit Hilfe eines rotierenden Phasenschalters von Zeile zu Zeile um jeweils 90° weitergeschaltet wird. Daraus ergibt sich die Folge 90°, 180°, 270°... usw. Da das zweite Halbbild direkt neben dem ersten Halbbild aufgezeichnet wird und die Übersprechanteile ihre Polarität auch wechseln, entsteht die

Situation, daß sich beim Addieren der beiden nachfolgenden Zeilen das Nutzsignal addiert, während sich die gegenphasigen Übersprechanteile auslöschen. Diese Vorsorge muß schon *bei der Aufnahme* getroffen werden. Bei der *Wiedergabe* muß dann eine entsprechende Rückschaltung erfolgen. Der Phasenschalter muß umgekehrt rotieren, damit die Signalspannung jedes 2. Halbbildes wieder in die Phasenlage vor der Umschaltung gebracht wird. Die Phase der Übersprech-Störspannung aus dem 1. Halbbild wird dabei nicht gedreht. Dadurch ergeben sich auch bei der Wiedergabe für zwei Zeilen gleiche Nutzsignale. Die Übersprech-Störspannung dieser Zeilen liegen jedoch wieder gegenphasig zueinander und löschen sich aus.

9 Fehlersuche bei der Wiedergabe

Bei der Wiedergabe muß die gespeicherte Information in umgekehrter Richtung wieder so verarbeitet werden, daß am Ende des Signalweges auf dem Bildschirm des angeschlossenen Fernsehempfängers das Bild erscheint.

Von den Videoköpfen wird die auf das Band aufgezeichnete magnetische Information abgetastet und in elektromagnetische Schwingungen zurückgewandelt. Rotierende Übertrager transformieren die abgenommene Signalspannung zum Kopf-Umschalter, in dem die abgetasteten Signale der beiden Videoköpfe zu einer Spannung zusammengesetzt werden. Die *Abb. 9.1* zeigt das Oszillogramm der Umschaltspannung. Dann gelangt das komplette Y-FM- und Farbart-Signal zum Eingang des Wiedergabe-Kopfverstärkers (*Abb. 9.2*).

Bei anderen Schaltungen werden die beiden Halbbild-Informationen erst einzeln verstärkt und anschließend zusammengesetzt. Der Spannungspegel wird auf mindestens 100–200 mV angehoben. Anschließend wird das Farbartsignal mit der Trägerfrequenz von 627 kHz vom Y-FM-Signal getrennt und die beiden Signale werden einzeln weiterverarbeitet. Die Trennung wird, wie das schon bei der Aufnahme erfolgte, mit Filtern vorgenom-

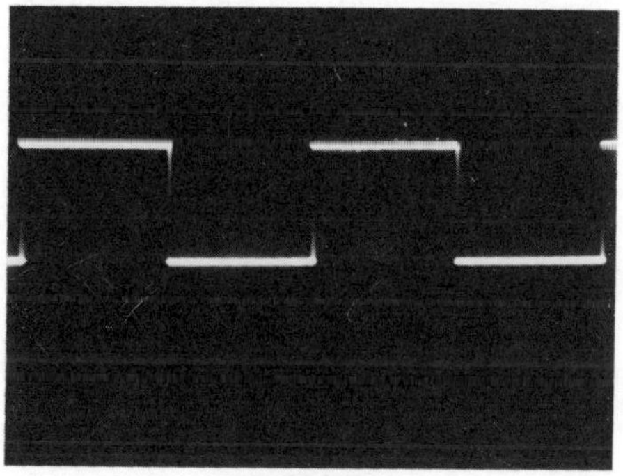

Abb. 9.1 Das Oszillogramm der Kopfumschalt-Impulsspannung

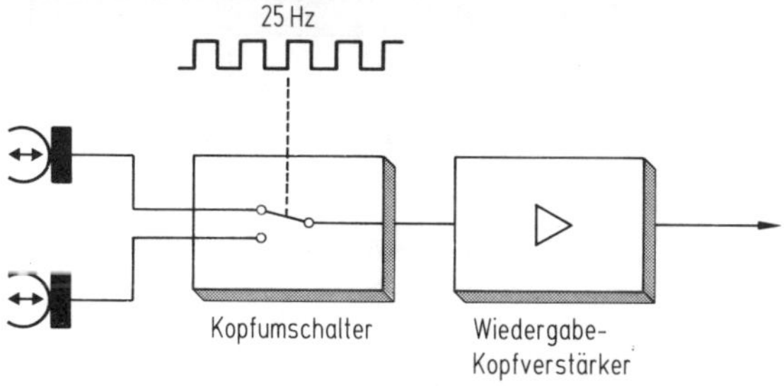

Abb. 9.2 Blockschaltbild des Wiedergabe-Kopfverstärkers

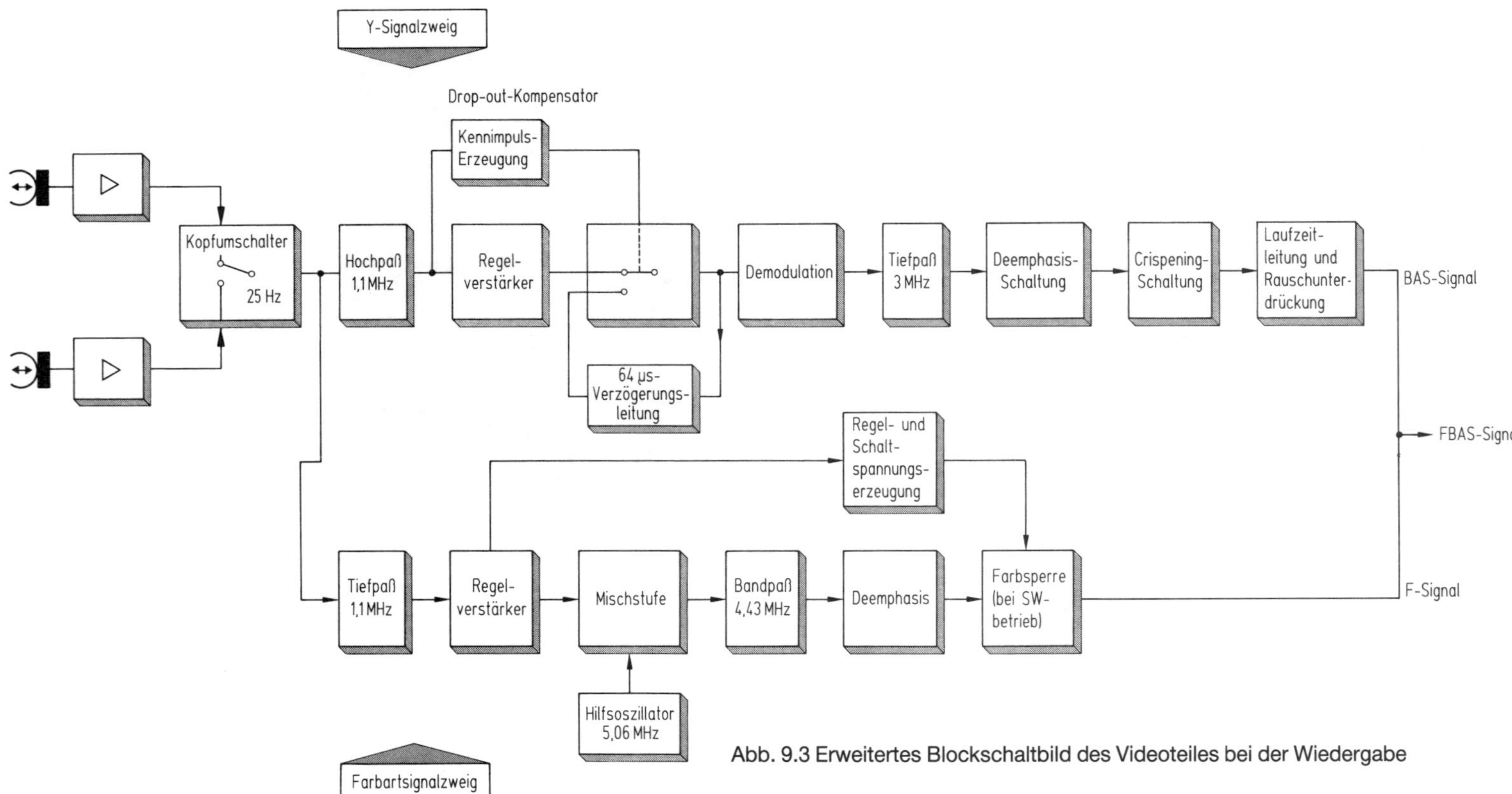

Abb. 9.3 Erweitertes Blockschaltbild des Videoteiles bei der Wiedergabe

men. Die Y-FM-Signalanteile werden über einen Hochpaß ausgefiltert und die Farbartsignal-Anteile werden mit Hilfe eines Tiefpasses vom Gesamtsignal getrennt. Außerdem werden mit weiteren Filtern nicht gewünschte Seitenbänder unterdrückt. Das erweiterte Blockschaltbild (*Abb. 9.3*) zeigt den gesamten Signalverlauf bei der Wiedergabe. Am Ausgang steht wieder das komplette FBAS-Signal zur Verfügung.

In der Folge werden die beiden Signalwege des Y-Signales und des Farbartsignales getrennt erläutert.

9.1 Der Signalweg des Y-Signales

Am Eingang des Y-FM-Signal-Verstärkers steht das Y-Signal komplett zur Verfügung. Es wird verstärkt und automatisch geregelt. Außerdem wird eine Frequenzgang-Korrektur vorgenommen, damit am Ausgang des Verstärkers ein möglichst linearer Frequenzverlauf gegeben ist. Anschließend wird die Signalspannung demoduliert. In dem folgenden Tiefpaß von 3 MHz werden die Reste der Trägerfrequenz unterdrückt. Das Videosignal durchläuft dann die Deemphasis-Schaltung. In ihr werden die während der Aufnahme angehobenen hohen Frequenzanteile wieder abgesenkt. Je nach Schaltungsart sind noch Frequenzkorrektur- und Rauschbegrenzer-Schaltungen eingefügt. Zur Verbesserung der Bildschärfe ist meistens noch eine Crispeningschaltung vorhanden. Darin werden nur die hohen Frequenzen verstärkt. Dadurch werden die Signalflanken versteilert. Die Kanten im Bild werden schärfer sichtbar. Weil zwischen dem Y-Signal und dem Farbartsignal Laufzeitunterschiede bestehen, wird das Y-Signal noch verzögert. Dann steht die BAS-Signalspannung wieder in der ursprünglichen Form zur Verfügung und wird mit dem Farbartsignal zusammengefügt. Die *Abb. 9.1.1* zeigt das erweiterte Blockschaltbild des Y-Signalweges.

Im Verlaufe des Signalweges muß jedoch noch für eine Drop-out-Kompensation gesorgt werden.

9.1.1 Die Drop-out-Kompensation

Unter Drop-out ist ein kurzzeitiger Signalausfall zu verstehen, der sich als Fehler bei der Wiedergabe bemerkbar macht. Die Ursache hierfür kann unterschiedlicher Art sein:

1. Die Magnetschicht des Bandes ist so stark beschädigt, daß die Magnetisierung unterbrochen ist.
2. Auf dem Band haben sich Schmutzteilchen festgesetzt, so daß beim Bandlauf am Videokopf der Kopf-Band-Kontakt kurzzeitig nicht mehr gegeben ist. Das Band hebt kurz vom Kopf ab.
3. Das Band ist an einer Stelle stark geknickt und dadurch ist an der Knickstelle der einwandfreie Kopf-Band-Kontakt unterbrochen.

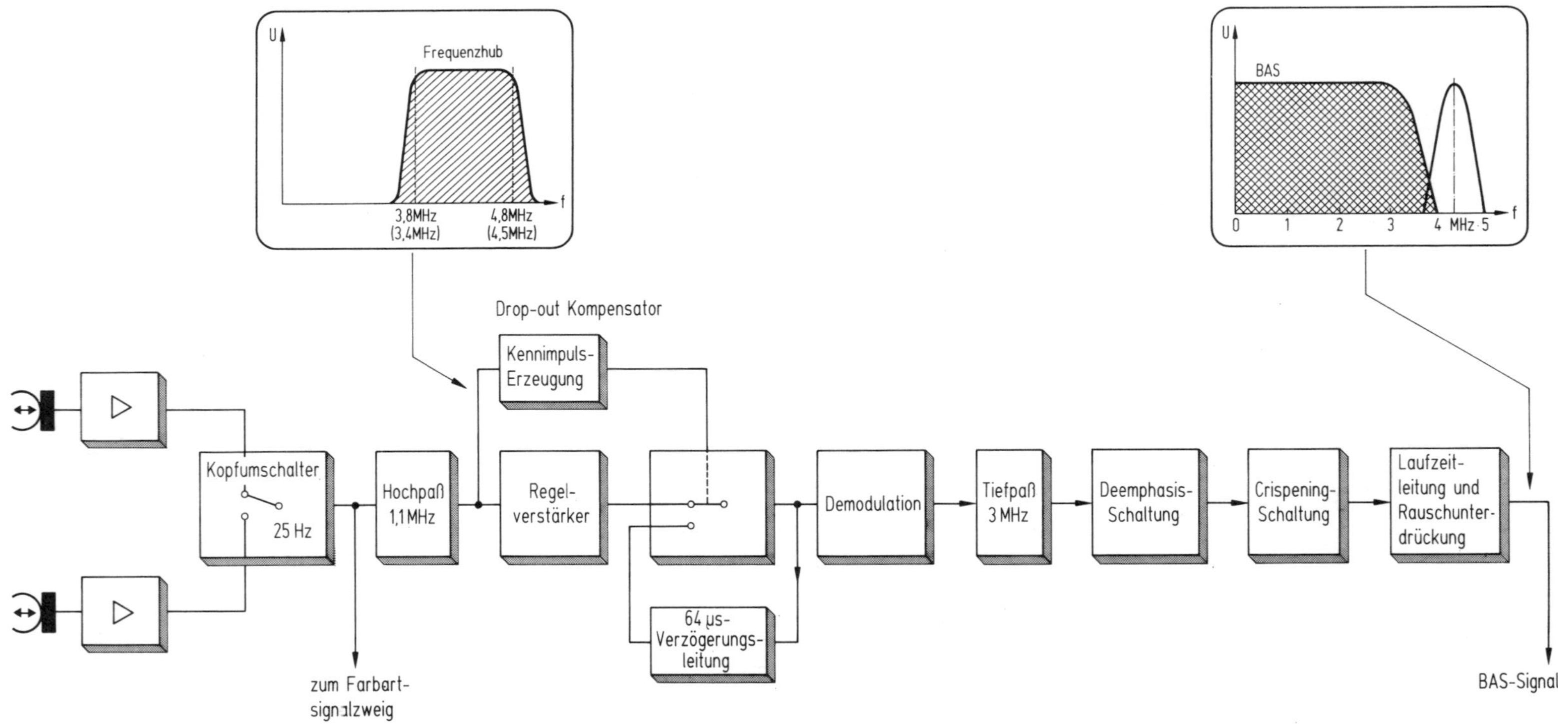

Abb. 9.1.1 Erweitertes Blockschaltbild des Y-Signalweges bei der Wiedergabe

4. In der Aufnahme selbst, also vor der Speicherung im Band, ist eine kurzzeitige Störung enthalten, weshalb das Nutzsignal kurz unterbrochen wird.

Im Bild machen sich diese Störungen dadurch bemerkbar, daß bei der Wiedergabe mehr oder weniger lange Streifen ohne Bildinhalt zu sehen sind (*Abb. 9.1.1.1, Tafel F 9*). Es handelt sich um eine recht auffällige Störung, deshalb ist die Kompensation erforderlich. Dabei wird von der Überlegung ausgegangen, daß die Y-FM-Signalspannung beim Auftreten eines Drop-outs kurzzeitig unterbrochen wird. Während dieser Ausfallzeit wird eine Impulsspannung gewonnen, die der Zeitdauer des Drop-outs entspricht. Sinkt die Y-FM-Signalspannung also unter einen bestimmten Wert, entsteht ein Kennimpuls, der aus der Y-FM-Signal-Spannung gewonnen wird. Mit Hilfe dieses Kennimpulses wird ein Drop-out-Kompensator aktiviert (*Abb. 9.1.1.2*).

Der Kompensator enthält eine Verzögerungsleitung (64 µs), in welcher die jeweils letzte Zeile der Y-FM-Signalspannung gespeichert wird. Beim Anliegen des Kennimpulses wird der direkte Signalweg unterbrochen und dafür wird die letzte Zeile des fehlerfreien Signales weitergeleitet. Statt des Drop-outs wird die letzte Zeile ohne Drop-out wiederholt. Sollte es sich um eine Störung handeln, die über mehrere Zeilen geht, so wird immer wieder die gleiche, letzte fehlerfreie Zeile als Ersatz für die Drop-out-Zeile umlaufend angeboten. Allerdings wird der Rauschspannungsanteil mit jedem Umlauf erhöht. Im Kompensator wird deshalb beim Auftreten des Drop-out-Fehlers mit Hilfe eines Schmitt-Triggers der Kennimpuls in eine einwandfreie Rechteckspannung umgesetzt. Die flach ansteigenden Flanken des Kennimpuls-Signales werden in steile, rechteckige Flanken geformt. Mit dieser Rechteckspannung wird ein ebenfalls im Kompensator enthaltener, elektronischer Umschalter betätigt, der den direkten Signalweg unterbricht, so daß das fehlerhafte Signal gesperrt wird. Stattdessen wird das in der Verzögerungsleitung gespeicherte Signal weitergeleitet.

Sollte auch nach der Eingabe der gespeicherten Zeile die Störung anhalten, so wird das gespeicherte Signal so lange weitergeleitet, bis durch den Kennimpuls das Ende der Störung angezeigt wird, indem die Kennimpulsspannung mit steiler Flanke abfällt. Damit wird wieder auf ankommende Signalspannung zurückgeschaltet. Das aktuelle Signal wird wieder weitergeleitet. Auch der Verzögerungsleitung werden dann wieder neue Signale zugeführt.

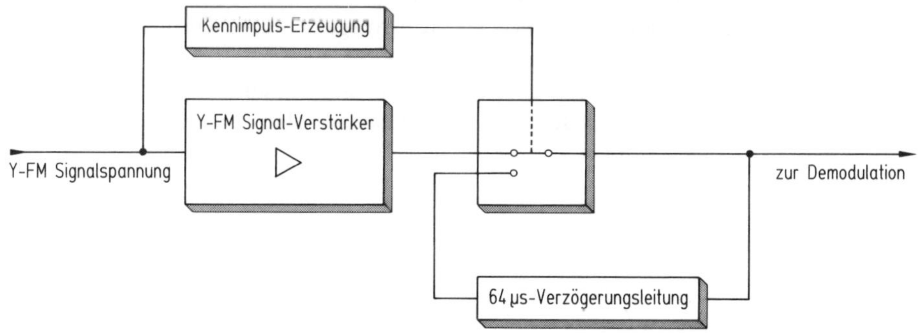

Abb. 9.1.1.2 Blockschaltbild für die Droup-out-Kompensation

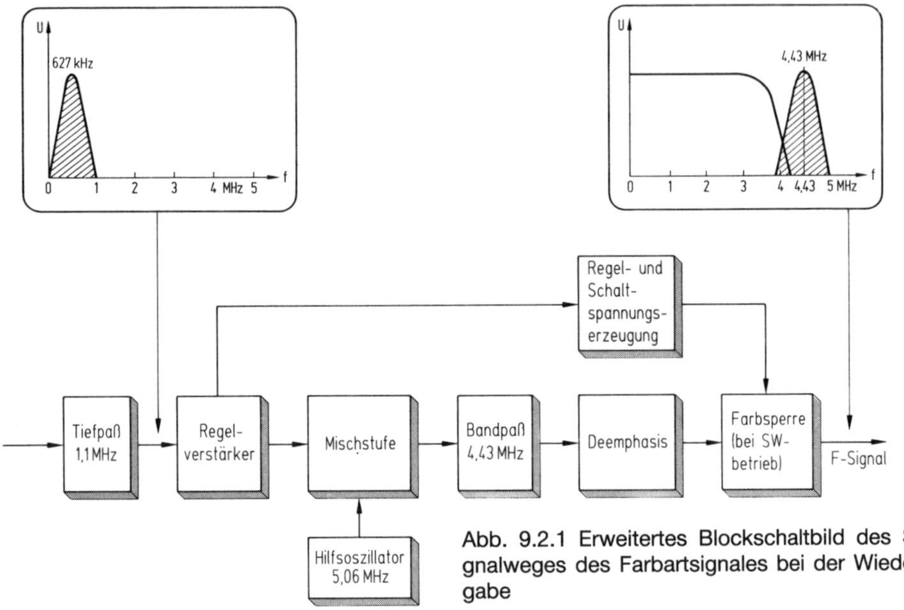

Abb. 9.2.1 Erweitertes Blockschaltbild des Signalweges des Farbartsignales bei der Wiedergabe

9.2 Der Signalweg des Farbartsignales

Das Farbartsignal wird über ein Tiefpaßfilter von 1,1 MHz ausgefiltert. Dabei wird das frequenzmodulierte Y-Signal unterdrückt und das umgesetzte Farbartsignal mit der Trägerfrequenz von 627 kHz kann dem Regelverstärker allein zugeführt werden. Das erweiterte Blockschaltbild *Abb. 9.2.1* zeigt den Signalverlauf. Das Farbartsignal muß geregelt werden, weil mit Amplitudenschwankungen bei der Wiedergabe vom Band gerechnet werden muß. Die Regelspannung kann aus der Burstspannung gewonnen werden.

Gleichzeitig kann dabei noch eine Schaltspannung erzeugt werden, mit deren Hilfe der Farbkanal dann gesperrt wird, wenn kein Burst gesendet wird, das heißt, im Schwarzweiß-Betrieb, oder wenn die Signalspannung einen Mindestwert unterschritten hat.

Nach der Verstärkung wird die Signalspannung in die Mischstufe geleitet. Es erfolgt eine Mischung, mit der Hilfsfrequenz von 5,06 MHz. Am Ausgang der Mischstufe kann dann die Trägerfrequenz von 4,43 MHz wieder ausgefiltert werden.

Anschließend wird das F-Signal mit dem BAS-Signal addiert und das FBAS-Signal kann zum UHF-Modulator und zur AV Buchse weitergeleitet werden.

9.3 Fehler

Bei einem Ausfall des *Aufnahme*teiles kann es sein, daß die Wiedergabe einer fremdbespielten Kassette fehlerfrei möglich ist. Dagegen ist bei einem Totalausfall des *Wiedergabe*teiles über den angeschlossenen Fernsehempfänger keine Bildwiedergabe möglich. Bei der Fehlersuche ist es deshalb empfehlenswert, zuerst eine Fremdkassette ablaufen zu lassen. Ist keine Bild- und Tonwiedergabe zu erzielen, so wird sicherheitshalber anschließend eine Eigenaufnahme erstellt. Sie wird dann wiedergegeben. Bei einem Ausfall des Wiedergabeteiles wird dann die gleiche Fehlererscheinung zu sehen sein, wie bei der zuerst erfolgten Wiedergabe einer Fremdkassette. Anschließend wird die Wiedergabe im AV-Betrieb wiederholt. Auf diese Weise läßt sich feststellen, ob Video- und Tonteil ausgefallen sind, oder ob der Fehler im HF-Teil zu suchen ist. Das ist dann der Fall, wenn die Bild- und Tonwiedergabe im AV-Betrieb möglich ist.

9.3.1 Totalausfall der Bild- und Tonwiedergabe im HF-Betrieb

Auf dem Bildschirm ist nur Schnee zu sehen, die Bildfläche ist weiß, oder es wird im Fernsehempfänger dunkel getastet.

Auch die Tonwiedergabe fehlt.

Im AV-Betrieb zeigt sich kein Fehler.

Fehlerursache

Der Fehler wird im HF-Teil zu finden sein. Der UHF-Modulator ist defekt.

9.3.2 Totalausfall der Bild- und Tonwiedergabe im AV-Betrieb

Auf dem Bildschirm ist nur Schnee zu sehen, die Bildfläche ist weiß, oder es wird im Fernsehempfänger dunkel getastet.

Die Tonwiedergabe fehlt.

Fehlerursache

Da das Tonsignal getrennt vom Videosignal verarbeitet wird, sollte die Fehlersuche in diesem Fall im Tonteil beginnen. Es besteht zuerst die Möglichkeit, daß beide Köpfe völlig verschmutzt sind, so daß die Video-Spur-Abtastung wie auch die Ton-Abtastung nicht möglich ist. Dieser Fehler kann manchmal festgestellt werden, wenn der Videorecorder häufig zum Kopieren verwendet wird.

Außerdem ist es möglich, daß ein Kurzschluß an der AV-Buchse besteht, der beide Signalspannungen kurzschließt.

Ferner kann ein Spannungsfehler vorliegen, der Video- und Tonteil gleichzeitig defekt werden läßt. Die Stromversorgung der Einschaltspannungen wird ausgefallen sein.

9.3.3 Der Wiedergabe-Betrieb schaltet nicht ein

Die Betriebsart „Wiedergabe“ läßt sich nicht einschalten. Der EE-Betrieb bleibt auch in Stellung „Wiedergabe“ eingeschaltet.

Alle anderen Betriebsarten funktionieren normal.

Fehlerursache

Die Dateneingabe erfolgt nicht. Der Fehler ist ausgehend vom Wiedergabe-Schalter bis zum Dateneingang des Steuer-Mikroprozessors zu suchen.

Nur in sehr seltenen Fällen wird der Mikroprozessor oder die Datenausgabe defekt sein, denn dann würden wahrscheinlich noch andere Betriebsarten fehlerhaft arbeiten.

9.3.4 Totalausfall der Bildwiedergabe im AV-Betrieb

Auf dem Bildschirm ist nur Schnee zu sehen oder es wird im Fernsehempfänger dunkel getastet.

Die Tonwiedergabe ist normal zu hören.

Fehlerursache

Die Fehlersuche sollte mit Messungen im Wiedergabeverstärker beginnen. Dort muß die in der Kopfumschalt-Stufe zusammengesetzte Signalspannung komplett meßbar sein. Bei der Messung können auch gleichzeitig Fehler in Richtung Wiedergabekopf festgestellt werden. Da die Signalspannung nach dem Wiedergabeverstärker in das Y-FM-Signal und das Farbartsignal aufgeteilt wird, kann ein Totalausfall in Richtung AV-Ausgang festgestellt werden. Der Signalweg des Y-FM-Signales ist unterbrochen. In seltenen Fällen sind beide Signalwege gleichzeitig unterbrochen.

9.3.5 Totalausfall der Kopfspannung eines Videokopfes

Die *Abb. 9.3.5.1, Tafel F 9* zeigt das Schirmbild bei einem Ausfall der Signalspannung eines Kopfes. Auch bei einem solchen oder ähnlichen Bild sollte das Oszillogramm der Kopfspannung aufgenommen werden (*Abb. 9.3.5.2*). Auf dem Oszillogramm ist einwandfrei zu erkennen, daß ein Signalpaket eines Kopfes fehlt.

Fehlerursache

Bei diesem Fehler wird zuerst geklärt, ob die Verstärkung der Kopfspannungen einzeln vor der Kopfsignal-Umschaltung vorgenommen wird, oder ob die Signalspannung zuerst zusam-

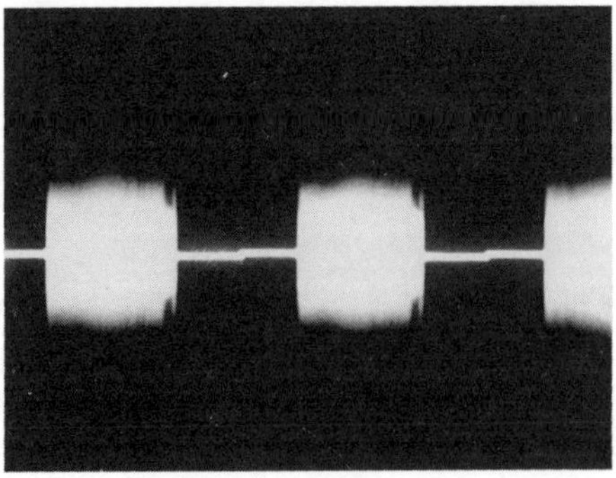

Abb. 9.3.5.2 Der Signalweg zwischen einem Videokopf und der Kopfumschaltung ist unterbrochen

mengesetzt wird und dann anschließend gemeinsam verstärkt wird. Im ersten Fall wird einer der beiden Vorverstärker unterbrochen sein, und im zweiten Fall wird eine Unterbrechung des Signalweges eines der beiden Signale vom Kopf bis zur Umschaltung vorliegen. Auf einen dieser Fehler weist der totale Ausfall im Oszillogramm hin. Bei einem Videokopfdefekt wäre in diesen Lücken eine Rauschspannung zu sehen.

9.3.6 Die Verstärkung der Kopfspannung eines Videokopfes ist vermindert

Die Kopfspannungen der beiden Videoköpfe werden dabei vor der Kopfumschaltung einzeln verstärkt. In der *Abb. 9.3.6.1, Tafel F 9* ist ein Fehler zu erkennen, der ein leichtes Ausreißen von Zeilen zeigt und einen Farbfehler hat. Das Oszillogramm der Kopfspannung (*Abb. 9.3.6.2*) zeigt ein Signalpaket, das nur vermindert verstärkt wird.

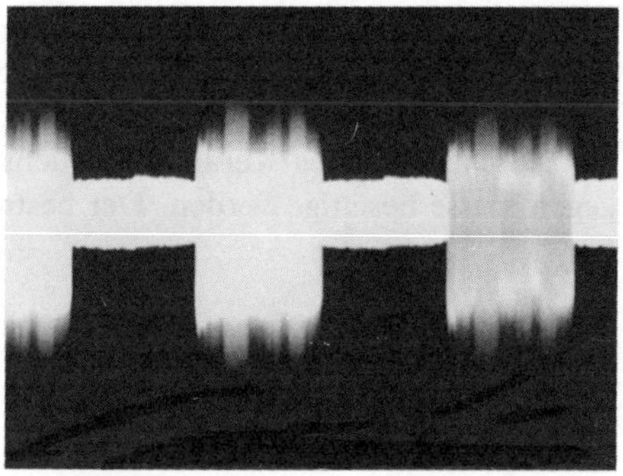

Abb. 9.3.6.2 Die Signalspannung eines Kopfes wird nur vermindert wiedergegeben. (Oszillogramm der Kopfspannungen)

Fehlerursache

Die Signalpakete der vermindert verstärkten Signalspannung zeigen eine scharfe Abgrenzung der Amplitudenhöhe. Das deutet daraufhin, daß der Fehler in der Nähe der Videoköpfe zu suchen ist. Einer der beiden Vorverstärker arbeitet nicht einwandfrei.

9.3.7 Erhöhte Verstärkung des Farbartsignales

Das Schirmbild (*Abb. 9.3.7.1, Tafel F 10*) zeigt einen Fehler, der in den Farben zu sehen ist. Nach dem Einstellen eines Schwarzweiß-Bildes zeigt sich keine Fehlererscheinung mehr.

Fehlerursache

Die Verstärkung des Farbartsignales bei der Wiedergabe ist zu hoch. Zuerst sollte versucht werden, vorhandene Einsteller im Farbartsignalweg zurückzustellen. Außerdem kann die Regelung ausgefallen sein. Die Regelschaltung muß dann überprüft werden.

9.3.8 Verminderte Verstärkung des Farbartsignales

Bei diesem Fehler werden die Farben nur schwach zu sehen sein. Es ist nicht möglich, grelle Farben einzustellen. Das Schwarzweiß-Bild zeigt dabei keinen Fehler.

Fehlerursache

Die Verstärkung des Farbartsignales bei der Wiedergabe ist zu niedrig. Vorhandene Einsteller für das Farbartsignal sollten zuerst nachgestellt werden. Ist die Farbwiedergabe dadurch nicht zu verbessern, so sollte der Signalweg des Farbartsignales überprüft werden.

9.3.9 Farbige Streifen bei der Wiedergabe von Fremdkassetten

Bei der Wiedergabe von Eigenaufnahmen zeigt sich kein Fehler. Bei der Wiedergabe von fremdbespielten Kassetten und besonders von Kassetten mit schlechter Bildqualität (Kopien) zeigt sich eine farbige Streifenstörung.

Fehlerursache

Bei der mangelhaften Wiedergabe kommt es zum Übersprechen der Nachbarspuren. Die abgetastete Signalspannung ist schon fehlerhaft. Das macht sich besonders im oberen Frequenzbereich des Y-Signales bemerkbar. Die hochfrequente Störspannung kann durch das Zuschalten eines Keramik-Kondensators von 500–2000 pF von der Y-Signalleitung gegen Masse beseitigt werden. Der bestmögliche Anschluß muß gesucht werden.

10 Die Video-Bandaufzeichnung

10.1 Die Wirkungsweise

Das Band wird schräg zum Kopfrad geführt. Die Aufzeichnung erfolgt im spitzen Winkel beginnend an der Bandunterkante schräg verlaufend bis zur Bandoberkante. Bei einer halben Umdrehung des Kopfrades wird mit einem Kopf ein Halbbild mit 312,5 Zeilen aufgezeichnet. Damit wird beim Zeilensprungverfahren die gesamte Höhe des Bildes erfaßt. Das zweite Halbbild (also die Zeilen 2, 4, 6, 8, usw.) wird mit dem zweiten Kopf geschrieben, der dann die Umdrehung des Kopfrades vollendet (*Abb. 10.1.1*). Der zweite Kopf ist deshalb um 180° versetzt auf dem Kopfrad angeordnet.

Beim System Video 2000 wird für eine Spur nur die Hälfte der Bandbreite genutzt. Die andere Hälfte wird für die Seite 2 des Bandes benötigt (*Abb. 10.1.2*). Deshalb ist es bei diesem System möglich, das Band doppelt zu nutzen und die Aufnahme- und Wiedergabezeit bei gleicher Geschwindigkeit zu verdoppeln. Die genutzte Bandbreite einer Seite wird dabei allerdings auf 6,3 mm verringert. Die Tonspuren liegen an den Rändern des Bandes. Für den Stereobetrieb sind je zwei Tonspuren vorgesehen, die einen Abstand von 0,3 mm zueinander haben.

Eine einwandfreie Aufnahme ist nur dann möglich, wenn der Band-Kopf-Kontakt von Beginn an gegeben ist. Aus dem Grund muß das Band schon kurze Zeit vor dem Beginn der

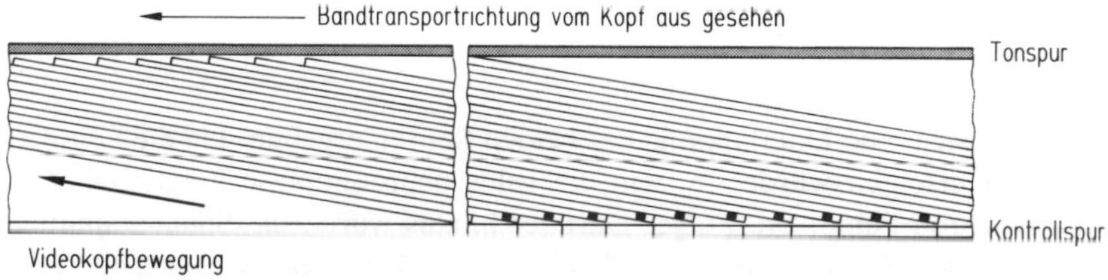

Abb. 10.1.1 Die Video-Bandaufzeichnung beim Schrägspurverfahren mit einer Mono-Tonspur

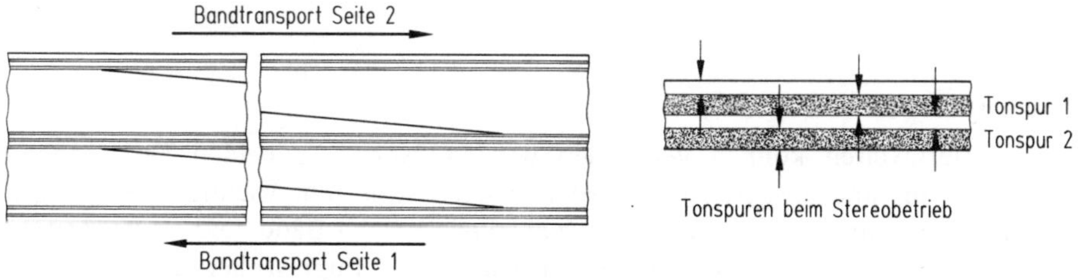

Abb. 10.1.2 Die Video-Bandaufzeichnung beim System Video 2000

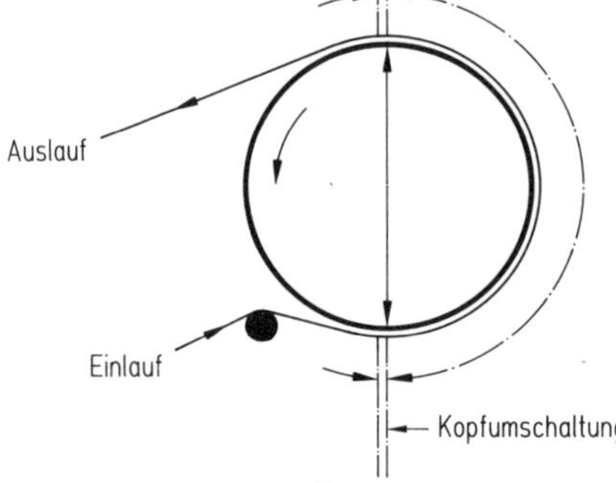

Abb. 10.1.3 Die Kopfumschlingung beträgt insgesamt 188°. Das entspricht 325,5 Zeilen. Die Kopfumschaltung erfolgt bei 180°, also 7 Zeilen nach der Überumschlingung und 6,5 Zeilen vor dem ersten Hauptimpuls

Aufzeichnung Kontakt mit dem Kopfrad bekommen. Die Bandumschlingung beträgt deshalb nicht nur 180°, sondern es erfolgt eine Überumschlingung am Kopfradein- und -auslauf von je 4°. Damit ist die Sicherheit gegeben, daß bei Beginn der Bildaufzeichnung ein einwandfreier Band-Kopf-Kontakt vorhanden ist. Die Zusatzumschlingung von 4° entspricht der Aufzeichnungszeit von ca. 7 Zeilen.

Die Abtastung wurde so festgelegt, daß sie 6,5 Zeilen vor dem 1. Bildsynchronimpuls beginnt. Diese 6,5 Zeilen entsprechen etwa der Überumschlingung. Es schließen sich dann 312,5 Zeilen an, und da am Auslauf nochmals eine Zusatzumschlingung von 4° erfolgt, werden dann nochmals 6,5 Zeilen aufgezeichnet. Bei einer Gesamtumschlingung von 188° entspricht das

312,5 + 6,5 + 6,5 = 325,5 Zeilen

Dadurch würde sich eine Überlappung der beiden Spuren ergeben. Da die Überlappung in dem Zeitpunkt erfolgen würde, in dem die Bildsynchronimpulse aufgezeichnet werden, wären Bildsynchron-Fehler die Folge. Darüber hinaus würde die Signalamplitude in den Überlappungszonen erhöht, oder je nach Phasenlage käme es auch zum teilweisen Auslöschen der Signalspannung (*Abb. 10.1.3*).

10.1.1 Die Kopfumschaltung

Diese Schwierigkeiten können vermieden werden, wenn die beiden Kopfspannungen abwechselnd ein- und ausgeschaltet werden. Dabei ist es sehr wichtig, daß der genaue Schaltzeitpunkt stimmt. Dieser wiederum ist abhängig von der Band- und Kopfradgeschwindigkeit. Es bietet sich deshalb an, den mechanischen Impulsgeber zu benutzen, der Kontroll-Impulse in Abhängigkeit von der Kopfradumdrehung erzeugt.

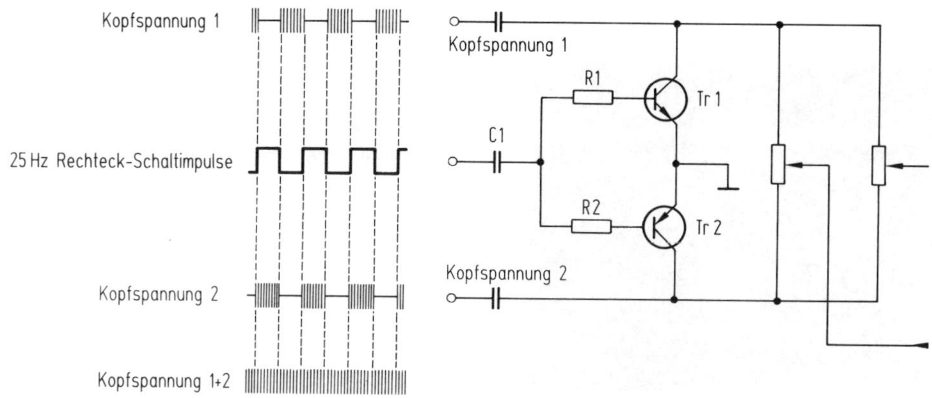

Abb. 10.1.1.1 Schaltungsanordnung für die Kopfumschaltung bei der Wiedergabe

Diese Impulse steuern einen Multivibrator oder eine Flipflop-Schaltung mit deren Hilfe Rechteckimpulse erzeugt werden, die damit synchron der Kopfradgeschwindigkeit sind.

Als Impulsgeber wird häufig der Istwert-Aufnehmer des Kopfrades verwendet. Er hat dann eine Doppelfunktion. Mit den rechteckigen Schaltimpulsen für beide Köpfe werden die Kopfspannungen jeweils ein- und ausgeschaltet. Damit wird erreicht, daß die beiden Kopfsignale einwandfrei verlaufen.

Größere Überlappungszonen werden auf diese Weise vermieden. Es bleibt lediglich eine kleine Rest-Überlappung bestehen.

In der *Abb. 10.1.1.1* ist eine Schaltungsanordnung zu sehen, mit der die Umschaltung von einem Kopf zum anderen vorgenommen werden kann.

Zu dem Zeitpunkt an dem ein Kopf seine Abtastung beendet hat und der andere Kopf seinen Signalweg gerade beginnen will, ändern die Rechteckimpulse ihre Polarität. Diese Spannung liegt über R 1 und R 2 an der Basis von TR 1 und gleichzeitig auch an der Basis von TR 2. Bei den Transistoren handelt es sich um einen pnp- und einen npn-Transistor. Das hat zur Folge, daß beim Anliegen des positiven Teiles der Spannung der Transistor TR 1 durchgeschaltet wird. Damit wird die am Kollektor anliegende Signalspannung 1 gegen Masse kurzgeschlossen. Gleichzeitig ist der Transistor TR 2 gesperrt und die Kopfspannung 2 wird weitergeleitet. Bei der nächsten Umschaltung der Schaltimpulse, wenn der negative Spannungsteil anliegt, schließt TR 2 die Kopfspannung 2 kurz und die Kopfspannung 1 wird weitergeleitet.

10.2 Fehler

Die Kopfumschaltung muß für jeden der beiden Köpfe zeitgleich erfolgen, damit der Umschalt-Zeitpunkt gleichbleibend ist. Die *Abb. 10.2.1* zeigt die Impulsspannung. Der Umschalt-Zeitpunkt läßt sich mit Hilfe eines einstellbaren Widerstandes verändern.

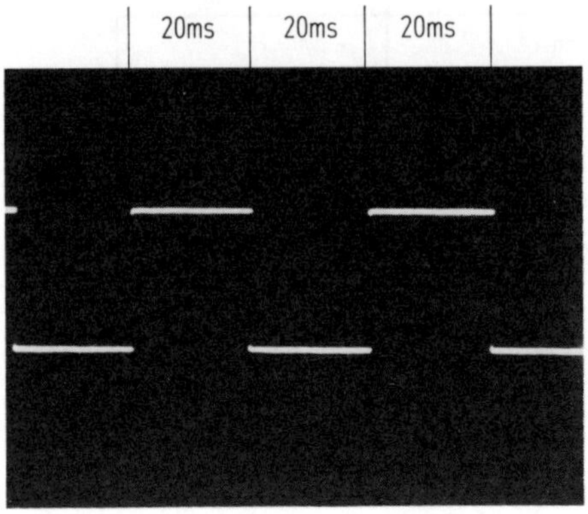

10.2.1 Die Kopfumschaltspannung muß immer einen genau gleichbleibenden Impuls-Abstand haben

10.2.1 Der Kopfumschalt-Zeitpunkt bei der Aufnahme ist falsch

Am unteren Rand des Bildes kippt die Zeile weg. In der *Abb. 10.2.1.1, Tafel F 10* ist der Fehler zu sehen. Charakteristisch ist die Fehlererscheinung in der Vergrößerung nochmals deutlicher in der *Abb. 10.2.1.2, Tafel F 10* zu sehen. Es handelt sich um einen recht häufig anzutreffenden Fehler. Der Umschalt-Zeitpunkt muß nachgestellt werden. Es war schon festgestellt worden, daß die Abtastung 6,5 Zeilen vor dem 1. Bildsynchronimpuls beginnen muß. Die Einstellung dieses Beginnes der Abtastung kann in der Weise erfolgen, daß das Videosignal mit der Kopfumschaltspannung getriggert wird. Dann wird der gewünschte Beginn der Abtastung von 312,5 Zeilen einmal in der Mitte einer Zeile und zum anderen Mal am Beginn einer Zeile sein. Die *Abb. 10.2.1.3 und 10.2.1.4* zeigen das getriggerte Videosignal, das links einmal mit einer halben Zeile beginnt und im zweiten Bild am Anfang der Zeile. Der Beginn ändert sich jeweils von Bild zu Bild. Der Aufnahme-Einsteller ist in der Kopfrad-Servoschaltung angeordnet. Er hat die Bezeichnung „Rec SW Phase". Durch

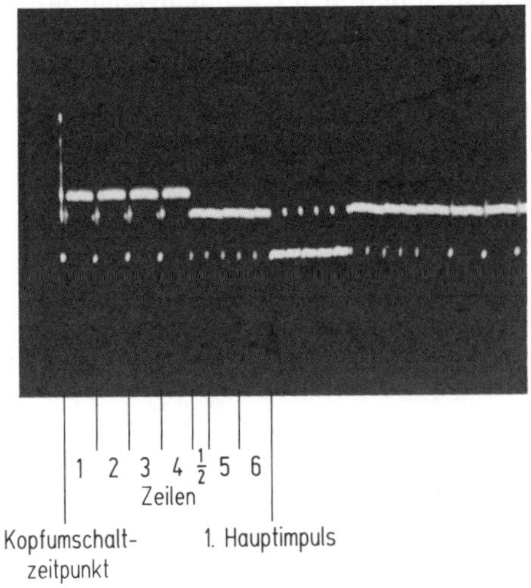

Abb. 10.2.1.3 Das Videosignal getriggert mit der Kopfumschaltspannung. Der Kopfumschaltzeitpunkt muß 6,5 Zeilen vor dem ersten Hauptimpuls erfolgen. Beginn in der *Mitte* der Zeile

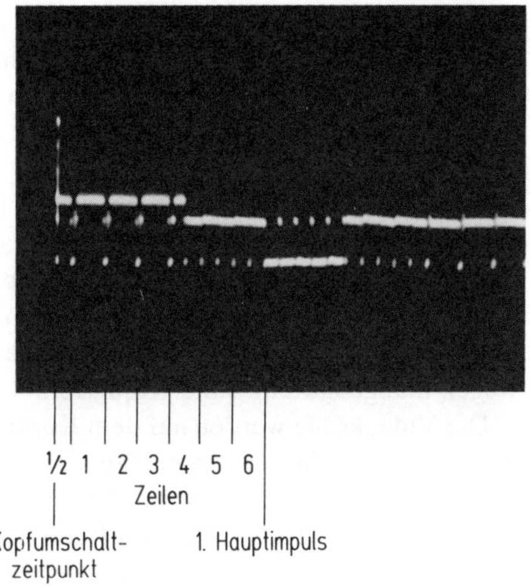

Abb. 10.2.1.4 Das Videosignal getriggert mit der Kopfumschaltspannung. Der Kopfumschaltzeitpunkt muß 6,5 Zeilen vor dem ersten Hauptimpuls erfolgen. Beginn am *Anfang* der Zeile

Umschalten am Oszilloskop läßt sich einmal der Beginn am Anfang der Zeile, und zum anderen der Beginn in der Mitte der Zeile sichtbar machen. Insgesamt müssen in beiden Fällen 6,5 Zeilen vor dem 1. Hauptimpuls gezählt werden.

10.2.2 Der Kopfumschalt-Zeitpunkt bei der Wiedergabe ist falsch

Es kann der Fall vorliegen, daß die Aufnahme keinen Fehler zeigt, sondern daß der falsche Umschaltzeitpunkt nur bei der Wiedergabe gegeben ist. Dann muß der Umschaltzeitpunkt (Wiedergabe) nachgestellt werden. Der Einsteller hat die Bezeichnung „SW PHASE". Die Fehlerbeseitigung kann dann erleichtert werden, wenn der Videorecorder die Standbild-Funktion hat. Beim Standbild werden dann zwei sich nicht deckende Bilder zu sehen sein (*Abb. 10.2.2.1, Tafel F 11*). Mit einem der beiden Einsteller für die Kopfumschalt-Phase können die Bilder zur Deckung gebracht werden, so daß nur noch ein Bild zu sehen ist. Dann stimmt die Einstellung des Zeitpunktes.

Sollte keine Standbild-Funktion vorhanden sein, so läßt sich diese Einstellung auch in der PAUSE-Stellung vornehmen.

10.3 Die Videoköpfe

Mit den Videoköpfen wird die Videosignalfrequenz auf das Magnetband aufgezeichnet, das heißt, die elektromagnetischen Schwingungen werden in eine magnetische Information gewandelt. Der Bereich umfaßt Frequenzen bis oberhalb von 3 MHz. Daraus ergeben sich einige Probleme. Aus physikalischen Gründen muß die Spaltbreite im Videokopf kleiner sein als die kürzeste aufzuzeichnende Bandwellenlänge. Diese errechnet sich aus der Relativgeschwindigkeit zwischen Kopf und Band in Bezug zur höchsten, aufzuzeichnenden Frequenz. So ergeben sich Spaltbreiten von 0,2–0,9 µm.

Da die Spurbreiten nur zwischen 20 µm und 80 µm liegen, ergeben sich für die Videoköpfe sehr niedrige Abmessungen. Die Breite liegt bei ca. 3 mm und die Tiefe bei 2 mm. Die Dicke beträgt ca. 0,1 bis 0,2 mm. Zum Erreichen einer hohen Verschleißfestigkeit gegen Bandabrieb müssen verlustarme Hartmaterialien, sogenannte Sendust-Legierungen, verwendet werden. Die Lauffläche des Kopfes am Band bestimmt die Güte des Band-Kopf-Kontaktes. Dieser Kopfspiegel muß seinen Kulminationspunkt der Krümmung genau am Spalt haben. Nur geringe Verschiebungen bringen schon erhebliche Übertragungsverluste wegen mangelhaftem Band-Kopf-Kontakt.

Die Videoköpfe werden auf dem Kopfrad so angebracht, daß sie etwas aus der Lauffläche des Kopfrades herausragen. Wegen der hohen Geschwindigkeit entsteht zwischen der Oberfläche des Kopfrades und dem Band ein Luftpolster, weil das Kopfrad Luft mitreißt. Diese Luft drückt sich zwischen Band und Kopfrad.

Es besteht also während des Betriebes zwischen Kopfrad und Band kein direkter Kontakt. Da die Köpfe jedoch etwas herausragen, haben diese den gewünschten direkten Kontakt. Weil der Kopfspiegel darüber hinaus gekrümmt ist, gleitet das Band direkt über den höher angeordneten Kopfspalt hinweg. Das Luftpolster zwischen Kopfrad und Band bildet sich nur dann, wenn sich das Kopfrad mit seiner vollen Geschwindigkeit dreht. Kommt das Kopfrad jedoch zum Stillstand, so wird das Band durch die Bandspannvorrichtung fest gegen den Kopf gedrückt. Dabei kann sich das Band am Kopf festsaugen, und es kann zu einer Dehnung des Bandes kommen, wenn der Bandantrieb weiterläuft. Zur Vermeidung von Bandbeschädigungen wird das Band beim Kopfrad-Stillstand deshalb meistens automatisch ausgefädelt. Zur Steuerung dieser Abschaltung werden die Istwert-Impulse des Kopfradantriebes mit verwendet.

Kommt der Bandantrieb infolge eines Fehlers zum Stillstand, so wird die gleiche Stelle des stehenden Bandes ständig abgetastet. Dadurch wird die Bandbeschichtung beschädigt. Zur Vermeidung einer solchen Bandbeschädigung wird auch beim plötzlichen Stillstand des Bandantriebes automatisch ausgefädelt. Die Steuerung dieser Abschaltung infolge eines Fehlers erfolgt mit den Istwert-Impulsen der Bandantriebswelle. Das Kontrollsystem sorgt dann für die Abschaltung.

10.4 Fehler

Defekte Videoköpfe lassen sich nicht reparieren und der Austausch des Kopfrades verursacht verhältnismäßig hohe Kosten. Deshalb muß die Fehlerdiagnose sehr sorgfältig vorgenommen werden. Das Fehlerbild, das dann zu sehen ist, wenn die Köpfe verschmutzt sind, ähnelt dem, wie es zu sehen ist, wenn die Köpfe defekt sind. Um eine Fehldiagnose zu vermeiden, sollten die Köpfe zuerst immer gereinigt werden, wenn der Verdacht besteht, daß die Videoköpfe defekt seien.

Darüber hinaus sollte noch die Kopfspannung mit oszillografiert werden, denn auch ein Fehler in der Kopfspannungsverstärkung kann einen Videokopf-Defekt vortäuschen. Im Oszillogramm ist der Fehler festzustellen.

10.4.1 Verschmutzte Videoköpfe

Durch Bandabrieb können sich Schmutzteilchen auf der Oberfläche der Videoköpfe festsetzen. An diesen Stellen wird dann die Übertragung vom Band zum Kopf unterbrochen. Als Folge davon reißen die Zeilen aus (*Abb. 10.4.1.1, Tafel F 11*). Bei noch stärkerer Verschmutzung sind Rauschzonen oder Fehlstellen im Bild zu sehen (*Abb. 10.4.1.2, Tafel F 11 und 10.4.1.3, Tafel F 12*).

Durch vorsichtige Reinigung wird der Fehler beseitigt. Allerdings sollte das Bandmaterial überprüft werden, wenn die Verschmutzung nach kurzer Spielzeit wieder auftritt. Ältere, oft bespielte Kassetten sollten dann aussortiert und nicht mehr benutzt werden.

10.4.2 Defekte Videoköpfe

Auch bei einem Defekt an einem Videokopf wird die Übertragung vom Band zum Kopf oder umgekehrt vom Kopf zum Band anfangs nur wenig, im späteren Stadium mehr beeinträchtigt.

Es beginnt damit, daß die Zeilen an einer bestimmten Stelle nur ganz wenig ausreißen (*Abb. 10.4.2.1, Tafel F 12*). Später zeigen sich, deutlich sichtbar, immer mehr dieser Ausreißstellen (*Abb. 10.4.2.2, Tafel F 12*). Nach einer weiteren Spielzeit zeigt sich der Fehler immer mehr (*Abb. 10.4.2.3, Tafel F 13*). In diesem Bild ist zu erkennen, daß sich der Fehler im Schwarzweiß-Balken-Feld weiter verstärkt zeigt. Das geht dann so weit, daß keine Farbe mehr wiedergegeben werden kann, und das Bild ist verschneit, weil die Signalspannung zu schwach wird, die zum Kopfverstärker übertragen wird. Das Bild wird nicht mehr synchronisiert (*Abb. 10.4.2.4, Tafel F 13*).

In allen diesen Fällen muß das Kopfrad ausgewechselt werden.

10.4.3 Ein Videokopf defekt

Es kann auch vorkommen, daß nur ein Kopf durch Abrieb beschädigt wird. Die Oberfläche des Magnetkernes am Kopfspalt wird dabei allmählich abgerieben. Das während des Betriebes entstehende, magnetische Feld verringert sich und die induzierte Spannung wird niedriger. Dann zeigt sich ein Fehlerbild, wie es in der *Abb. 10.4.3.1, Tafel F 13* zu sehen ist.

Es war schon eingangs der Fehlerbeschreibung empfohlen worden, die Kopfspannung zu oszillografieren, wenn der Verdacht besteht, daß ein Videokopf-Fehler vorhanden ist. In diesem Beispiel kann der Fehler deutlich im Oszillogramm erkannt werden (*Abb. 10.4.3.2*). Das Spannungspaket eines Kopfes ist wesentlich niedriger als das andere. In beiden Kopfspannungen sind starke Rauschzonen zu erkennen, die über das übliche Maß bei der Wiedergabe hinausgehen. Bei einem Fehler zwischen einem Videokopf und der Kopfumschaltung würden die Rauschzonen im defekten Bereich weitgehend fehlen (Abb. 9.3.5.2).

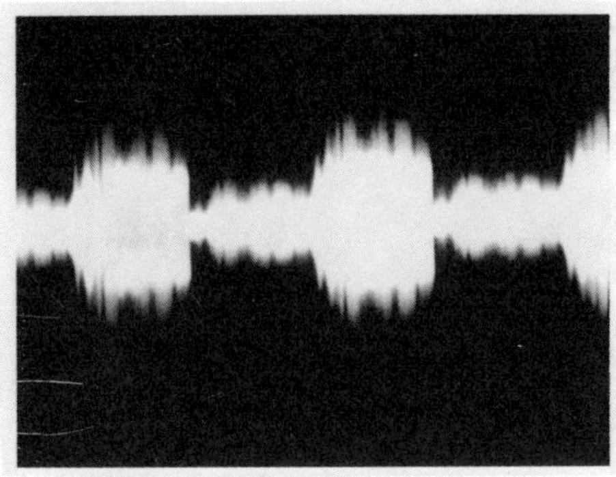

Abb. 10.4.3.2 Oszillogramm der Kopfspannung bei defekter Kopfscheibe. Ein Videokopf ist defekt

10.5.1 Das Kopfrad

Die Videoköpfe sind auf dem Kopfrad angebracht. Es hat beim VHS-System einen Durchmesser von 62 mm. Beim Beta-System beträgt der Durchmesser 74,5 mm und Video 2000 arbeitet mit einem Kopfraddurchmesser von 65 mm. Das Band läuft schräg an dem Kopfrad vorbei, damit die Schrägspur-Abtastung vollzogen werden kann. Das Kopfrad wird direkt von einem Motor angetrieben, der mit 1500 Umdrehungen pro Minute läuft. Das entspricht 25 Umdrehungen pro Sekunde. Damit können 2 × 25 Halbbilder aufgezeichnet werden, da immer 2 Köpfe bei einer vollen Umdrehung abgetastet werden.

Das magnetische Feld des Bandes magnetisiert bei Wiedergabe über den Kopfspalt des Videokopfes den Magnetkern. In der darauf angebrachten Spulenwicklung wird eine Spannung induziert. Diese Spannung wird an Übertrager weitergegeben, die sich im Kopfrad befinden. Die Übertragung vom rotierenden Kopfrad an den feststehenden Lagerteil erfolgt induktiv. Innerhalb der Aussparung des Kopfrades sind zwei Ferritmagnete angebracht. Hierüber wird die Videosignalspannung vom Kopfrad zum feststehenden Lagerteil übertragen.

10.5.2 Die Bandtrommel mit Welle

Das Kopfrad sitzt oberhalb der Bandtrommel (*Abb. 10.5.2.1*). Die Kopfradachse ist beim VHS-System in zwei Kugellagern gelagert, die in der Bandtrommelnabe eingepaßt sind. Zur

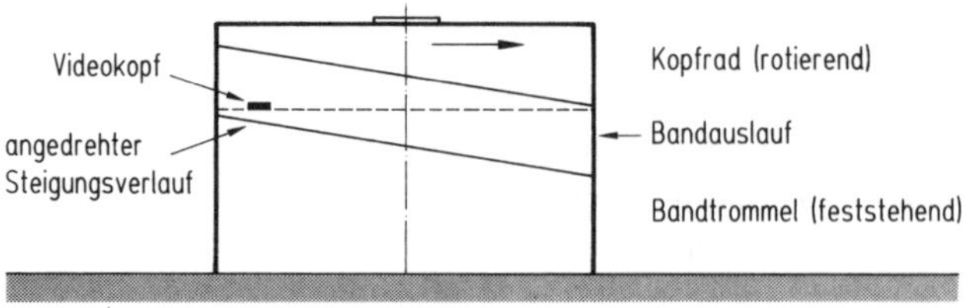

Abb. 10.5.2.1 Das rotierende Kopfrad sitzt oberhalb der feststehenden Bandtrommel. Der Steigungsverlauf für das Band ist in der Bandtrommel angedreht

Abb. 10.5.2.2 Die Bandtrommel mit dem Kopfrad

Abtastung muß das Band schräg vom Kopfrad über die Bandtrommel laufen. Der angedrehte Steigungsverlauf auf der Bandtrommel muß äußerst exakt eingehalten werden. Mit der Bandtrommel wird die Spurfolge bestimmt. Trommel und Kopfrad sind aus einer speziellen Aluminiumlegierung gefertigt. Die in der Bandtrommel gelagerte Kopfradachse wird direkt von dem Kopfradmotor angetrieben, das heißt die Motorwicklung (Läufer) sitzt auf dem unteren Wellenende (*Abb. 10.5.2.2*).

10.6 Fehler

10.6.1 Kugellager defekt

Es kann vorkommen, daß ein Kugellager defekt wird. Im Bild ist das als Zittern und Ausreißen von Zeilen zu erkennen (*Abb. 10.6.1.1, Tafel F 14*). Beim Lauf ist meistens ein zusätzliches Geräusch zu hören. Zur Kontrolle wird das Kopfrad im ausgeschalteten Zustand mit der Hand angeworfen, so daß es sich möglichst schnell dreht. Das von einem defekten Kugellager verursachte Geräusch wird dann zu hören sein.

10.6.2 Kopfrad taumelt

Auch beim Antrieb ist äußerste Präzision geboten. Das Kopfrad darf nur einen Taumelschlag von höchstens 3 μm haben. Darüber hinausgehendes Taumeln im Betrieb macht sich als Fehler bemerkbar. Das Band wird nicht exakt laufen.

Bei einem solch unruhigen Lauf sind „Rauschzonen" auf dem Bildschirm zu sehen.

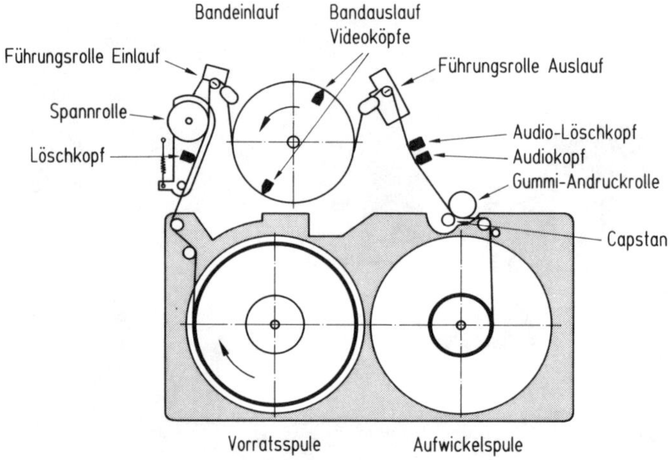

Abb. 10.7.1 Die Bandführung beim VHS-System (M-Loading)

10.7 Der Bandlauf

Beim VHS-Verfahren kann bei der Draufsicht auf die freigelegte Bandführung aus der Kopfumschlingung und dem weiteren Bandverlauf die Form eines M erkannt werden. Deshalb wird das Umschlingungsverfahren M-Loading genannt (*Abb. 10.7.1*).

Das Band wird aus der Vorratsspule der Kassette heraus am Löschkopf vorbeigeführt und mit Hilfe von Bandführungs- und Umlenkungsrollen zur Kopftrommel mit dem Kopfrad weitergeleitet. Eine Spannrolle die federnd angebracht ist, sorgt dafür, daß das Band beim Einlauf gleichmäßig gespannt wird. Nach dem Bandauslauf wird das Band am Ton-Löschkopf und Ton-Aufnahme/Wiedergabe-Kopf vorbeigeführt. Vor dem Kassetteneingang in die Aufwickelspule sind Capstan und Gummi-Andruckrolle angeordnet. Über diese Antriebswelle und die gegenüberliegende Andruckrolle wird das Band angetrieben.

10.8 Fehler

10.8.1 Das Band läuft zu locker

Das Band liegt beim Einlauf nicht richtig an. Es wird nicht gleichmäßig anliegend am Kopfspalt vorbeigeführt. Dadurch entstehen an den Stellen des Bandes, die sich vom Kopfspalt nur leicht entfernen, Rauschzonen. Der Bildinhalt ist darin nicht mehr zu sehen. Im unteren Teil der *Abb. 10.8.1.1, Tafel F 14* ist dieser Fehler zu sehen.

Fehlerursache

Das Band wird am Bandeinlauf nicht richtig gespannt. Es läuft deshalb zu locker vorbei. Der Fehler ist am Bandeinlauf zu erkennen. Die Spannung des Bandes während des Betriebes muß kontrolliert und verbessert werden.

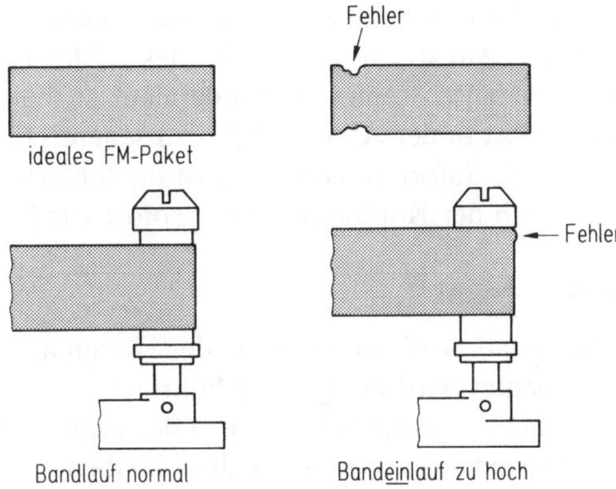

Abb. 10.8.2.1 Der Bandeinlauf an der Führungsrolle links erfolgt normal, rechts jedoch fehlerhaft zu hoch

10.8.2 Der Bandeinlauf beginnt zu hoch

An der Einlauf-Führungsrolle ist zu erkennen, daß das Band nicht in der Mitte läuft, sondern zu weit oben an der Führungsrolle vorbeigezogen wird.

Meistens ist auch noch ein Geräusch zu hören, daß von den rotierenden Köpfen erzeugt wird, die die untere Kante des Bandes streifen.

In der *Abb. 10.8.2.1* ist links die normale Bandführung an der Führungsrolle zu sehen. Dagegen wird rechts gezeigt, wie das Band falsch zu weit oben vorbeiläuft. Im Bild ist der Fehler im oberen Teil des Bildes zu sehen (*Abb. 10.8.2.2, Tafel F 14*).

Der Fehler ist oszillografisch gut zu erkennen. Zu dem Zweck wird das Oszilloskop mit der 25-Hz-Rechtecksignalspannung getriggert. Bei der Aufnahme der Videoinformation des Vor- oder Kopfverstärkers müssen normalerweise die beiden Kopfspannungen fortlaufend eine gleich hohe Videosignalspannung zeigen. Wenn jedoch ein Fehler vorliegt, sinkt die Spannung jeweils an der Stelle, an der die Köpfe nicht genügend magnetisiert werden.

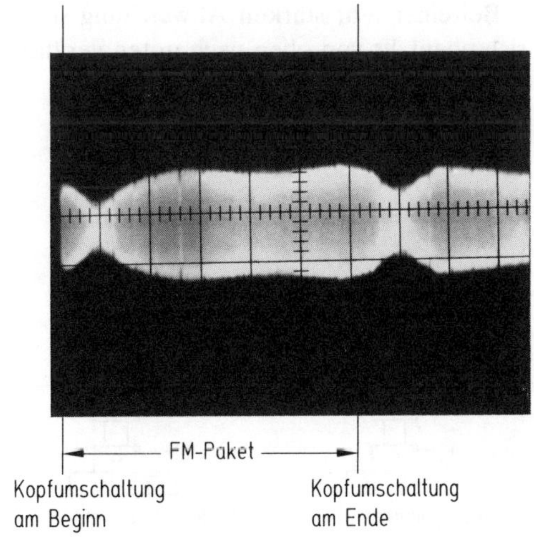

Abb. 10.8.2.3 Das Oszillogramm der Video-Kopfspannung bei zu hohem Bandeinlauf

Die Abb. 10.8.2.1 zeigt links oben schematisch dargestellt die Videosignalspannung eines Kopfes. Auf der rechten Seite des Bildes ist dargestellt, in welcher Weise die Spannung fehlerhaft ist, wenn der Bandeinlauf zu hoch eingestellt ist. Das entsprechende Oszillogramm ist in der *Abb. 10.8.2.3* zu sehen. Die verstärkte Kopfspannung beginnt am linken Bildrand. Sofort anschließend ist die fehlerhafte, zu niedrige Spannungshöhe zu sehen, die sich nach der Kopfumschaltung sofort wiederholt.

Fehlerursache

Das Band wird zu hoch in den Bandeinlauf geführt. Zur Korrektur des fehlerhaften Bandlaufes wird die Einlauf-Führungsrolle in ihrer Höhe soweit verändert, daß das Band einwandfrei in der Mitte läuft. Gleichzeitig sollte das Oszillogramm mit überprüft werden. Der Spannungsverlauf muß gleichbleibend hoch sein. Beim Betätigen der Tracking-Einstellung darf sich nur die gesamte Signalspannungs-Verstärkung ändern. Die fehlerhafte Verstärkungs-Absenkung darf sich nicht wieder zeigen. Eventuell muß auch die Auslauf-Führungsrolle leicht nachgestellt werden. Dabei sollte der Band-Einfädelvorgang mehrmals wiederholt werden, um sicherzustellen, daß das Band auch danach wieder in normaler Höhe läuft.

Nach dem Einstellen sollten die Schrauben kontrolliert werden, die verdreht wurden. Sie müssen gut mit Lack gesichert werden, weil sie während des Bandlaufes einer Dauerbelastung ausgesetzt sind.

10.8.3 Der Bandeinlauf beginnt zu tief

Die *Abb. 10.8.3.1, Tafel F 15* zeigt ein typisches Fehlerbild, das sich zeigt, wenn der Bandeinlauf zu tief über der Einlauf-Führungsrolle beginnt. Vor dem Beginn des Halbbildes werden die Bildwechselimpulse gesendet. Sie liegen also in dem Bereich des Bandes, der bei diesem Fehler nicht exakt am Kopfspalt vorbeigeführt wird. Deshalb synchronisiert das Bild nicht mehr. Es läuft unregelmäßig von oben nach unten oder umgekehrt durch.

Bei einer sehr starken Abweichung sind im Bild außerdem Rauschzonen zu sehen, die sich ebenfalls von oben nach unten verändern (*Abb. 10.8.3.2, Tafel F 15*).

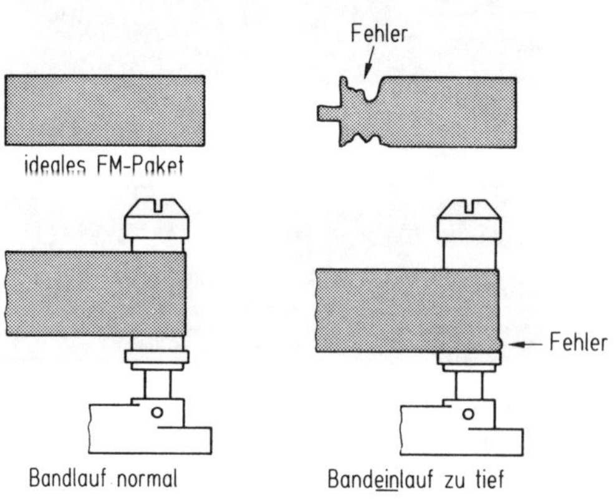

10.8.3.3 Der Bandeinlauf ist an der Führungsrolle links normal, rechts jedoch fehlerhaft zu tief

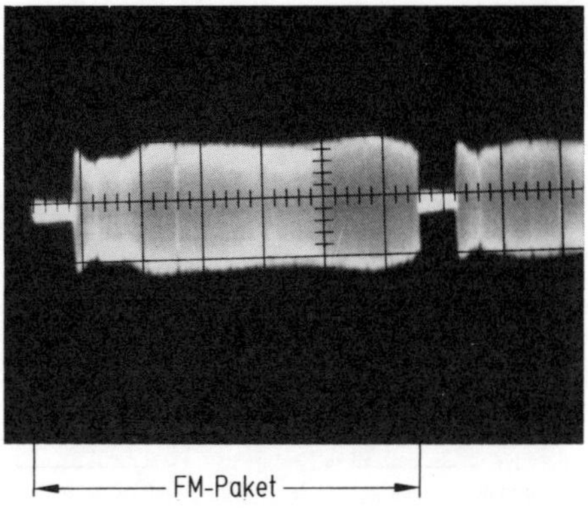

Abb. 10.8.3.4 Das Oszillogramm der Video-Kopfspannung bei zu tiefem Bandeinlauf

In der *Abb. 10.8.3.3* ist der Bandlauf an der Einlauf-Führungsrolle zu sehen. Auf der linken Seite wird wieder der normale Lauf und das ideale FM-Paket eines Videokopfes, also der Inhalt eines Halbbildes, gezeigt. Auf der rechten Seite ist die fehlerhafte Videosignal-Spannung bei zu tiefem Bandeinlauf zu sehen. Das entsprechende Oszillogramm ist in der *Abb. 10.8.3.4* zu sehen.

Fehlerursache

Das Band wird zu tief in den Bandeinlauf geführt. Zur Korrektur muß die Einlauf-Führungsrolle soweit in ihrer Höhe verändert werden, daß das Band, wie es links gezeigt wird, in der Mitte läuft. Das Oszillogramm sollte gleichzeitig kontrolliert werden; wobei das besondere Augenmerk auf den Beginn links zu legen ist. Die Tracking-Einstellung sollte von Links- bis Rechts-Anschlag verändert werden. Das Oszillogramm darf sich dabei nur gleichmäßig in seiner Höhe verändern.

Auch die Auslauf-Führungsrolle sollte leicht nachgestellt werden, wenn der Bandlauf noch nicht einwandfrei ruhig läuft.

Nach diesen Arbeiten sollte der Band-Einfädelvorgang mehrmals wiederholt werden. Anschließend müssen die verstellten Schrauben nochmals kontrolliert werden, ob sie fest genug sitzen, damit sie sich nicht nach längerer Betriebszeit lösen können.

10.8.4 Der Bandauslauf endet zu hoch

Das Band wird an der Auslauf-Führungsrolle zu weit oben vorbeigezogen, wie das in der *Abb. 10.8.4.1* schematisch dargestellt worden ist. Je nachdem, wie stark die Abweichung ist, wird das Band mehr oder weniger gestaucht oder geknittert. So können mehrere Rauschzonen auf dem Bild (*Abb. 10.8.4.2, Tafel F 15*) zu sehen sein.

Im Oszillogramm (*Abb. 10.8.4.3*) sind die gestörten Zonen deutlich zu erkennen. Bei starker Abweichung, wie das im Beispiel der Fall ist, kann die Fehlererscheinung über dem gesamten Bild zu sehen sein.

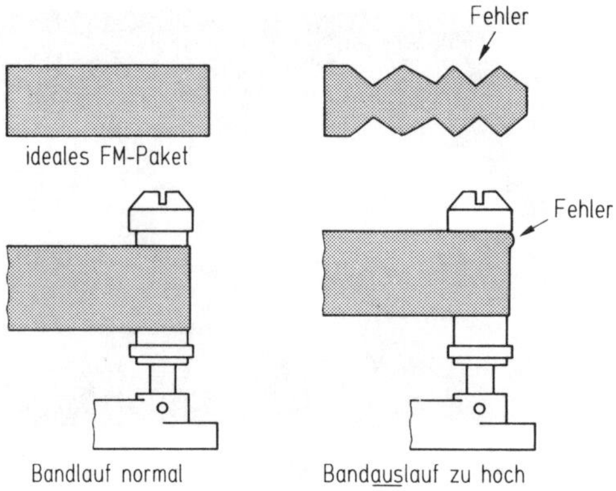

Abb. 10.8.4.1 Der Bandauslauf ist an der Führungsrolle links normal, rechts jedoch fehlerhaft geknittert

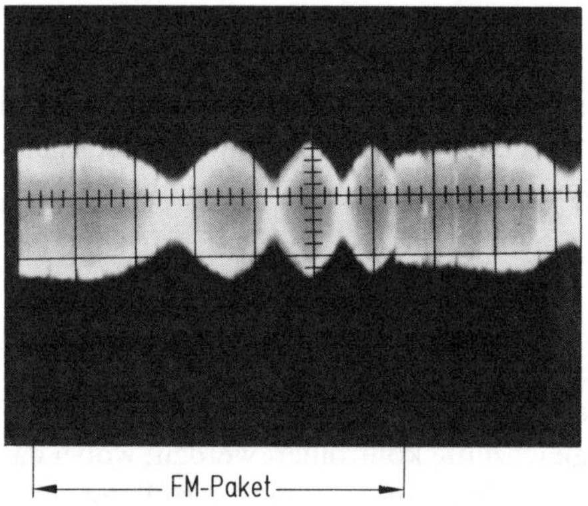

Abb. 10.8.4.3 Das Oszillogramm der Video-Kopfspannung bei zu hohem Bandauslauf

Fehlerursache

Das Band wird am Auslauf nicht richtig geführt. Zur Korrektur sollte zuerst die Bandauslauf-Führungsrolle nachgestellt werden. Dabei sollte das Oszillogramm unter Einbeziehung der Tracking-Einstellung mit kontrolliert werden. Wichtig ist auch die Überprüfung des Bandlaufes an der Einlauf-Führungsrolle; denn eine starke Abweichung des Bandlaufes von der Normalhöhe hat ihren Ursprung meistens schon bei einer fehlerhaften Abweichung der Bandführung im Einlauf.

Durch Wiederholung des Einfädelvorganges sollte die einwandfreie Bandführung nachkontrolliert werden.

10.8.5 Der Bandauslauf endet zu tief

Das Schirmbild (*Abb. 10.8.5.1, Tafel F 16*) zeigt unten eine Rauschzone, wobei in diesem Bereich auch die Zeilensynchronisation gestört ist. Die Zeile kippt in diesem Teilbereich weg. Die Bildsynchronisation arbeitet jedoch einwandfrei. In der *Abb. 10.8.5.2* wird rechts die Bandführung an der Auslauf-Führungsrolle gezeigt. Das Band läuft zu tief. Darüber ist

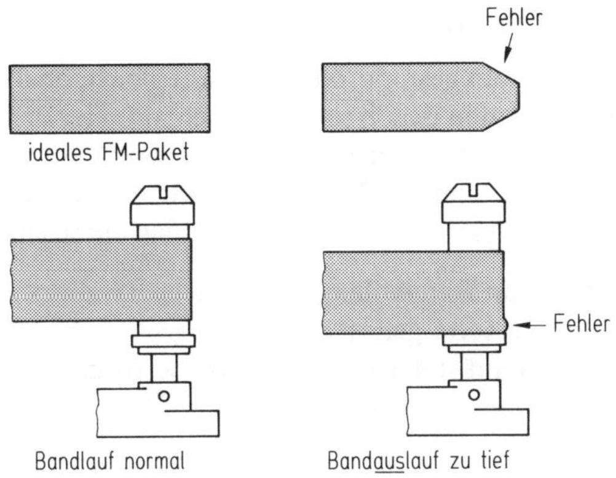

Abb. 10.8.5.2 Der Bandauslauf ist an der Führungsrolle links normal, rechts jedoch fehlerhaft zu tief

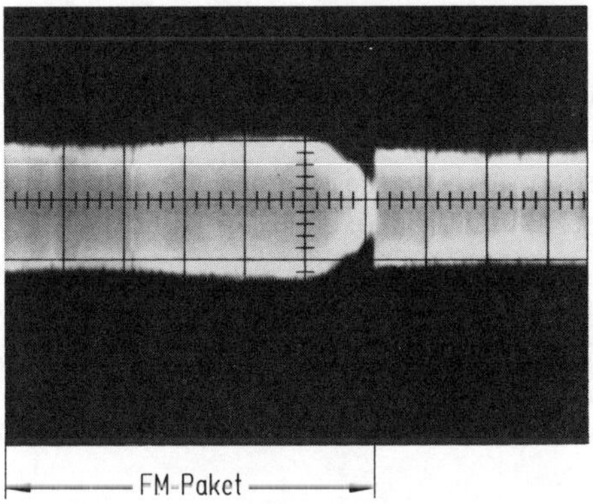

Abb. 10.8.5.3 Das Oszillogramm der Video-Kopfspannung bei zu tiefem Bandauslauf

die schematische Darstellung des FM-Paketes zu sehen. Die Verstärkung fällt am Ende ab. Noch deutlicher ist das im Oszillogramm zu sehen (*Abb. 10.8.5.3*).

Fehlerursache

Die Bandführung am Auslauf ist fehlerhaft. Der Bandlauf über die Bandauslauf-Führungsrolle muß kontrolliert werden.

Dabei kann sich zeigen, daß auch der Bandeinlauf korrekturbedürftig ist. Deshalb sollten beide Führungsrollen nachjustiert werden. Die Korrektur ist erst dann gelungen, wenn die Signalverstärkung gleichmäßig ohne Abfall und auf gleicher Höhe im Oszillogramm zu sehen ist. Anschließend sollte der Band-Einfädelvorgang mehrmals wiederholt werden, und die verstellten Schrauben sollten mehrmals auf festen Sitz hin kontrolliert und verlackt werden.

10.9 Die Band-Endabschaltung

Am Bandende muß der Bandlauf gestoppt werden, ganz gleich, ob das Band in Wiedergabe- oder Aufnahmebetrieb abgelaufen ist, ob mit dem Suchlauf oder dem schnellen Vorlauf das Bandende erreicht wurde. Nachdem der Bandlauf gestoppt wurde, bleibt das Band stehen und wird ausgefädelt. Bei den meisten Recordern läuft das Band auch noch automatisch zurück. Je nach Fabrikat, System und Schaltung wird das unterschiedlich gehandhabt.

Nach dem Rücklauf muß am Bandanfang ebenfalls exakt abgeschaltet werden, da sonst das Band vom Wickel der Kassette gerissen würde.

Die Bandabschaltung wird auf unterschiedliche Weise vorgenommen.

10.9.1 Die Abschaltung mittels Fotozelle

Beim VHS-System sind die Videobänder am Anfang und am Ende mit einem durchsichtigen Folienband versehen.

Beim Ladevorgang wird die Kassette in den Kassettenschacht gezogen. Gleichzeitig taucht eine Glühlampe in die Kassette ein. Das wird durch eine Öffnung ermöglicht, die an der Unterseite der Kassetten ausgespart ist. Innerhalb dieser Öffnung befinden sich wiederum seitlich zwei kleinere Durchbrüche, die es ermöglichen, daß die Lichtquelle ihr Licht durch das Kassetteninnere sowohl nach links wie auch nach rechts verteilen kann. Am Bandeinlauf und am -auslauf sind auf beiden Seiten Fotozellen angebracht (*Abb. 10.9.1.1*). Solange das Band von einem Wickel zum anderen läuft, kann das Licht die Fotozellen nicht erreichen, weil das vorbeilaufende Band nicht lichtdurchlässig ist. Wenn es jedoch am Ende oder am Anfang angelangt ist, so wird statt des Bandes die durchsichtige Folie an einer der

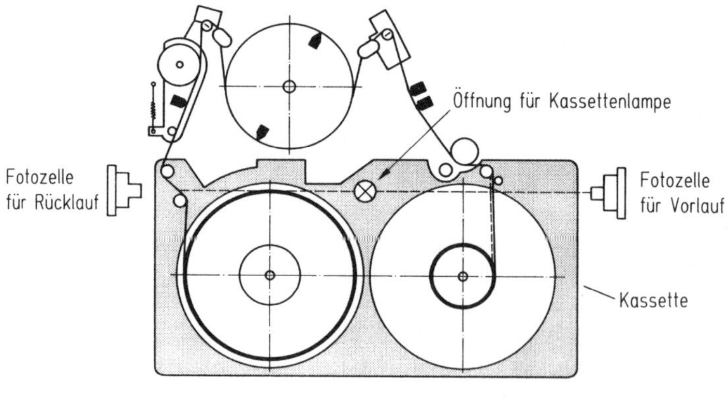

Abb. 10.9.1.1 Beim Ladevorgang senkt sich die Kassette über die Kassettenlampe, deren Licht eine Fotozelle dann erreicht, wenn die durchsichtige Folie am Bandanfang oder -ende anliegt

beiden Fotozellen vorbeigezogen und das Licht kann durch die Folie auf die Fotozelle auftreffen. Die an der Fotozelle normalerweise anliegende Spannung wird dadurch abgesenkt, und als Folge dieser Spannungsänderung wird der Bandlauf gestoppt.

Bei modernen Videorecordern wird die Information einem Datenauswerter (Selector) zugeleitet, der die Abschaltung auf elektronischem Weg veranlaßt.

Auch die an der Kassettenlampe anliegende Spannung wird zur Datenauswertung weitergeleitet. Sollte die Betriebsspannung der Lampe einen festgelegten Wert überschreiten, so wird ebenfalls bei verschiedenen Schaltungen innerhalb des Kontrollsystems abgeschaltet.

Damit wird erreicht, daß der Bandlauf bei einer defekten Kassettenlampe nicht eingeschaltet wird. Der Bandlauf würde sonst am Bandende oder -anfang nicht abschalten, da das Licht der Kassettenlampe dann nicht auf die Fotozelle auftreffen würde. Die Kassette würde beschädigt werden, das Band würde aus dem Wickel gerissen.

Außerdem werden die Fotozellen-Spannungen über das Kontrollsystem beim normalen Lauf oder Vorlauf mit den Abwickelbandteller-Impulsen verglichen.

Der Bandlauf wird dann freigegeben, wenn die Impulse anliegen und die Fotozellenspannung ihren normalen Wert ohne Belichtung hat. Fehlen einerseits die Impulse, so läuft das Band nicht durch, oder hat sich andererseits die Fotozellenspannung geändert, so ist die Kassettenlampe defekt oder das Band ist gerissen, auch dann wird sofort abgeschaltet.

Der Vergleich wird eventuell auch beim Rücklauf vorgenommen. Dann werden die Impulse des Aufwickelbandtellers zum Vergleich herangezogen.

Bei der Inbetriebnahme bleiben alle Funktionen gesperrt, die nicht sinnvoll sind. Nach der Bandendabschaltung bleibt beispielsweise die Bedienung für Wiedergabe, Vorlauf und Suchlauf vorwärts gesperrt, während der Rücklauf freigegeben wird. Damit kann verhindert werden, daß durch Fehlbedienungen Schaden am Gerät verursacht wird.

Bei Reparaturarbeiten kann es vorkommen, daß der Bandlauf selbsttätig stoppt. Dann sollte kontrolliert werden, ob die Fotozellen belichtet werden, ohne daß Bandende oder -anfang erreicht wurde. *Durch das Entfernen von Gehäuseteilen kann der Lichteinfall verursacht werden.*

10.9.2 Die Abschaltung mittels Optokoppler

Beim System 2000 sind am Ende und am Anfang des Bandes reflektierende Folien angebracht. Am Bandanfang befindet sich die Folie nur auf der oberen Bandhälfte und am Ende des Bandes auf der unteren Hälfte. Da bei den Wendekassetten nur jeweils die Hälfte des Bandes benutzt wird, genügt es, wenn die Abschaltfolie nur jeweils über die Hälfte des

Bandes reicht. Zur Erkennung werden Optokoppler verwendet. Beim Optokoppler sind Sender und Empfänger in einem Gehäuse angeordnet.

Der Sender besteht meist aus einer Lumineszenz-Diode und einem Fototransistor als Empfänger. In dem Moment, in dem das Band das Ende erreicht hat, folgt die Folie und die emittierte Strahlung der Lumineszenz-Diode wird reflektiert und dem Fototransistor zugeführt. Dieser ändert seinen Innenwiderstand und es fließt ein Strom. Die anliegende Spannung sinkt ab. Damit wird Bandende oder -anfang erkannt und über die Ablaufsteuerung wird abgeschaltet.

Die Optokoppler werden möglichst nahe am Bandein- und auslauf angebracht, damit ein möglichst großer Teil der Strahlung vom Empfänger wieder aufgenommen werden kann.

10.9.3 Die Abschaltung mittels Magnetsensoren

Beim System Beta sind die Videobänder am Anfang und am Ende mit einer Metallfolie versehen. Am Bandein- und auslauf des Videorecorders sind Sensoren angebracht, die aus einer Spule mit Eisenkern bestehen. Die Spule ist Bestandteil eines Schwingkreises, der im Basiskreis eines Transistors liegt. Beim Anliegen der Betriebsspannungen wird in dem Schwingkreis eine Frequenz erzeugt. Wenn die Metallfolie am Sensor vorbeigeführt wird, erhöht sich die Induktivität der Spule, so daß der Oszillator nicht mehr schwingt. Dadurch wird der Bandlauf gestoppt. Es besteht auch die andere Möglichkeit, daß erst durch die Annäherung der Metallfolie die Schwingfrequenz erreicht wird. Dann wird umgekehrt mit dieser Spannung gestoppt.

10.10 Fehler

10.10.1 Das Band läuft nicht

Es wird nicht eingefädelt. Wiedergabe- und Aufnahmebetrieb, Vorlauf, Rücklauf, Suchlauf und Zeitlupe funktionieren nicht.

Fehlerursache

1. Es wurde keine Kassette eingelegt.
2. Die Kassettenlampe ist defekt.
3. Das Kontrollsystem schaltet ab.

Die Fehlersuche sollte bei eingelegter Kassette und leuchtender Kassettenlampe bei der Datenausgabe beginnen. Anschließend sollten die einzelnen Funktionen des Kontrollsystems überprüft werden.

10.10.2 Der Bandrücklauf schaltet ein (VHS)

Nach dem Einlegen der Kassette schaltet sich sofort der Rücklauf ein. Das Band läuft zurück. Nachdem es die Anfangsstellung erreicht hat, sind die anderen Funktionen blokkiert.

Fehlerursache

Es wird immer „Bandende" erkannt. Die meisten Geräte sind so programmiert, daß das Band dann automatisch zurückläuft. Die „Bandende" erkennende Fotodiode ist defekt oder die Stromversorgung der Diode ist defekt. Es handelt sich dabei um die von der Kassette aus gesehen links angeordnete Fotozelle (Abb. 10.9.1.1).

10.10.3 Nur der Bandrücklauf läßt sich schalten

Nach dem Einlegen einer Kassette funktioniert nur der Bandrücklauf. Nachdem das Band zurückgeführt wurde, ist keine weitere Funktion mehr zu schalten.

Fehlerursache

Es wird immer „Bandende" erkannt. Es handelt sich um einen Recorder, der *nicht* automatisch zurückläuft. Die „Bandende" erkennende Fotodiode ist defekt oder die Stromversorgung der Diode ist defekt. Da immer „Bandende" erkannt wird, bleiben die anderen Funktionen blockiert.

10.10.4 Der Bandlauf stoppt selbsttätig (VHS)

Während der Wiedergabe oder der Aufnahme stoppt der Bandlauf selbsttätig. Nach dem Schalten einer entsprechenden Funktion läuft er wieder weiter und stoppt in unregelmäßigen zeitlichen Abständen wieder.

Fehlerursache

Der Aufwickelteller bleibt kurzzeitig stehen oder er dreht sich zu langsam. Das Kontrollsystem sorgt dafür, daß abgeschaltet wird. Damit wird „Bandsalat" verhindert.

Der Antrieb des Aufwickeltellers ist fehlerhaft. Entweder ist der Motor defekt, oder der mechanische Antrieb treibt den Aufwickelteller zeitweilig nicht an.

10.10.5 Der Bandlauf stoppt selbsttätig (Beta)

Während der Wiedergabe oder der Aufnahme stoppt der Bandlauf selbsttätig. Nach dem Schalten einer entsprechenden Funktion läuft er wieder weiter und stoppt in unregelmäßigen zeitlichen Abständen wieder.

Fehlerursache

Die Magnetsensoren sind beweglich angebracht, damit sie dem sich bewegenden Band folgen können. Folglich muß auch die Leitungszuführung zu den Sensoren beweglich sein. Es kann dann vorkommen, daß eine Zuführung bricht oder sich löst. Das kann einen Wackelkontakt auslösen. Der Schwingkreis ist dann zeitweilig unterbrochen und der Bandlauf stoppt. Außerdem kann ein Fehler in der Stopschaltung vorliegen.

11 Die Servoregelungen

Die Servoregelungen sollen drei Aufgaben erfüllen:

1. Die Bandgeschwindigkeit und die Kopfrad-Drehzahl soll konstant gehalten werden.
2. Es muß dafür gesorgt werden, daß bei der Aufnahme und bei der Wiedergabe der Bildwechsel immer an der gleichen Stelle erfolgt.
3. Die Bandgeschwindigkeit muß bei der Wiedergabe so geregelt werden, daß die aufgezeichneten Schrägspuren exakt wiedergefunden und richtig abgetastet werden.

Um dieses Ziel zu erreichen, sind zwei Servoregelungen erforderlich, und zwar eine für die Bandgeschwindigkeit und die andere für die Kopfrad-Drehzahl. Dabei ist die Steuerung der Kopfrad-Drehzahl wesentlich wichtiger als die Regelung der Bandgeschwindigkeit, weil die Umdrehungen pro Sekunde entspricht jedoch immer der halben Bildfrequenz und beträgt 25.

$$V_K = D \times \frac{\text{Umdrehungen}}{\text{s}}$$

Die Kopfräder haben bei den verschiedenen Systemen auch verschiedene Durchmesser, so gibt es Kopfräder mit 62 mm, 65 mm und 74,5 mm Durchmesser. Die Anzahl der Umdrehungen pro Sekunde entspricht jedoch immer der halben Bildfrequenz und beträgt 25.

Die *Kopfvorschubgeschwindigkeit* für ein Kopfrad mit 62 mm Durchmesser errechnet sich folgendermaßen:

$$V_K = 62 \times 3{,}14 \times 25\frac{4}{5} = 4{,}867\,\frac{\text{m}}{\text{s}}$$

Das entspricht der Umfangsgeschwindigkeit des Kopfrades.

Dagegen ist die *Bandvorschubgeschwindigkeit* weitaus niedriger. Sie entspricht der Umfangsgeschwindigkeit der Capstanwelle (Durchmesser ca. 4 mm)

$$V_B = \text{Umfang der Capstanwelle} \times \frac{\text{Umdrehungen}}{\text{s}}$$

$$V_B = 12{,}56 \times 1{,}86\,\frac{\text{U}}{\text{s}} = 2{,}339\,\frac{\text{cm}}{\text{s}}$$

Da der Kopfradvorschub und auch der Bandvorschub die gleiche Richtung haben, vermindert sich die *Aufzeichnungsgeschwindigkeit* um die Bandvorschubgeschwindigkeit.

Unter der Aufzeichnungsgeschwindigkeit wird die relative Geschwindigkeit verstanden, mit welcher die Videoköpfe am Band entlang bewegt werden. Sie beträgt

$$V_A = V_K - V_B$$
$$V_A = 4{,}867 - 0{,}023$$
$$V_A = 4{,}84 \frac{m}{s}$$

Damit wird besonders deutlich, daß die Regelung der Kopfrad-Drehzahl weitaus wichtiger ist als die Regelung der Bandgeschwindigkeit.

11.1 Die Kopfrad-Servoregelung

Die Aufgabe, die von der Kopfrad-Servoregelung zu erfüllen ist, wird bei der Aufnahme und bei der Wiedergabe auf unterschiedliche Weise gelöst.

Bei der *Aufnahme* muß eine phasenstarre Verkopplung zwischen dem Sendersignal und der Kopfvorschubgeschwindigkeit hergestellt werden. Nur dann ist es möglich, daß der Eintauchzeitpunkt immer exakt 13,5 Zeilen vor dem 1. Bildimpuls erfolgt und der anschließende Beginn der Bild-Abtastung zeitgenau vorgenommen werden kann.

Die Verkopplung wird mit Hilfe der Bildsynchronimpulse, die im Sender-Signal enthalten sind, vorgenommen (*Abb. 11.1.1*). Mit einem Amplitudensieb werden diese Impulse vom Videosignal abgetrennt, und jeder 2. Impuls triggert einen monostabilen Multivibrator, mit dessen Hilfe eine Rechteckspannung von 25 Hz erzeugt wird, oder die Bildimpulse synchronisieren einen 50-Hz-Oszillator, dessen Frequenz im Verhältnis 2:1 geteilt und anschließend in Rechteckform gebracht wird (*Abb. 11.1.2*).

Diese Impulse mit einer Frequenz von 25 Hz, die der Kopfrad-Umdrehungszahl pro Sekunde entsprechen, werden auf einer *Kontrollspur* mit einem besonderen Kontrollkopf aufgezeichnet (*Abb. 11.1.3*). Sie müssen völlig gleichmäßig, das heißt mit gleichem Abstand von Impuls zu Impuls, aufgezeichnet werden. Bei ungleichmäßiger Aufnahme würde es bei der Wiedergabe zum Ausreißen von Zeilen (Jitter) kommen.

Das Ziel der Kopfrad-Servoregelung ist es deshalb, den Kopfradmotor mit einer konstanten Drehzahl laufen zu lassen und außerdem die Phasenlage so zu bestimmen, daß der Halbbildwechsel immer exakt an der gleichen Stelle beginnt. Zu dem Zweck muß der Motor laufend geregelt werden; denn schon kleinere Geschwindigkeitsschwankungen, bedingt durch schwankende Last oder schwankende Betriebsspannung des Motors, machen sich als Bildstörungen bemerkbar.

Bei der *Aufnahme* wird die Umdrehungsfrequenz des Kopfrad-Motors (Istwert) mit einer mit der Bildwechselfrequenz synchronisierten Frequenz von 25 Hz (Sollwert) verglichen. Besteht zwischen den beiden Frequenzen eine Differenz, so wird in der Phasenvergleichsstufe eine positive oder negative Nachregelspannung erzeugt, die dazu benutzt wird, die Umdrehungszahl des Motors zu steigern oder zu senken und zwar so lange, bis der Sollwert erreicht ist.

Abb. 11.1.1 Oszillogramm der Bildsynchronimpulsspannung. Mit deren Hilfe wird die 25-Hz-Spannung synchronisiert

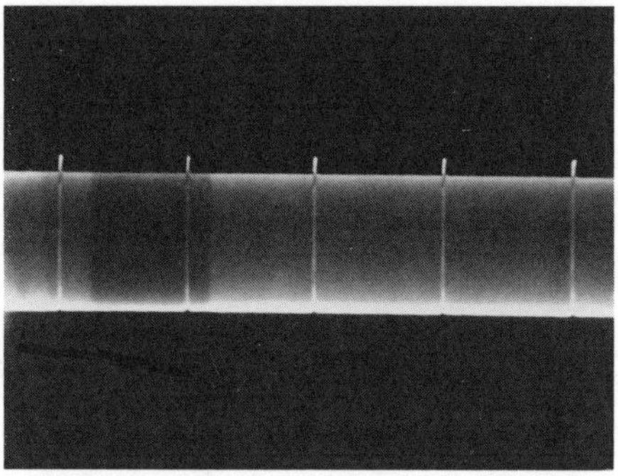

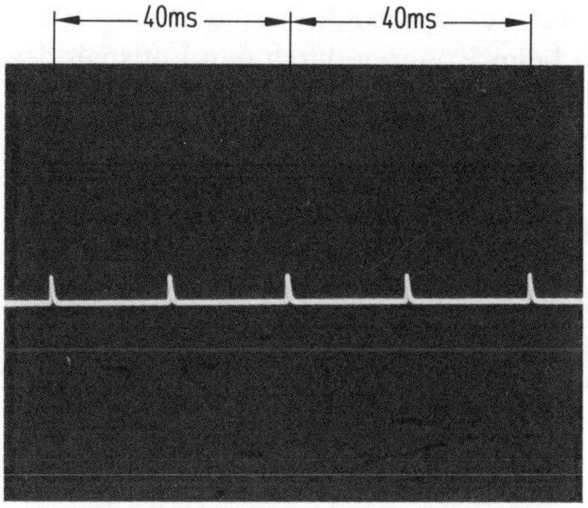

Abb. 11.1.2 Oszillogramm der Bildsynchronimpulsspannung (50 Hz) nach einem Tiefpaß am Eingang des ICs. Jeder 2. Impuls wird zur Synchronisation benötigt

Abb. 11.1.3 Oszillogramm der Impulsspannung vom Kontrollkopf

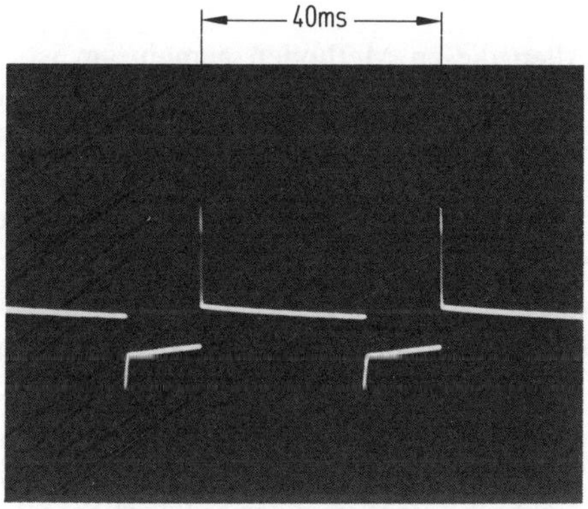

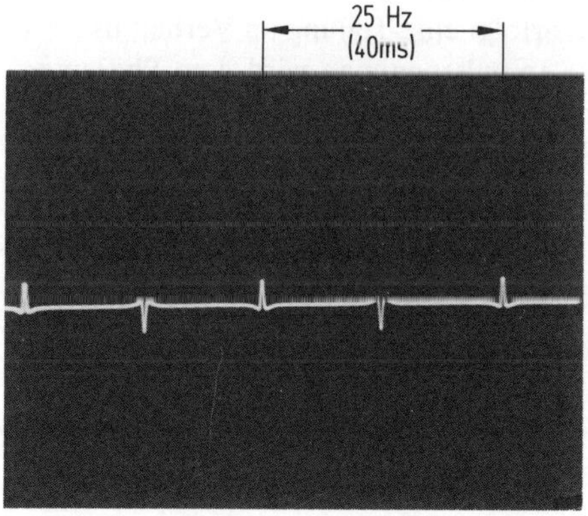

Abb. 11.1.4 Oszillogramm der Impulsspannung der Umdrehungsfrequenz des Kopfradmotors (Istwert)

Bei der *Wiedergabe* wird die Sollfrequenz mit der Umdrehungsfrequenz des Kopfrad-Motors (Istfrequenz) verglichen (*Abb. 11.1.4*). Bei einer Differenz zwischen beiden Frequenzen entsteht auch dabei eine Nachregelspannung, die dafür sorgt, daß die Umdrehungsgeschwindigkeit nachgesteuert wird, oder eine Magnetbremse steuert die Geschwindigkeit.

Die Umdrehungsfrequenz des Kopfrades kann auf verschiedene Weise als Impulsspannung aufgenommen werden.

1. Auf dem rotierenden Kopfrad ist am Rand ein Magnet angebracht, und an der Bandtrommel ist eine Spule so angebracht, daß der Magnet beim Rotieren der Kopfscheibe eine Spannung induziert. Diese Impulsfrequenz entspricht dann der Umdrehungsfrequenz von 25 Hz.

2. Auf dem Kopfrad ist ein Polschuh angebracht, und auf der Bandtrommel ist eine Spule mit Eisenkern so angebracht, daß der Polschuh beim Rotieren durch den Luftspalt des Eisenkernes geht. Die Spule ist während des Vorbeilaufens des Polschuhes stromdurchflossen. Dadurch bildet sich im Luftspalt ein magnetisches Feld. Wenn der Polschuh dieses Feld durchquert, erhöht sich der magnetische Fluß und in der Spule entsteht ein erhöhter Induktionsstrom. Die Spannung dient dann als Impulsfrequenz.

3. Auf der Kopfscheibe ist eine Scheibe und auf einem feststehenden Teil ist ein Optokoppler angebracht. Beim Rotieren der Kopfscheibe unterbricht die auf ihr angebrachte Scheibe den Lichtstrahl des Optokopplers und es entsteht eine der Umdrehungszahl entsprechende Impulsfrequenz.

Allen diesen Methoden gemeinsam ist, daß eine Impulsspannung erzeugt wird, die der Istfrequenz der Kopfrad-Rotation entspricht. Damit steht die *Ist*-Spannung zur Verfügung. Sie wird verstärkt und einem Phasenvergleich zugeführt.

Das außerdem zum Phasenvergleich benötigte Referenzsignal wird, wie schon bemerkt wurde, bei der *Aufnahme* von den Bildsynchronimpulsen abgeleitet. Diese vom Videosignal abgetrennten Bildimpulse mit einer Frequenz von 50 Hz werden so weit verstärkt, daß sie einen Multivibrator triggern können. Anschließend erfolgt eine Teilung im Verhältnis 2 : 1. Damit wird die Frequenz auf 25 Hz geteilt. Diese Impulsspannung wird dem Phasenvergleich als *Sollwert* zugeführt. Gleichzeitig wird ein Teil der Spannung über einen Kontrollverstärker geleitet und dem *Kontrollkopf* zugeführt. Damit wird in Stellung „Aufnahme“ auf die Kontrollspur das Sollwert-Signal aufgenommen.

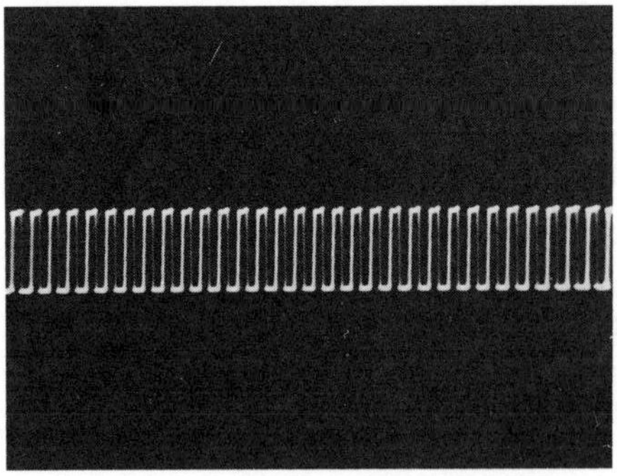

Abb. 11.1.5 Oszillogramm der quarzstabilisierten Oszillatorfrequenz (32 kHz). Sie wird auf 25 Hz geteilt

Bei der *Wiedergabe* wird dem Kontrollkopf kein Signal zugeführt, weil die Bildsynchronimpulse dann nicht zur Verfügung stehen. Stattdessen wird zuerst mit Hilfe eines Quarz-Oszillators eine Frequenz erzeugt (*Abb. 11.1.5*), die anschließend auf 25 Hz heruntergeteilt wird. Diese Spannung wird dann bei der Wiedergabe als *Sollwert* für den Phasenvergleich benutzt. Die entstehende Regelspannung wird dazu benutzt, die Umdrehungsgeschwindigkeit der Videoköpfe auszugleichen, damit der Spurverlauf exakt eingehalten wird.

Sie wird in der Stellung „Suchlauf" unterbrochen und nicht weitergeleitet. Damit ist eine Möglichkeit gegeben, Regelspannungsfehler zu erkennen. Zeigt sich ein Phasenfehler des Kopfradmotors bei Wiedergabe, so wird auf *Suchlauf* geschaltet. Wenn das Suchlauf-Bild dann normal zu sehen ist, so wird ein Regelspannungsfehler im Phasenregelkreis vorliegen.

Oft wird diese Signalspannung übrigens gleichzeitig auch als Referenzsignal für den Capstan-Regelkreis benutzt.

In der Praxis wird die Regelung meistens mit zwei verschiedenen Regelschaltungen vorgenommen und zwar mit dem Phasenregelkreis, der geringe Geschwindigkeits-Schwankungen bis ±3 ms ausgleicht, und der Geschwindigkeitsservoschaltung, mit deren Hilfe darüberhinausgehende Schwankungen geregelt werden. Die *Abb. 11.1.6* zeigt das Blockschaltbild der beiden Regelkreise.

11.1.1 Der Phasenregelkreis

Im *Aufnahme-Betrieb* wird von der Umdrehungsfrequenz des Kopfradmotors die Impulsspannung abgeleitet (Istwert). Diese drehzahlabhängige Frequenz hat abwechselnd nach oben und nach unten gerichtete Impulsspitzen (Abb. 11.1.4). Die nach oben gerichteten Impulse stammen von einem Pol eines mitrotierenden Magneten und sind dem 1. Videokopf zuzuordnen. Die abwärts gerichteten Impulse stammen von dem entgegengesetzten Pol dieses Magneten und sind dem 2. Videokopf zuzuordnen. Mit einem einstellbaren Widerstand kann die Amplitude der Signalspannung verändert werden. Anschließend wird die Spannung verstärkt und als Triggersignal zu zwei Multivibratoren geleitet. Über angeschlossene Zeitkonstantenglieder, deren Werte durch Einstellwiderstände veränderbar sind, können außerdem Fehler korrigiert werden, die sich durch die um 180° versetzte Lage der Videoköpfe und der Abtastmagnete ergeben. Das Ausgangssignal der Multivibratoren wiederum triggert eine Flipflop-Schaltung, mit der ein 25-Hz-Rechtecksignal erzeugt wird. Durch die vorausgegangene Triggerung ist eine Verknüpfung dieses Signales mit der Umdrehungsfrequenz des Kopfradmotores (Istwert) erfolgt. So gibt das Rechtecksignal an, welcher Kopf gerade die Spur auf dem Band abtastet. Das Signal wird weiter einer Trapezstufe zugeführt (*Abb. 11.1.1.1*). In dieser Stufe wird die Rechteckspannung in eine trapezförmige Spannung verändert. Die Trapezspannung wird dann in die Tast- und Haltestufe weitergeleitet.

Gleichzeitig werden beim Aufnahme-Betrieb die vom Video-Eingangssignal abgetrennten Bildsynchronimpulse (*Sollwert*) geteilt und über einen Schalter (S1) einem Mono-

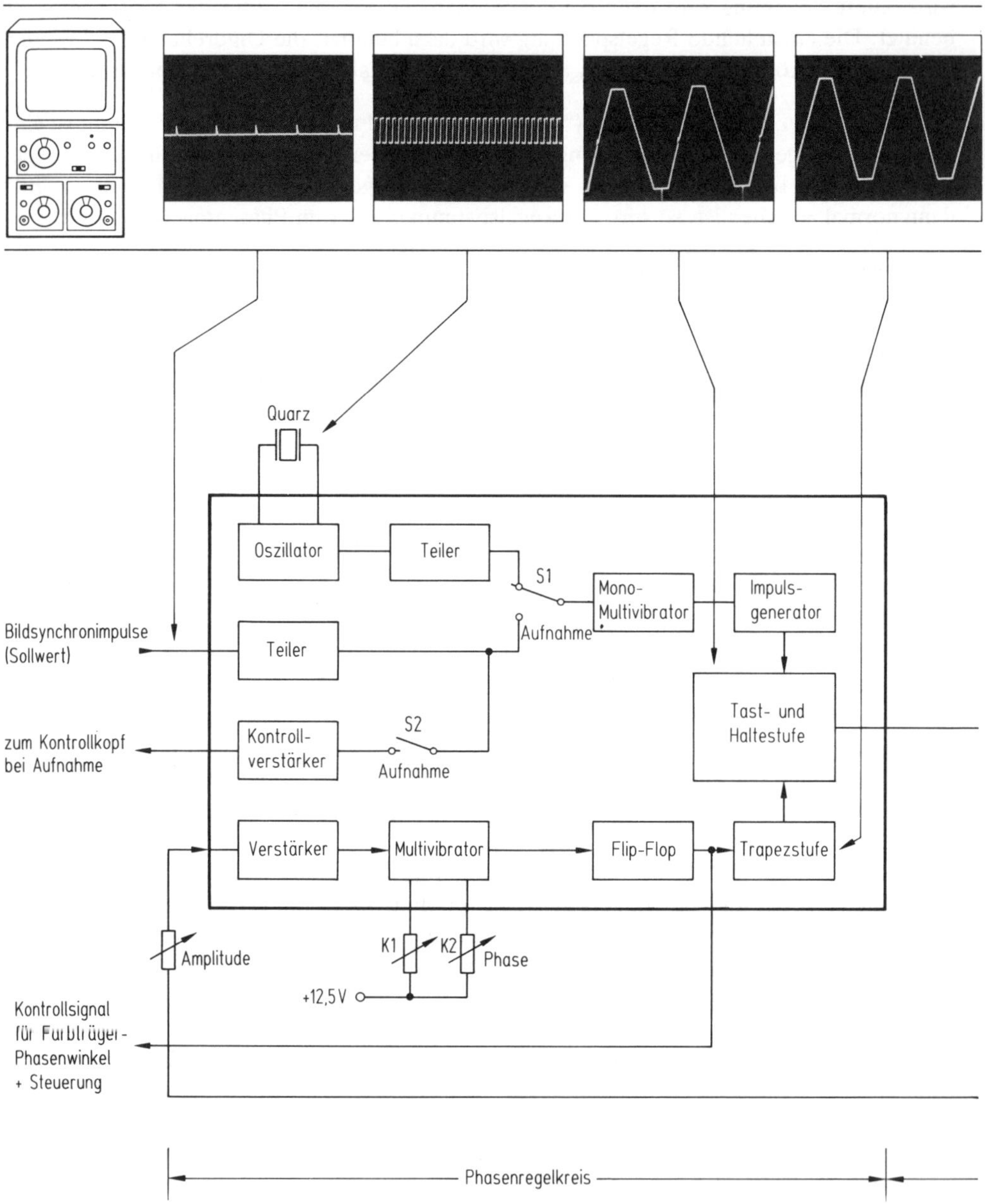

Quarz
Oszillator
Teiler
S1
Mono-
Multivibrator
Impuls-
generator
Aufnahme
Bildsynchronimpulse
(Sollwert)
Teiler
Tast- und
Haltestufe
zum Kontrollkopf
bei Aufnahme
Kontroll-
verstärker
S2
Aufnahme
Verstärker
Multivibrator
Flip-Flop
Trapezstufe
Amplitude
K1
K2
Phase
+12,5V
Kontrollsignal
für Farbträger-
Phasenwinkel
+ Steuerung
Phasenregelkreis

Zu Abb. 11.1.6

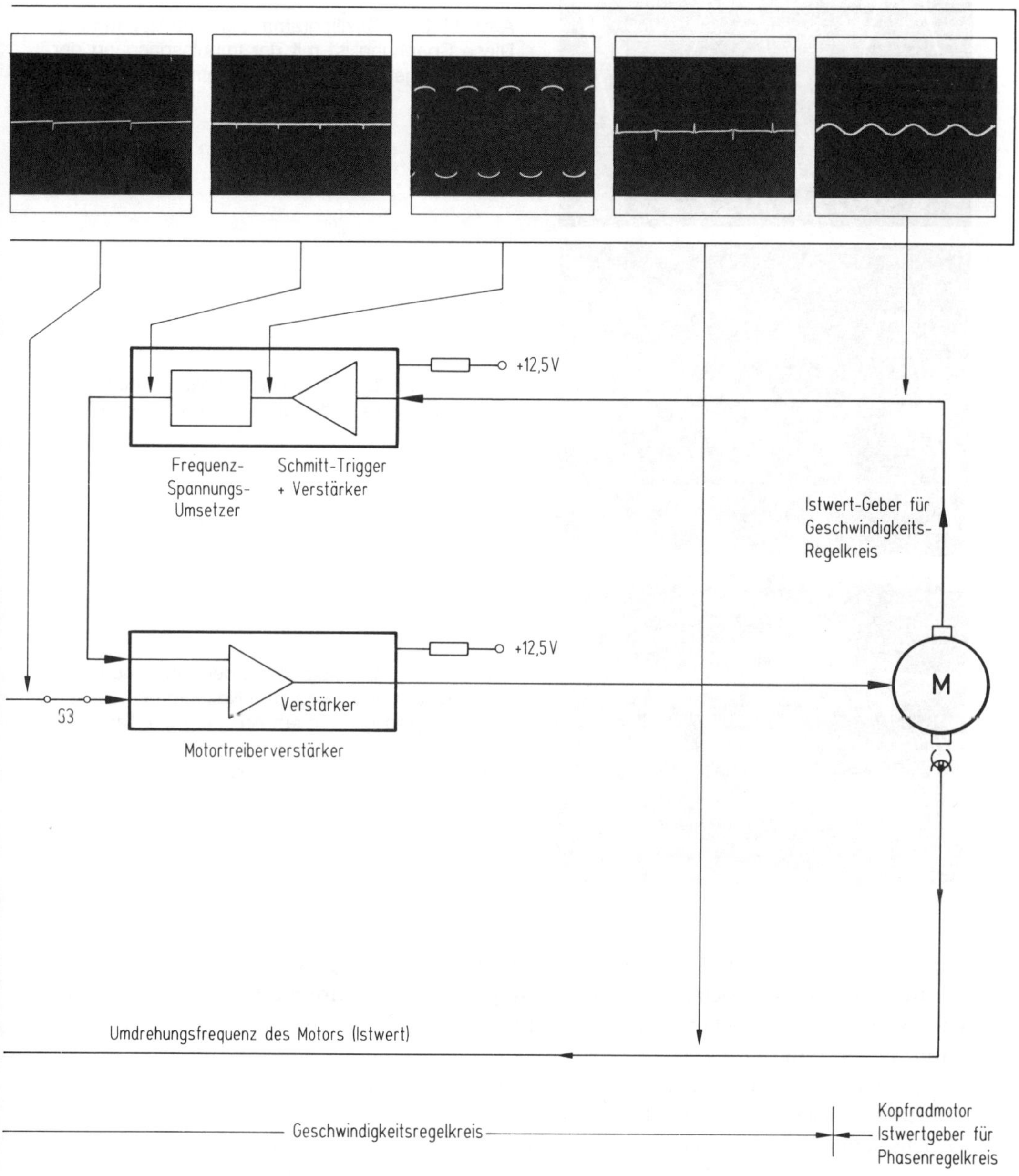

Abb. 11.1.6 Blockschaltbild der Regelkreise für die Kopfrad-Servoregelung

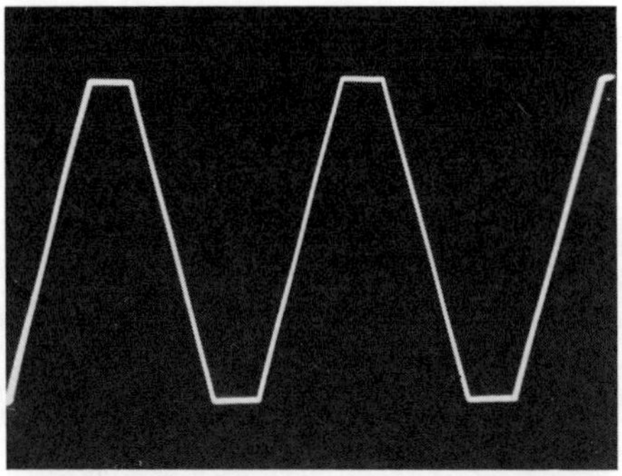

Abb. 11.1.1.1 Oszillogramm der Trapezspannung. Diese Spannung ist mit der Impulsspannung der Umdrehungsfrequenz des Kopfradmotors verknüpft

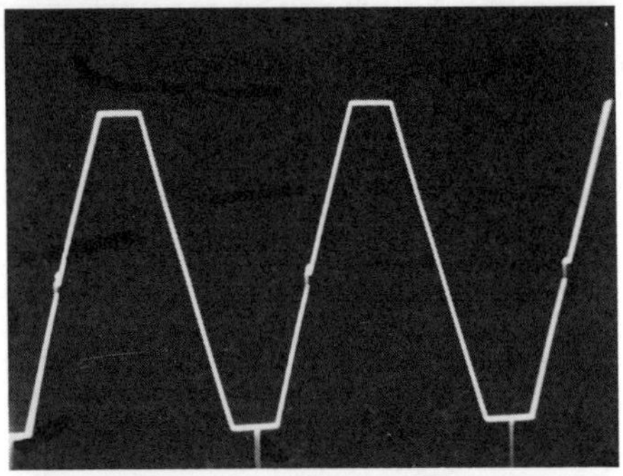

11.1.1.2 Oszillogramm der Trapezspannung mit dem Tastimpuls in der Mitte der Anstiegsflanke

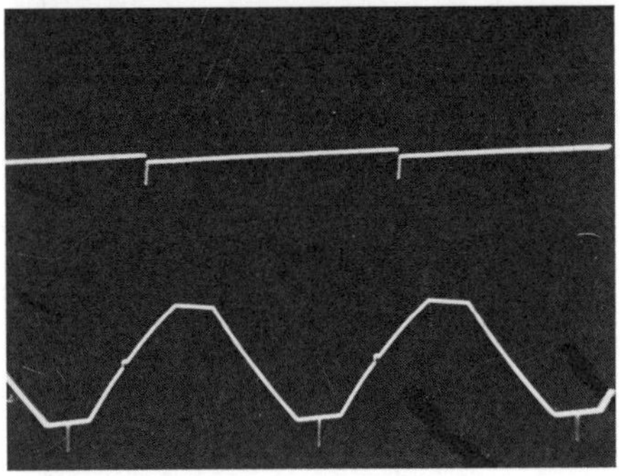

Abb. 11.1.1.3 Oszillogramme der Tast- und Haltestufe. *Oben:* Spannung zum Nachsteuern der Geschwindigkeit gesiebt am Ausgang der Tast- und Haltestufe. *Unten:* Trapezspannung mit Tastimpuls in der Mitte der Anstiegsflanke

Multivibrator zugeführt. Die nunmehr 25 Hz betragende Impulsspannung triggert diesen Multivibrator. In dem sich anschließenden Impulsgenerator wird die Spannung umgeformt und invertiert. Anschließend wird sie ebenfalls in die Tast- und Haltestufe weitergeleitet (*Abb. 11.1.1.2* und *11.1.1.3*).

Während des Aufnahme-Betriebes wird der Spannungswert der Anstiegsflanke des Trapezes getastet und einem Kondensator zur Speicherung zugeführt. Damit wird eine Gleichspannung gebildet, die ihren Wert dann verändert, wenn die Phase des Vergleichssignales voreilt. Sie wird dann höher. Bei nacheilender Phase wird die Spannung dagegen niedriger. Bei exakt richtiger Spannung befindet sich der Tastimpuls in der Mitte der Anstiegsflanke des Trapezes. Der Regelbereich endet dann, wenn sich der Tastimpuls über

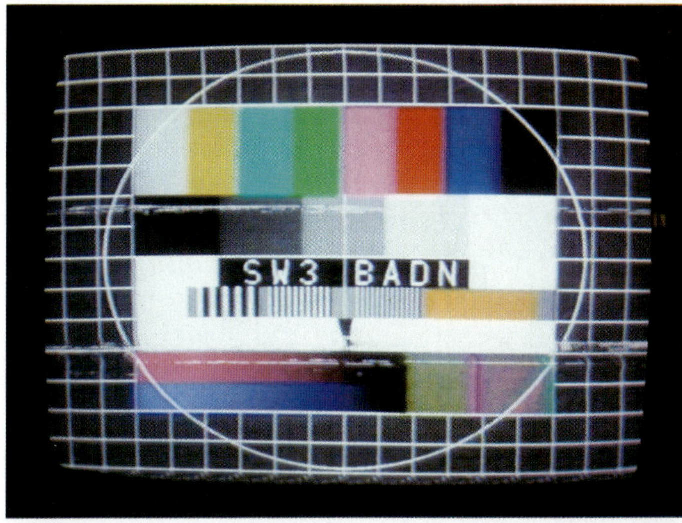

Abb. 9.1.1.1. Drop-out-Störung (zu Seite 91)

Abb. 9.3.5.1 Die Signalspannung eines Videokopfes fehlt völlig (zu Seite 94)

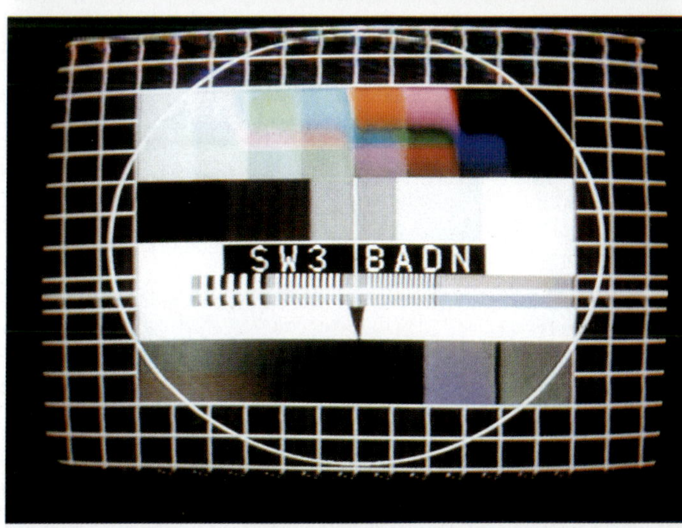

Abb. 9.3.6.1 Die Signalspannung eines Kopfes wird nur vermindert wiedergegeben (zu Seite 95)

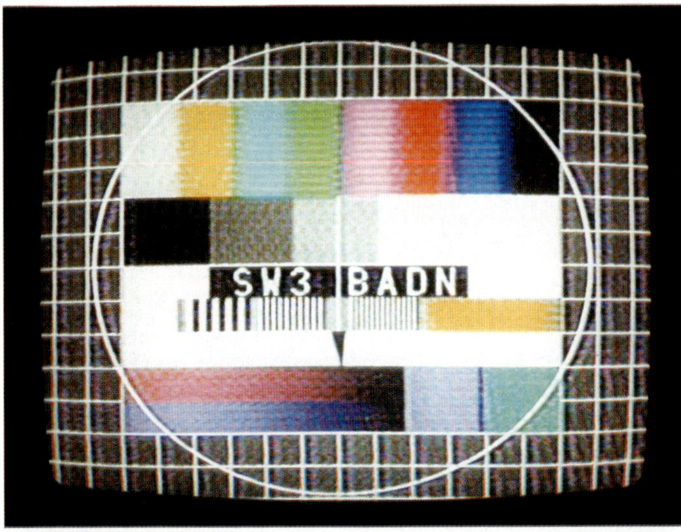

Abb. 9.3.7.1 In den Farben zeigt sich eine Streifenstörung. Im Schwarzweißbild zeigt sich kein Fehler (zu Seite 95)

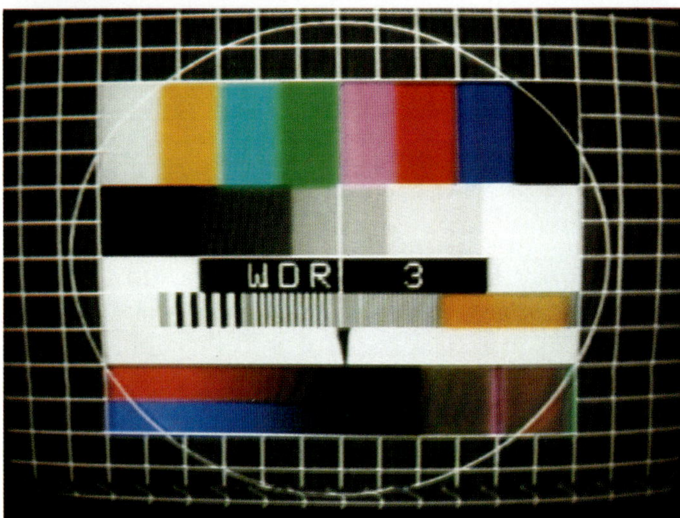

Abb. 10.2.1.1 Der Kopfumschaltimpuls-Zeitpunkt für den Kopf 1 (K1) ist *bei der Aufnahme* falsch (zu früh), (zu Seite 100)

Abb. 10.2.1.2 Der Kopfumschaltimpuls-Zeitpunkt ist bei der Aufnahme falsch. Der Bildausschnitt zeigt den Fehler deutlich (zu Seite 100)

Abb. 10.2.2.1 Der Umschaltimpuls-Zeitpunkt für einen Kopf ist falsch. Im *Standbildbetrieb* läßt er sich nachstimmen. Die beiden Bilder werden zur Dekkung gebracht (zu Seite 101)

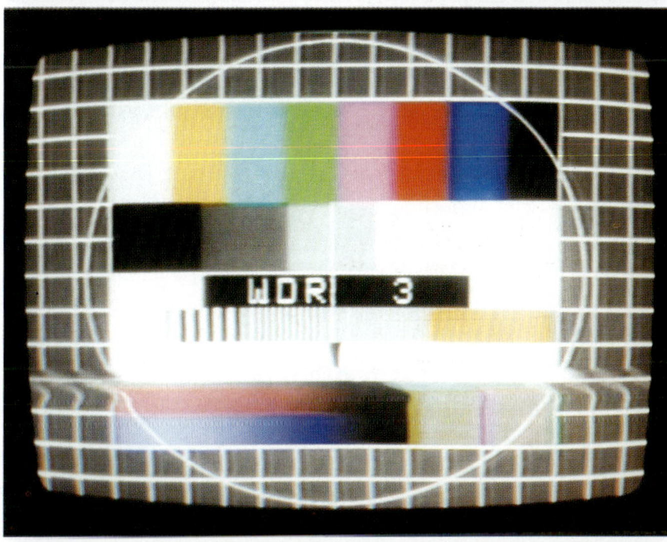

Abb. 10.4.1.1 Ein Videokopf ist verschmutzt. Der Fehler ist immer an der gleichen Stelle zu sehen (zu Seite 103)

Abb. 10.4.1.2 Die Videoköpfe sind verschmutzt. Es entstehen Fehlstellen, die sich als Balkenstörung zeigen (zu Seite 103)

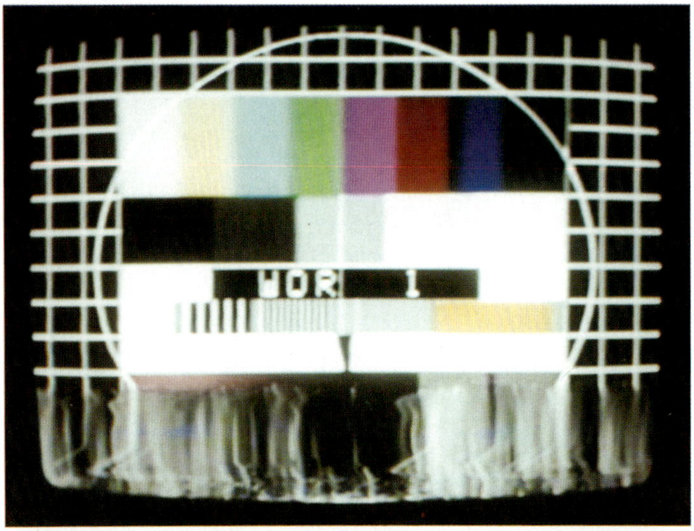

Abb. 10.4.1.3 Die Videoköpfe sind stark verschmutzt. Ein größerer Teilbereich des Bildes fehlt (zu Seite 103)

Abb. 10.4.2.1 Beim Beginn eines Videokopf-Defektes reißen nur wenige Zeilen aus (zu Seite 103)

Die Zeilen reißen wenig aus

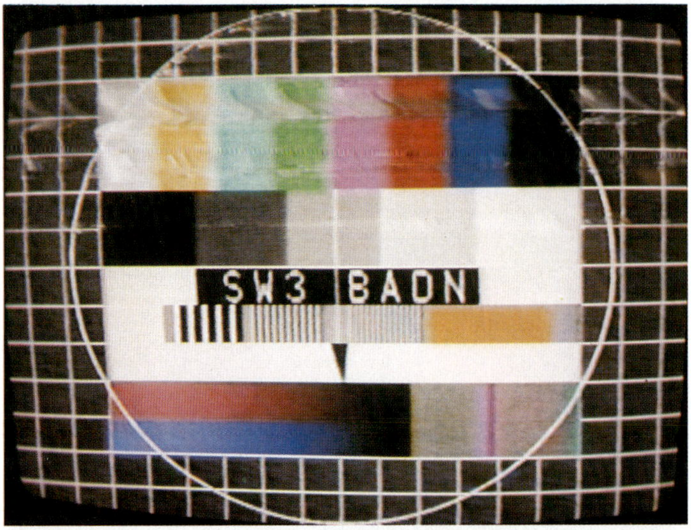

Abb. 10.4.2.2 Die Zeilen-Ausreißstellen vermehren sich. Der Videokopf-Defekt zeigt sich deutlicher (zu Seite 103)

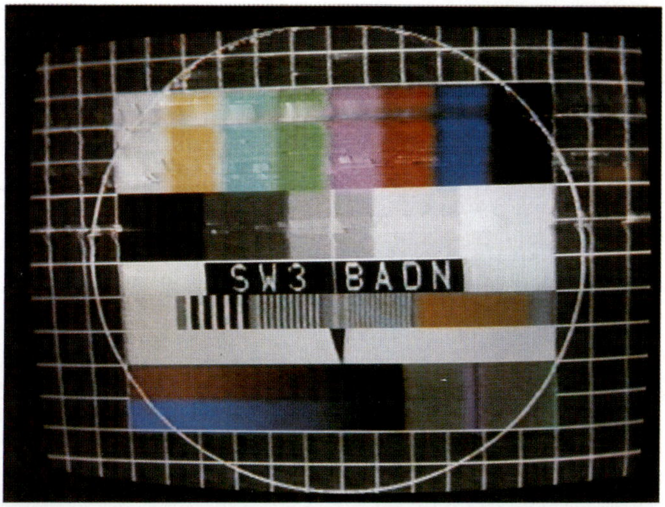

Abb. 10.4.2.3 Der Videokopf-Defekt hat sich besonders im Schwarzweiß-Balken-Feld verstäkt (zu Seite 103)

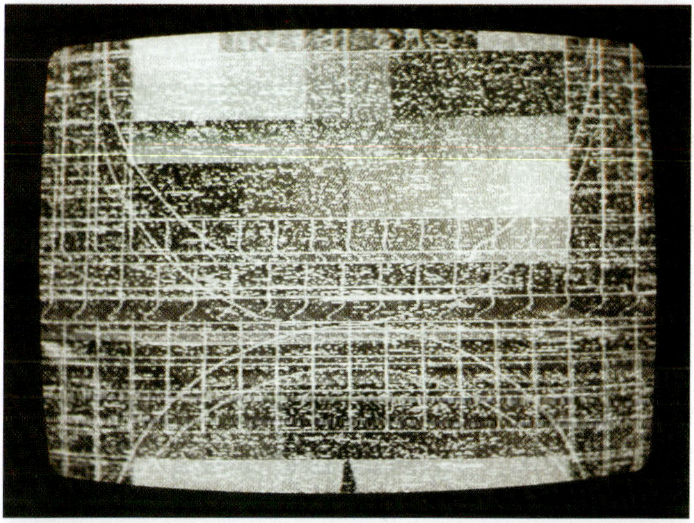

Abb. 10.4.2.4 In diesem Stadium des Videokopf-Defektes ist eine Bildwiedergabe nicht mehr möglich (zu Seite 103)

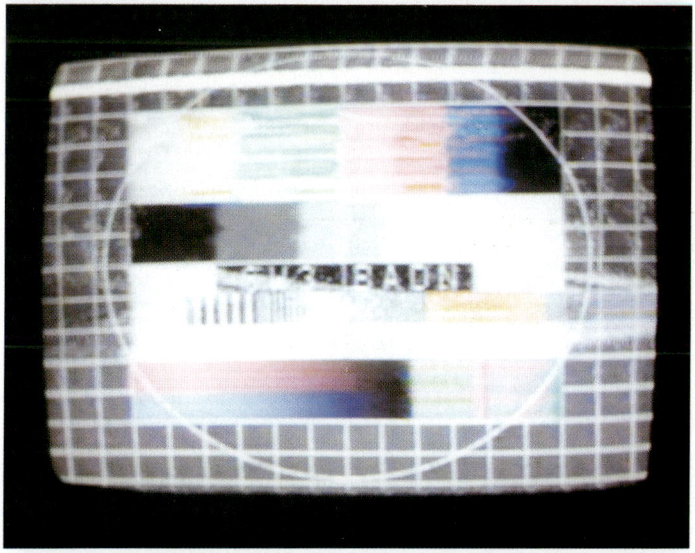

Abb. 10.4.3.1 Ein Videokopf ist defekt (zu Seite 103)

Farbbild-Tafel F14

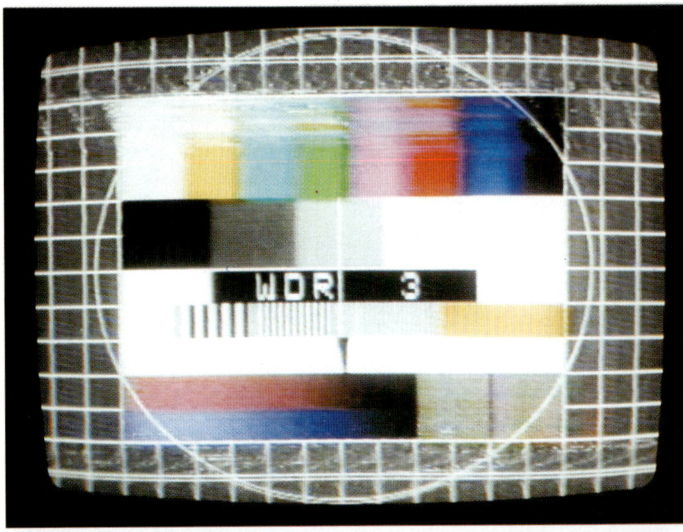

Abb. 10.6.1.1 Ein Kugellager ist defekt. Zusätzlich ist beim Lauf ein Geräusch zu hören (zu Seite 105)

Abb. 10.8.1.1 Das Band wird zu locker geführt. Im unteren Teil ist eine Rauschzone zu sehen (zu Seite 106)

Im oberen Teil Rauschzone

Abb. 10.8.2.2 Der Bandeinlauf beginnt zu hoch. Dadurch ist im Bild oben eine Rauschzone zu sehen (zu Seite 107)

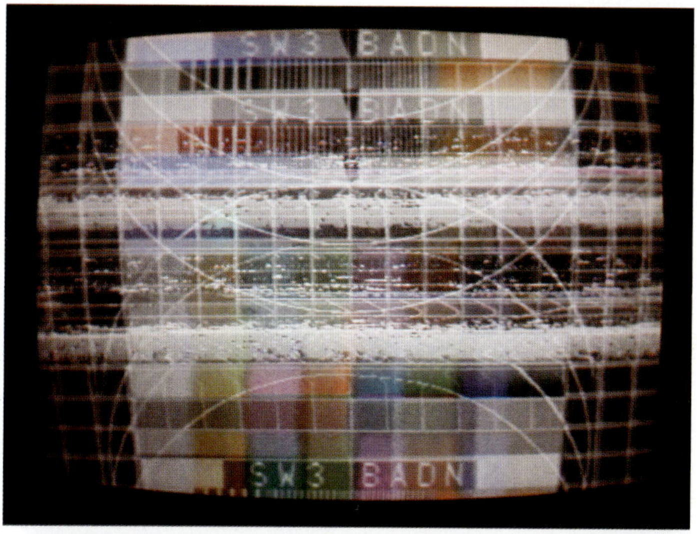

Abb. 10.8.3.1 Der Bandeinlauf beginnt zu tief, deshalb synchronisiert das Bild nicht (zu Seite 108)

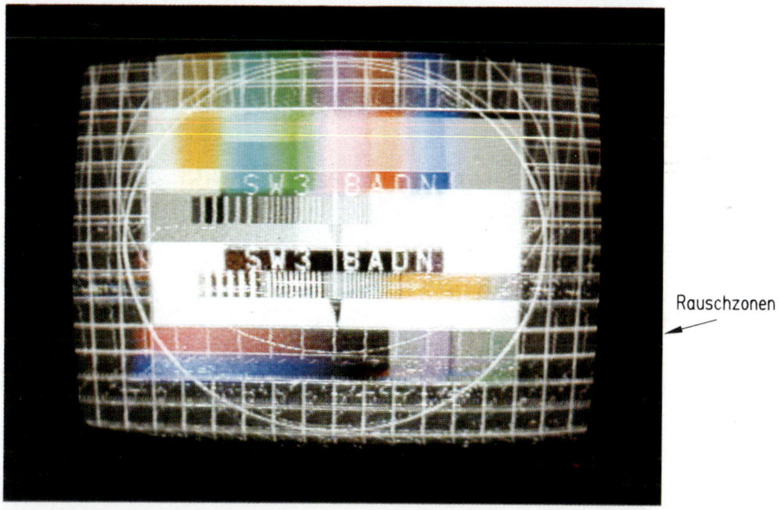

Abb. 10.8.3.2 Der Bandeinlauf beginnt erheblich zu tief, deshalb sind *zusätzlich* zur mangelhaften Bildsynchronisation noch Rauschzonen zu sehen (zu Seite 108)

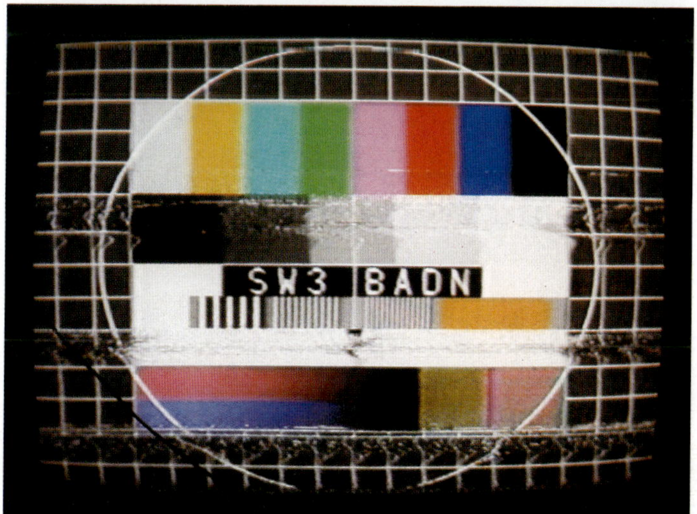

Abb. 10.8.4.2 Der Bandauslauf endet zu hoch, deshalb sind durch Knitterstellen mehrere Rauschzonen zu sehen (zu Seite 109)

Farbbild-Tafel F16

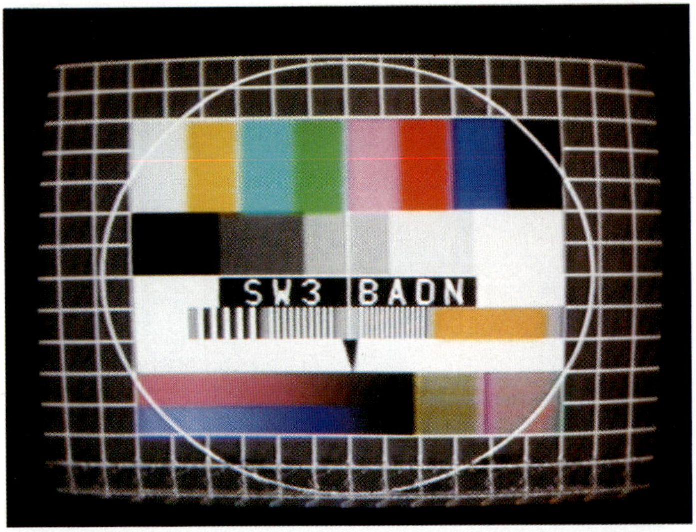

Abb. 10.8.5.1 Der Bandauslauf endet zu tief. Deshalb ist unten eine Rauschzone zu sehen (zu Seite 110)

Abb. 11.2.1 Die Kopfradgeschwindigkeit ist wenig vermindert (Stufe 1). Die Farbübergänge sind verschoben (zu Seite 127)

Abb. 11.2.2 Die Kopfradgeschwindigkeit ist vermindert (Stufe 2). Es ist ein Rauschbalken zu sehen (zu Seite 127)

den Anfang oder das Ende der Vorderflanke des Trapezes bewegt. Das entspricht einem Regelbereich von 3 ms. (Darüber hinaus muß die Grobregelung von dem Geschwindigkeits-Regelkreis übernommen werden.) Die Regelspannung wird dann über den Schalter S3 geleitet. Mit dem Schalter wird die Weiterleitung der Regelspannung dann unterbrochen, wenn nicht geregelt werden soll. Das ist beim Suchlauf vorwärts und rückwärts sowie beim Motor-Stop der Fall. Die Steuerung des Schalters wird vom Mikroprozessor übernommen. Bei geschlossenem Schalter wird die Regelspannung zu einem Motortreiber-Verstärker weitergeleitet. Nach der Verstärkung wird sie zur Regelung des Motors genutzt. In den Motortreiber-Verstärker wird außer der Phasenregelspannung auch die Geschwindigkeits-Regelspannung geleitet.

Die Phasenregelspannung wird invertiert, so daß sich die Regelspannungen bei Geschwindigkeitsabweichungen entgegengesetzt verändern.

Beim *Wiedergabe-Betrieb* werden die Schalter S1 und S2 durch einen Steuerbefehl des Mikroprozessors umgeschaltet. Die Bildsynchronimpulse stehen dann nicht mehr zur Verfügung. Stattdessen wird eine quarzstabilisierte und anschließend auf 25 Hz geteilte Oszillatorfrequenz als Sollwert über den Schalter S1 dem Mono-Multivibrator zugeführt. Sie erfüllt beim Wiedergabe-Betrieb die Aufgabe, die beim Aufnahme-Betrieb die auf 25 Hz geteilte Bildsynchronfrequenz übernimmt. Bei Abweichungen der Umdrehungsfrequenz des Kopfradmotors entsteht ebenfalls eine Regelspannung, weil der Sollwert der quarzstabilisierten Oszillatorspannung konstant bleibt.

11.1.2 Der Geschwindigkeits-Regelkreis

Bei Schwankungen über ±3 ms setzt der Geschwindigkeits-Regelkreis ein. Diese Grobregelung wird mit Hilfe einer weiteren Servoschaltung erreicht. Das Ausgangssignal für diese Regelung liefert der Kopfradmotor über eine zweite Abnahmeschaltung. Bei normaler Geschwindigkeit wird eine genau definierte Frequenz geliefert (*Abb. 11.1.2.1*). Diese Frequenz wird verstärkt, danach wird mit Hilfe einer Schmitt-Trigger-Schaltung eine

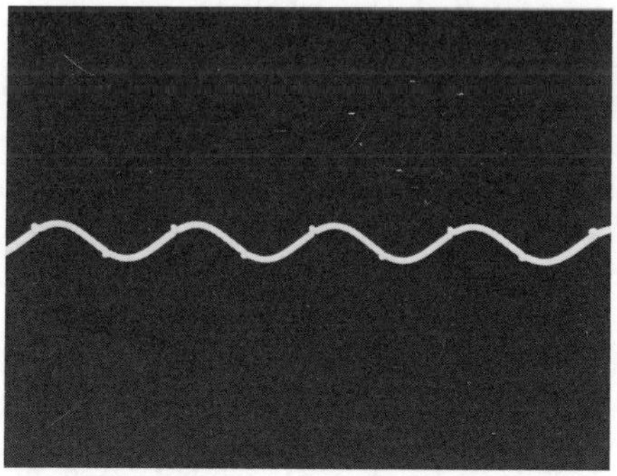

11.1.2.1 Oszillogramm der vom Kopfradmotor abgeleiteten Generatorspannung für die Geschwindigkeitsregelung (1,5 kHz)

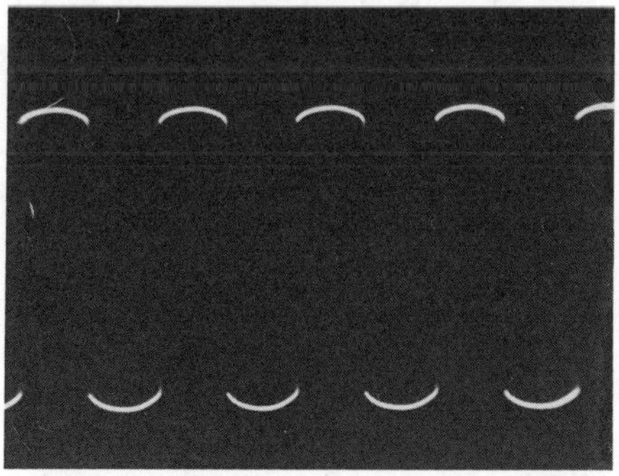

11.1.2.2 Oszillogramm der umgeformten Generatorspannung für die Geschwindigkeitsregelung

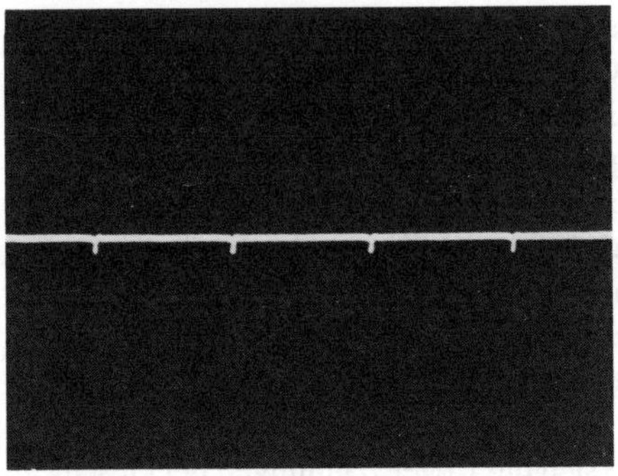

11.1.2.3 Oszillogramm der Gleichspannung für die Geschwindigkeitsregelung des Kopfradmotors

Rechteckspannung abgeleitet und einem Frequenz-Spannungs-Umsetzer zugeleitet (*Abb. 11.1.2.2*). Die Ausgangsspannung des Umsetzers ist dann frequenzabhängig. Bei der normalen Umdrehungsgeschwindigkeit des Kopfradmotors wird eine Frequenz von 1,5 kHz geliefert. Sie wird in der Schaltung in eine Gleichspannung gewandelt. Bei steigender Frequenz sinkt die Gleichspannung ab und bei niedriger Frequenz steigt sie an. Diese von der Motorgeschwindigkeit abhängige Spannung wird zur Nachsteuerung des Kopfradmotors benutzt und zum Motortreiber-Verstärker weitergeleitet. Nach der Verstärkung wird der Motor damit grob geregelt (*Abb. 11.1.2.3*).

11.1.3 Die Steuerung

Über die *Daten-Ausgabe* des Mikroprozessors werden die Funktionsabläufe des Kopfradmotors gesteuert.

Über die *Daten-Eingabe* des Mikroprozessors wird ein Kontrollsignal eingegeben. Damit werden Fehlschaltungen vermieden und der Motor wird dann abgeschaltet, wenn die Kontrollimpulse fehlerhaft sind.

Die Datenausgabe steuert die Schalter S1 und S2. Bei Wiedergabe und Aufnahme wird jeweils umgeschaltet. Der Schalter S3 wird bei Suchlauf und Stop geschaltet.

Das drehzahlabhängige Flipflop-Signal wird als Kontrollsignal in den Mikroprozessor eingegeben. Dadurch ist es möglich, daß der Motor automatisch abgeschaltet werden kann, wenn die Drehzahl weit vom Gesamt-Regelbereich abweicht.

Dieses Signal wird außerdem noch zur Erzeugung der Bildimpulsspannung beim Suchlauf und Standbild genutzt.

Außerdem wird es als Kontrollsignal an die Farbträger-Phasenschaltung zurückgeführt.

11.2 Fehler

Mit der Kopfrad-Servoregelung wird die Geschwindigkeit des Antriebes mit beeinflußt. Deshalb müssen die Fehler des Kopfrad-*Antriebes* zusammen mit den Fehlern in der Kopfrad-*Servoregelung* behandelt werden.

Geschwindigkeitsfehler des *Kopfrad-Antriebes und der Regelung* sind daran zu erkennen, daß der *Ton normal zu hören ist.* Das Bild zeigt jedoch Störungen.

Bei Geschwindigkeitsabweichungen *des Bandlaufes* zeigen sich ähnliche Fehlerbilder. Dabei wird jedoch der *Ton nicht einwandfrei* zu hören sein, er wird leiern oder es wird ein „Mickey-Maus-Ton“ zu hören sein.

Die Fehlererscheinungen, die sich bei der Verminderung der Kopfrad-Geschwindigkeit zeigen, können in verschiedene Stufen eingeteilt werden. Je nachdem wie stark die Abweichung der Geschwindigkeit ist, zeigen sich unterschiedliche Fehlerbilder. Bei der Stufe 1 handelt es sich um eine sehr geringe Geschwindigkeitsminderung. Stufe 6 zeigt die höchstmögliche Abweichung. Darüber hinaus schaltet das Kontrollsystem ab.

Bei geringer Geschwindigkeitsverminderung (Stufe 1) zeigt sich der Fehler im Bild zuerst dadurch, daß sich die Farben ineinander schieben. Das aus der Servo-Schaltung zurückgeführte Kontrollsignal für die Synchronisation des Farbträger-Phasenwechsels vermindert seine Frequenz und dadurch ist ein einwandfreier Beginn des Phasenwechsels des Farbträgers nicht mehr gegeben (*Abb. 11.2.1, Tafel F 16*). Neben der Verschiebung der Farbübergänge erscheinen bei Geschwindigkeits-Abfall auch Rauschzonen.

Sinkt die Geschwindigkeit weiter leicht ab, so ist zuerst zusätzlich ein Rauschbalken zu sehen (*Abb. 11.2.2, Tafel F 16*). Bei weiter sinkender Geschwindigkeit werden sich zwei Rauschbalken zeigen (*Abb. 11.2.3, Tafel F 17*) und dann sind starke durchgehende Rauschzonen im Bild zu sehen (*Abb. 11.2.4, Tafel F 17*). Bei noch stärkerer Verminderung der Geschwindigkeit wird die Farbe verschwinden, und das Bild wird zuerst zeitweilig nach links wegkippen (*Abb. 11.2.5, Tafel F 17*) und dann bleiben die Zeilen unsynchronisiert (*Abb. 11.2.6, Tafel F 18*). Die Farbe wird deshalb verschwinden, weil der Farbabschalter im Fernsehempfänger den Farbartsignal-Verstärker nicht mehr aufregelt. Die Schaltspannung für den Farbabschalter kommt nicht mehr zustande.

Die Tonfrequenz wird im Videorecorder normal weitergeleitet, aber im Fernsehempfänger kann dann je nach Schaltung automatisch abgeschaltet werden, weil die Zeilenfrequenz zu stark vom Sollwert abweicht.

11.2.1 Nach kurzzeitigem Anlauf wird selbsttätig gestoppt

Nach dem Schalten auf „Wiedergabe“ oder „Aufnahme“ beginnt der Bandlauf kurz zu laufen und das Kopfrad dreht sich. Das Bild erscheint kurz, kippt dann seitlich weg, und das Gerät schaltet auf „Stop“. Der Ton ist bis zum Abschalten normal zu hören oder wird zwischenzeitlich abgeschaltet.

Fehlerursache

Die Umdrehungsfrequenz des Kopfradmotors ist zu niedrig, die Amplitude der Signalspannung ist zu niedrig oder sie wird nicht als Kontrollsignal in den Mikroprozessor zurückgeführt. Der Mikroprozessor erkennt deshalb auf Fehler und über das Kontrollsystem wird auf „Stop“ geschaltet.

Die Impulsspannung (Abb. 11.1.4) sollte an dem Amplituden-Einsteller oder am Eingang des IC gemessen werden. Wenn die Messung dort vorgenommen wird, kann gleichzeitig kontrolliert werden, ob die Amplituden-Einstellung vorgenommen werden muß. Nach der Erhöhung der Amplitude kann der Fehler verschwunden sein.

Es kann auch vorkommen, daß der veränderliche Widerstand eine zeitweilige Unterbrechung aufweist. Das kann bei der Messung leicht festgestellt werden.

Geschwindigkeitsprüfung

Auf einfache Art läßt sich die Geschwindigkeit des Kopfrades in den meisten Fällen folgendermaßen prüfen:

In der Nähe des rotierenden Kopfrades wird eine leuchtende Wechselstrom-Glühbirne gebracht. Auf dem Kopfrad sind meistens Kennzeichen, Ziffern oder Etiketten angebracht.

Sollte das nicht der Fall sein, so wird vor dem Einschalten eine Markierung auf die Kopfscheibe geklebt. Die Frequenz des Wechselstromes beträgt 50 Hz und die Kopfscheibe rotiert normalerweise mit einer Umdrehungsfrequenz von 25 Hz. Infolge des Stroboskop-Effektes wird die Markierung dann beim Rotieren stehend erscheinen. Nur dann, wenn die Geschwindigkeit vom Sollwert abweicht, wird die Markierung vorwärts oder rückwärts laufend erscheinen. So kann die Kopfrad-Geschwindigkeit leicht kontrolliert werden.

11.2.2 Das Kopfrad läuft zu schnell

Das Bild ist weggekippt. Es sind nur schwarzweiße Streifen zu sehen.

Der Ton ist normal zu hören. Wenn das Bild nach dem Einschalten erst kurz normal zu sehen ist und dann wegkippt, so kann ein zu schnelles Laufen des Kopfrades daran erkannt werden, daß das Bild nach *rechts* wegkippt.

Die anliegende Spannung am Motor ist zu hoch und wird nicht heruntergeregelt.

Fehlerursache

Die Geschwindigkeitsregelung arbeitet nicht. Als Ursache dafür kommen der Impuls-Verstärker oder der Frequenz-Spannungs-Umsetzer in Frage. Beide Bauelemente sind meistens gemeinsam in einem IC enthalten.

Vor dem Auswechseln sollte noch die Betriebsspannung überprüft werden, da die Fehlerursache auch in einer Unterbrechung der Stromzuführung zu finden sein kann. Außerdem besteht die Möglichkeit, daß die Istwert-Impulse des Kopfradmotores nicht weitergeleitet werden. Es ist deshalb ratsam, für die Fehlersuche nach der Spannungsmessung sofort das Oszilloskop zu benutzen und den Impulsverlauf, angefangen bei der Impulserzeugung, bis zur umgesetzten Spannung, aufzunehmen.

11.2.3 Das Kopfrad läuft rhythmisch schneller und dann wieder normal

Das Bild zeigt sich normal, kippt dann weg und zeigt sich nach kurzer Zeit wieder normal. Dieser Vorgang wiederholt sich ständig in mehr oder minder längeren zeitlichen Abständen. Dabei ist auch ein sich in seiner Höhe veränderndes Geräusch *vom Motor her* zu hören.

Der Ton aus dem Lautsprecher ist jedoch normal zu hören.

Fehlerursache

Die Geschwindigkeitsregelung arbeitet zwar, aber die am Motor anliegende Spannung hat falsche Werte. Aus diesem Grund wird die Geschwindigkeit nicht zum Normalwert hin geregelt, sondern hat das Bestreben auf einen falschen Wert zurückzukehren. Der Fangbereich der Regelung reicht darüber hinaus nicht aus, die Geschwindigkeit konstant zu halten. Bei diesem Fehler sollten zuerst die Geschwindigkeits- und die Phasen-Regelung neu abgeglichen werden. Es kann sich lediglich um einen Fehlabgleich handeln. Sollte der Neuabgleich keine Abhilfe schaffen, so kann der Fehler durch Spannungsmessungen beginnend am Motor gefunden werden. Die festzustellende Abweichung vom Normalwert ist schwankend im Rhythmus des Bildfehlers.

11.2.4 Das Kopfrad läuft zu langsam

Das Bild zeigt Rauschzonen, die Farben gehen ineinander über oder die Farben verschwinden und die Zeilen kippen weg (Abb. 11.2.1 bis 11.2.6).

Der Ton ist fehlerfrei zu hören.

Fehlerursachen

Es können drei Fehlergruppen unterschieden werden:

1. Der Motor

Er kann zu schwergängig sein, oder hat einen Windungsschluß.

Durch Drehen des Kopfrades mit der Hand bei ausgeschaltetem Gerät kann die Leichtgängigkeit des Motors und der Lager überprüft werden. Das Kopfrad muß sich dabei ganz leicht drehen lassen.

Ein Windungsschluß läßt sich auf diese Weise jedoch nicht feststellen. Dieser Fehler kann bei der zweiten Fehlergruppe mitgefunden werden.

Bei Kollektormotoren sollte zuerst die Brummspannung gemessen werden. Wenn der Wert direkt am Motor höher als 200 mV_{SS} ist, so wird der Motor defekt sein und muß ausgewechselt werden.

2. Die Spannungs- und Stromversorgung

Sollte die Gesamtspannung auch während der Regelung zu niedrig sein, so kann ein Windungsschluß im Motor vorhanden sein. Die Stromaufnahme des Motors ist dann zu hoch.

Anschließend sollten Spannungsmessungen durchgeführt werden, da ab Ausgang der Tast- und Haltestufe die Motor-Regelspannung meßbar ist. Je nach der Geschwindigkeitsänderung muß die Spannung höher oder niedriger meßbar sein. Durch Abbremsen des laufenden Motors läßt sich eine Spannungsänderung simulieren. *Die Spannung muß sich beim Abbremsen erhöhen.*

3. Die Kopfrad-Servoregelung

Eine Oszillogrammaufnahme am Meßpunkt für die Tast- und Haltestufe schafft Klarheit darüber, ob ein Fehler in der Phasenregelung zu suchen ist.

Fehlt die Trapezspannung, und ist der Tastimpuls vorhanden, so wird der Oszillator nicht schwingen. Quarz oder IC sind defekt. Fehlen beide Impulsspannungen, sollte die Betriebsspannung des ICs überprüft werden. Wenn die vorhanden ist, dann wird das IC defekt sein.

Sind Trapezspannung und Tastimpuls normal vorhanden, so ist der Fehler in Richtung Kopfradmotor zu suchen.

Zuerst sollten die Kondensatoren am Ausgang der Tast- und Haltestufe durch Kondensatoren mit gleicher Kapazität überbrückt werden. Bei einem Kapazitätsverlust wird die Regelspannung fehlen oder einen zu niedrigen Wert haben.

11.2.5 Das Bild wird zeitweilig nicht synchronisiert

Das Bild kippt nach längerem Betrieb kurz weg und fängt sich dann wieder.

Der Ton ist normal zu hören.

Fehlerursache

Der Tastimpuls wird in der Tast- und Haltestufe nicht in der Mitte der schrägen Trapez-Vorderflanke gehalten.

Er befindet sich entweder zu weit unten oder zu weit oben. Dadurch ist der Fangbereich in einer Richtung zu eng. Schon bei einer geringfügigen Schwankung der Kopfrad-Geschwindigkeit kann so die Phasenregelung nicht mehr arbeiten. Die Geschwindigkeit vermindert sich kurz.

Die Geschwindigkeitsregelung setzt jedoch bei größerer Abweichung sofort ein und führt auf die Normalgeschwindigkeit zurück. Deshalb ist das Bild nach kurzer Zeit wieder zu sehen.

Zur Fehlersuche wird das Oszillogramm am Meßpunkt der Tast- und Haltestufe aufgenommen und der Tastimpuls wird im Wiedergabe-Betrieb auf die Mitte eingestellt. Sollte das nicht möglich sein, so müssen die anliegenden Kondensatoren überprüft oder ausgewechselt werden.

Die *Abb. 11.2.5.1* zeigt die komplette Schaltung eines Kopfradservos mit Phasenregelkreis und Geschwindigkeits-Regelkreis.

Nach der Überprüfung der Spannungen sollten bei Geschwindigkeitsfehlern sofort die Oszillogramme überprüft werden. Die wichtigsten und auch typischen Oszillogramme sind oben zu sehen. Sie wurden schon einzeln besprochen. Bei der Fehlersuche sollten die bei den verschiedenen Schaltungsanordnungen ähnlichen Oszillogramme überprüft werden. Auf diese Weise läßt sich der Arbeitsablauf bei der Fehlersuche rationell gestalten.

Bei starken Geschwindigkeitsabweichungen sollte die Fehlersuche im *Geschwindigkeits-Regelkreis* beginnen.

Bei geringen Abweichungen von dem Sollwert empfiehlt es sich, mit der Überprüfung des *Phasenregelkreises* zu beginnen.

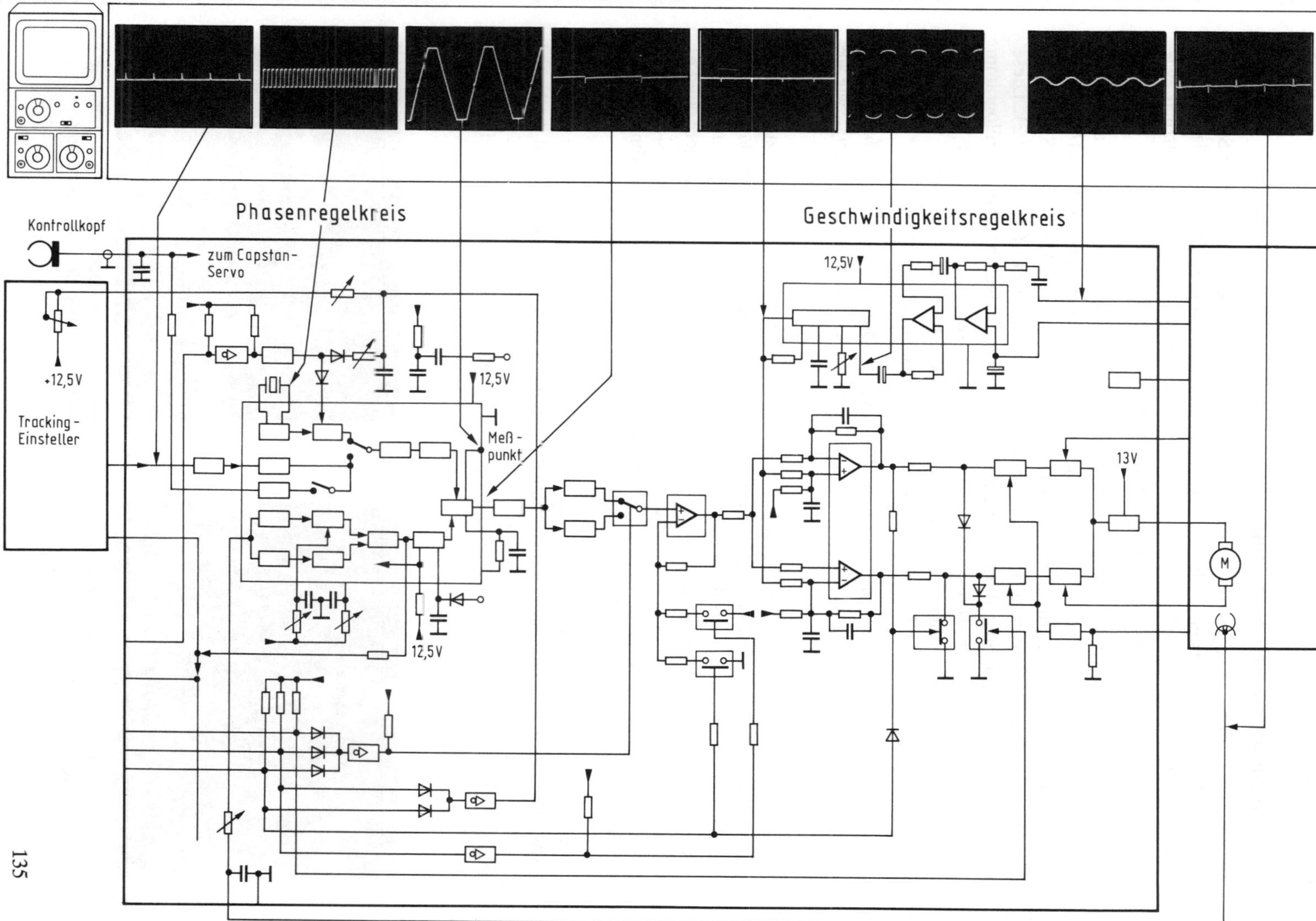

Abb. 11.2.5.1 Schaltungsanordnung für die Kopfrad-Servoregelung mit Oszillogrammen

11.3 Die Bandlauf-Servoregelung

Bei der Bandlauf-Servoregelung gilt das gleiche Prinzip, wie bei der Kopfrad-Servoregelung. Der Unterschied besteht lediglich darin, daß statt der Kopfrad-Drehzahl die Bandgeschwindigkeit konstant gehalten wird. Auch bei dieser Regelung muß grundsätzlich zwischen Aufnahme- und Wiedergabe-Betrieb unterschieden werden.

Bei der *Aufnahme* wird die von der Umdrehungsfrequenz des Capstanmotors abhängige Impulsspannung (Istwert) mit einer Sinusspannung verglichen (Sollwert). Die *Abb. 11.3.1* zeigt die *Istwert-Spannung,* die in dem Beispiel eine Frequenz von 126 Hz hat. Sie wird in einer Schmitt-Trigger-Schaltung in eine Rechteckspannung geformt (*Abb. 11.3.2*). Diese Spannung wird im Aufnahme-Betrieb einem Impulsgenerator zugeführt. Das Oszillogramm dieser Spannung ist in der *Abb. 11.3.3* zu sehen. Die aus dem Impulsgenerator herausgeführte Spannung wird anschließend in die Tast- und Haltestufe weitergeleitet.
In dieser Stufe wird sie mit der *Sollwert-Spannung* zusammengeführt.

Die Sollwertspannung wird von einer im IC erzeugten Oszillatorfrequenz (*Abb. 11.3.4*) abgeleitet. Nach der Teilung wird in einer Trapezstufe eine Trapezspannung erzeugt, wie sie in der *Abb. 11.3.5* zu sehen ist.

Die Trapezspannung und der Tastimpuls werden in der Tast- und Haltestufe zusammengeführt. Der Tastimpuls befindet sich normalerweise in der Mitte der Anstiegsflanke (*Abb. 11.3.6*). Bei Geschwindigkeitsabweichungen des Capstanmotors wandert der Impuls nach oben oder unten. Die beiden Spannungen werden über einen Kondensator gesiebt, und es entsteht eine Nachregelspannung, wie sie in der *Abb. 11.3.7* zu sehen ist. Je nachdem ob der Impuls sich weiter nach oben oder unten verlagert, entsteht eine mehr oder weniger hohe Nachregelspannung, die den Capstanmotor steuert.

Bei der *Wiedergabe* wird die auf der Kontrollspur des Bandes aufgezeichnete Frequenz (Istwert) mit der quarzstabilisierten Oszillatorfrequenz (Sollwert) verglichen und die Nachregelung erfolgt in Abhängigkeit von der aufgezeichneten Kontrollfrequenz auf dem Band, solange bis auch die Istfrequenz der Sollfrequenz entspricht. Die *Abb. 11.3.8* zeigt die am

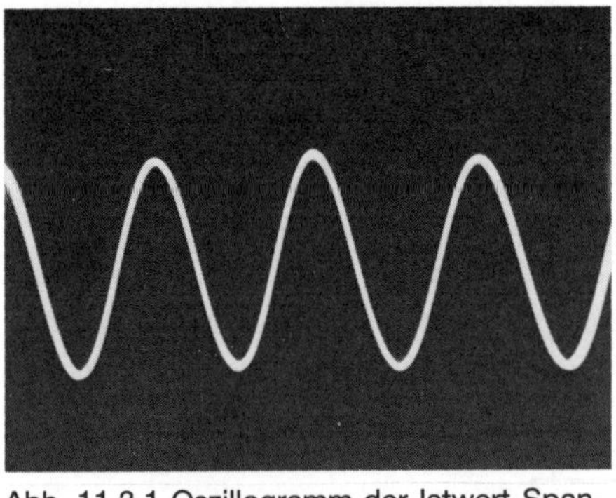

Abb. 11.3.1 Oszillogramm der Istwert-Spannung des Capstanmotors

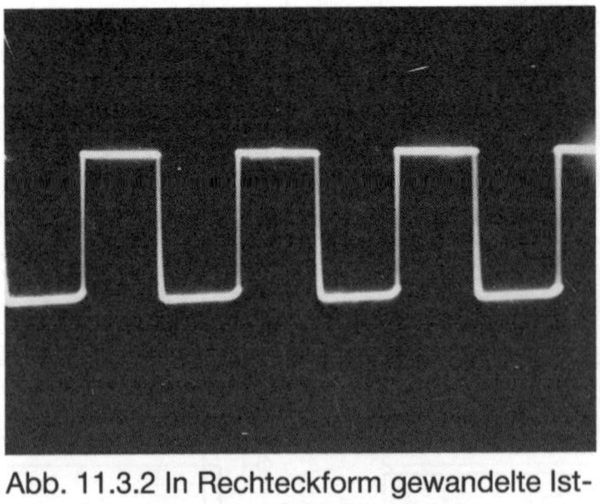

Abb. 11.3.2 In Rechteckform gewandelte Istwert-Spannung des Capstanmotors

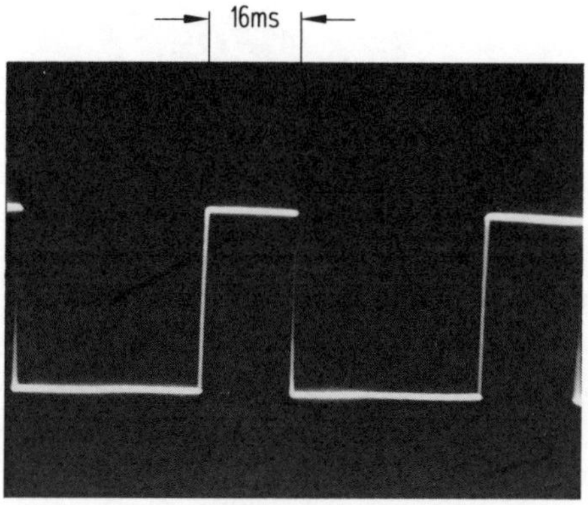

11.3.3 Oszillogramm der Impulsgenerator-spannung bei der Aufnahme

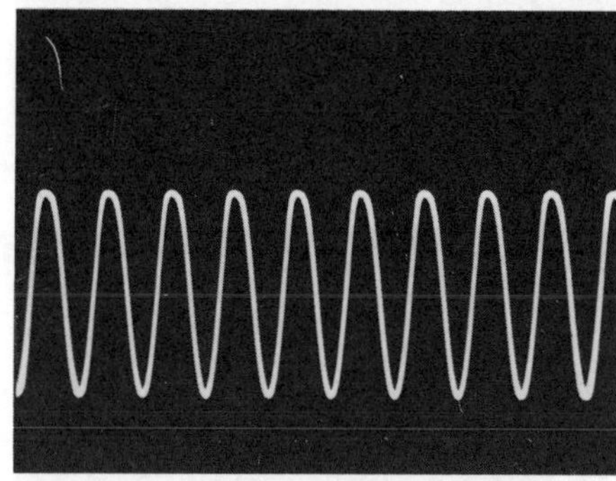

Abb. 11.3.4 Oszillogramm der Oszillatorfrequenz vor der Teilung (32 kHz) für die Capstan-Sollwert-Frequenz-Erzeugung

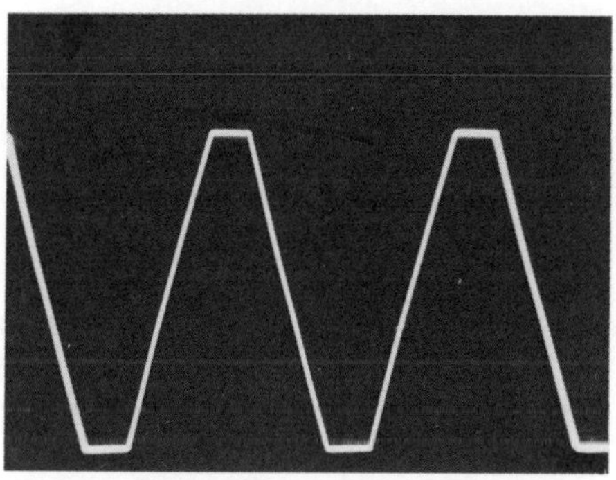

Abb. 11.3.5 Oszillogramm der Trapezspannung für die Tast- und Haltestufe

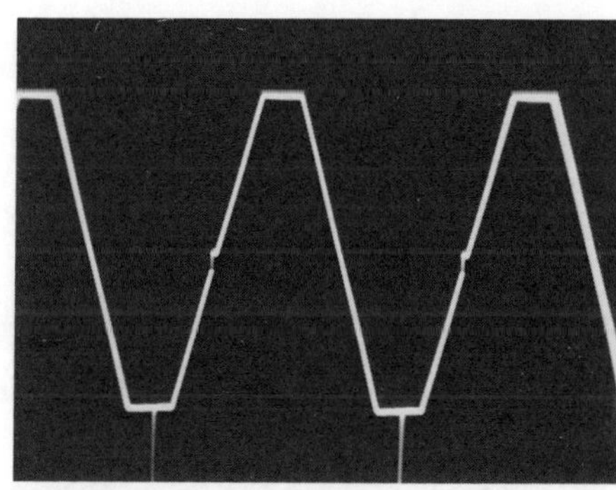

Abb. 11.3.6 Oszillogramm der Trapezspannung mit Tastimpuls in der Mitte der Anstiegsflanke

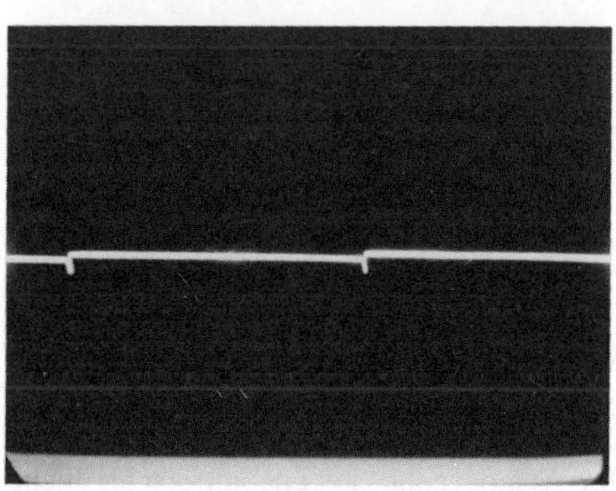

Abb. 11.3.7 Oszillogramm der Nachregelspannung für den Capstanmotor

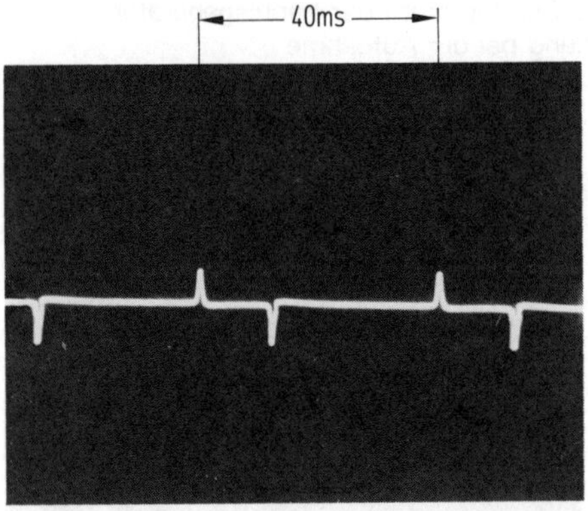

Abb. 11.3.8 Oszillogramm der Kontroll-Impulsspannung vom Band (Istwert) bei der Wiedergabe

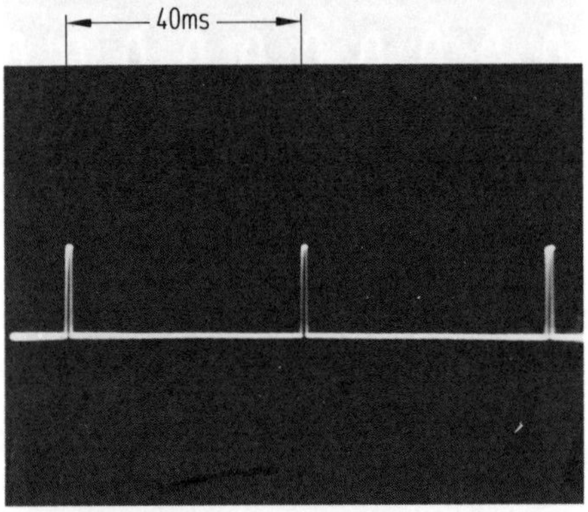

Abb. 11.3.9 Oszillogramm der Kontroll-Impulsspannung am Impulsgenerator (Istwert) bei der Wiedergabe

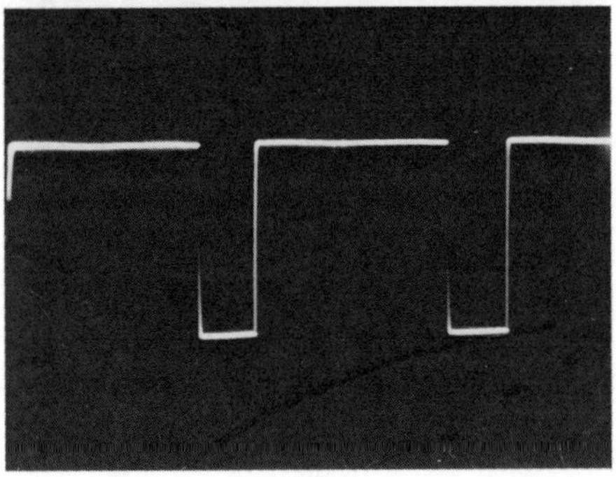

Abb. 11.3.10 Oszillogramm der Impulsspannung des Impulsgenerators bei der Wiedergabe

Kontrollkopf oszillografierte Impulsspannung, die bei der Wiedergabe als Istwert-Spannung dient. Sie wird verstärkt und die im gleichen Abstand von jeweils 40 ms liegenden positiven Impulsspitzen werden zum Impulsgenerator geleitet (*Abb. 11.3.9*). Die Impulsspannung im Generator unterscheidet sich dann im zeitlichen Tastverhältnis von der Spannung bei der Aufnahme (*Abb. 11.3.10*). Das ist deshalb nötig, weil die schräg ansteigenden Flanken der Trapezspannung bei der Aufnahme und bei der Wiedergabe jeweils unterschiedliche

Längen aufweisen. Im Prinzip muß der Impuls aber in beiden Fällen in der Mitte der schräg ansteigenden Vorderflanke liegen, wenn keine Nachsteuerung der Geschwindigkeit erfolgt.

Bei der Fehlersuche ist es zuerst empfehlenswert im Wiedergabe-Betrieb und dann im Aufnahme-Betrieb zu oszillografieren. Auf diese Weise kann schon eine Eingrenzung des Fehlerortes vorgenommen werden, weil die Istspannung bei der Aufnahme vom Capstanmotor abgegriffen wird und bei der Wiedergabe vom laufenden Band über den Kontrollkopf abgenommen wird. So werden Geschwindigkeitsfehler, die nur bei der Wiedergabe oder die nur bei der Aufnahme auftreten, in den unterschiedlichen Zweigen der Impulsspannungs-Zuführung zu finden sein. Dabei kann es sich allerdings nur um Fehler handeln, die geringe Geschwindigkeitsänderungen zur Folge haben, denn der *Phasenregelkreis* korrigiert nur geringe Geschwindigkeitsabweichungen.

Bei beiden Betriebsarten wird in der Praxis jeweils mit zwei verschiedenen Systemen geregelt. Größere Abweichungen verhindert der *Geschwindigkeits-Regelkreis.* Beide Regelkreise zusammen halten die Geschwindigkeit des Bandlaufmotors (Capstanmotors) bei sich ändernder Last und bei Spannungsschwankungen konstant.

11.3.1 Der Phasenregelkreis

Im *Aufnahme-Betrieb* wird, wie schon festgestellt wurde, von der Umdrehungsfrequenz des Capstanmotors eine Impulsspannung abgeleitet (Istwert). Das kann auf unterschiedliche Weise geschehen. Neben den schon bei der Beschreibung der Kopfrad-Servoregelung erwähnten Arten der Impulserzeugung mit Hilfe von Magneten, Spulen und Optokopplern finden hierbei vorwiegend Capstan-Frequenzgeneratoren Verwendung. Dabei sind auf der rotierenden Schwungmasse des Motors ein Magnet und ein Zahnkranz angebracht. Auf dem feststehenden, gegenüberliegenden Kreisumfang ist eine Spule angebracht. Beim Drehen des Motors (und damit der Schwungmasse) wird durch den Magneten in der Spule ein Strom erzeugt, weil die magnetischen Kraftlinien durch die Spule gehen. Durch den Zahnkranz wird die Flußdichte ständig verändert, und es entsteht eine Wechselspannung, die von der Umdrehungsfrequenz des Motors abhängig ist. Die Frequenz ist abhängig vom Aufbau des Zahnkranzes. Sie kann unterschiedlich hoch sein.

Die *Abb. 11.3.1.1* zeigt das Blockschaltbild einer Bandlauf-Servoregelung mit Phasenregel- und Geschwindigkeits-Regelkreis. Die drehzahlabhängige Frequenz wird mit einem Operationsverstärker verstärkt und dem IC 1 zugeführt. Die Impulsspannung wird heruntergeteilt und über einen Schalter „Aufnahme-Wiedergabe" in den Impulsgenerator geleitet. Er besteht aus einem monostabilen Multivibrator und einer Tastimpuls-Erzeugerstufe. Die erzeugte Tastimpulsspannung geht in die Tast- und Haltestufe (Sampling and Hold). Dort wird sie mit der Sollspannung getastet.

Die Sollfrequenz wird in diesem Beispiel in einem Quarzoszillator erzeugt, der ebenfalls im IC 1 enthalten ist. Die erzeugte höhere Quarzfrequenz wird heruntergeteilt. In der sich anschließenden Trapezstufe wird die geteilte Oszillatorfrequenz in eine Trapezspannung verformt. Diese Spannung wird in der Tast- und Haltestufe mit der Tastimpulsspannung getastet und anschließend gespeichert. Es wird die Anstiegsflanke des Trapez-Signals mit

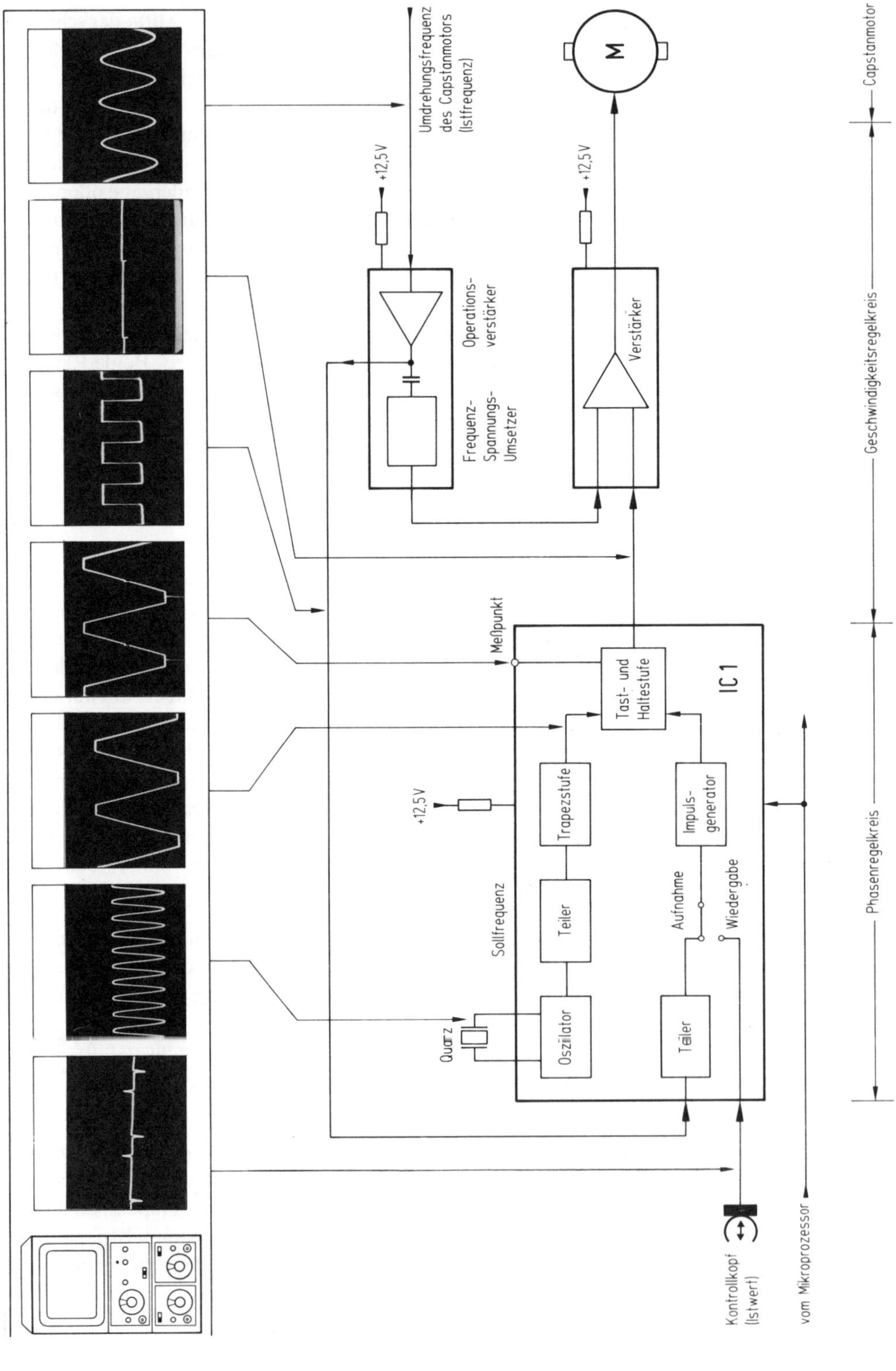

Abb. 11.3.1.1 Blockschaltbild der Regelkreise für die Bandlauf-Servoregelung

dem Tastimpuls der Ist-Spannung getastet. Hinkt diese Spannung hinter der Phase der Trapezspannung her, so wird die resultierende Ausgangsspannung am IC 1 höher. Damit wird die Motorspannung erhöht. Der Motor läuft schneller. Eilt die von der Drehzahl des Capstanmotors abhängige Spannung der trapezförmigen Sollspannung jedoch voraus, so wird die Ausgangsspannung niedriger und der Motor dreht langsamer. Die Länge der Anstiegsflanke, die getastet wird, beträgt ca. 14 ms. Normalerweise, wenn die Motorgeschwindigkeit stimmt, befindet sich die Vergleichsphase in der Mitte der Flanke. Der Regelbereich beträgt also nur ±7 ms. Damit kann nur feinreguliert werden. Größere Geschwindigkeitsänderungen des Capstanmotors müssen deshalb darüber hinaus zusätzlich geregelt werden.

Im *Wiedergabe-Betrieb* wird der Schalter Aufnahme-Wiedergabe durch einen Steuerbefehl des Mikroprozessors umgeschaltet. Statt der Ist-Spannung vom Capstanmotor wird die vom Kontrollkopf abgetastete Kontrollspannung zum Impuls-Generator geleitet und die von dieser Frequenz abhängige Tastimpulsspannung geht in die Tast- und Haltestufe. Dort erfolgt die Tastung mit der quarzstabilisierten Trapezspannung. Die Frequenz der Kontrollspannung ist von der Bandlaufgeschwindigkeit abhängig, und so entsteht bei Abweichungen ebenfalls, wie im Aufnahme-Betrieb, am Ausgang des IC 1 eine höhere oder niedrigere Spannung, je nachdem, ob die Bandlaufgeschwindigkeit langsamer oder schneller als normal ist.

11.3.2 Der Geschwindigkeits-Regelkreis

Bei der Überschreitung des Regelbereiches von ca. ±7 ms kann die Schwankung mit Hilfe des Phasenregelkreises nicht mehr ausgeglichen werden. Dann übernimmt der Geschwindigkeitsregelkreis die Aufgabe, größere Abweichungen von der Bandgeschwindigkeit zu verhindern. Es gibt verschiedene Schaltungsarten. Im Prinzip arbeiten sie jedoch ähnlich. Deshalb ist in der Abb. 11.3.1.1 eine leicht überschaubare Prinzipdarstellung zu sehen. Die drehzahlabhängige Frequenz wird vom Capstanmotor nach der Verstärkung vom Phasenregelkreis abgezweigt und über einen Kondensator geführt. Dabei wird die Gleichstrom-Komponente unterdrückt. Die Signalspannung gelangt dann in den Frequenz-Spannungs-Umsetzer. Dieser liefert bei normaler Geschwindigkeit eine bestimmte Ausgangsspannung. Diese Spannung geht in den Verstärker und bewirkt in Verbindung mit der Phasenregel spannung die Normalgeschwindigkeit des Capstanmotors. Verlangsamt sich die Geschwindigkeit jedoch, so wird die Frequenz der Referenzspannung niedriger, und die Ausgangs-Gleichspannung ändert sich. Die Drehzahl wird dadurch erhöht. Die Ausgangs-Gleichspannung verändert sich in umgekehrter Richtung, wenn sich die Frequenz durch eine erhöhte Motordrehzahl erhöht. So werden die Geschwindigkeitsschwankungen ausgeglichen und die Motor-Drehzahl konstant gehalten.

Eine komplette Schaltung einer Capstan-Servoschaltung zeigt die *Abb. 11.3.2.1.* Die typischen Oszillogramme werden oben gezeigt. Bei der Fehlersuche sollte nach Möglichkeit zuerst das Blockschaltbild angesehen werden, da in diesem der Signalverlauf leicht zu erkennen ist. Das ausführliche Schaltbild und der entsprechende Lageplan dienen anschließend dazu, die Meßpunkte schneller zu finden.

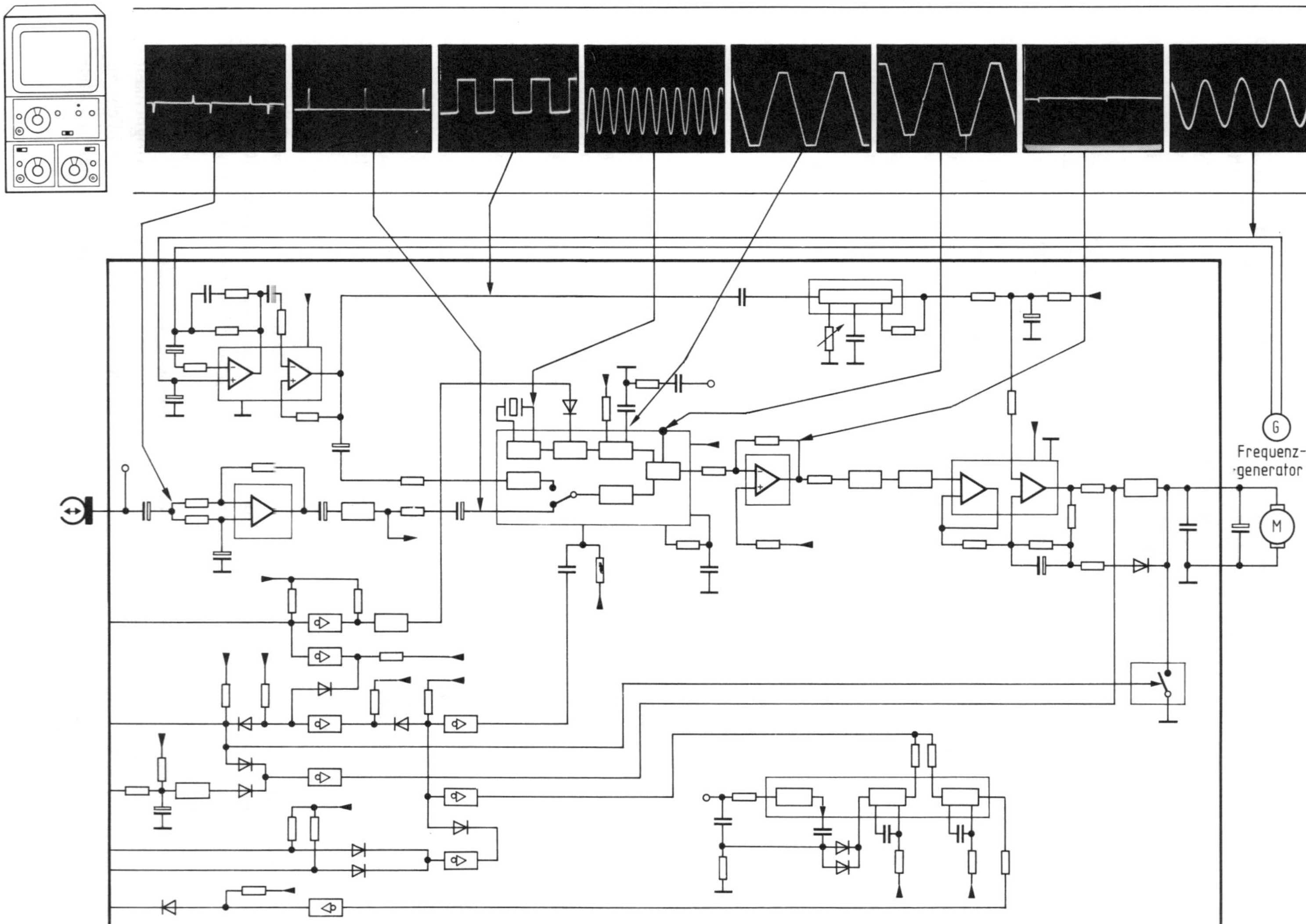

Abb. 11.3.2.1 Capstanmotor-Servoschaltung mit Oszillogrammen

11.4 Fehler

Auftretende Bandlauf-Fehler können folgende Ursachen haben:

1. Eine Kassette ist zu schwergängig.
2. Schlupf zwischen Capstanwelle und Andruckrolle.
3. Fehlerhafte Stromzufuhr.
4. Der Motor ist defekt.
5. Das Band ist defekt.

Es kann außerdem unterschieden werden zwischen Fehlern, die eine geringe Abweichung von der Normalgeschwindigkeit zur Folge haben und Fehlern, die starke Bandgeschwindigkeits-Abweichungen und Schwankungen bewirken.

Bei geringen Abweichungen werden im Bild Rauschzonen zu sehen sein. Der Ton ist noch nicht fehlerhaft.

Bei starken Abweichungen werden die Rauschzonen in bestimmten Intervallen im Bild zu sehen sein. Es werden also Rauschzonen im Bild zu sehen sein, und nach einiger Zeit wird das Bild wieder kurzzeitig einwandfrei sein. Anschließend zeigen sich die Rauschzonen wieder. Dieser Vorgang wiederholt sich ständig. Der Ton wird dabei leiern.

In dem Moment, in dem die Spur normal abgetastet wird, ist das Bild einwandfrei zu sehen. Da das Band jedoch zu langsam oder zu schnell läuft, wird die Spur nur kurzzeitig richtig abgetastet. Zwischenzeitlich, bis zur nächsten, normalen Abtastung sind dann die Rauschzonen wieder zu sehen. So kann schon an dem zeitlichen Abstand des Wechsels zwischen Normalbild und Rauschzonen erkannt werden, ob die Abweichung von der normalen Bandgeschwindigkeit mehr oder weniger stark ist. Bei häufiger Wiederkehr des normalen Bildes ist der Bandlauffehler nicht so stark, wie bei langanhaltenden Rauschzonen und dann nur seltener kurzzeitiger Wiederkehr des normalen Bildes. Die Rauschzonen sehen genau so aus, wie die bei einem Geschwindigkeitsfehler des Kopfradantriebes (*Abb. 11.4.1, Tafel F 18*). Der Unterschied besteht darin, daß das Bild in Intervallen normal zu sehen ist und das der Ton leiert.

Sinkt die Bandlauf-Geschwindigkeit sehr weit ab, so wird durch die in den Mikroprozessor zurückgeführten Kontrollimpulse, die dann eine total falsche Frequenz haben, auf „Stop“ geschaltet.

11.4.1 Eine Kassette ist zu schwergängig

Bei Kassetten, deren Wickel aus irgendeinem Grund zu straff aufgewickelt wurden, kann es vorkommen, daß die Last für den Capstanmotor zu hoch wird und die Regelung nicht in der Lage ist, die Geschwindigkeit zu normalisieren. Es ist deshalb bei einem Bandlauf-Fehler immer ratsam, zuerst eine Testkassette einzulegen, um damit die Bandlaufgeschwindigkeit zu kontrollieren. Zeigt sich der Fehler bei der Wiedergabe mit der Testkassette nicht mehr, so sollte die fehlerhafte Kassette im Vor- und Rücklauf ohne Unterbrechung einmal neu aufgewickelt werden. Der Fehler stellt sich meistens dann ein, wenn der Bandlauf häufig unterbrochen wird. Allerdings sollte gleichzeitig der Band- und Aufwickelzug überprüft werden.

11.4.2 Schlupf zwischen Capstan und Andruckrolle

Es können zwei Ursachen für diesen Fehler verantwortlich sein. Erstens kann die Andruckrolle oder der Capstan verschmutzt sein. Von minderwertigen oder oft gespielten Bändern übertragen sich Teile der Metallbeschichtung auf die Antriebsteile. Dadurch kann das Band nicht reibungslos transportiert werden. Die Reinigung aller bandberührenden Teile schafft nur dann dauerhaft Abhilfe, wenn gleichzeitig auch die benutzten Bänder überprüft werden, und die Bänder, die als Verursacher in Frage kommen, aussortiert und nicht mehr benutzt werden. Die Reinigung der Andruckrolle muß mit großer Sorgfalt mehrmals vorgenommen werden. Der Metallstaub hat sich meist tief in der Gummischicht festgesetzt. Bei nur einmaliger, oberflächlicher Reinigung wird der Fehler bald wieder auftreten.

Am besten ist es, die Andruckrolle bei starker Verschmutzung gegen eine neue auszutauschen.

11.4.3 Fehlerhafte Stromzufuhr

Es besteht die Möglichkeit, daß die vom Netzteil gelieferten Spannungen und Ströme zu niedrig sind. Das kann durch Spannungsmessungen am Motor und an den Eingängen der ICs leicht festgestellt werden. Bei starken Abweichungen von den Sollwerten sollte die Stromzufuhr direkt am IC oder am Motor unterbrochen und eine Spannungsmessung an dem dann noch spannungsführenden Anschluß vorgenommen werden. Dabei kann festgestellt werden, ob die anliegende Spannung durch die Unterbrechung wesentlich gestiegen ist. Sollte das der Fall sein, so kann ein Feinschluß in dem angeschlossenen Bauteil vorhanden sein.

11.4.4 Capstanmotor defekt

Bleiben nach den Spannungsmessungen Zweifel, ob der Motor selbst die Ursache für den fehlerhaften Bandlauf ist, so sollte zur weiteren Klärung die Stromzufuhr zum Motor unterbrochen werden. Anschließend wird der Motor mit einer regelbaren Fremdspannung aus einem externen Netzteil versorgt. In den meisten Fällen handelt es sich bei Capstanmotoren um Gleichstrommotore. Da die anzulegende Spannung sehr genau eingestellt werden muß, ist es empfehlenswert, gleichzeitig das Oszilloskop anzuschließen und eine Messung der Trapezspannung mit dem Tastimpuls vorzunehmen. Die Geschwindigkeit ist dann exakt richtig eingestellt, wenn der Tastimpuls auf der Mitte der Anstiegsflanke steht (*Abb. 11.4.4.1*). Weicht die Geschwindigkeit erheblich vom Sollwert ab, so steht der Tastimpuls nicht mehr auf der Anstiegsflanke. Er läuft dann dauernd durch. Bei geringfügiger Abweichung ist der Impuls noch an einer falschen Stelle der Flanke zu sehen (*Abb. 11.4.4.2*). So kann auch optisch gesehen werden, ob die Geschwindigkeit stimmt. Nach der Einstellung muß auch das wiedergegebene Bild des Videorecorders normal, ohne Störungen zu sehen sein. Stimmt dann die Spannung der externen Stromquelle mit den Angaben im Schaltbild überein, so ist der Motor nicht defekt und scheidet als Fehlerquelle aus. Auf diese Weise

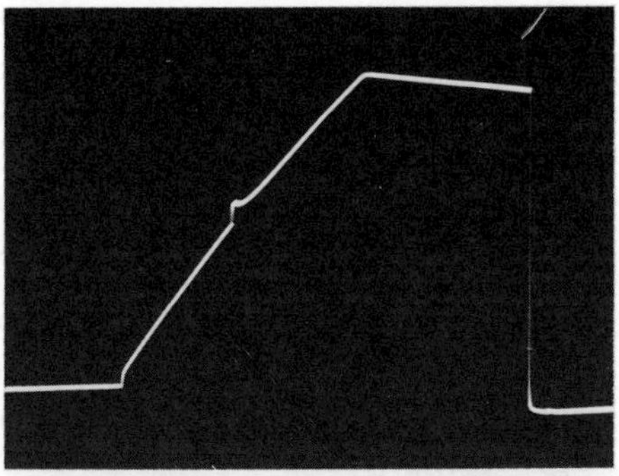

Abb. 11.4.4.1 Oszillogramm einer Trapezspannung. Der Tastimpuls befindet sich in der Mitte der Anstiegsflanke. Die Geschwindigkeit stimmt genau

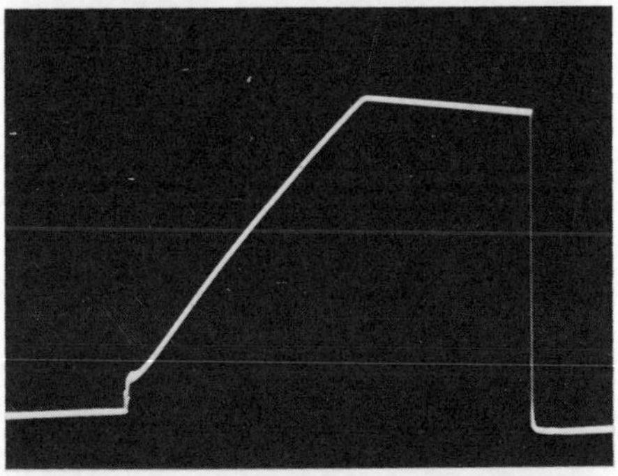

Abb. 11.4.4.2 Oszillogramm einer Trapezspannung. Der Tastimpuls befindet sich am Anfang der Anstiegsflanke. Die Geschwindigkeit stimmt nicht

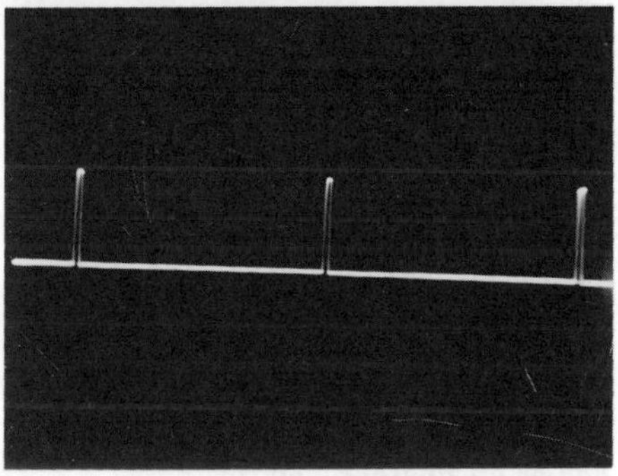

Abb. 11.4.4.3 Oszillogramm eines Tastimpulses (Istwert) am Eingang der Tast- und Haltestufe

kann vermieden werden, daß ein Motor versuchsweise ausgewechselt wird und sich später herausstellt, die Arbeit war überflüssig.

Kollektormotore können eine zu hohe Brummspannung erzeugen. Dann ist eine einwandfreie Regelung nicht mehr möglich. Eine Wechselspannungsmessung gibt darüber Aufschluß, ob der Motor fehlerhaft ist. Die gemessene Wechselspannung darf nicht höher als 200 mV_{ss} sein.

Im Ton können sich außerdem Laufgeräusche bemerkbar machen. Es handelt sich dabei um einen gleichbleibenden störenden Ton, der nur dann zu hören ist, wenn Sprache oder Musik wiedergegeben wird. Während der dazwischenliegenden Pausen ist nichts zu hören. Die Ursache hierfür ist in der defekten Lagerung des Capstanmotors zu suchen. Der Motor muß ausgewechselt werden.

Capstanmotore sind meistens kugelgelagert. Bei mangelhafter Gleitfähigkeit in einem Lager entsteht ein Laufgeräusch, das oft reklamiert wird. Neben dem Auftreten des Geräusches kann es dabei auch zu Gleichlaufschwankungen kommen. Es empfiehlt sich dann, den Motor auszuwechseln.

Wenn die Messung der Impuls- und Trapezschaltung jedoch schon kein einwandfreies Oszillogramm zeigt, so wird der Fehler in Richtung *Soll- und Ist-Spannungserzeugung* zu finden sein. Das aufgenommene Oszillogramm gibt weiteren Aufschluß darüber.

Fehlt die Referenzspannung und ist nur der Tastimpuls zu sehen (*Abb. 11.4.4.3*), so liegt ein Fehler der Referenzspannungserzeugung vor. Dann kann die entsprechende Betriebsspannung fehlen, ein eventuell extern angeschlossener Quarz ist defekt oder das IC muß ausgewechselt werden.

Fehlt die Tast-Impulsspannung und ist nur die Referenzspannung zu sehen, so wird ein Fehler in der Tast-Impulsspannung vorliegen. Dabei muß beobachtet werden, daß diese Spannung im Aufnahme-Betrieb vom Frequenzgenerator des Capstanmotors geliefert wird. Im Wiedergabe-Betrieb liefert statt dessen der Kontrollkopf die Impulse. Zur weiteren Klärung muß deshalb einmal auf „Aufnahme“ und dann auf „Wiedergabe“ geschaltet werden.

Fehlt der Tastimpuls nur bei „Aufnahme“, so fehlt der Tastimpuls vom Frequenzgenerator des Capstanmotors.

Fehlt der Tastimpuls nur bei „Wiedergabe“, so fehlen die vom Band abzunehmenden Kontrollimpulse.

Fehlt der Tastimpuls bei Aufnahme- und Wiedergabebetrieb, so muß die Spannungszuführung zum IC überprüft werden. Sie wird fehlerhaft sein, oder das IC ist defekt.

Bei fehlendem Tastimpuls in Richtung Frequenzgenerator oder Kontrollkopf eignet sich das Oszilloskop am besten zur weiteren Fehlersuche.

11.4.5 Bandlaufservo-Fehler

Bei Fehlern im Capstan-Servosystem kann zwischen Fehlern im Phasenregelkreis und im Geschwindigkeitsregelkreis unterschieden werden.

Fehler im Phasenregelkreis

In diesem Kreis werden nur geringe Abweichungen von der normalen Geschwindigkeit ausgeglichen. Der Regelbereich beträgt nur ±7 ms. Bei diesen geringen Abweichungen machen sich Fehler im Bild als Rauschzonen bemerkbar. Ein Tonfehler ist meistens noch nicht hörbar. Die Geschwindigkeits-Abweichungen sind so gering, daß die Tonschwankungen kaum zu hören sind.

Bei der Fehlersuche sollte zuerst die zusammengesetzte Impulsspannung am Meßpunkt der Tast- und Haltestufe gemessen werden. Mit dieser Messung kann festgestellt werden, ob der Fehler in Richtung Capstanmotor oder in entgegengesetzter Richtung gesucht werden muß. Wenn sich bei der Messung zeigt, daß der Tastimpuls in der Mitte der schrägen Flanke des Referenzsignals zu sehen ist, so wird bis zur Tast- und Haltestufe kein Fehler vorliegen. Dann wird in Richtung Capstanmotor gesucht.

Zur weiteren Fehlerbestimmung wird der Capstanmotor leicht abgebremst. Dann muß der Tastimpuls auf der schrägen Vorderflanke nach oben oder unten wandern. Bei starker Bremsung verschwindet er völlig von der Flanke und läuft dann schnell durch. Gleichzeitig wird bei dieser Prüfung die Spannung am Capstanmotor gemessen. Sie muß sich während des Bremsvorgangs erhöhen, weil die Regelung dann bestrebt ist, die Geschwindigkeit des Motors zu steigern.

Ist jedoch dabei keine Änderung der Spannung festzustellen, so muß der Fehler zwischen Tast- und Haltestufe und Motoranschluß liegen. Bei einem der anliegenden Kondensatoren kann sich die Kapazität vermindert haben, oder ein Operationsverstärker wird fehlerhaft arbeiten.

Fehler im Geschwindigkeitsregelkreis

Bei Geschwindigkeitsabweichungen von über ±7 ms von der normalen Bandlaufgeschwindigkeit sollen diese mit Hilfe des Geschwindigkeits-Regelkreises ausgeregelt werden.

Bei einem solchen Fehler werden starke Rauschzonen im Bild zu sehen sein. Zwischendurch wird das Bild kurzzeitig einwandfrei zu sehen sein. Außerdem wird der Ton mehr oder weniger leiern. Daran ist zu erkennen, wie stark die Geschwindigkeits-Abweichung ist. Bei starken Tonschwankungen und Leiern wird auch die Geschwindigkeit stark vom Sollwert abweichen.

Zuerst sollte die Spannungsmessung *nach* der Frequenz-Spannungs-Umsetzung vorgenommen werden. Gleichzeitig sollte der Bandlauf wieder leicht abgebremst werden. Dabei muß sich die gemessene Spannung erhöhen. Wenn das nicht der Fall ist, so sollte das Oszillogramm vor der Frequenz-Spannungs-Umsetzung aufgenommen werden. Hier muß sich die Frequenz der anliegenden Wechselspannung je nach Geschwindigkeit ändern. Sollte jedoch keine oder eine zu niedrige Spannung zu messen sein, so wird der davorliegende Operationsverstärker oder in seltenen Fällen der Capstan-Impulsgenerator defekt sein. Der Phasenregelkreis wird dann bei „Aufnahme“ ebenfalls nicht arbeiten können. Dann kann es vorkommen, daß der Motor zu schnell läuft. Die Bandlaufgeschwindigkeit ist zu hoch. Die Tonfrequenz wird zu hoch sein (Mickey-Mouse-Ton) oder der Ton schaltet automatisch ab. Die Farben verschwinden und das Bild kippt weg (*Abb. 11.4.5.1, Tafel F 18)*.

11.4.6 Bei Eigenaufnahmen keine Bildsynchronisation

Bei der Wiedergabe von Eigenaufnahmen kippt das Bild weg, oder es zeigen sich zeitweilig Rauschzonen wie bei einem Bandlauffehler.

Der Ton leiert, oder er wird im Fernsehempfänger laufend kurzzeitig stummgeschaltet.

Bei der Wiedergabe von fremdbespielten Kassetten ist der Ton jedoch normal zu hören.

Fehlerursache

Im Aufnahmebetrieb werden die vom Videoteil kommenden Bildwechselimpulse als Referenzspannung für die Phasenregelung benutzt. Gleichzeitig werden sie aber auch verstärkt zum Kontrollkopf geleitet und auf die Kontrollspur des Bandes gebracht. Wenn dieser Weg unterbrochen ist, so wird die Kontrollfrequenz des Bandes nicht oder nur mangelhaft aufgenommen. Bei der späteren Wiedergabe der Eigenaufnahme fehlt dann die Kontrollfrequenz und der Phasenregelkreis des Bandlaufes kann nicht arbeiten, weil die Istwertspannung für die Tast- und Haltestufe des Bandlaufes bei Wiedergabe von der Kontrollspur kommt.

Der Fehler zeigt sich nicht bei fremdbespielten Kassetten, weil die Kontrollspur bei diesen Aufnahmen normal aufgenommen wurde.

Als Fehlerursache stellt sich sehr häufig heraus, daß der Kontrollkopf verschmutzt ist. Nach einer Reinigung ist der Fehler verschwunden. Der Grad der Verschmutzung ist meistens noch nicht so groß, daß von den fremdbespielten Kassetten, deren Kontrollspur ja normal aufgesprochen wurde (im Gegensatz zu den Eigenaufnahmen) trotz der Verschmutzung noch genügend Impulsspannung abgetastet werden kann.

Außerdem kann das IC defekt sein, oder die Leitung zum Kontrollkopf ist unterbrochen.

12 Das Steuer- und Kontrollsystem

12.1 Mikrocomputer in Videorecordern

Der Mikrocomputer kann als Herz der Steuerung eines modernen Videorecorders bezeichnet werden. Mit seiner Hilfe werden die Betriebsarten geschaltet und die Betriebsabläufe gesteuert. Außerdem wird die richtige Funktionsweise durch das Kontrollsystem überwacht und die Bedienung und Programmierung gesteuert.

Als Mikrocomputer wird ein in sich funktionsfähiges System bezeichnet. Es enthält drei Grundeinheiten und zwar:

1. die *Steuereinheit* (CPU = central-processing-unit), welche die Fähigkeit besitzt, zugeleitete Informationen zu beurteilen und weiterzuleiten.
2. das *Rechenwerk* (ALU = automatic-logic-unit), das die Empfangssignale entsprechend den Zuständen und Befehlen von Steuersignalen untereinander verknüpft.
3. den *Speicher* mit wahlfreiem Zugriff (RAM = random access memory), das heißt, der Speicher kann direkt adressiert und angesprochen werden, ohne daß zuerst andere Speicherzellen gelesen werden müssen.

Diese Bausteine bilden eine Einheit und werden als Computer bezeichnet.

Als Mikroprozessoren werden Einheiten bezeichnet, die von außen nicht programmierbar sind. Sie werden während des Herstellungsverfahrens vorprogrammiert und können dann nicht mehr beeinflußt werden. Die Speicherung erfolgt in einem nichtflüchtigen Festwertspeicher (*ROM* = read-only-memory), der nur auszulesen ist.

Ein funktionsfähiger Mikrocomputer in Videorecordern hat zur Speicherung des Befehlsprogrammes ein ROM und zur Speicherung der von außen zugeführten Befehle ein RAM. Außerdem werden die Daten für den Ein- und Ausgang besonders aufbereitet. Anschließend werden sie an die Aus- und Eingangskanäle weitergegeben.

Die ausgegebenen Impulse müssen noch synchronisiert werden, damit innerhalb des gesamten Systems Übereinstimmung der Daten erzielt wird. Diese Aufgabe erfüllt ein Taktgenerator, dessen Signale die Befehle synchronisiert. Die Taktfrequenz kann allerdings auch von außen zugeführt werden. Die *Abb. 12.1.1* zeigt das Blockschaltbild eines Mikrocomputers. In der *Abb. 12.1.2* ist ein Mikrocomputer in einer Schaltungsanordnung zu sehen.

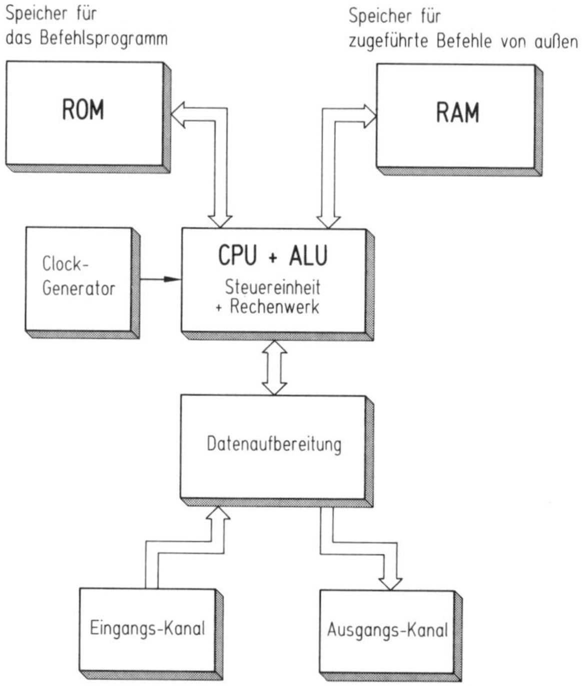

Abb. 12.1.1 Das Blockschaltbild eines Mikrocomputers

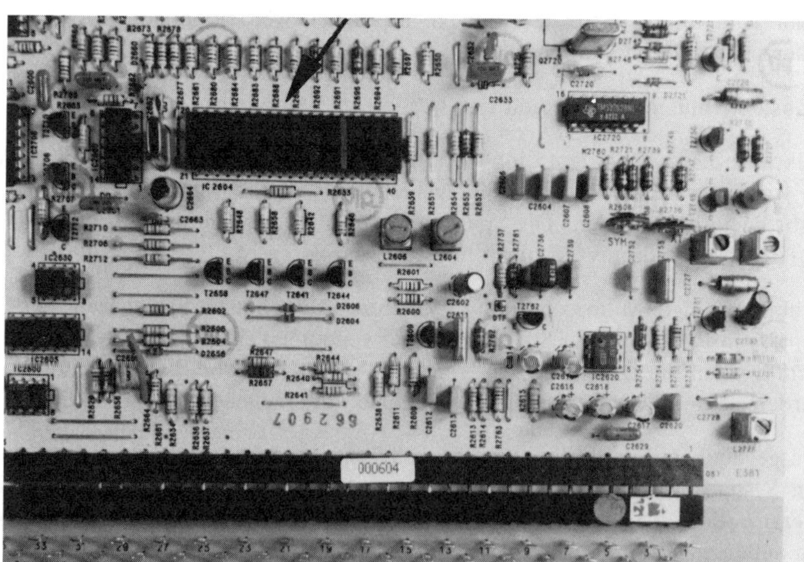

Abb. 12.1.2 Ein Mikrocomputer in der Schaltung

12.2 Die Wirkungsweise

Die Aufgabe der Schaltungen mit Mikrocomputern und Mikroprozessoren in Videorecordern besteht darin, alle mechanischen und elektrischen Funktionen so zu steuern, daß ein zeitlich richtiger Funktionsablauf erfolgen kann. Gleichzeitig wird verhindert, daß durch Fehlbedienungen Schaden am Gerät oder am Bandmaterial entsteht, und darüber hinaus werden die einzelnen Funktionsabläufe ständig kontrolliert. Bei Abweichungen von den Normalwerten wird automatisch abgeschaltet.

So kann zusammengefaßt festgestellt werden, daß die Steuerung folgende Hauptaufgaben hat:
1. Die über die Funktionsschalter oder -sensoren gegebenen Befehle durchzuführen.
2. Falsche Befehle nicht auszuführen oder in die richtige zeitliche Reihenfolge zu ordnen.
3. Die ständige Kontrolle des Funktionsablaufes über das Kontrollsystem.

Die Eingangsbefehle werden über den Empfangskanal zur Datenaufbereitung weitergeleitet. Hier wird dafür gesorgt, daß die Daten die festgesetzten Formate, Pegel und Zeitverläufe haben, damit eine fehlerfreie Übertragung möglich ist. Die einwandfreien Daten werden dann zur Steuereinheit weitergeleitet. Diese Zentraleinheit beurteilt die Daten und leitet sie weiter zum Rechenwerk. Entsprechend der eingegangenen Befehle werden die Daten im Rechenwerk verarbeitet. Die Ergebnisse werden vorübergehend in einem Register gespeichert.

Anschließend wird der Befehl beim Mikroprozessor vom ROM entsprechend ausgelesen und ausgeführt. Im ROM sind die Daten für die Befehlausgabe gespeichert, die nicht gelöscht werden dürfen. Diese Daten werden auf den jeweils bestimmten Befehl hin ausgegeben.

Der Taktsignal-Generator steuert den gesamten Arbeitsablauf. Mikrocomputer werden in Videorecordern zur Timer-Steuerung und zur Steuerung des Tuners eingesetzt. Hierbei ist eine Programmierung von außen erforderlich, wie das mit einem Speicher mit wahlfreiem Zugang (RAM) ausgeführt werden kann. Mikroprozessoren werden für alle anderen Steuerungen gebraucht. Diese Steuerungen sind vorprogrammiert und dürfen nicht gelöscht werden.

Der *Speicher* (RAM oder ROM) besitzt eine Reihe verschiedener Speicherplätze. Jeder Speicherplatz ist mit Daten einzeln zu speichern. Zur Unterscheidung der einzelnen Speicherplätze muß jeder Platz numeriert werden. Er erhält, anders ausgedrückt, eine Adresse. Mit dieser Adresse kann er abgerufen werden, und die gewünschten Daten können in den Speicherplatz eingelesen werden. So kann der Arbeitsspeicher Informationen unterschiedlicher Art einzeln speichern. Diese Informationen können mit Hilfe der Adresse aufgerufen und der *Steuereinheit* zugeführt werden, die die Daten beurteilt und weiterleitet. Es kann dann eine Weitergabe an das *Rechenwerk* erfolgen. Im Rechenwerk werden die Daten verarbeitet und verknüpft. Es führt die jeweils gewünschte Rechnung aus. Nach der Beendigung des Rechenvorganges wird das Ergebnis dem Arbeitsspeicher zugeleitet und kann dann von dort ausgelesen werden, oder einem weiteren Speicher zugeführt werden, aus dem es dann jederzeit abgerufen werden kann. Der Arbeitsspeicher kann auf diese Weise für eine neue Dateneingabe freigemacht werden.

In Videorecordern werden die Steuerfunktionen alle mikroprozessorgesteuert, während Tuner- und Timer-Funktionen programmierbar sein müssen. Dazu werden echte Mikrocomputer verwendet.

So gruppieren sich die Schaltungsanordnungen *einerseits* um die *Eingänge* des Mikrocomputers, damit die Befehlseingänge mit den richtigen Daten versorgt werden, und *andererseits* um die *Ausgänge*, damit die ausgegebenen Befehle an die richtigen Stellen zur Steuerung weitergeleitet werden können.

Bei den unübersichtlichen Schaltbildern und der Vielzahl der Schaltbilder einzelner Baugruppen, die dem Reparaturtechniker zur Unterstützung bei der Ausführung von Reparaturen zur Verfügung stehen, ist es besonders wichtig, gedankliche Ordnung in den Funktionsablauf zu bringen. So sollte bei der Reparatur an den Schaltungen mit Mikrocomputern zuerst unterschieden werden zwischen der Eingangs- und der Ausgangsseite. Damit kann bei auftretenden Fehlern in diesen Schaltungsteilen eine Systematik entwickelt werden; denn auf der Eingangs- wie auch auf der Ausgangsseite des Mikrocomputers kommen dann als Fehlerquelle nur ganz bestimmte Baugruppen oder Datenleitungen in Frage. Außerdem sollten die Zusammenhänge zwischen Aus- und Eingang beachtet werden. So besteht beispielsweise eine direkte Beziehung zwischen der Fernbedienung, dem Fernbedien-Empfänger der Datenzuführung zum Computer auf der Eingangsseite und auf der Ausgangsseite zum D/A-Wandler und der Abstimmspannungszuführung zum Tuner. Bei einem Fehler sollte deshalb zuerst geprüft werden, ob die Fehlersuche auf der Datenausgabe-Seite beginnen soll, oder ob schon der Dateneingang nicht funktioniert. Anschließend kann der Fehler dann weiter eingekreist werden.

Bei der *Daten-Ausgabe* handelt es sich darum, die ausgegebenen Daten an die angesprochenen Bauteile weiterzuleiten, und zwar zur Ausführung der zugeordneten Funktionen. Folgende Funktionsabläufe werden damit richtig beeinflußt:

1. Steuerung des Kassettenmotors
2. Steuerung des Fädelmotors
3. Steuerung des Wickelmotors
4. Steuerung des Kopfradmotors
5. Steuerung der Andruckrollen-Magnete
6. Steuerung des Hauptmagneten
7. Steuerung der Tuner-Abstimmspannung
8. Steuerung der verschiedenen Betriebsarten
9. Steuerung verschiedener Sonderfunktionen wie Suchlauf, Standbild, Zeitlupe
10. Steuerung des Kontrollsystems.

Die internen Vorgänge eines Chips, der die genannten Einheiten in ultraminiaturisierter Bauweise enthält, sind nicht beeinflußbar, und auch nicht im einzelnen meßbar. So können nur die externen Anschlüsse, Leitungen und angeschlossene Bauteile überprüft und Messungen daran vorgenommen werden. Zur Verbindung dienen Leitungen, über welche die unterschiedlichen Befehle geführt werden. Die Anwahl einer Adresse im Speicher erfolgt über die Adreßleitung oder, anders ausgedrückt, den Adreßbus. Die Daten für den Inhalt des Speichers werden über den Datenbus geleitet. Außerdem werden die Steuerbefehle über den Steuerbus weitergegeben, der jedoch intern angeordnet ist.

Bei Videorecordern sind auf der *Dateneingangsseite* als Datenübermittler folgende Baugruppen angeordnet:

1. Fernbedienung mit Empfänger
2. Nahbedienung mit Tastenfeld
3. Timer
4. Bedientasten für die Schaltung der Betriebsarten
5. Fotozellen und Optokoppler für die automatische Bandendabschaltung
6. Lichtschranken zur Impulserzeugung an Kopfrad- und Bandwickelmotoren sowie Aufwickel- und Abwickelbandtellern.

So sorgt das Kontrollsystem für eine folgerichtige Ausführung der gewählten Funktionen und überwacht den Ablauf ständig. Bei auftretenden Fehlern muß das Kontrollsystem in die Überlegung bei der Fehlersuche vorrangig mit einbezogen werden, und zwar besonders dann, wenn ständig abgeschaltet wird.

12.3 Fehler

Die Fehlersuche an Mikroprozessoren ist deshalb relativ einfach, weil in die inneren Vorgänge nicht eingegriffen werden kann. So beschränkt sich die Fehlersuche darauf, die Betriebsbereitschaft zu überprüfen, und außerdem darauf, ob Daten ausgegeben werden. Die *Abb. 12.3.1* zeigt ein einfaches Anschlußschema eines Mikroprozessors.

Bei der Fehlersuche wird zuerst festgestellt, ob die Betriebsspannung anliegt (Messung 1). Je nach der Art des Mikroprozessors und seines Verwendungszweckes besteht die Möglichkeit, daß zwei oder noch mehr Anschlüsse für die Stromversorgung vorhanden sind. An allen diesen Anschlüssen muß die angegebene Spannung gemessen werden.

Anschließend sollte die Taktfrequenz überprüft werden (Messung 2). Meistens liegt ein Quarz an diesem Anschluß. Aber es besteht auch die Möglichkeit, daß die Wechselspannung heraus- oder herangeführt wird. Die Taktfrequenz sollte oszillografisch überprüft werden.

Dann muß festgestellt werden, ob die Rückstellung (Reset) beim Einschalten erfolgt. Zur Rückstellung wird an den Reset-Anschluß beim Einschalten ein Impuls geführt, der dafür sorgt, daß die Ausgangsposition eingenommen wird. Die Impulsspannung kann oszillografisch überprüft werden. An den Resetanschluß wird die Meßleitung angelegt. Anschließend wird mehrmals ein- und wieder ausgeschaltet. Dabei muß sich der Ablenkstrahl kurz nach oben bewegen oder es ist bei sehr niedrig eingestellter Ablenkfrequenz kurz eine Impulsspannung zu sehen. Wenn sich die Nullinie beim Ein- und Ausschalten nicht bewegt, wird die Reset-Impulsspannung fehlen (Messung 3).

Je nach Schaltung sind mehrere Mikroprozessoren und Mikrocomputer für die Schalt- und Steuerfunktionen in einem Videorecorder verantwortlich. So sollte bei Fehlern zuerst die Gesamtübersicht der Schaltung angesehen werden, damit festgestellt werden kann, in welcher Weise die einzelnen Funktionen gesteuert werden. Dann kann bei einem Defekt die

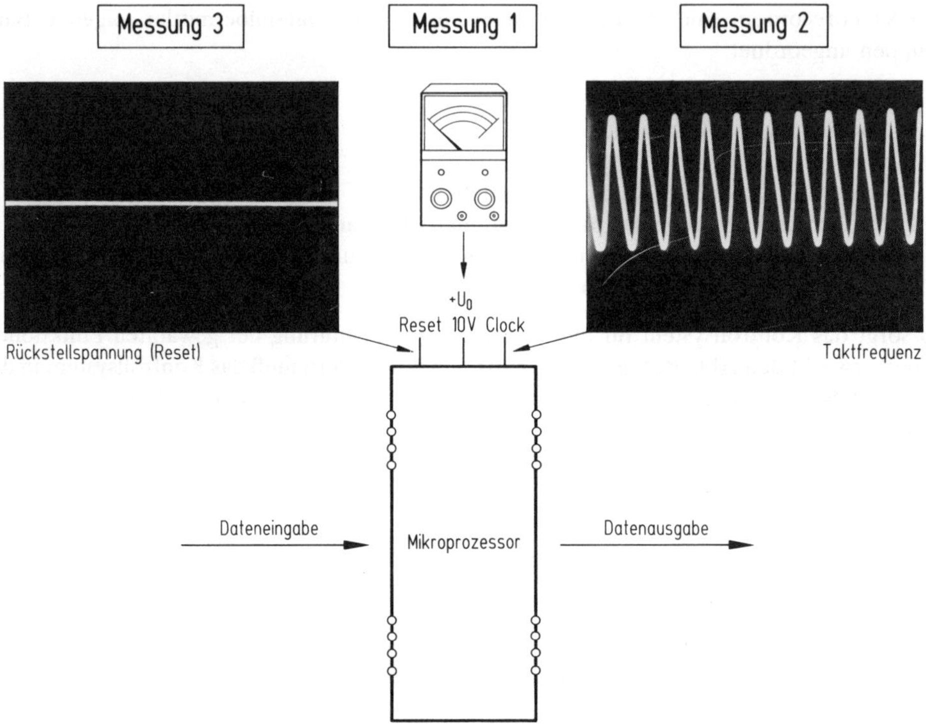

Abb. 12.3.1 Anschlußschema eines Mikroprozessors mit Meßwerten

erste einfache Überprüfung erfolgen, wie das eben beschrieben wurde. Sollten bei den ersten Messungen keine Fehler festgestellt werden, so empfiehlt es sich, zu kontrollieren, ob Daten ausgegeben werden. Das wird durch oszillografische Messungen am Datenausgang festgestellt. Die *Abb. 12.3.2* bis *12.3.4* zeigen Oszillogramme, die beim Schalten einzelner Betriebsarten angesehen werden können. Den Schaltungsunterlagen sind meistens Tabellen beigefügt, auf denen die Impulsfolgen für die einzelnen Betriebsarten zu erkennen sind.

Bei der Reparatur ist es allerdings kaum erforderlich, die Impulsfolgen genauestens zu kontrollieren. Es genügt, wenn festgestellt wird, daß die Daten ausgegeben werden, oder ob

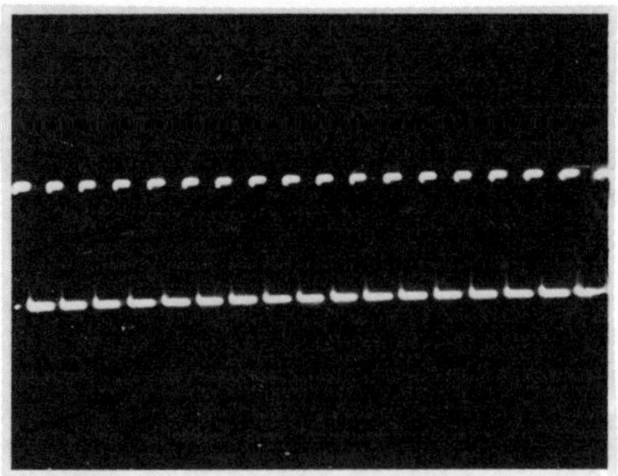

Abb. 12.3.2 Oszillogramm an der Datenausgabe des Mechanik-Steuer-Mikroprozessors für die Betriebsart „Start“

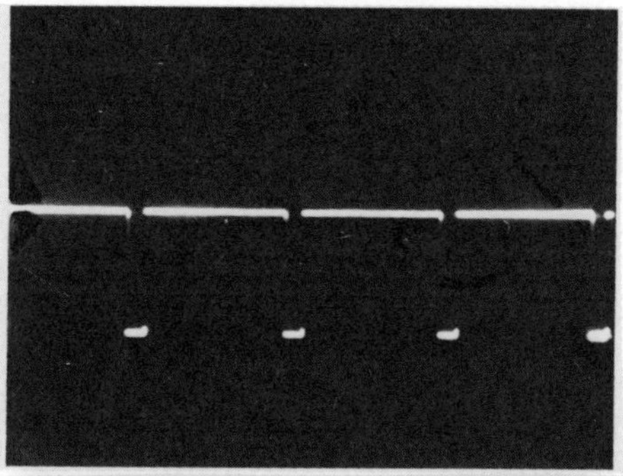

Abb. 12.3.3 Oszillogramm an der Datenausgabe des Mechanik-Steuer-Mikroprozessors für die Betriebsart „Entladen“

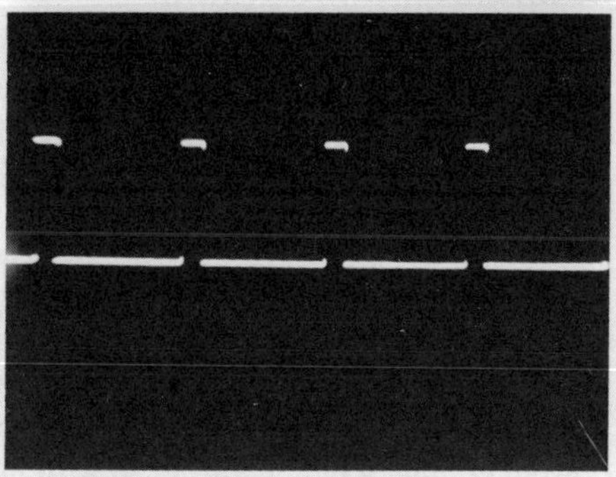

Abb. 12.3.4 Oszillogramm an der Datenausgabe des Mechanik-Steuer-Mikroprozessors für die Betriebsart „Pause“

keine Ausgabe erkennbar ist. Es kommt nur ganz selten vor, daß ein Mikroprozessor nur eine bestimmte Schaltfunktion falsch ausführt. Meistens werden bei einem Defekt mehrere oder alle Funktionen falsch oder überhaupt nicht ausgeführt.

12.4 Das Kontrollsystem

Jeder moderne Videorecorder besitzt innerhalb des Steuersystems noch ein Kontrollsystem. Es hat die Aufgabe, den gesamten Betriebsablauf zu überwachen. Beim Auftreten eines Fehlers im mechanischen Ablauf und bei Fehlbedienungen verhindert es, daß Beschädigungen am Gerät und am Bandmaterial entstehen. Außerdem sorgt es dafür, daß beim Absinken der Gesamtspannung und bei zu hoher Feuchtigkeit abgeschaltet wird. In der Regel werden folgende Funktionen kontrolliert:

1. Das Einlegen der Kassette
Zu dem Zweck ist am Kassettenschacht ein Schalter angebracht, der dann geschaltet wird, wenn eine Kassette eingeschoben wird. Bei verschiedenen Gerätemodellen sind 2 Schalter vorhanden. Die beiden Schalter sind im Schacht links und rechts so angebracht, daß beim Einschieben der Kassette beide Schalter gleichzeitig geschlossen werden. Bei der Betätigung verschiedener Betriebsfunktionen, wie beispielsweise „Wiedergabe“ oder „Vorlauf“, wird

der Bandlauf erst dann beginnen, wenn der Schalter geschlossen ist, das heißt, wenn eine Kassette eingelegt wurde.

Statt des Schalters kann die Überwachung auch mit einer Lichtschranke oder einem Optokoppler vorgenommen werden.

2. Das Einfädeln
Beim Einfädeln wird der Fädelring-Identifikationsschalter oder Fädelmotor geschaltet. Damit wird signalisiert, ob die Kassette ein- oder ausgefädelt ist. Auch die Funktion dieses Schalters ist in das Kontrollsystem mit einbezogen. Während des Fädelns sind alle anderen Lauf-Funktionen blockiert. Der Fädelvorgang muß erst abgeschlossen sein, bevor weitere Bandlauffunktionen ausgeführt werden können.

3. Das Aufwickeln des Bandes
Am Aufwickelteller wird beim Drehen des Tellers eine Kontroll-Impulsspannung erzeugt, die auch in das Kontrollsystem mit einbezogen wird. Mit ihr wird kontrolliert, ob das Aufwickeln des Bandes normal vonstatten geht. Bei einer auftretenden Behinderung wird ebenfalls auf „Stop“ geschaltet.

4. Die Kopfradgeschwindigkeit
Auch am Kopfrad wird dann eine Impulsspannung erzeugt, wenn sich das Kopfrad dreht. Diese Spannung ist in erster Linie für die Kopfradservo-Regelung bestimmt. Sie wird aber gleichzeitig auch dem Kontrollsystem zugeleitet. Dreht sich der Kopfradmotor nicht, obwohl er eingeschaltet wurde, so wird auf „Stop“ geschaltet und zusätzlich je nach Modell des Recorders ausgefädelt. Auch bei starken Abweichungen von der normalen Geschwindigkeit stoppt das Kontrollsystem.

5. Das Erreichen von Bandende oder Bandanfang
Damit das Band in der Kassette nicht aus der Endhalterung herausgerissen wird, muß der Bandlauf am Bandende und beim Rückspulen am Bandanfang unterbrochen werden. Auch diese, meist mittels Fotozelle überwachte Funktion gehört zum Kontrollsystem; denn das Abschalten muß auch dann erfolgen, wenn das Band gerissen ist, oder das Band sich durch Bandsalat verdreht hat, und nicht mehr in voller Breite am Capstan anliegt.

6. Die Timerfunktion
Nach dem Wählen der Ein- und Ausschaltzeit darf der Videorecorder von Hand nicht mehr zu betätigen sein, da sonst der Timerbetrieb gestört würde. Ein Kontrollimpuls verhindert deshalb nach dem Wählen des Timerbetriebes, daß eine andere Funktion geschaltet werden kann.

7. Die Standbildfunktion
Bei zu langem Standbildbetrieb kann das Band beschädigt werden. Zur Verhinderung wird auch das Standbild nach einer gewissen Zeit – meistens 3–5 Minuten – abgeschaltet.

8. Die Zeitlupenfunktion
Der Zeitlupenbetrieb kann bei längerer Einschalt-Dauer zu einer Beschädigung eines Motors führen. Deshalb sorgt das Kontrollsystem dafür, daß nach einer gewissen Zeit – meistens nach einigen Minuten – abgeschaltet wird.

9. Der normale Bandlauf

Während des Wiedergabe- und Aufnahmebetriebes erfolgt mit Hilfe der Kontrollimpulse eine ständige Überwachung des reibungslosen Bandlaufes bei gleichbleibender, normaler Geschwindigkeit. Bei einer zeitweiligen Abweichung, die ein gewisses Maß überschreitet, wird ebenfalls abgeschaltet. Diese Kontrollfunktion erfolgt meistens gleichzeitig mit der Kontrolle des Bandaufwickelns.

10. Die Betriebsspannungen

Sinken die Betriebsspannungen unter einen Mindestwert ab, so wird ebenfalls abgeschaltet. Besonders bei transportablen Anlagen mit Batteriebetrieb ist das wichtig, weil es bei Betrieb mit Unterspannung zu Bandbeschädigungen kommen kann.

11. Die Luftfeuchtigkeit

Zu hohe Luftfeuchtigkeit kann ebenfalls zu Schäden am Videorecorder führen. Deshalb wird bei vielen Modellen über das Kontrollsystem abgeschaltet, wenn die Luftfeuchtigkeit einen bestimmten Maximalwert überschreitet.

12. Der Bandzug

Mit einem Fühlhebel kann kontrolliert werden, ob der Bandzug während des Bandlaufes die vorgeschriebenen Werte einhält. Der Fühlhebel, der vom Band bewegt wird, kann auch über eine Fotozelle kontrolliert werden. Deren Spannung kann dem Kontrollsystem zugeführt werden. Bei zu starken Abweichungen des Bandzuges vom Normalwert wird abgeschaltet. Diese Funktion wird normalerweise mechanisch ausgeführt, das heißt, bei einer zu starken Abweichung der Fühlhebelbewegung von dem normalen Bewegungsspielraum wird direkt abgeschaltet. Bei einem Teil der Geräte wird elektronisch überwacht.

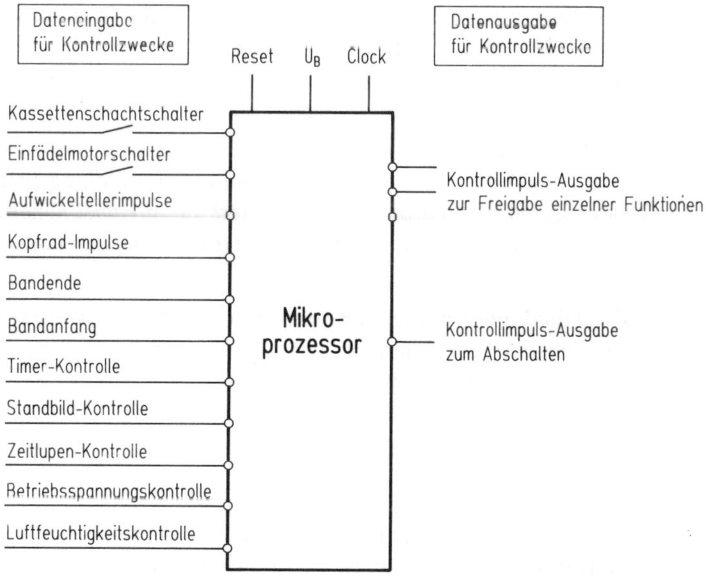

Abb. 12.4.1 Die Datenein- und -ausgabe der Kontrollimpulse in einen Mikroprozessor

Die *Abb. 12.4.1* zeigt das Schaltschema eines Mikroprozessors für die Aufbereitung und Ausgabe der Kontrollimpulse. Dabei wurde die Dateneingabeseite links angeordnet und die Datenausgabeseite befindet sich rechts. In den Schaltungsunterlagen ist es oft schwierig zu erkennen, in welcher Weise das Kontrollsystem in die Gesamtschaltung eingeordnet ist. Bei der Fehlersuche sollten deshalb zuerst die Oszillogramme oder die Spannungsänderungen auf der *Ausgabe*seite überprüft werden.

12.5 Fehler

12.5.1 Die Kassette wird nicht angenommen

Nach dem Einschalten leuchtet die Einschalt-Kontrolleuchte. Es ist aber keine Betriebsart einzuschalten. Die Kassette kann nicht voll eingeschoben werden. Der Schacht bewegt sich nicht.

Fehlerursachen

Es können zwei Fehlerarten unterschieden werden:

1. *Der Kassettenschachtschalter schließt sich nicht.* Das Kontrollsystem verhindert dann das Einlegen der Kassette.

Bei geöffnetem Schacht sollte bei diesem Fehler versucht werden, den Schalter zu schließen. *Dabei ist jedoch große Vorsicht geboten!* Sollte der Schalter in Ordnung sein, dann wird sich der Schacht nach dem Schließen bewegen. Die Finger könnten durch den sich bewegenden Schacht eingeklemmt werden, wenn der Schalter mit der Hand geschlossen würde. Besser ist es, den Schalter mit einem Schraubenzieher in die andere Schaltstellung zu drücken. Dadurch wird vermieden, daß die Finger in unmittelbarer Nähe des Schachtes sind. Sollte der Schalter auf diese Weise zu schließen sein, und bewegt sich der Schacht dann in die andere Stellung, so muß der Schalter wahrscheinlich neu justiert werden. Die Kassette wird beim Einschieben nicht genügend an den Schalter drücken.

Schließt der Schalter jedoch nicht, so sollten seine Kontakte kurzgeschlossen werden. Auch dabei ist Vorsicht geboten, denn bei einem defekten Schalter wird sich der Schacht nach dem Kurzschließen bewegen. Bei Geräten mit zwei Schaltern müssen beide geschlossen sein, bevor das Einlegen freigegeben wird. Sie müssen bei einem Fehler beide überprüft werden.

2. Zeigt die Überprüfung, daß der Schaltvorgang einwandfrei ausgeführt wird und ist eine Kassetteneingabe trotzdem nicht möglich, so muß der *Mikroprozessor des Kontrollsystems und dessen Schaltung* überprüft werden.

12.5.2 Das Band fädelt ein, dann wird gestoppt

Nach dem Schalten in Wiedergabe-(oder Aufnahme-)Betrieb leuchtet die Kontrolleuchte, aber statt des Bandlauf-Beginnes wird die Stop-Stellung eingenommen.

Fehlerursachen

Es können in erster Linie zwei Fehlerarten vorhanden sein:

1. *Das Band wird nicht transportiert.* Am Aufwickelteller wird keine Impulsspannung erzeugt. Deshalb wird über das Kontrollsystem abgeschaltet. Der Bandantrieb ist defekt.
2. *Das Kopfrad dreht sich nicht.* Die Impulsspannung am Kopfrad wird nicht erzeugt. Das Kontrollsystem schaltet ab. Der Kopfrad-Antrieb ist defekt.

Darüber hinaus sollten die anderen Funktionen überprüft werden, die über das Kontrollsystem in den Betriebsablauf eingreifen können.

12.5.3 Die Bänder reißen am Ende oder am Anfang

Besonders nach dem Vor- oder Rücklauf des Bandes wird es anschließend am Anfang oder am Ende aus der Befestigung herausgerissen.

Fehlerursache

Die Bandende- oder Bandanfangs-Überwachung ist defekt. Die entsprechende Fotozelle gibt die Schaltspannung nicht weiter oder ist selber defekt.

12.5.4 Der Timer-Betrieb läßt sich nicht einschalten

Die Programmierung läßt sich normal vornehmen, doch nach dem Schalten auf „Timerbetrieb" wird nicht umgeschaltet. Die entsprechende Kontrolleuchte schaltet nicht ein. Das Gerät bleibt in „Stop-Stellung".

Fehlerursachen

1. Die Kassette ist nur für Wiedergabe geeignet. Die Aufnahmesperre ist aktiviert.
2. Der Kontrollimpuls für den Timer-Betrieb wird nicht ausgegeben. Das Kontrollsystem verhindert den Ablauf des Timer-Programmes.

12.5.5 Bandbeschädigung nach Standbild

Im Standbild-Betrieb kann das Bild längere Zeit (über 10 Minuten) angesehen werden. Dadurch wird die Bandbeschichtung beschädigt, es entsteht ein Drop-out. Das Band kann sogar an dieser Stelle reißen.

Fehlerursache

Das Kontrollsystem schaltet die Standbild-Funktion nicht nach der vorgesehenen Zeit ab. Dadurch kommt es zu der Bandbeschädigung. Die Kontrollimpulse werden nicht rechtzeitig ausgegeben.

13 Die Betriebsartenwahl

Die Betriebsartenwahlschaltung kann in drei Funktionsgruppen unterteilt werden:

1. Die Betriebsarten-Befehlseingabe
2. Die Steuerung der Betriebsartenwahl
3. Die Ausführung der Steuerbefehle

Jeder eingegebene Befehl, der durch Tastenbedienung, Fernbedienung oder auch durch das Kontrollsystem gegeben wird, läßt ein bestimmtes mikroprozessorgesteuertes Programm ablaufen oder schaltet eine Betriebsart ein oder aus. Die *Abb. 13.1* zeigt das Blockschaltbild einer Betriebsartenwahl. Auf der linken Seite ist die Befehlseingabe angeordnet. Nach dem Einschalten einer bestimmten Betriebsart wird der Befehl zur Weiterverarbeitung in den Mikroprozessor geleitet, dort wird die Betriebsartenwahl gesteuert. Über die gewählte Adresse wird dann ein ganz bestimmtes, gespeichertes Programm abgerufen, das ausgegeben wird und die Ausführung der gewünschten Befehle veranlaßt.

Von den einzelnen Motoren werden während des Betriebes Kontrollimpulse abgeleitet, die zur Befehlseingabe zurückgeführt werden. Sie sorgen dafür, daß bei auftretenden Fehlern als Folge davon keine Beschädigungen verursacht werden können. Dann wird automatisch abgeschaltet.

13.1 Die Betriebsarten-Befehlseingabe

Die Aufgabe der Betriebsarten-Befehlseingabe besteht darin, die gegebenen Befehle zu codieren und dem Mikrocomputer zu übermitteln, damit von diesem die weitere Befehlsverarbeitung gesteuert werden kann.

Durch das Betätigen von Schaltern oder Sensoren können die verschiedenen Betriebsarten geschaltet werden. Zur Bedienung können beispielsweise folgende Funktionen gewählt werden:

Wiedergabe	Zeitlupe
Aufnahme	Zeitraffer
Stop	Suchlauf vorwärts
Vorlauf	Suchlauf rückwärts
Rücklauf	Standbild
Pause	

Abb. 11.2.3 Die Kopfradgeschwindigkeit ist vermindert (Stufe 3). Es sind zwei Rauschbalken zu sehen (zu Seite 127)

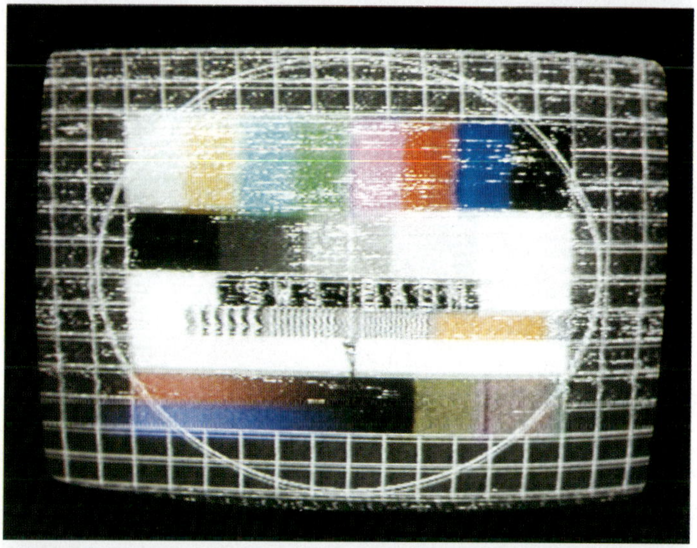

Abb. 11.2.4 Die Kopfradgeschwindigkeit ist vermindert (Stufe 4). Fast das ganze Bild ist verrauscht (zu Seite 127)

Abb. 11.2.5 Die Kopfradgeschwindigkeit ist vermindert (Stufe 5). Die Farben fehlen, es wird nicht mehr einwandfrei synchronisiert. Eventuell schaltet der Ton im Fernsehempfänger ab (zu Seite 127)

Abb. 11.2.6 Die Kopfradgeschwindigkeit ist stark vermindert (Stufe 6). Die Farben fehlen und es wird nicht mehr synchronisiert. Der Ton im Fernsehempfänger wird abgeschaltet (zu Seite 127)

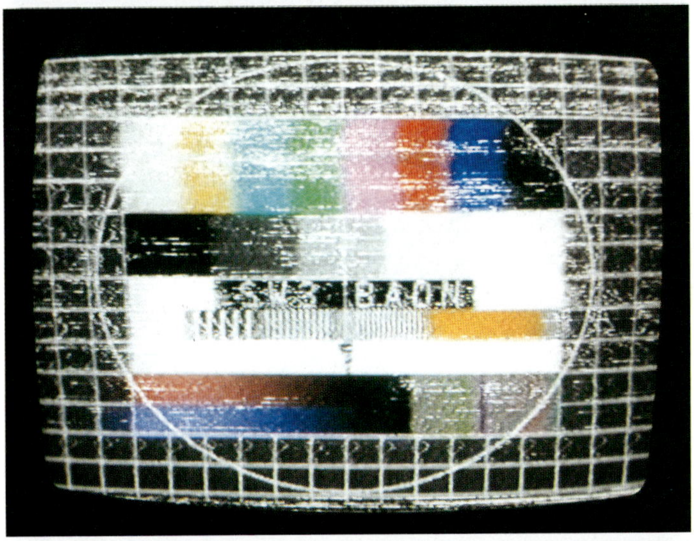

Abb. 11.4.1 Das Bild zeigt zeitweilig Rauschen. In *rhythmischen Abständen* ist das Bild jedoch normal fehlerfrei zu sehen. Der Ton leiert. Der Bandlauf ist zu langsam (zu Seite 139)

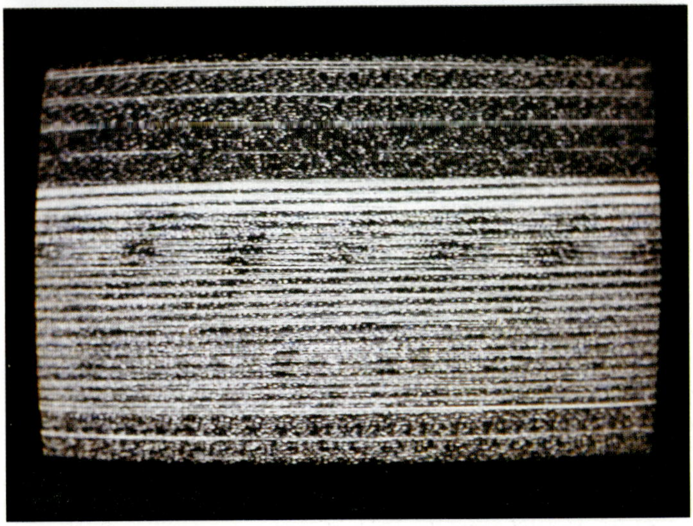

Abb. 11.4.5.1 Die Bandlaufgeschwindigkeit ist zu schnell. Es ist ein „Mickey-Maus-Ton" zu hören, oder der Ton wird im Fernsehempfänger stumm geschaltet (zu Seite 143)

Abb. 13.5.3.2 Die Bandführung für den Band*aus*lauf hat die Endstellung nicht erreicht (zu Seite 169)

Abb. 13.5.3.1 Die Bandführung für den Band*ein*lauf hat die Endstellung nicht erreicht (zu Seite 169)

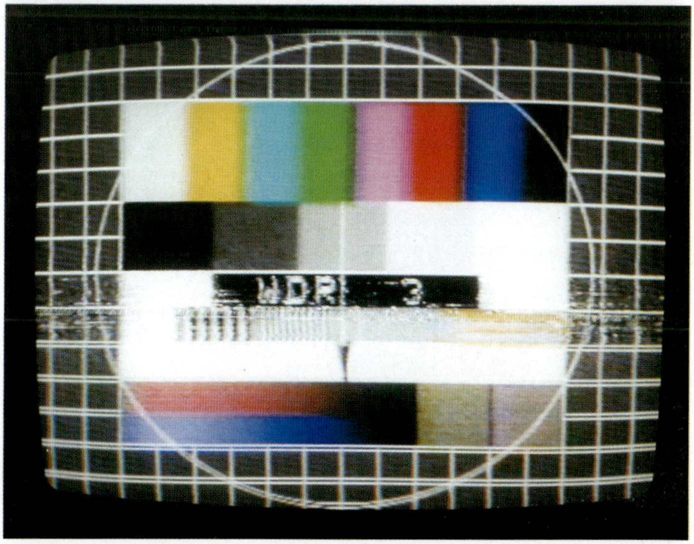

Abb. 15.2.1.1 Beim Standbildbetrieb bleibt eine Rauschzone im Bild sichtbar stehen (zu Seite 204)

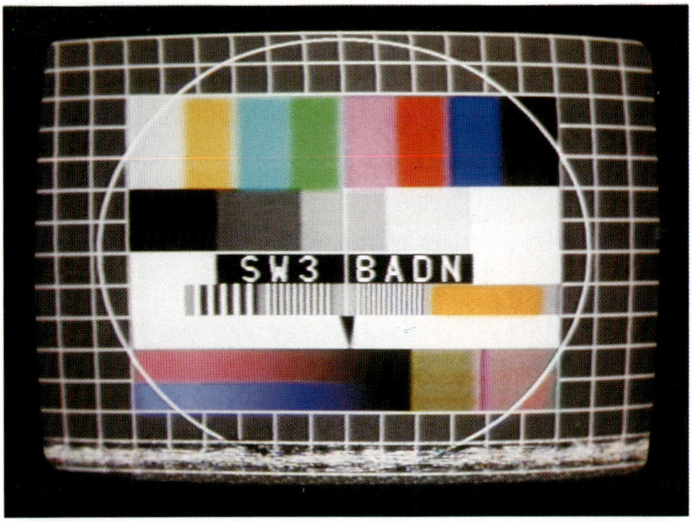

Abb. 15.2.2.1 Beim Standbildbetrieb zieht ein Rauschbalken von oben nach unten und bleibt dann unten im sichtbaren Bereich des Bildes stehen (zu Seite 204)

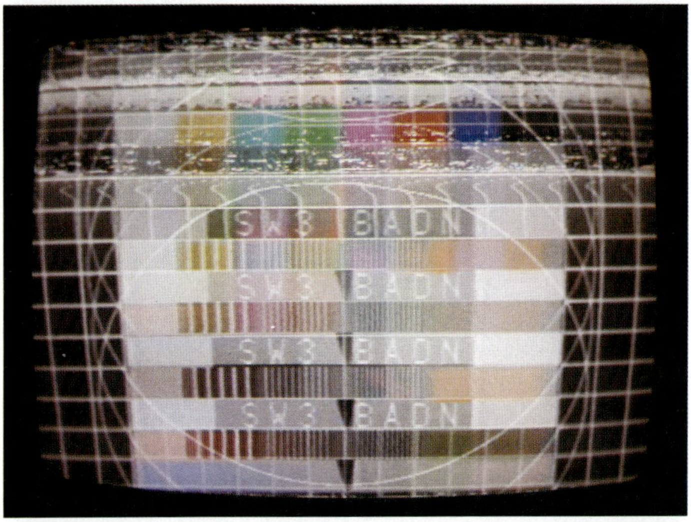

Abb. 15.2.4.1 Beim Standbildbetrieb versagt die Bildsynchronisation (zu Seite 205)

Abb. 15.4.3.1 Im Zeitlupenbetrieb zeigt sich eine Rauschzone (zu Seite 206)

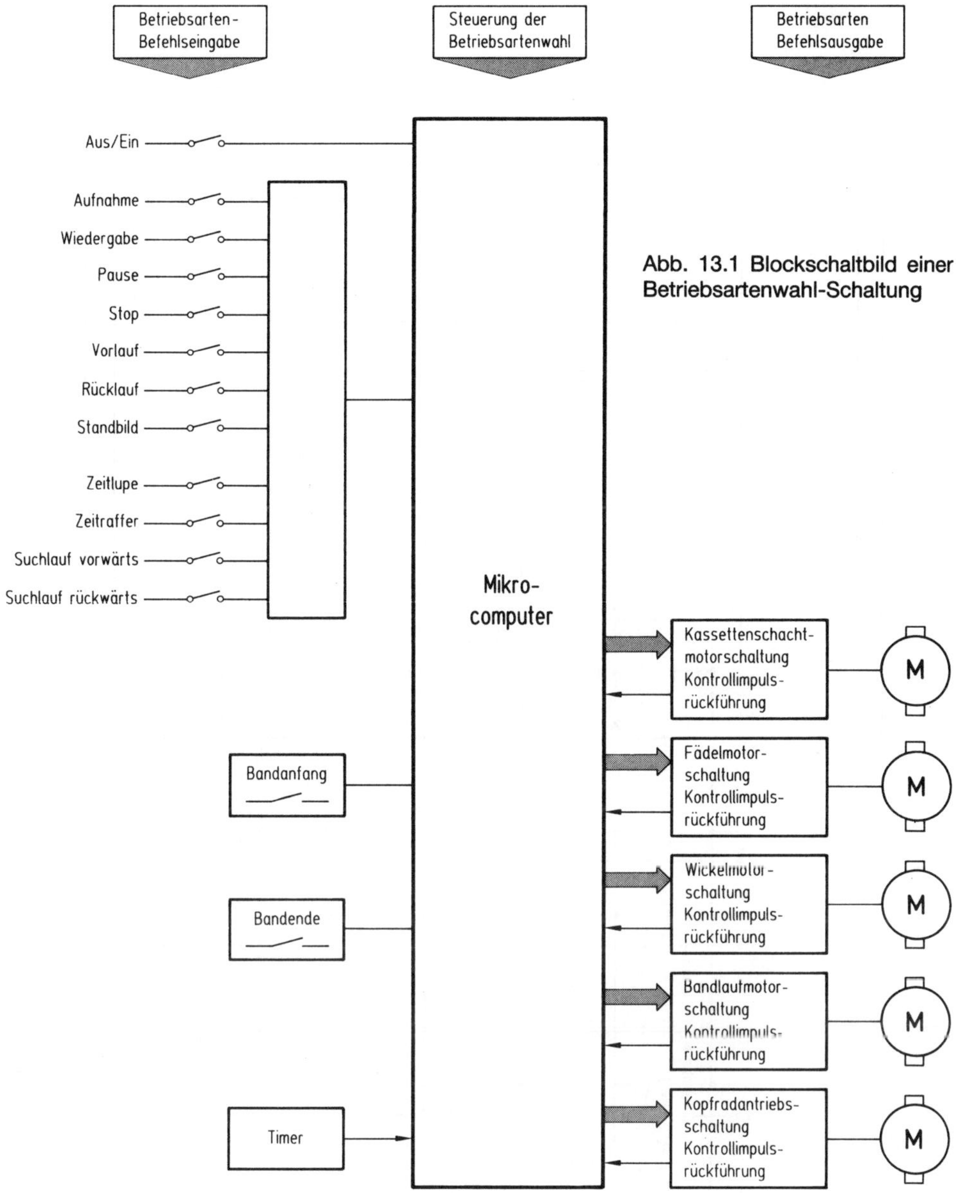

Abb. 13.1 Blockschaltbild einer Betriebsartenwahl-Schaltung

Bei fernbedienten Geräten können diese Funktionen teilweise auch über die Fernbedienung geschaltet werden. Es ist jedoch dann sichergestellt, daß die Nahbedienung am Gerät Vorrang hat. Außerdem wird mit Hilfe des Mikroprozessors und des Kontrollsystems dafür gesorgt, daß beim gleichzeitigen Drücken mehrerer Tasten die Funktionen wirkungslos bleiben.

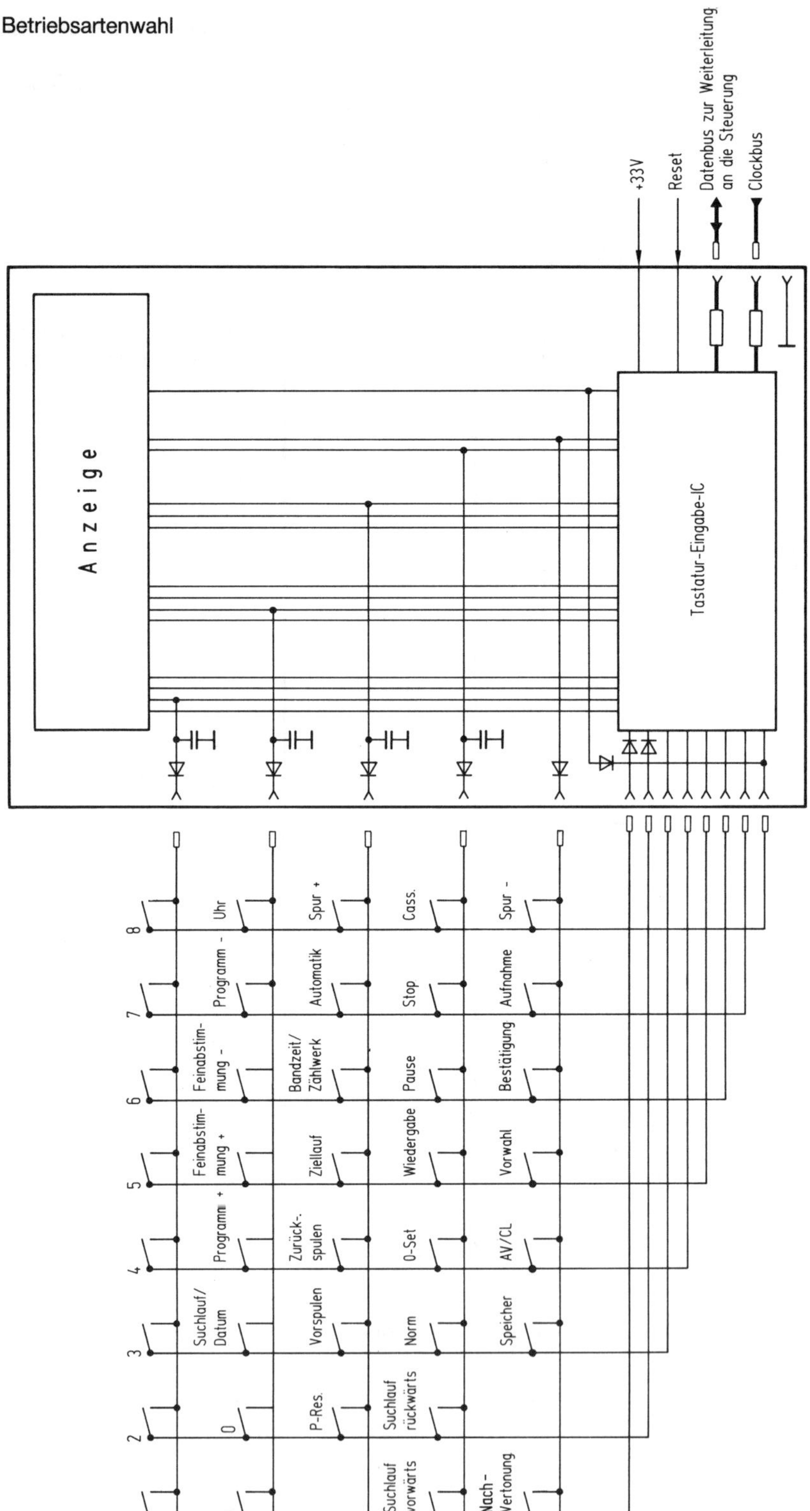

Abb. 13.1.1 Schaltungsanordnung einer Betriebsarten-Befehlseingabe. Über den Datenbus werden die Befehle weitergeleitet

Darüber hinaus gibt es noch eine Reihe automatisch schaltender Betriebsarten. Eine solche ist beispielsweise das Stoppen des Bandlaufes am Ende und, nach dem Rücklauf, am Anfang des Bandes.

Die Befehlsdaten werden in ein serielles Digital-Signal umgesetzt. Ein Beispiel einer Betriebsarten-Befehlseingabe ist in der *Abb. 13.1.1* zu sehen. Über Tipp-Tasten werden die einzelnen Funktionen geschaltet und die dadurch ausgelösten Befehle dem Tastatur-IC zugeführt. Am Ausgang wird das Digitalsignal über die Datenleitung zum Mikrocomputer der Steuerung weitergeleitet.

Reparaturarbeiten beschränken sich hierbei darauf, die Kontaktgabe der Schalter zu überprüfen, die Stromversorgung durch Spannungsmessung zu kontrollieren und eventuell vorhandene Leitungsunterbrechungen oder Wackelkontakte zu beseitigen. Außerdem muß kontrolliert werden, ob die Clockspannung anliegt und das System nach dem Einschalten automatisch auf Null (Reset) gestellt wird.

Am Datenausgang kann das Oszilloskop angeschlossen werden. Es wird die Datenspannung von ca. 5 V meßbar sein. Beim Betätigen eines Schalters wird sich die Datenspannung jeweils kurz ändern. Die Messung ist allerdings nur bedingt aussagekräftig. Zur eingehenden Untersuchung der übermittelten Daten am Ausgang ist ein Logikanalysator erforderlich.

Der Ablauf der Betriebsartenwahl geht, wie in der Folge beschrieben, vor sich.

Beim Einschalten des Videorecorders geht ein H-Impuls an den Reset-Anschluß des Mikroprozessors und stellt alle Ausgangssignale zurück. Die Inbetriebnahme erfolgt dann durch das Betätigen der entsprechenden Tasten für Aufnahme, Wiedergabe, Stop, Vorlauf, Rücklauf, Pause und je nach Gerätemodell noch einigen weiteren Betriebsarten. Beim Schalten der einzelnen Tasten wird ein Steuerbefehl an den Mikroprozessor gegeben, und er löst den Ablauf eines Programmes aus. So wird beispielsweise mit dem Schalten der Taste „Wiedergabe" folgendes Programm gesteuert:

LED-Anzeige für Wiedergabe an, Fädelmotor einschalten, Abwickelbandteller bremsen, Fädelmotorgeschwindigkeit steuern, Fädelmotor stoppen, Bandtellerbremsen lösen, Abwickelbandteller leicht bremsen, Bandandruckrolle gegen Capstanwelle pressen, Capstanmotor einschalten, Trommel- und Wickelmotor einschalten.

Diese Befehle müssen teilweise in zeitlicher Folge und teilweise gleichzeitig ausgeführt werden. Das kann nur mit Hilfe eines mikroprozessorgesteuerten Programmes durchgeführt werden.

Der Eingabe-Befehl hat also die Aufgabe, das der Taste zugeordnete und im Mikroprozessor gespeicherte Programm ablaufen zu lassen. Der entsprechende Befehl muß unverwechselbar sein, und er muß in der Lage sein, die richtige Adresse im Mikroprozessor anzuwählen.

Die *Abb. 13.1.2* zeigt eine andere Schaltungsanordnung für die Betriebsarten-Befehlseingabe. Bei dieser Schaltung wird mit unterschiedlichen, festen Betriebsspannungen für die einzelnen Tasten gearbeitet. Das heißt, eine bestimmte Spannung zwischen 0 und 9,5 V ist jeweils einer Taste zugeordnet. Beispielsweise werden beim Drücken der Taste „Wiedergabe" 2,99 V am Anschluß 1 des Spannungsvergleichers (Komparators) angelegt. Gleichzeitig liegt an den Anschlüssen C 0–C 3 das 4-Bit-Betriebsarten-Abfragedatensignal. Es

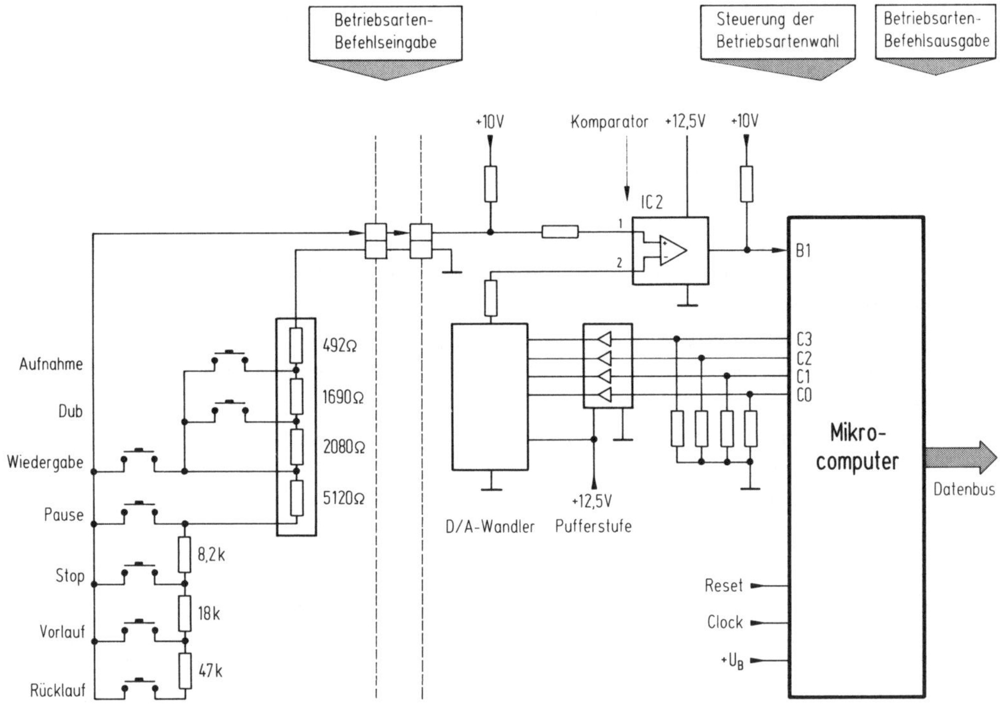

Abb. 13.1.2 Schaltungsordnung einer Betriebsarten-Befehlseingabe-Schaltung mit unterschiedlichen, festen Betriebsspannungen

umfaßt die binären Ziffern 0000 bis 1111, die in Zyklen von 7,5 ms (133 Hz) wiederholt werden. Dieses 4-Bit-Signal wird über die Pufferstufe der Digital/Analog-Wandlung zugeführt und in eine Analogspannung gewandelt. Entsprechend dem anliegenden Digitalsignal entsteht eine 16stufige Analogspannung von 0,15625 V bis 9,5312 V die zum Komparator-IC 2 an den Anschluß 2 geführt wird.

Durch das Drücken einer Betriebstaste liegt am Komparator die der entsprechenden Taste zugeordnete, feste Spannung an. Diese wird mit der gewandelten Analogspannung (Anschluß 2) verglichen. Das Ergebnis der Tastenabfrage wird dem Mikroprozessor über Tor B 1 mitgeteilt und er erkennt, welche Taste gedrückt wurde. Die entsprechenden Ausgangssignale werden anschließend ausgegeben und das gewählte Programm läuft ab.

Neben dem Programm für den Funktionsablauf der jeweils gedrückten Taste wertet der Mikroprozessor noch weitere Daten aus. Dazu gehören Kontrolldaten, die durch die Impulsspannung beim Motorlauf erzeugt werden. Fehlen zum Beispiel die Impulse, die beim Laufen des Wickelmotors erzeugt werden, so wird der Programmablauf unterbrochen und das Band ausgefädelt.

Weiter wird ständig kontrolliert, ob die Kassettenlampe (VHS) brennt. Bei einem Defekt würde am Bandende oder -anfang nicht automatisch abgeschaltet. Auch die Timer-Funktion kann den Programmablauf verhindern. Die Kontrollfunktionen sind, wie schon festgestellt wurde, in den Programmablauf mit einbezogen.

13.2 Fehler

13.2.1 Totalausfall der Betriebsartenwahl

Der Netzschalter schaltet die Stromversorgung nicht ein. Der angeschlossene Fernsehempfänger zeigt normalen Fernsehempfang. Die Kassette wird nicht angenommen. Als Folge davon ist keine Betriebsart zu wählen. Der Hauptnetzschalter ist eingeschaltet.

Fehlerursache

Bei dieser Fehlererscheinung muß zuerst geklärt werden, ob es sich um einen Defekt im Zusammenhang mit der Kassetteneingabe handelt, oder ob darüber hinaus die gesamte Betriebsartenwahl ausgefallen ist.

Es empfiehlt sich deshalb zuerst, die Schaltung des Antriebes des Kassettenschachtes zu untersuchen. Dazu wird der Eingabeschalter bei geöffnetem Gerät von Hand geschaltet. Der Schalter kann einen Kontaktfehler aufweisen. Das läßt sich bei nochmaligem Schalten feststellen (Vorsicht! Schraubenzieher benutzen).

Dann wird überprüft, ob die Motorspannung im eingeschalteten Zustand anliegt. Damit wird geklärt, ob der Motor selbst defekt ist oder ob ein mechanischer Fehler des Kassettenschacht-Antriebes vorliegt. Wenn die Motorspannung anliegt und der Motor sich nicht dreht, wird versucht, den Antrieb von Hand zu bewegen. Dabei kann festgestellt werden, ob der Antrieb festsitzt und sich nicht bewegen läßt, oder ob der Motor nicht anzieht.

Sollte sich herausstellen, daß keine Betriebsspannung am Kassettenschacht-Motor anliegt, so muß der Grund für das Fehlen der Spannung gefunden werden. Das führt nach der Überprüfung der Lademotorschaltung rückwärts zum *Mikroprozessor*.

Zuerst sollte untersucht werden, ob die *Betriebsspannung* dort anliegt. Anschließend wird das Oszilloskop zur weiteren Fehlersuche eingesetzt. Beim Einschalten soll der Mikroprozessor mit einem H-Impuls am *Resetanschluß* zurückgesetzt werden. Das Oszilloskop wird für diese Messung an den Reset-Anschluß gelegt und der Recorder ein- und ausgeschaltet. Wenn der H-Impuls vorhanden ist, wird die gemessene Spannung am Reset-Anschluß beim Schalten kurzzeitig schwanken. Damit kann festgestellt werden, ob der Impuls ausgegeben wird.

Anschließend wird der *Clock-Oszillator* überprüft. Am Clock-Anschluß des Mikroprozessors muß die erzeugte Wechselspannung zu messen sein. Fehlt sie und fehlt auch der H-Impuls am Reset-Anschluß, so verdichtet sich der Verdacht, daß der Mikroprozessor selbst defekt ist. Sicherheitshalber sollten noch die anderen Betriebsarten-Eingabebefehle überprüft werden. Das kann ebenfalls oszillografisch erfolgen, indem die Signalspannungen an den Ausgangstoren gemessen werden. Es muß je nach geschalteter Betriebsart eine Ausgangsspannung meßbar sein. Aus der Art des Signales selbst können keine weiteren Schlüsse gezogen werden. Wenn keine Datenausgabe erfolgt, wird der Mikroprozessor defekt sein.

13.3 Die Steuerung und Ausführung der Betriebsartenwahl

13.3.1 Der Lade- und Entladevorgang

Bei Videorecordern mit Frontladesystem wird der Lade- und Entlade-Vorgang nach dem Einschieben der Kassette mikroprozessorgesteuert durchgeführt. Bei auftretenden Fehlern ist es deshalb wichtig, auf der einen Seite die Befehlseingabe in den Mikroprozessor und auf der anderen Seite die Schaltung für die Steuerung des Motors zu kontrollieren. Das Verständnis über die Zusammenhänge zwischen der Befehlseingabe und den Motor-Steuerspannungen ist für die Fehlerortbestimmung besonders wichtig.

Auf der Eingabeseite wird beim Einschieben der Kassette ein Mikroschalter betätigt oder eine Lichtschranke unterbrochen. Damit wird die Ablaufsteuerung für die Kassetten-Einführung ausgelöst. Ein Motor bewegt die Mechanik, durch welche die Kassette in den Schacht hineingezogen und abgesenkt wird. Nach der Absenkung schließt sich ein weiterer Schalter und der Motor stoppt. Je nach der Art der Ablaufsteuerung wird die Motorgeschwindigkeit während des Ladevorgangs zeitweise langsamer oder schneller gesteuert.

Beim Betätigen der Kassetten-Auswurftaste (Eject) läuft das Steuerprogramm in umgekehrter Richtung ab und die Kassette wird im Schacht nach oben geführt und ausgegeben.

Innerhalb des Kontrollprogrammes wird von dem Mikroprozessor bei auftretenden Fehlern abgeschaltet, um Beschädigungen des Recorders oder des Bandes zu verhindern.

Für den Lade- und Endladevorgang und das sich anschließende Einfädeln des Bandes wird oft der gleiche Motor verwendet, weil beide Vorgänge in zeitlicher Folge nacheinander ablaufen.

Andererseits gibt es aber auch viele Gerätemodelle, bei denen mit zwei getrennten Motoren gearbeitet wird. Deshalb werden in der Folge beide Schaltungsarten beschrieben.

13.3.2 Das Ein- und Ausfädeln

Nach dem Ende des Ladevorganges muß das Band aus der Kassette herausgezogen werden, damit anschließend der Bandlauf beginnen kann. Beim Einfädeln ziehen Bandführungsbolzen das Band aus der Kassette heraus. Über Zahnkränze werden die Führungsbolzen und -rollen so bewegt, daß sich in der Endstellung das Band soweit um die Kopftrommel gelegt hat, daß es abgetastet werden kann. Dabei muß der Aufwickelteller gebremst werden und nur der Abwickelteller darf soweit freigegeben werden, daß das Band ohne Schlaufenbildung herausgezogen wird. Die Bandtellerbremse hält dabei den Aufwickelbandteller fest.

Nach dem Anpressen der Andruckrolle an die Capstanwelle kann das dazwischenliegende Band angetrieben werden und mit der Ablaufsteuerung wird sichergestellt, daß der Bandlauf zum richtigen Zeitpunkt beginnen kann.

Beim Ausfädeln läuft das Steuerprogramm in umgekehrter Reihenfolge ab. Das Band wird ausgefädelt und gleichzeitig muß es wieder in die Kassette hineingezogen werden, ohne daß sich Schlaufen bilden.

Beim System VHS wird eingefädelt, wenn auf „Wiedergabe“ oder „Aufnahme“ geschaltet wird. Anschließend beginnt der Bandlauf. Beim Schalten auf „Stop“ wird der Bandlauf gestoppt und anschließend wird ausgefädelt.

13.3.3 Die Kassettenschacht- und Fädelschaltung mit zwei Motoren

Der Kassettenschachtmotor wird bei der mechanischen Schaltung meistens dadurch eingeschaltet, daß beim Einschieben der Kassette ein Stift am Kassettenfach nach unten gedrückt wird. Dieser Stift ist mit einem Schalter verbunden, der dann eingeschaltet wird. Der Lademotor treibt ein Getriebe an, welches den Kassettenschacht in Ladestellung bewegt. Die weitere Steuerung erfolgt vom Mikroprozessor aus. Über Schalttransistoren wird die Bewegungsrichtung des Motors gesteuert. Die *Abb. 13.3.3.1* zeigt die Schaltung eines Kassettenschachtmotor-Antriebes rechts oben. Darunter befindet sich die Schaltungsanordnung des Fädelmotors. Nach dem Einschalten des Kassettenschacht-Schalters auf der Befehlseingabe-Seite wird das Steuerprogramm für den Kassettenschachtmotor im Mikroprozessor abgerufen. die entsprechenden Pegel werden ausgegeben und das Ladeprogramm läuft ab.

Nach dem Absenken dreht sich der Motor für kurze Zeit noch weiter. Damit werden eventuell auftretende Schaltzeitfehler ausgeglichen. Gleichzeitig wird der richtige Sitz der Kassette sichergestellt. Außerdem wird das Band gestrafft. Damit ist der Einschaltvorgang des Kassettenschachtmotors beendet. Das Band kann eingefädelt werden.

Nach dem Einschalten des Fädelmotores treibt dieser die Einfädelzahnkränze. Der Fühlhebel wird durch den Führungsrollenträger geführt. Das Band wird um die Kopftrommel gelegt. Gleichzeitig wird der Aufwickel-Bandteller durch die Bandtellerbremse festgehalten, damit sich die Lage des Bandes in der Kassette nicht verändert und sich keine Schlaufen bilden. Das beim Fädeln herauszuführende Band wird nur von der Abwickelspule der Kassette aus herausgezogen. Nachdem das Band eingefädelt worden ist, drückt sich die Andruckrolle gegen die Capstan-Welle. Während des Einfädelvorganges waren der Kopfrad- und der Capstan-Motor eingeschaltet worden, damit die Sollgeschwindigkeit nach dem Einfädeln erreicht wird. So kann der Bandlauf dann sofort beginnen.

Das Steuerprogramm muß außerdem während des Einfädelvorgangs dafür sorgen, daß alle anderen Schaltvorgänge blockiert werden. Bei einer Fehlschaltung könnte sonst das Band beschädigt werden. Der Fädelvorgang muß immer von Anfang bis Ende durchgeführt werden, er darf nicht unterbrochen werden. Auf der Abwickelseite muß die Bandführung dabei jederzeit sauber und straff gehalten werden, damit sich keine Schlaufen bilden.

Im Ruhezustand, also wenn weder ein- noch ausgefädelt wird, liegen an den Kontakten 1 und 2 H-Pegel an. Der Fädelmotor dreht sich nicht. Er wird dann eingeschaltet, wenn der Mikroprozessor an Kontakt 1 auf L-Pegel schaltet. Dann wird der Fädelmotor über die Schalttransistoren mit Strom versorgt, er läuft an. Mit dem NAND-Gatter und dem Transistor 1 wird dafür gesorgt, daß sich die Stromrichtung im Motor jeweils beim Ein- und Ausfädeln umkehrt. Einmal liegt der +-Spannungsanschluß rechts am Motor an und anschließend links. Erreicht wird das dadurch, daß beim Einfädeln ein L-Pegel über Kontakt 1 ausgegeben wird und beim Ausfädeln über Kontakt 2.

Durch den L-Pegel an Kontakt 2 geht der Ausgang des NAND-Gatters auf H-Pegel und schaltet TR 1 ein. Damit wird der Fädelmotor mit Strom versorgt. Da gleichzeitig an Kontakt 1 der H-Pegel anliegt, werden die Basen von TR 2 und TR 3 über den Inverter IC 34 mit L-Pegel versorgt. Die Transistoren TR 2, TR 4 und TR 3 sind leitend und der Motor kann sich in Ausfädelrichtung drehen.

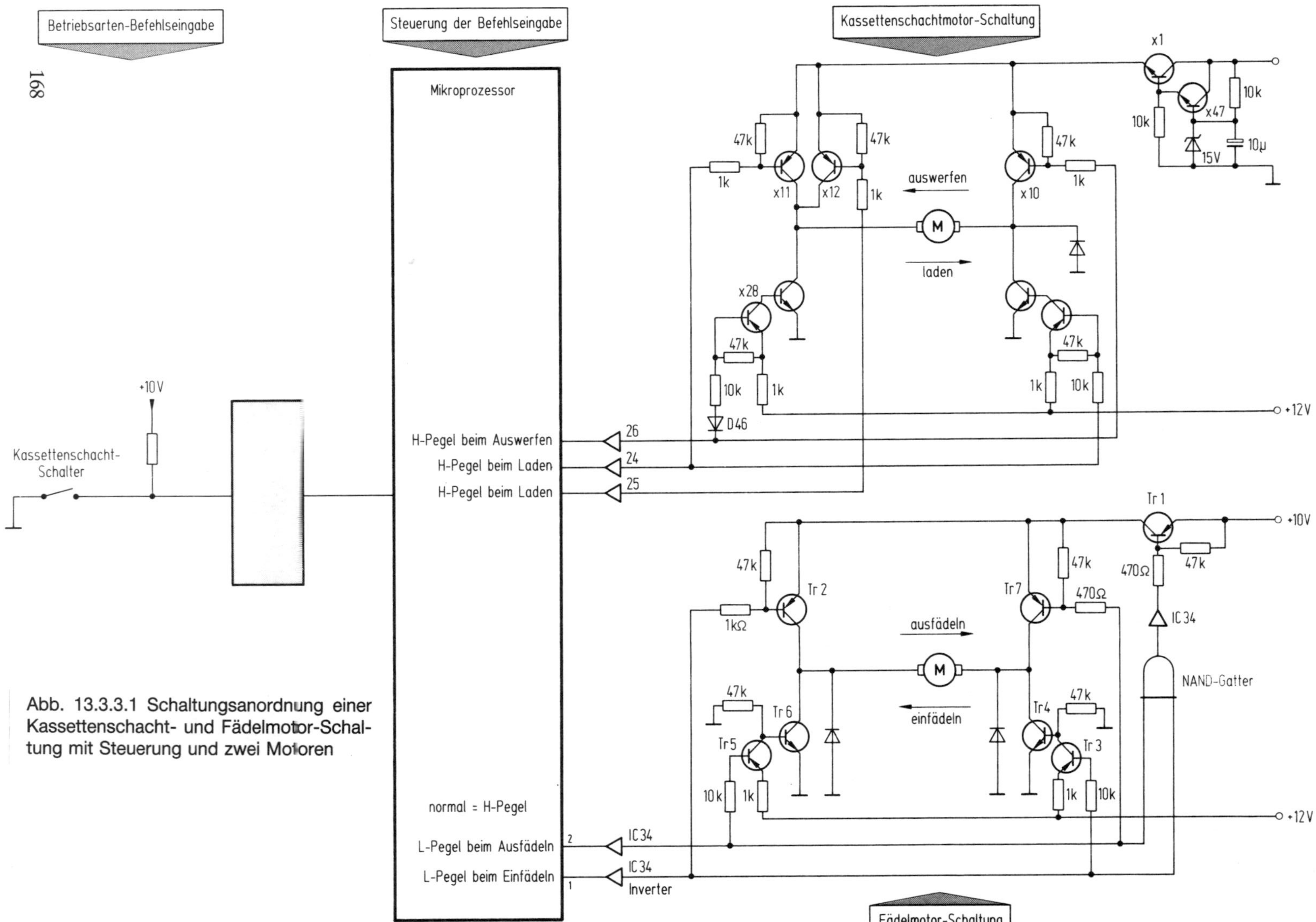

Abb. 13.3.3.1 Schaltungsanordnung einer Kassettenschacht- und Fädelmotor-Schaltung mit Steuerung und zwei Motoren

Gleichzeitig startet der Wickelmotor in Rückspulrichtung und wickelt das Band auf die Abwickelspule. Der Fädelmotor dreht sich beim Ausfädeln in umgekehrter Richtung wie beim Einfädeln.

Nach Beendigung des Ausfädelvorganges schalten Fädel-, Kopfrad- und Capstanmotor ab. Das Gerät befindet sich in der Stop-Funktion und die Kassette kann anschließend durch Betätigen der Kassetten-Auswurf-Taste nach oben geführt und ausgeworfen werden.

Bei Reparaturen an beiden Schaltungsanordnungen sollte mit den Spannungsmessungen an den Motoren begonnen werden.

Bei den Transistoren handelt es sich um Schalttransistoren, die jeweils für die Schaltvorgänge „aus" oder „ein" verantwortlich sind. Sie sperren also oder sie sind auf Durchgang geschaltet. Dadurch gestaltet sich die Fehlersuche verhältnismäßig leicht. Die gegenüberliegenden Transistoren TR 2 und TR 7 sowie TR 6 und TR 4 und TR 5 und TR 3 sind identisch. So kann auch auf jeweils gleiches Schaltverhalten geschlossen werden.

Der jeweilige Schaltvorgang wird vom Mikroprozessor ausgelöst.

Wird an dem Ausgang 1 auf L-Pegel umgeschaltet, so schaltet der Transistor 1 durch. Da am Ausgang 2 des Mikroprozessors weiterhin ein H-Pegel liegt, versorgt der Inverter IC 34 die Basen TR 7 und TR 5 mit L-Pegel. Die Schalttransistoren TR 7, TR 6 und TR 5 werden leitend, und der Motor fädelt ein. Bei der Spannungsmessung können die Betriebsspannungen beim Einfädeln an diesen Transistoren gemessen werden. Beim Ausfädeln werden dann die Spannungen an TR 2, TR 3 und TR 4 gemessen. Auf diese Weise fallen Spannungsfehler sofort auf, und der Fehler kann leicht dem defekten Bauteil zugeordnet werden.

13.3.4 Die Kassettenschacht- und Fädelschaltung mit einem Motor

Mit dem Einschieben der Kassette wird die Kassettenschacht-Klappe geöffnet und der bewegliche Schacht wird vom Motor angetrieben nach unten bewegt. Mit dem Programm des Mikroprozessors wird dafür gesorgt, daß der Schachtantrieb im richtigen Moment

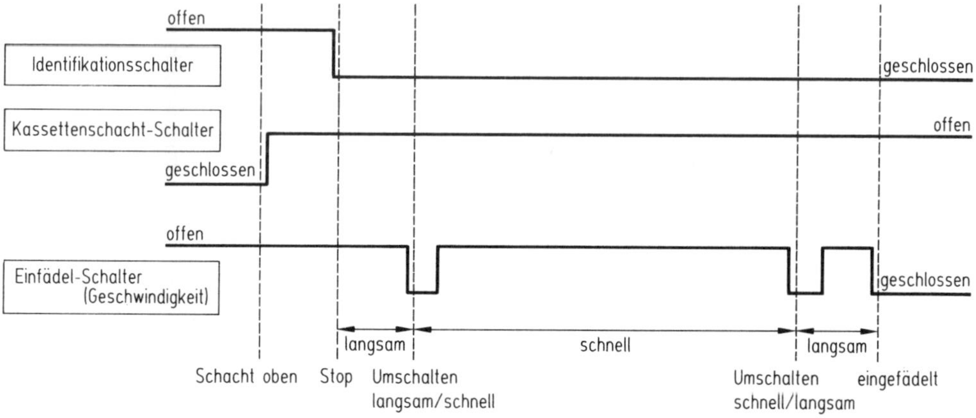

Abb. 13.3.4.1 Schalterdiagramm der Ablaufsteuerung einer Kassettenschacht- und Einfädelschaltung

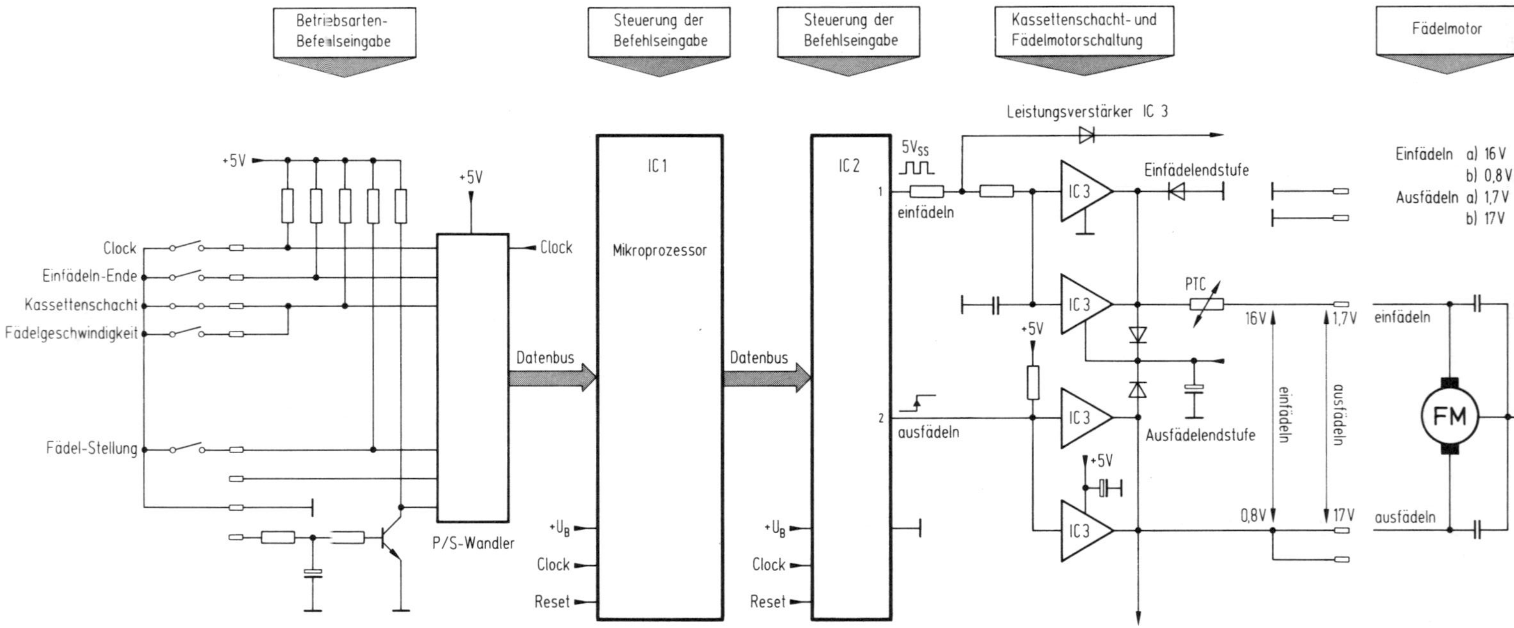

Abb. 13.3.4.2 Schaltungsanordnung einer Kassettenschacht- und Fädelmotor-Schaltung mit Steuerung und einem Motor

stoppt. Während des Ablaufes dieser Vorgänge darf durch Fehlbedienung nicht in den Ablauf eingegriffen werden. Außerdem muß das Kontrollsystem dafür sorgen, daß beim plötzlichen Auftreten eines Fehlers der Recorder oder das Bandmaterial nicht beschädigt werden.

Daraus erklärt sich, daß die Abläufe nicht einfach in zeitlicher Folge geschaltet werden können, sondern daß ein genau abgestimmtes Programm ablaufen muß, das allen angeführten Forderungen gerecht wird. Das Schalterdiagramm in der *Abb. 13.3.4.1* macht deutlich, wie die Stellung der verschiedenen Schalter sein muß, damit ein reibungsloser Lauf gewährleistet wird. Die jeweiligen Zustände der Schalter werden parallel in den Parallel/Serien-Wandler eingegeben. Die *Abb. 13.3.4.2* zeigt das Schaltbild. Auf der Befehlseingabe-Seite sind die Schalter und der Wandler angeordnet.

Nach der Wandlung werden die Daten seriell an den Mikroprozessor weitergeleitet. Je nach geschaltetem Betriebszustand steuert das entsprechende Programm den weiteren Ablauf. Sollten die gemeldeten Daten in irgendeiner Weise vom Programm abweichen, so wird auf „Stop“ geschaltet und die Kassette wird ausgeworfen. Der Mikroprozessor IC 1 steuert IC 2 über eine Datenleitung seriell an. Die Steuerbefehle werden dann vor diesem über Anschluß 1 und 2 an die Leistungsverstärker IC 3 ausgegeben. Die Ausfädelendstufe wird mit einem konstanten Pegel angesteuert. Die Einfädelendstufe wird statt dessen mit einer impulsbreitenmodulierten Rechteckspannung versorgt. Beim Einfädeln liegt am Motor oben eine Spannung von ca. 15,5 V an. Beim Ausfädeln kehrt sich die Spannung um, und es liegen dann unten ca. 15,5 V an. Die Drehrichtung des Motores ändert sich.

Bei der Fehlersuche empfiehlt es sich, mit den Spannungsmessungen am Motor zu beginnen und den Fehler dann rückwärts in Richtung Mikroprozessor zu suchen. Vom Motor ausgehend können noch einwandfrei Spannungsfehler festgestellt werden. Vor dem Mikroprozessor sind die Messungen meistens nicht mehr sehr aussagekräftig, da die gemessenen Daten der Datenleitungen mit den normalerweise zur Verfügung stehenden Meßgeräten nur beschränkt verwertbar sind. Deshalb sollten zuerst die Spannungen am Motor während des Ein- und Ausfädelvorganges gemessen werden. Bei Abweichungen von den Angaben im Schaltbild sollte von dieser Stelle aus rückwärts weiter gesucht werden.

Auf der Dateneingabeseite empfiehlt es sich, zuerst die Schalterfunktionen zu überprüfen. Das kann vor der Parallel-Eingabe in den Wandler erfolgen. Die anliegende Spannung wird je nach dem Zustand des dazugehörigen Schalters höher oder niedriger sein. Wenn das Schalterdiagramm zu Hilfe genommen wird, kann eine exakte Messung vorgenommen werden. Die Wahrscheinlichkeit, daß ein mechanischer Fehler an einem der Schalter vorliegt, ist höher, als ein Fehler des Wandlers oder des Mikroprozessors.

Ein Fehler am P/S-Wandler kann indirekt festgestellt werden, indem die Betriebsspannung gemessen wird. Bei wesentlicher Abweichung vom Sollwert wird er defekt sein.

13.4 Fehler beim Laden und Entladen

13.4.1 Die Kassette wird nicht angenommen

Es ist nicht möglich, die Kassette einzuschieben. Die Kassette wird nicht hineingezogen. Dieser Fehler ist schon bei der Beschreibung des Kontrollsystems mitbehandelt worden.

Fehlerursache

Die Befehlseingabe erfolgt nicht. Meistens handelt es sich um einen *Fehler des Schalters*. Die Kontaktgabe funktioniert nicht oder der Führungsstift ist verbogen oder verklemmt. Der Schalter kann versuchsweise auch ohne Kassetteneingabe auf Kontaktgabe überprüft werden. Das sollte jedoch nicht direkt von Hand vorgenommen werden; denn der Kassettenschacht könnte dann in Bewegung gesetzt werden und die Finger könnten eingeklemmt werden. Besser ist es, einen längeren Schraubenzieher zum Schließen des Schalters zu benutzen, wie das schon beschrieben wurde.

Wenn der mechanische Schaltvorgang fehlerfrei arbeitet, müssen die Befehlseingabe, die Befehlsausgabe, der Kassettenschachtmotor und die Schaltung überprüft werden.

13.4.2 Die Kassette bleibt beim Laden hängen

Der Ladevorgang kann nicht bis zum Ende durchgeführt werden. Es ist dann ein Geräusch zu hören. Die Mechanik wird vom Lademotor noch weiterbewegt, obwohl der Kassettenschacht festhängt. Später schaltet das Kontrollsystem ab.

Fehlerursache

Der Kassettenschacht ist verbogen. Es wurde bei dieser Fehlererscheinung meistens vorher eine Kassette eingelegt, deren Gehäuse defekt ist.

13.4.3 Die Kassette bleibt beim Entladen hängen

Beim Entladen wird die Kassette nicht mehr ausgeworfen. Der Entladevorgang wiederholt sich mehrmals, die Kassette wird aber nicht ausgeworfen.

Fehlerursache

Die auf der Oberseite der Kassettenhalterung befindliche Schiene stößt beim Entladen immer gegen das Gehäuse, weil sie nach oben gebogen ist. Die Halterung ist defekt.

13.4.4 Die Verschlußklappe öffnet sich beim Einschalten nicht

Beim Laden wird die Verschlußklappe des Kassettenfaches von der Kassette nach oben gedrückt. Beim Entladen muß sie jedoch geöffnet werden, damit die Kassette ausgeworfen werden kann. Bei einem Fehler kann es vorkommen, daß sie dann nicht geöffnet wird.

Fehlerursache

Die Verschlußklappe wird über einen mechanischen Antrieb, der meistens aus Kunststoffrädern und -führungen besteht, beim Entladen geöffnet. Dieser seitlich angeordnete Antrieb kann defekt sein oder die Führung der Klappe ist abgebrochen.

13.5 Fehler beim Ein- und Ausfädeln

13.5.1 Es wird nicht eingefädelt

Nach dem Start durch Drücken der Taste „Wiedergabe“ oder „Aufnahme“ leuchtet wohl die entsprechende LED-Anzeige auf, aber es bewegt sich nichts. Nach einigen Sekunden erlischt die Anzeige.

Fehlerursache

Der Fädelmotor läuft nicht an, er wird nicht mit Strom versorgt, oder er ist defekt. Bei Geräten, die zum Einfädeln einen anderen Motor mitbenutzen, kann der Antriebsriemen defekt sein.

Das Kontrollsystem sorgt dafür, daß nach einigen Sekunden abgeschaltet wird.

13.5.2 Es wird nur mit einem Bandführungsbolzen eingefädelt

Das Band muß beim Einfädeln sowohl links wie auch rechts um die Kopftrommel gezogen werden. Es kann vorkommen, daß nur ein Führungshebel einfädelt.

Auf dem Bildschirm ist dann Rauschen (Schnee) zu sehen und kein Ton zu hören.

Fehlerursache

Eine Einfädel-Führung des Bandes ist abgebrochen oder wird nicht mehr geführt.

13.5.3 Eine Bandführung erreicht die Endstellung nicht

Alle Betriebsarten sind zu schalten und funktionieren auch. Im Bild sind jedoch Rauschzonen zu sehen, und je nachdem, wieviel von der Kopfumschlingung des Bandes fehlt, wird außerdem noch eine Balkenstörung zu sehen sein (*Abb. 13.5.3.1* und *13.5.3.2, Tafel F 19*).

Fehlerursache

Einer der beiden Bandführungsbolzen erreicht seine Endstellung nicht. Die Feder, welche den Bolzen in die Endstellung ziehen soll, wird gebrochen sein, oder die Mechanik klemmt.

13.6 Das Wickeln des Bandes

Auf den Bandtellern sitzen die Bandspulen der Kassette. Wenn die Bandteller angetrieben werden, dann drehen sich die Kassettenspulen. Sie können vorwärts und auch rückwärts laufen. Vorwärts laufen sie bei folgenden Betriebsarten:

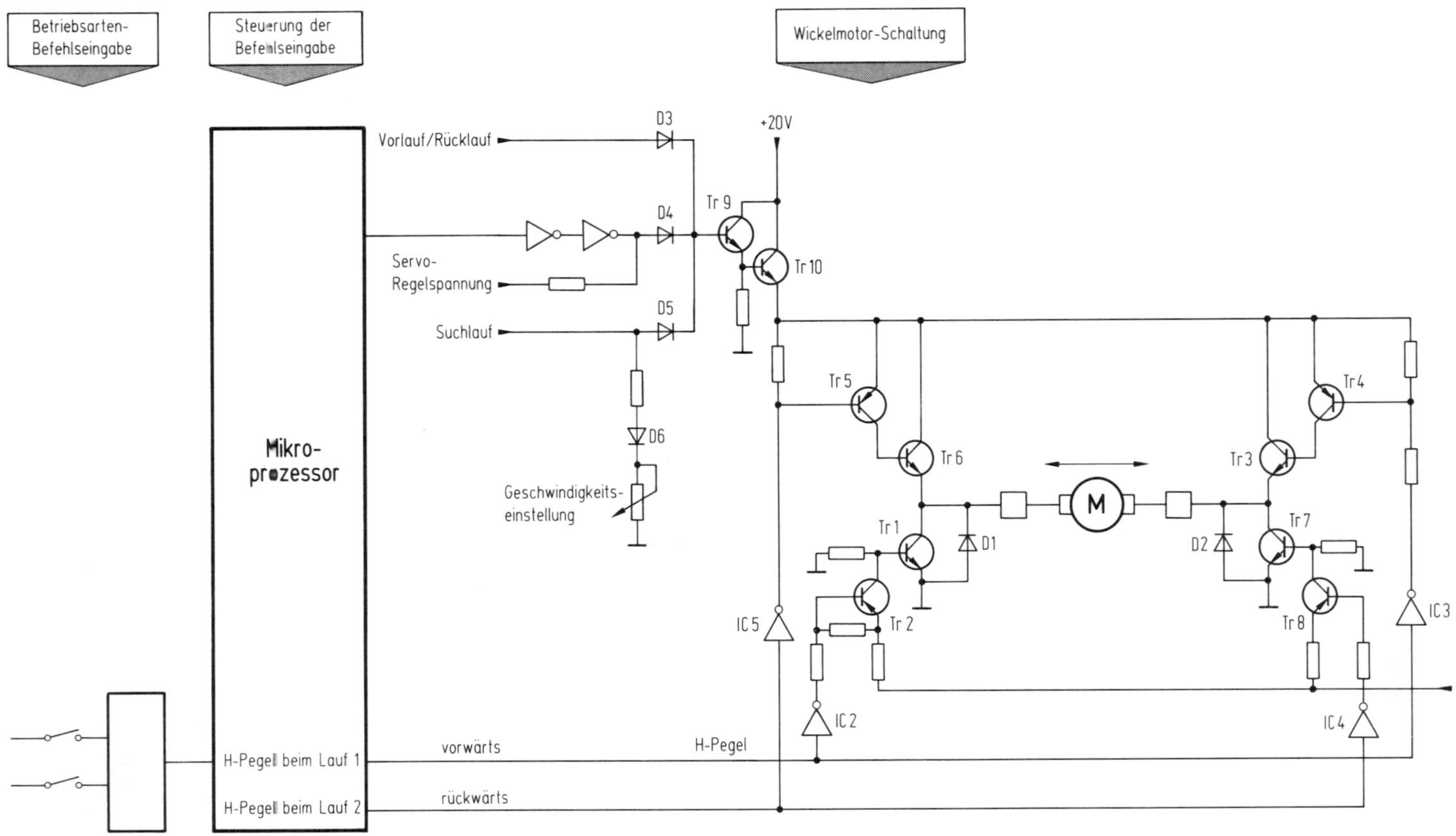

Abb. 13.6.1 Schaltungsanordnung einer Wickelmotorschaltung in Transistortechnik

1. Wiedergabe und Aufnahme
2. Schneller Vorlauf
3. Suchlauf vorwärts

Der Rückwärtslauf muß bei folgenden Betriebsarten eingeschaltet werden:
1. Schneller Rücklauf
2. Suchlauf rückwärts
3. Ausfädeln

Außerdem muß die Wickelmotor-Geschwindigkeit je nach Betriebsart unterschiedlich geregelt oder verändert werden können.

Beim Wiedergabe- und Aufnahme-Betrieb muß der Motor langsamer laufen als beispielsweise beim Suchlauf.

Innerhalb des Wiedergabe-Betriebes muß die Motor-Geschwindigkeit bei Standbild, Zeitlupe und Zeitraffer nochmals verändert werden können. Das Steuerprogramm muß deshalb auch die verschiedenen Geschwindigkeitsänderungen beinhalten. Ferner wird der Motor noch geregelt.

Die *Abb. 13.6.1* zeigt eine Wickelmotorschaltung mit Transistoren. Der Motor läuft an, wenn an den Mikroprozessor-Anschlüssen 1 oder 2 ein H-Pegel liegt. Je nachdem an welchem Ausgang der H-Pegel anliegt, dreht der Motor vorwärts oder rückwärts. Bei H-Pegel an Anschluß 1 über IC 2 invertiert, schaltet der Transistor TR 2 den TR 1 durch. Da der H-Pegel gleichzeitig auch, invertiert über IC 3, an der Basis von TR 4 anliegt, schalten sich die beiden Transistoren TR 4 und TR 3 durch. Der Wickelmotor wird mit Strom

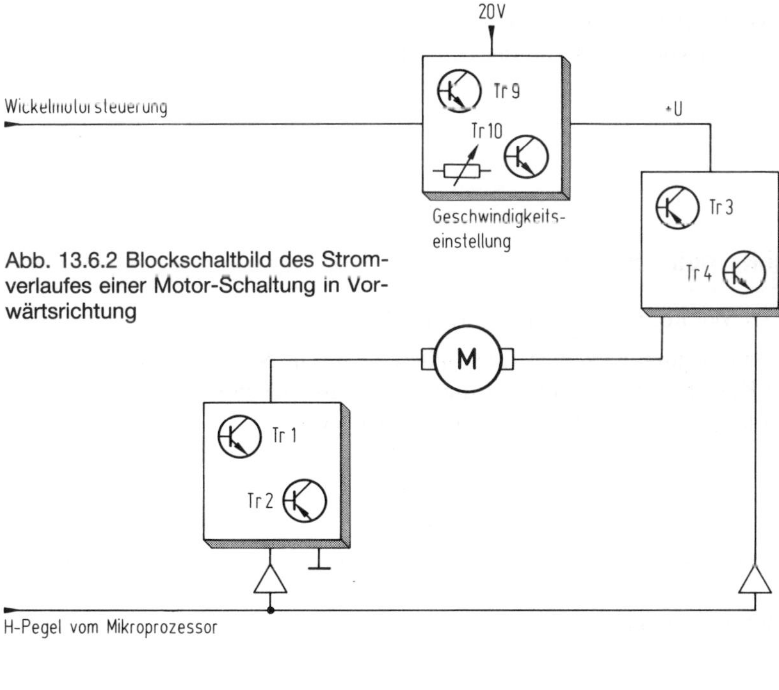

Abb. 13.6.2 Blockschaltbild des Stromverlaufes einer Motor-Schaltung in Vorwärtsrichtung

versorgt und kann sich *vorwärts* drehen. Liegt dagegen am Ausgang 2 der H-Pegel an, so werden jeweils über IC 4 und IC 5 die Transistoren TR 8 und TR 7 sowie TR 5 und TR 6 durchgeschaltet. Der Wickelmotor ändert seine Laufrichtung, er läuft *rückwärts*.

Die Stromversorgung erfolgt über TR 10, der wiederum über TR 9 gesteuert wird. Durch Verändern der Basisspannung kann die Grundspannung eingestellt werden. Sie kann über einen Einstell-Widerstand verändert werden. Damit kann die Grundeinstellung der Geschwindigkeit von Hand vorgenommen werden. Eine übersichtliche Darstellung des Vorwärtslaufes zeigt die *Abb. 13.6.2*. Der Stromlauf wird im Blockschaltbild gezeigt. Beim Anliegen des H-Pegels an der Basis des TR 2 wird TR 1 durchgeschaltet. Gleichzeitig schaltet TR 4 den TR 3 durch. Damit ist der Stromkreis über den Motor geschlossen, wenn die Spannung +U über TR 10 zugeführt wird, der wiederum von TR 9 gesteuert wird. Dieser Auszug aus der Abb. 13.6.1 verdeutlicht die Arbeitsweise bei der Betriebsartenwahl im Vorwärtslauf. Alle anderen Funktionen zeigt das Schaltbild.

Während des *Wiedergabe- und Aufnahme-Betriebes* wird die Basis von TR 9 über die Diode D 4 mit Spannung versorgt. Auch beim Ausfädeln wird hier die Spannung zugeführt.

Beim *Vor- und beim Rücklauf* wird die Basisspannung TR 9 über die Diode 3 herangeführt. Diese Spannung wird mit den Impulsen verglichen, die jeweils an den Auf- oder Abwickelbandtellern dann erzeugt werden, wenn sich die Teller drehen. Fehlen diese Kontroll-Impulse, so zeigt das an, daß eine Störung aufgetreten ist. Der Vor- oder der Rücklauf wird nicht eingeschaltet. Auf diese Weise wird der Motor geschützt.

Beim *Suchlauf* wird die Geschwindigkeit über einen vom Mikroprozessor kommenden H-Pegel an Diode 5 eingestellt.

Die *Regelung der Motorspannung* wird mit einer Regelspannung erzielt, die vom Servo-Regelkreis über Diode 4 mit an die Basis TR 9 gelegt wird.

13.7 Fehler beim Bandlauf

13.7.1 Der Wickelmotor dreht sich nicht

Der Bandlauf beginnt nach dem Einschalten nicht. Die Kontrollampe leuchtet jedoch. Das Band der Kassette wird eingefädelt und fädelt anschließend sofort wieder aus. Das Band wird jedoch nicht wieder in die Kassette zurückgeführt.

Fehlerursachen

1. Die Kassette kann nach dem Fädelvorgang völlig blockieren und den Motorlauf verhindern.
2. Der Motor selbst kann defekt sein.

3. Es kann ein mechanischer Antriebsdefekt vorhanden sein, der verhindert, daß sich der Motor dreht. Es muß sich allerdings dabei um einen erheblichen mechanischen Widerstand handeln, weil die Antriebskräfte des Motors beim schnellen Vor- und Rücklauf verhältnismäßig stark sind.
4. Die Stromzufuhr zur Wickelmotorschaltung kann unterbrochen sein.
5. Die Steuerung versagt völlig, weil am Mikroprozessor keine Betriebsspannung anliegt, oder er ist defekt.

13.7.2 Der Wickelmotor stoppt zeitweilig

Dann wird das Kontrollsystem den Bandlauf unterbrechen und auf „Stop“ schalten. Wenn anschließend wieder eingeschaltet wird, so läuft das Band wieder so lange normal weiter, bis es nach einiger Zeit wieder selbsttätig abschaltet. Im Extremfall können sich dabei Bandschlaufen bilden, die das Band aus den Führungen gleiten lassen. Das Band kann dann nach dem weiteren Einschalten reißen oder es entsteht Bandsalat. Das Kontrollsystem blockiert dann den Lauf.

Fehlerursache

Beim normalen Bandlauf in Stellung „Wiedergabe“ oder „Aufnahme“ wird das Band von der Vorratsspule zur Aufwickelspule verlagert. Die Antriebskraft des Wickelmotors, der die Aufwickelspule antreibt, wird deshalb allmählich immer mehr beansprucht, weil auf diese Spule immer mehr Bandmaterial gewickelt wird.

Aussetzfehler des Motors machen sich deshalb meistens dann bemerkbar, wenn sich das meiste Bandmaterial auf der Aufwickelspule befindet. Die Stromzuführung wird zeitweilig unterbrochen.

Aussetzfehler der Steuerung treten unregelmäßig auch dann auf, wenn sich das Band zum überwiegenden Teil noch in der Vorratsspule befindet.

13.7.3 Der Wickelmotor zieht nicht genügend

Der Vor- und Rücklauf zieht normal durch. Das Band wickelt jedoch bei den Betriebsarten „Wiedergabe“ und „Aufnahme“ ungleichmäßig, und es können sich Bandschlaufen bilden, die dazu führen, daß das Band die Führung verläßt. Es entsteht dann Bandsalat. Das Kontrollsystem wird nach kurzer Zeit abschalten.

Der Fehler tritt meistens dann auf, wenn sich der größere Bandvorrat in der Aufwickelspule befindet.

Fehlerursachen

1. Die Stromversorgung für den Bandlauf ist fehlerhaft.
2. Die Geschwindigkeits-Steuerspannung des Motors weist einen falschen Wert auf. Sie kann eventuell nachgestellt werden.
3. Die Bandtellerbremsen heben nicht einwandfrei ab. Sie müssen neu eingestellt werden.
4. Der Wickelmotor kann dann defekt sein, wenn er beim schnellen Vor- und Rücklauf erst nach einiger Zeit genügend schnell läuft.

13.7.4 Schneller Vor- und Rücklauf drehen sich zu langsam

Alle anderen Betriebsarten arbeiten normal. Nur beim Vor- und Rücklauf verändert sich die Geschwindigkeit gegenüber dem Normallauf nicht wesentlich. Es kann jedoch vor- und rückwärts geschaltet werden.

Fehlerursache

Die Spannungserzeugung für den Vor- und Rücklauf wird defekt sein. Da die Motorrichtung umgeschaltet werden kann, ist die Dateneingabe in Ordnung. Die am Motor anliegenden Spannungen für den Vor- und Rücklauf haben einen zu niedrigen Wert.

13.7.5 Schneller Vor- und Rücklauf drehen sich zu langsam (mechanischer Antrieb)

Im Gegensatz zum elektronisch geschalteten Vor- und Rücklauf wird beim mechanischen Antrieb mit Zwischenrädern gearbeitet, wie das in den *Abb. 13.7.5.1* und *13.7.5.2* zu sehen ist. Beim Vorlauf legt sich das Vorlauf-Zwischenrad an den Aufwickelspulenteller und das Rücklaufzwischenrad. Der Antrieb erfolgt über die zwei Zwischenräder und der Aufwickelspulenteller wird schnell in Vorwärtsrichtung gedreht.

Beim Rücklauf legt sich das angetriebene Rücklaufzwischenrad an den Abwickelspulenteller, und der Antrieb erfolgt direkt vom Zwischenrad zum Abwickelspulenteller.

Bei einem Fehler kann sich entweder der Vorlauf zu langsam drehen oder der Rücklauf zieht nicht schnell durch. Darüber hinaus können sowohl Vorlauf als auch Rücklauf zu langsam drehen, oder die Bremswirkung an einem Spulenteller ist zu stark.

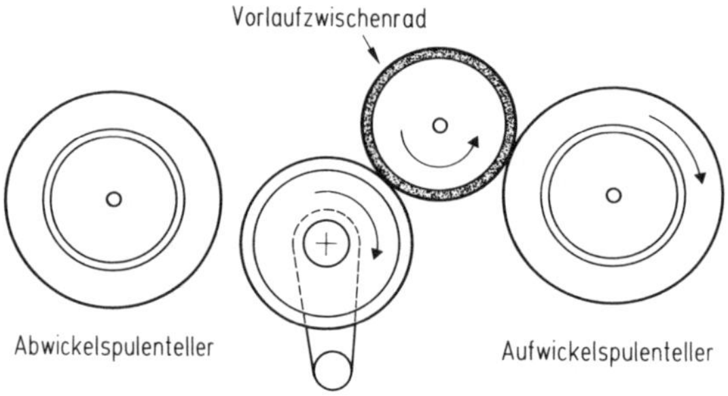

Abb. 13.7.5.1 Beim Vorlauf drückt sich das Vorlauf-Zwischenrad an den Aufwickelspulenteller und das Rücklaufzwischenrad

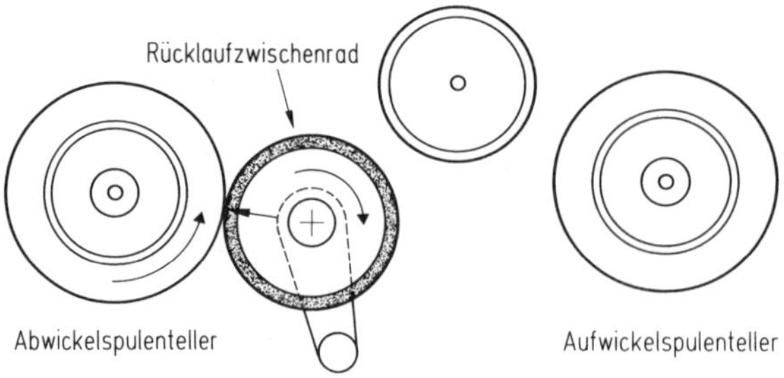

Abb. 13.7.5.2 Beim Rücklauf drückt sich das Rücklauf-Zwischenrad an den Abwickelspulenteller

Fehlerursache

Meistens handelt es sich hierbei um Verschmutzungen der Antriebsflächen, die eine Beschleunigung des Laufes verhindern. Außerdem kann sich der Antriebsriemen (wenn vorhanden) ausgedehnt haben und es entsteht Schlupf.

Bei der Reinigung sollte sehr sorgfältig vorgegangen werden. Die Reibflächen sollten mehrmals gereinigt werden, weil die Verschmutzungen besonders in die Gummioberfläche der Antriebsräder tief eingedrungen sein können. Bei ungenügender Reinigung wird der Fehler in kurzer Zeit wieder auftreten.

Außerdem besteht die Möglichkeit, daß die Zwischenräder nicht genügend angedrückt werden, oder die Bremsen müssen nachjustiert werden.

13.7.6 Bandzug-Messungen

Eine wesentliche Erleichterung bei der Feststellung von Fehlern des Antriebes beim Wickeln des Bandes kann durch die Überprüfung des Bandlaufes mit Meßkassetten erfolgen. Die Firma König-Electronic, D-6101 Reichelsheim, bietet zwei entsprechende Meßkassetten an, die sich in der Praxis gut bewähren.

Mit der Kassette DMC 100 I VHS kann das Aufwickel-Drehmoment und das Rückhalte-Drehmoment leicht festgestellt werden. An zwei Skalen können die beiden Werte sofort abgelesen werden. Das Aufwickel-Drehmoment soll zwischen 80 und 220 g pro cm liegen und das Rückhalte-Drehmoment des Abwickeltellers soll beim normalen Lauf zwischen 28

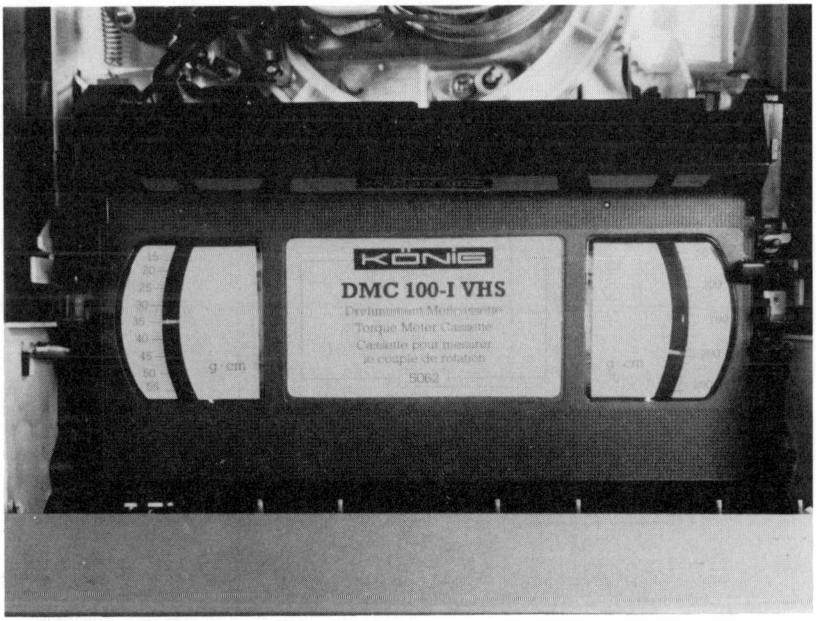

Abb. 13.7.6.1 Mit der Meßkassette der Fa. König kann das Aufwickel- und das Rückhalte-Drehmoment problemlos gemessen werden

und 45 g pro cm liegen. So kann schnell festgestellt werden, ob der Bandzug ausreicht und ob der Abwickelteller eine richtige, bremsende Wirkung hat, damit sich keine Schlaufen bilden können.

Mit der zweiten Kassette DMC 100 II VHS kann der Bandzug beim schnellen Vor- und Rücklauf gemessen werden. Auch diese Messung ist problemlos und beide Werte können direkt abgelesen werden. Vor- und Rückspulmoment sollen größer als 270 g pro cm sein. In der Praxis sind diese Werte meistens noch wesentlich höher. Ein Fehler zeigt sich jedoch beim Unterschreiten eines dieser Werte. Die Meßkassetten sind auch für das Beta-System erhältlich. Die *Abb. 13.7.6.1* zeigt die Kassette DMC 100 I VHS.

13.8 Die Bremsmagnet-Steuerung

Beide Bandteller müssen beim Lauf gebremst werden, damit sich durch zu schnelles Laufen keine Schlaufen bilden. Beim Stop müssen sie durch die Bremsen festgehalten werden,

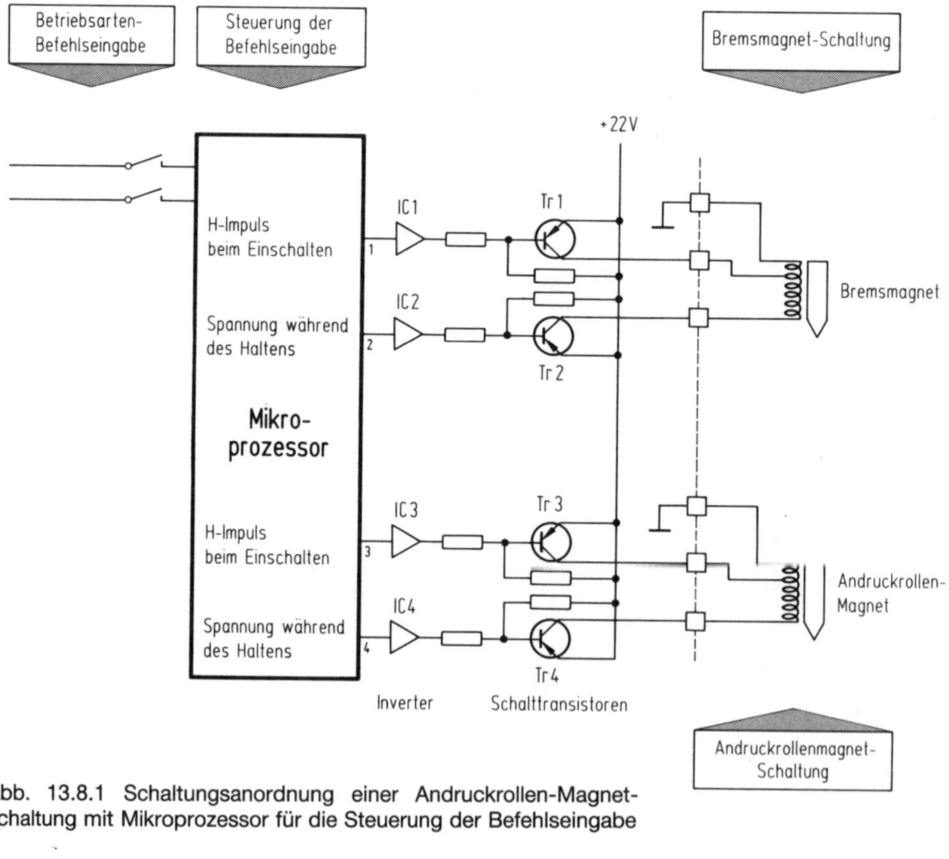

Abb. 13.8.1 Schaltungsanordnung einer Andruckrollen-Magnetschaltung mit Mikroprozessor für die Steuerung der Befehlseingabe

damit der Bandlauf exakt gestoppt wird. Die Steuerung der Bremsen kann der Bremsmagnet übernehmen. Er muß zum Anziehen kurz eine starke Anzugskraft entwickeln und dann in dieser erreichten Stellung gehalten werden. Dazu ist ein Haltestrom erforderlich, der dann jedoch nicht so hoch sein muß wie im Anzugsmoment.

Aus diesem Grund wird die Magnetspule mit unterschiedlichen Strömen versorgt.
Im Einschaltmoment schaltet ein H-Impuls, der vom Mikroprozessor ausgegeben wird, Transistor 1 (*Abb. 13.8.1 oben*) durch, dann fließt ein Strom über den Transistor 1 und durch den Magnetspulenteil. Es handelt sich um einen niederohmigen Anschluß, deshalb wird ein hoher Strom fließen. Der in der Spule befindliche Magnet zieht sofort an. Gleichzeitig wird aber auch der Transistor 2 durch eine Spannung geöffnet, die über den Anschluß 2 des Mikroprozessors an IC 2 liegt, dort invertiert, und den Transistor 2 über die Basis öffnet. So kann ein Strom durch die gesamte Spule des Bremsmagneten fließen. Während der Strom über den Transistor 1 nur kurz zur Unterstützung im Moment des Magnet-Anzuges fließt, bleibt der Stromfluß über den Transistor 2 so lange bestehen, bis wieder abgeschaltet wird.

Die Magnetsteuerung wird bei Wiedergabe und Aufnahme, sowie schnellem Vor- und Rücklauf, Ein- und Ausfädeln und Suchlauf vorwärts und rückwärts eingeschaltet.

13.9 Fehler

13.9.1 Der Bremsmagnet zieht nicht an

Der Fehler wird sich besonders bei den Betriebsarten „Schneller Vorlauf" und „Schneller Rücklauf" zeigen. Beim Abschalten werden die Bandteller nicht abgebremst. Sie laufen noch kurze Zeit weiter. Die Schwungmasse der beiden Bandteller besteht im wesentlichen aus dem Gewicht des aufgewickelten Bandmaterials. Sie wird dann unterschiedlich sein, wenn sich auf der Aufwickelspule mehr Band befindet, als auf der Vorratsspule oder umgekehrt. Dann wird der Bandlauf nicht gleichzeitig beendet, sondern eine Spule läuft noch weiter, während der andere Bandteller steht. Es kann sich eine Bandschlaufe bilden. Beim späteren Einfädeln kann es dann passieren, daß das Band aus der Führung läuft, und es entsteht in der Folge Bandsalat.

Fehlerursache

Es muß festgestellt werden, ob der Bremsmagnet in allen Betriebsarten nicht angezogen wird, oder ob das nur bei einer der Fall ist.
Im ersten Fall sollte zuerst die Stromversorgung überprüft werden.

Im zweiten Fall sollte überprüft werden, ob die Steuerbefehle vom Mikroprozessor ausgegeben werden.

13.9.2 Eine Bremse arbeitet nicht

Eine der beiden Spulen wird beim Abschalten der entsprechenden Betriebsarten nicht abgebremst. Es kann sich eine Bandschlaufe bilden. Das Band wird in der Kassette falsch aufgewickelt oder es wird beim späteren Einschalten nicht richtig geführt. Es kann Bandsalat entstehen oder das Kontrollsystem schaltet ab.

Fehlerursache

Die Bremshebel, die die Bandteller abbremsen sollen, sind starker, mechanischer Beanspruchung ausgesetzt. Es kann deshalb passieren, daß sie aus ihrer Lagerung springen oder der Belag ist abgenutzt. Sie sollten ausgetauscht werden.

13.10 Die Andruckrollenmagnet-Steuerung

Je nach Schaltungsart wird auch die Andruckrolle von einem Magnet gesteuert. Die Abb. 13.8.1 zeigt unten eine entsprechende Schaltung. Die Arbeitsweise entspricht der Bremsmagnetschaltung. Die Andruckrolle darf jedoch nur beim Wiedergabe- und Aufnahmebetrieb vom Magneten gegen die Capstanwelle gepreßt werden, um den Bandlauf anzutreiben. Beim schnellen Vor- und Rücklauf und beim Ein- und Ausfädeln muß die Andruckrolle bei VHS in Ruhestellung bleiben. Das bedingt ein anderes Steuerprogramm als das bei der Bremsmagnet-Steuerung.

13.11 Fehler

13.11.1 Das Band wird nicht an die Capstanwelle gedrückt

Das Kontrollsystem sorgt dafür, daß der Bandlauf gestoppt wird, weil die Kontrollimpulse, die von der Umdrehung der Bandteller abgeleitet werden, dann fehlen. Nach dem Einschalten der Betriebsarten „Wiedergabe“ oder „Aufnahme“ wird der Bandlauf nicht beginnen, sondern nach einer kurzen Verzögerung wird sofort wieder auf „Stop“ geschaltet.

Fehlerursache

Zuerst sollte die Mechanik von der Andruckrolle bis zum Magneten untersucht werden. Durch die starke mechanische Beanspruchung kann es vorkommen, daß sich ein Hebel verbiegt. Dann wird die Andruckrolle nicht in die Andruck-Position gezogen.

In selteneren Fällen liegt ein Fehler in der Stromversorgung oder der Steuerung des Andruckrollen-Magneten vor.

14 Fehlersuche in der Tonverarbeitung

Bei der Tonübertragung in Videorecordern können drei verschiedene Systeme unterschieden werden.

1. Das Mono-Tonverfahren
2. Das Zwei-Kanal-Stereo-Tonverfahren
3. Das HiFi-Tonverfahren mit rotierenden Audioköpfen

Die Aufzeichnung der Nf-Tonsignalspannung erfolgt bei Mono- und Stereobetrieb in Längsspur auf das Band bei feststehenden Köpfen. Bei Mono-Betrieb wird dazu nur eine Spur benötigt, bei Stereo-Betrieb werden zwei getrennte Spuren (für die Links- und die Rechts-Information) benötigt.

Bei der HiFi-Tonaufzeichnung werden die beiden Stereosignale links und rechts frequenzmoduliert und mit rotierenden Köpfen in Schrägspur, ähnlich dem Videosignal, aufgezeichnet.

Außerdem muß der Ton auch während des Aufnahme-Betriebes mitgehört werden können. Deshalb muß die Tonsignalspannung beim HF-Betrieb zum UHF-Modulator geleitet werden und für AV-Betrieb an die AV-Buchse geführt werden.

In der Folge soll zuerst die Tonaufzeichnung im Längsspurbetrieb besprochen werden.

Die Bandvorschubgeschwindigkeit des Videorecorders beträgt bei VHS ungefähr 2,34 cm/s. Damit ist die Geschwindigkeit, mit der das Band am Tonkopf vorbeigeführt wird nur etwa halb so schnell, wie das bei Audio-Kassettengeräten üblich ist. Deshalb ergeben sich Tonqualitätsprobleme. Hinzu kommt noch, daß die Spurbreite für die Tonspur im Hinblick auf den Vorrang der Bildspeicherung und wegen der geringen Breite des Bandes sehr schmal gehalten werden muß. Es stehen deshalb nur 1 mm Bandbreite zur Verfügung. Beim Stereo-Betrieb muß diese geringe Spurbreite nochmals unterteilt werden. Je Spur stehen dann nur 0,35 mm zur Verfügung. Wegen der Einhaltung eines Übersprech-Abstandes muß noch ein Rasen zwischen die beiden Spuren gelegt werden. Deshalb sind die Stereospulen schmaler als die Hälfte der Monospur.

Diesen Schwierigkeiten wird dadurch begegnet, daß Frequenz-Korrekturen durch Anhebung der niedrigen Frequenzen und Absenkung der hohen Frequenzen vorgenommen werden. Außerdem werden Rauschunterdrückungssysteme verwendet, die eine Tonqualitätsverbesserung ermöglichen sollen.

Weiter wird die Pegelaussteuerung automatisch vorgenommen. Das hat den Vorteil, daß Aufnahmen ohne standige Kontrolle des Pegels vorgenommen werden können. Die Automatik verhindert Übersteuerungen. Damit kann auch problemlos im Timerbetrieb aufgenommen werden.

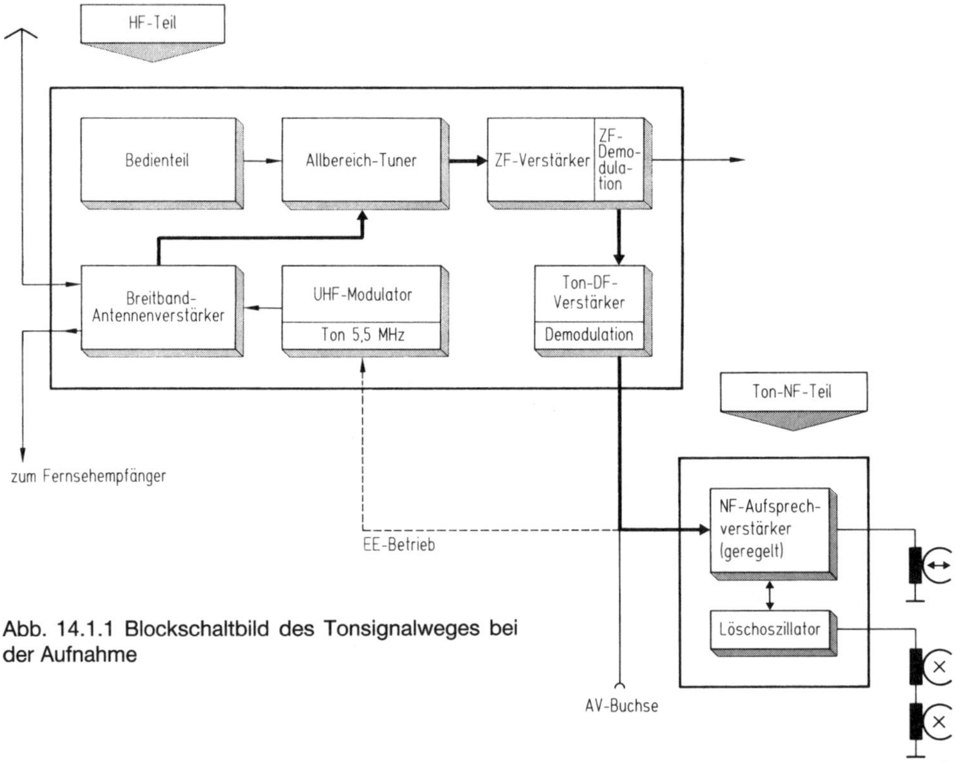

Abb. 14.1.1 Blockschaltbild des Tonsignalweges bei der Aufnahme

14.1 Das Tonsignal bei der Aufnahme

Den Signalweg zeigt das Blockschaltbild in der *Abb. 14.1.1.* Das von der Antenne kommende, HF-modulierte Tonsignal wird zusammen mit dem Bildsignal zum Antennenverstärker geleitet und dort verstärkt. Anschließend wird die HF-Signalspannung im Tuner gemischt und die entstehende ZF wird ausgekoppelt und im ZF-Verstärker verstärkt. Nach der ZF-Demodulation steht für die Weiterverarbeitung des Tonsignales die 5,5-MHz-Differenzfrequenz zur Verfügung. Nach einer weiteren Verstärkung wird diese DF demoduliert und die Ton-NF-Signalspannung kann zum Tonteil weitergeleitet werden.

Im NF-Teil wird die Signalspannung verstärkt, und es folgt die Anpassung der Ein- und Ausgangs-Impedanzen. Für die gleichmäßige Magnetisierung des Bandes ist es erforderlich, daß der Aufsprechstrom automatisch geregelt an den Aufnahmekopf gelangt. Eine automatische Pegelregelung ist deshalb unbedingt erforderlich. Außerdem wird der Frequenzgang durch Gegenkopplung verbessert.

Zur Vormagnetisierung des Aufnahmekopfes wird ein Teil der in einem Löschoszillator erzeugten Wechselspannung als Vormagnetisierspannung an den Aufnahmekopf gelegt. Damit kann die Ton-Aufnahme dann auf die am Rande des Videobandes angeordnete Tonspur erfolgen.

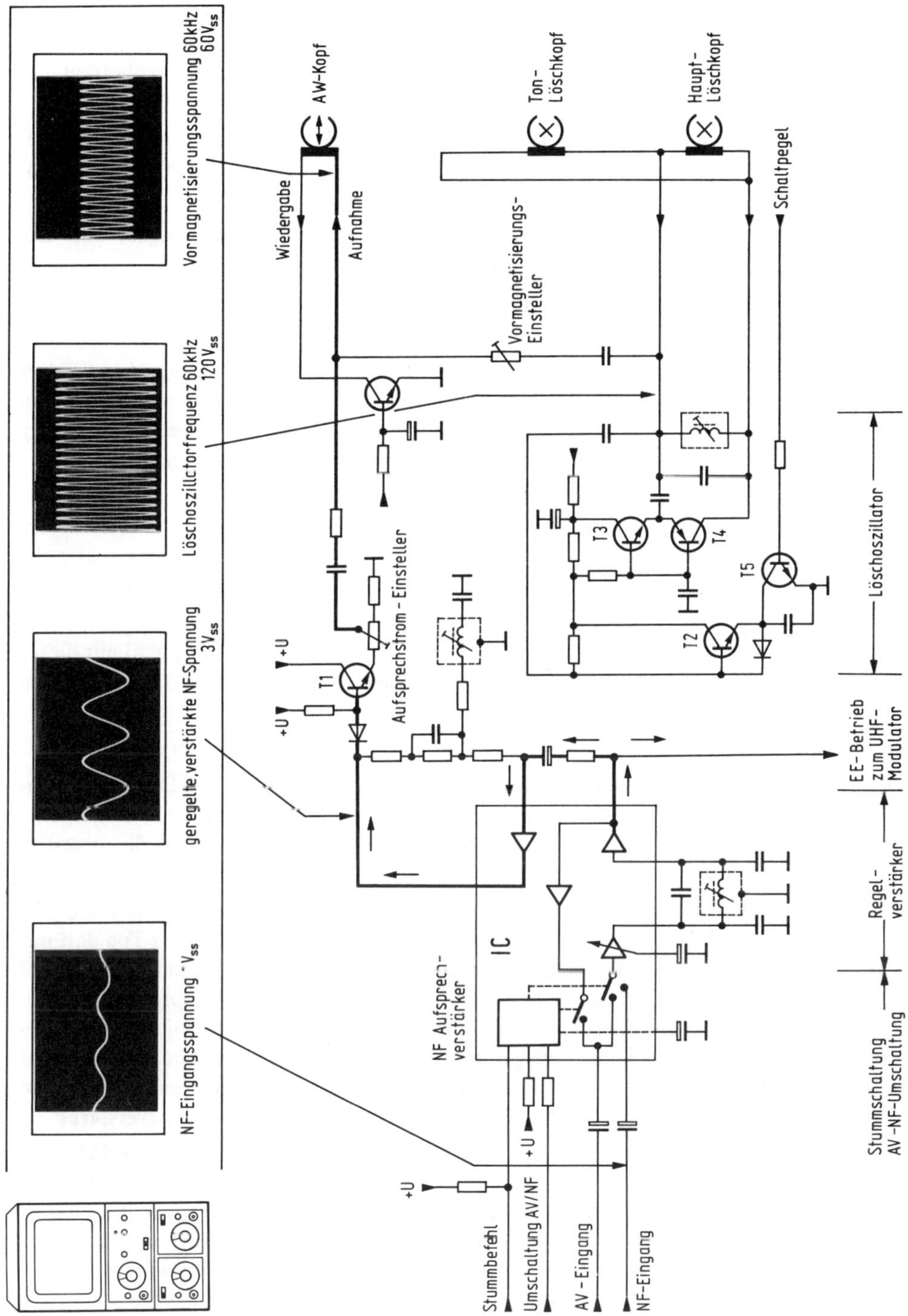

Abb. 14.1.2 Schaltungsanordnung eines Ton-NF-Teiles bei der Aufnahme

Mit einer Frequenz von ca. 60–80 kHz schwingt der Löschoszillator. Die Löschfrequenz liegt beim Aufnahme-Betrieb am Löschkopf, so daß die auf dem Band gespeicherten Aufnahmen vor einer Neuaufnahme gelöscht werden. Die Löschspannung beträgt ca. 40–60 Veff.

Es besteht aber auch die Möglichkeit, eine von einem Mikroprozessor gelieferte Taktfrequenz so zu teilen und zu verstärken, daß sie als Löschfrequenz verwendet werden kann. Dann besitzt der Recorder keinen besonderen Löschoszillator.

Mono-Videorecorder nehmen bei Stereosendungen nur das Summensignal auf. Bei Zweiton-Sendungen wird nur der Ton 1 aufgenommen.

Bei mitgesendeter Kennung wird bei Stereo-Videorecordern automatisch auf Stereo- oder Zwei-Ton-Sendung umgeschaltet.

Zum *Mithören bei Aufnahme* im EE-Betrieb wird das Ton-NF-Mono-Signal außerdem zum UHF-Modulator zurück geleitet, dort wird es erst mit 5,5 MHz moduliert und dann im UHF-Modulator zu der UHF-Trägerfrequenz addiert und über die Antennenzuführung zusammen mit dem modulierten Bildsignal zum Fernsehempfänger weitergeleitet.

Für AV-Betrieb wird das NF-Signal an die AV-Buchse gelegt.

Videorecorder, die die Möglichkeit der Nachvertonung besitzen, benötigen zwei Löschköpfe. Der *Hauptlöschkopf* hat die Aufgabe, das Band in seiner gesamten Breite, also die Bild- und Tonaufzeichnung, zu löschen. Er ist vor dem Kopfrad (vor dem Bandeinlauf) angeordnet.

Ein zweiter *Tonlöschkopf* löscht nur die Tonspur. Bei der Nachvertonung wird nur dieser Löschkopf eingeschaltet. Damit wird dann die Tonspur gelöscht und die Nachvertonung kann erfolgen.

In der *Abb. 14.1.2* ist eine Schaltungsanordnung eines Ton-NF-Teiles zu sehen.

Am Eingang des NF-Aufsprechverstärkers liegt das NF-Tonsignal an. Die Signalspannung kann entweder vom HF-Teil kommen oder sie wird über die AV-Buchse eingespeist. Zur Vermeidung von Störungen wird am Eingang des NF-Verstärkers auf die jeweilige Betriebsart umgeschaltet.

Außerdem muß der Ton dann stummgeschaltet werden, wenn Betriebsarten wie beispielsweise Vorlauf, Rücklauf, Standbild oder Zeitlupe eingeschaltet sind. Der Ton darf nur bei Aufnahme- und Wiedergabe-Betrieb eingeschaltet werden. Der Stummschalt-Befehl wird beim Schalten der entsprechenden anderen Betriebsarten vom Mikroprozessor ausgegeben. Im vorliegenden Beispiel werden die Schaltvorgänge zusammen mit den weiteren Verstärkungsvorgängen in einem IC ausgeführt. Das Tonsignal wird anschließend verstärkt und automatisch geregelt. Es wird dann aus dem IC herausgeleitet und einerseits für den EE-Betrieb zum UHF-Modulator gebracht und andererseits nochmals im IC verstärkt.

Bei der Fehlersuche kann deshalb eine leichtere Fehlerortbestimmung erfolgen. Fehlt der Ton bei einer Aufnahme (die anschließend wiedergegeben wird), und ist er bei der Aufnahme im EE-Betrieb jedoch mitzuhören, so wird der Fehler in den Schaltungsteilen nach dem Herausführen des EE-Signales in Richtung Aufnahmekopf zu suchen sein. Ist der Ton dagegen schon bei der Aufnahme im EE-Betrieb nicht mitzuhören, so wird der Fehler vorher in der Umschaltung, Stummschaltung oder Vorverstärkung zu finden sein.

Nach der weiteren Verstärkung im IC wird das geregelte Signal über einen Emitterfolger dem Aufnahmekopf zugeführt.

Der selbstschwingende Löschoszillator mit den Transistoren T 2 und T 3 und T 4 erzeugt eine Löschspannung um 60 kHz. Diese Löschfrequenz wird dem Hauptlöschkopf und dem Tonlöschkopf zugeführt. Ein Teil der Löschspannung wird als Vormagnetisierspannung abgegriffen. Die Höhe der Spannung kann von Hand nachgestellt werden.

Über den Transistor T 5 wird der Löschoszillator mit einem Schaltpegel je nach Betriebsart ein- oder ausgeschaltet.

14.2 Die Fehlersuche bei der Aufnahme

Im Tonteil werden einzelne Schaltungsteile, Funktionsblöcke und auch der Tonkopf sowohl für den Aufnahme-Betrieb wie für die Wiedergabe benutzt. Andererseits werden Baugruppen jeweils nur bei Wiedergabe oder nur bei Aufnahme genutzt. Es ist bei der Fehlersuche im Tonteil angebracht, zuerst zu klären, bei welcher Betriebsart („Aufnahme“ oder „Wiedergabe“) ein Fehler auftritt oder ob er bei beiden Betriebsarten gleichermaßen zu hören ist. Darüber hinaus sollte kontrolliert werden, ob der gleiche Fehler im EE-Betrieb auftritt oder ob der Kontrollton bei Aufnahme einwandfrei zu hören ist. Es empfiehlt sich deshalb, bei einem festgestellten Tonfehler folgendermaßen vorzugehen:

1. Eine fremdbespielte Kassette wird wiedergegeben.
2. Eine Eigenaufnahme im HF-Betrieb wird vorgenommen (gleichzeitig wird der Ton im EE-Betrieb kontrolliert).
3. Die Eigenaufnahme wird wiedergegeben.

Aus den Ergebnissen dieser Prüfung lassen sich erste Folgerungen für das weitere Vorgehen ableiten, und zwar:

1. Der Fehler zeigt sich bei Aufnahme und Wiedergabe gleichermaßen oder nur bei Wiedergabe. In beiden Fällen wird die weitere Fehlersuche dann in der Betriebsart *„Wiedergabe“* vorgenommen.
2. Der Fehler zeigt sich nur in der durchgeführten Aufnahme (bei anschließender Wiedergabe). Dann wird die weitere Fehlersuche in der Betriebsart *„Aufnahme“* vorgenommen.

Darüber hinaus kann eine Fehlereingrenzung dadurch vorgenommen werden, daß kontrolliert wird, ob der Fehler im EE-Betrieb auftritt oder nicht. Darauf wird in der Folge noch eingegangen.

Eine weitere Fehlereingrenzung kann dadurch vorgenommen werden, daß im Fall 2 bei einer fehlerhaften Aufnahme eine Wiederholung der *Aufnahme im AV-Betrieb* vorgenommen wird. Damit scheidet der HF-Teil des Videorecorders dann als Fehlerquelle aus, wenn der Fehler auch bei AV-Betrieb gehört wird.

Sehr hilfreich bei der Fehlersuche kann die Aufnahme der verschiedenen Oszillogramme sein. Am Eingang des Verstärkers kann die NF-Signalspannung gemessen werden. Ein entsprechendes Oszillogramm ist im Schaltbild (Abb. 14.1.2) links oben zu sehen. Am Ausgang muß die verstärkte Spannung zu sehen sein. Auch die Löschfrequenz und die Vormagnetisierspannung können oszillografisch überprüft werden, wie das im Schaltbild gezeigt wird. So können Fehler schnell festgestellt werden.

14.3 Fehler

14.3.1 Totalausfall des Tones bei der Aufnahme

Bei der Wiedergabe einer Fremdaufnahme zeigt sich kein Fehler. Bei der Wiedergabe einer Eigenaufnahme fehlt der Ton.

Nachdem zuerst im HF-Betrieb aufgenommen wurde, sollte sicherheitshalber noch eine Eigenaufnahme im AV-Betrieb vorgenommen werden.

Wenn der Fehler im HF-Teil des Videorecorders zu suchen ist, so wird er bei der Wiedergabe der AV-Aufnahme nicht zu hören sein, weil bei AV-Betrieb der HF-Teil des Fernsehempfängers zur Aufnahme benutzt wurde.

Wenn die Tonstörung jedoch dann noch zu hören ist, so sollte weiter geprüft werden, ob der Ton bei EE-Betrieb während der Aufnahme zu hören ist.

1. Ist der Ton auch bei EE-Betrieb nicht zu hören, so wird der Fehler vor der EE-Spannungsauskopplung in Richtung NF-Eingang gesucht.
2. Ist der Ton bei EE-Betrieb jedoch zu hören, so wird der Fehler in Richtung Aufnahmekopf gesucht.

Fehlerursache

Im ersten Fall kommt als Fehlerursache der NF-Aufsprechverstärker mit Stummschaltung in Frage, wenn die Betriebsspannungen normal anliegen.

Im zweiten Fall kommen die Schaltteile nach der EE-Spannungsauskopplung bis hin zum Aufnahmekopf als Fehlerquelle in Frage. Spannungsmessungen in Verbindung mit Oszillogrammaufnahmen sind die richtigen Methoden, den Fehler zu finden.

14.3.2 Der Ton ist zu leise und verzerrt (Aufnahme)

Bei der Wiedergabe einer Fremdaufnahme zeigt sich kein Fehler. Bei der Wiedergabe einer Eigenaufnahme ist der Ton zu leise und verzerrt.

Fehlerursache

Zuerst sollte das Oszillogramm am Aufnahmekopf angesehen werden. Es besteht die Möglichkeit, daß die Vormagnetisierspannung fehlt.

Dann sollte das Oszillogramm der geregelten und verstärkten NF-Spannung angesehen werden. Sollte die Spannung die angegebene Amplitudenhöhe haben, so wird der Fehler in der Aufsprechstromverstärker-Schaltung festzustellen sein.

14.3.3 Ton zu leise (Aufnahme)

Bei der Wiedergabe einer Fremdaufnahme ist der Ton etwas leiser als normal. Bei der Wiedergabe einer Eigenaufnahme ist der Ton wesentlich leiser als normal.

Fehlerursache

Der Tonkopf wird verschmutzt sein. Die unterschiedliche Lautstärke zwischen Fremd- und Eigenaufnahme ist deshalb festzustellen, weil der verschmutzte Kopf die Signalspannung bei der Wiedergabe einer Eigenaufnahme doppelt schwächt und zwar bei der Aufnahme und anschließend mit dem gleichen verschmutzten Kopf bei der Wiedergabe. Die Fremdaufnahme wird dagegen nur einmal von der Verschmutzung beeinträchtigt.

14.3.4 Die alte und die neue Tonaufnahme sind gleichzeitig zu hören

Bei der Wiedergabe einer Eigenaufnahme ist der Ton der vorherigen Aufnahme gleichzeitig mit dem Ton der neuen Aufnahme zu hören.

Fehlerursache

Der Löschoszillator ist defekt. Nur in seltenen Fällen wird dann auch das Bild der vorherigen Aufnahme noch im Hintergrund zu sehen sein, obwohl die Löschspannung dann auch am Hauptlöschkopf fehlt. Meistens ist der Fehler im Bild nur schwer zu erkennen. Beim Ton ist der Fehler dagegen eindeutig zu hören. Die alte und die neue Aufnahme können gleichzeitig gehört werden.

14.4 Der Tonsignalweg bei der Wiedergabe

Die NF-Signalspannung wird vom kombinierten Aufnahme- und Wiedergabe-Kopf abgenommen und dem NF-Wiedergabeverstärker zugeführt. Dort wird die Signalspannung verstärkt und dann erfolgt der weitere Signalverlauf wie bei der Aufnahme. Das Signal wird nochmals verstärkt und automatisch geregelt. Es wird weiter dafür gesorgt, daß die Stummschaltung die NF-Spannung nur bei Wiedergabe (und Aufnahme) weiterleitet. Anschließend wird die NF zur Modulation und zum AV-Ausgang ausgegeben. Das Blockschaltbild *Abb. 14.4.1* zeigt den Signalweg beim Wiedergabe-Betrieb.

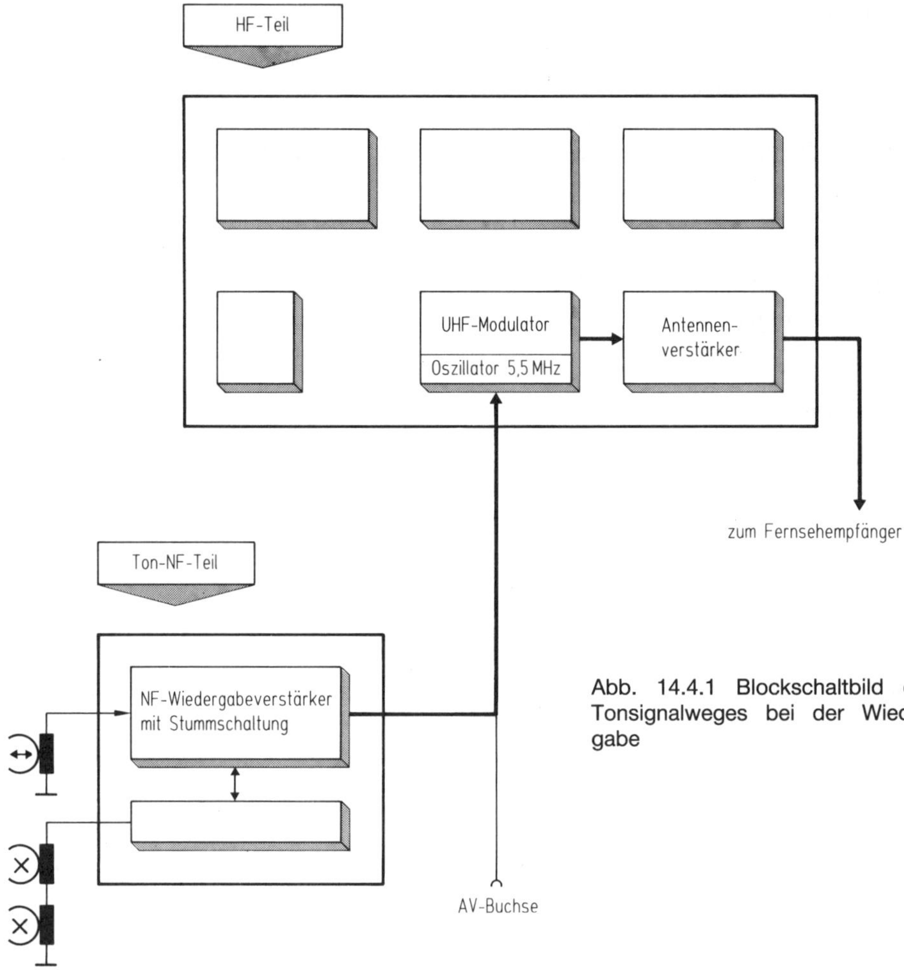

Abb. 14.4.1 Blockschaltbild des Tonsignalweges bei der Wiedergabe

14.5 Die Fehlersuche bei der Wiedergabe

Es war schon festgestellt worden, daß verschiedene Baugruppen gleichermaßen sowohl bei Wiedergabe wie auch bei der Aufnahme arbeiten. Das trifft hier für die NF-Signalverstärkung mit Regelung und auch für den Aufnahme-Wiedergabe-Kopf zu.

Fehler an diesen Bauteilen werden bei beiden Betriebsarten auftreten. Bei der Fehlersuche ist es deshalb auch hierbei zuerst immer empfehlenswert, folgendermaßen vorzugehen:
1. Wiedergabe-Betrieb mit einem fremdbespielten Band
2. Aufnahme und anschließende Wiedergabe mit einer Eigenaufnahme im HF-Betrieb.

Dabei kann festgestellt werden, ob der gleiche Fehler bei Wiedergabe und bei Aufnahme auftritt. Wenn das der Fall ist, so sollten als Fehlerquellen die Bauteile überprüft werden, die in beiden Betriebsarten genutzt werden.

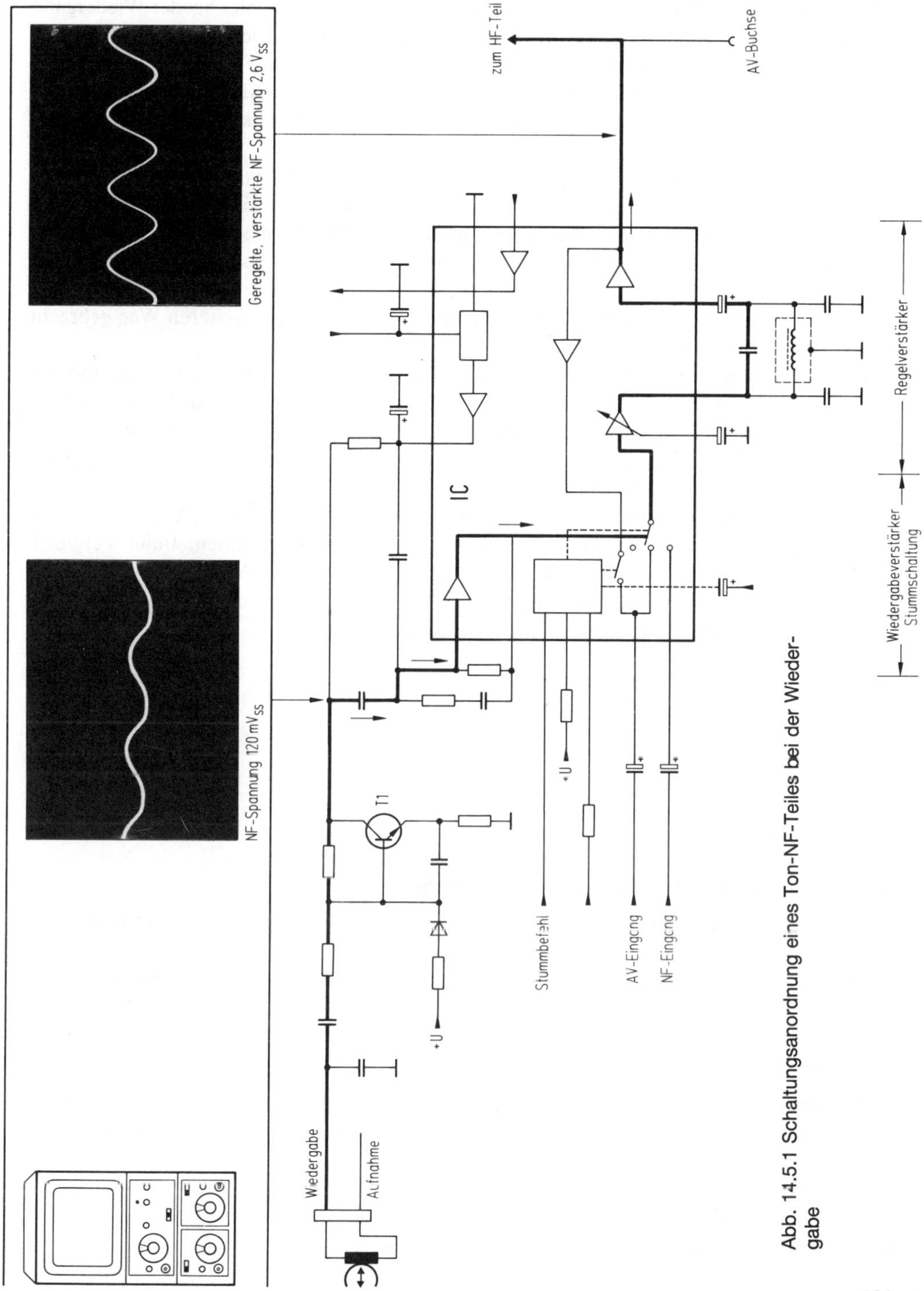

Abb. 14.5.1 Schaltungsanordnung eines Ton-NF-Teiles bei der Wiedergabe

Einschränkend muß allerdings festgestellt werden, daß sich ein Fehler bei der Wiedergabe auch dann zeigen wird, wenn eine einwandfreie Eigenaufnahme wiedergegeben wird. Zur Vermeidung von Fehlbeurteilungen sollte deshalb in einem solchen Fall die Eigenaufnahme von einem *anderen* Videorecorder wiedergegeben werden. Dann wird die Tonwiedergabe einwandfrei zu hören sein, wenn der zu prüfende Videorecorder keinen Fehler im Ton-Aufnahmeteil zeigt.

Wenn festgestellt wurde, daß ein Fehler nur bei Wiedergabe auftritt, so kommen als Fehlerquelle nur die Bauteile in Frage, die allein bei Wiedergabe arbeiten.

In der *Abb. 14.5.1* ist ein Wiedergabeverstärker als Beispiel für die Fehlersuche zu sehen. Nach der Umwandlung im A/W-Kopf wird die abgegriffene Signalspannung in das IC geleitet.

Darin wird sie verstärkt und anschließend dann auf den gleichen weiteren Weg gebracht wie das Signal bei Aufnahme.

Bei einem völligen Tonausfall muß die Stummschaltung in die Fehlersuche mit einbezogen werden. Es besteht die Möglichkeit, daß kein Schaltbefehl vom Mikroprozessor ausgegeben wird. Dann ist der Signalweg immer unterbrochen. Der Schaltpegel der Stummschaltung sollte deshalb daraufhin überprüft werden, ob er sich verändert, wenn auf Wiedergabe geschaltet wird.

Die beiden Schaltungsauszüge bei Aufnahme und bei Wiedergabe (Abb. 14.1.2 und 14.5.1) wurden der Schaltung des gleichen Videorecorders entnommen. Beim Vergleich kann leicht festgestellt werden, daß der Regelverstärker beim Wiedergabe- und beim Aufnahme-Betrieb gleichermaßen genutzt wird. Andererseits werden auch unterschiedliche Schaltungsanordnungen für die beiden Betriebsarten benötigt.

14.6 Fehler

14.6.1 Totalausfall des Tones bei Wiedergabe

Weder bei der Wiedergabe einer Fremdaufnahme noch bei einer Eigenaufnahme ist der Ton zu hören.

Bei der Wiedergabe einer Eigenaufnahme mit einem *anderen* Videorecorder ist der Ton normal zu hören.

Fehlerursache

Es kommen als Fehlerquelle in erster Linie die Bauteile in Frage, die nur bei der Wiedergabe arbeiten, denn andernfalls würde der Fehler auch bei der Wiedergabe mit einem anderen Videorecorder auftreten.

Im Beispiel (Abb. 14.5.1) kann das die Transistorstufe mit T 1 sein.

Eventuell erhält die Stummschaltung fälschlich einen Stummschalte-Befehl. Dann muß die Datenausgabe für die Stummschaltung überprüft werden.

14.6.2 Ton zu leise (Wiedergabe)

Bei der Wiedergabe sowohl einer Fremd- wie auch einer Eigenaufnahme ist der Ton zu leise zu hören.

Bei der Wiedergabe der Eigenaufnahme mit einem *anderen* Videorecorder ist der Ton normal zu hören.

Fehlerursache

Der Wiedergabeverstärker arbeitet fehlerhaft.

14.7 Das Stereo-Tonsystem

Für die Ton-Aufnahme und -Wiedergabe steht auf dem Band eine Spurbreite von weniger als 1 mm zur Verfügung. Bei Monobetrieb ist das voll ausreichend. Da bei Stereobetrieb jedoch zwei Spuren (für den linken und den rechten Kanal) benötigt werden, kann nur weniger als die Hälfte der Gesamtspurbreite pro Kanal benutzt werden, und zwar deshalb, weil zwischen den beiden Stereospuren noch ein Rasen eingefügt werden muß, der einen ausreichenden Geräuschspannungsabstand gewährleistet. Die Tonspuren haben deshalb beim VHS-System im Stereo-Betrieb nur eine Breite von jeweils bis 0,35 mm.

Durch die verminderte Spurbreite ergeben sich Tonqualitätsprobleme, die je nach Schaltungsart in unterschiedlicher Weise mit Rauschverminderungssystemen und Tonqualitätsverbesserungs-Schaltungen beseitigt werden. Beim Stereo-Betrieb werden deshalb neben zwei jeweils gleichen Verstärkern für den linken und den rechten Kanal verschiedene Schaltungsanordnungen zur Klangverbesserung benötigt.

Da zwei getrennte Informationen über zwei Tonkanäle übertragen werden, müssen auch zwei Trägerfrequenzen für diese beiden Informationen zur Verfügung stehen. Außer der bekannten Trägerfrequenz von 5,5 MHz, die schon bei der Monoübertragung benutzt wird, ist deshalb ein zweiter Tonträger nötig. Die Trägerfrequenz dieses Trägers wurde mit 5,7421875 MHz festgelegt. Der Träger wird frequenzmoduliert. Der Frequenzhub beträgt ±50 kHz.

Aus Gründen der Kompatibilität erhält der Tonträger 1 bei Stereosendungen das Summensignal L+R, um die Hälfte im Pegel reduziert. Der Tonträger 2 erhält die Information für den rechten Lautsprecher.

Damit Stereo- und Zweitonsendungen empfangsseitig richtig erkannt werden können, müssen bei diesen Sendungen *Kennfrequenzen* mitgesendet werden. Dem Tonträger 2 wird ein Pilotträger von 54,6875 kHz (3,5fache Zeilenfrequenz) amplitudenmoduliert überlagert. Dieser Pilotträger wiederum wird bei Stereosendungen mit einer Kennfrequenz von 117,5 Hz und bei Zweiton-Sendungen mit der Frequenz von 274,1 Hz moduliert. Im HF-Teil werden Bild und Ton so empfangen und verarbeitet, daß die Kompatibilität gewährleistet bleibt. Die vom Tuner kommende ZF wird je nach Schaltungsart entweder sofort

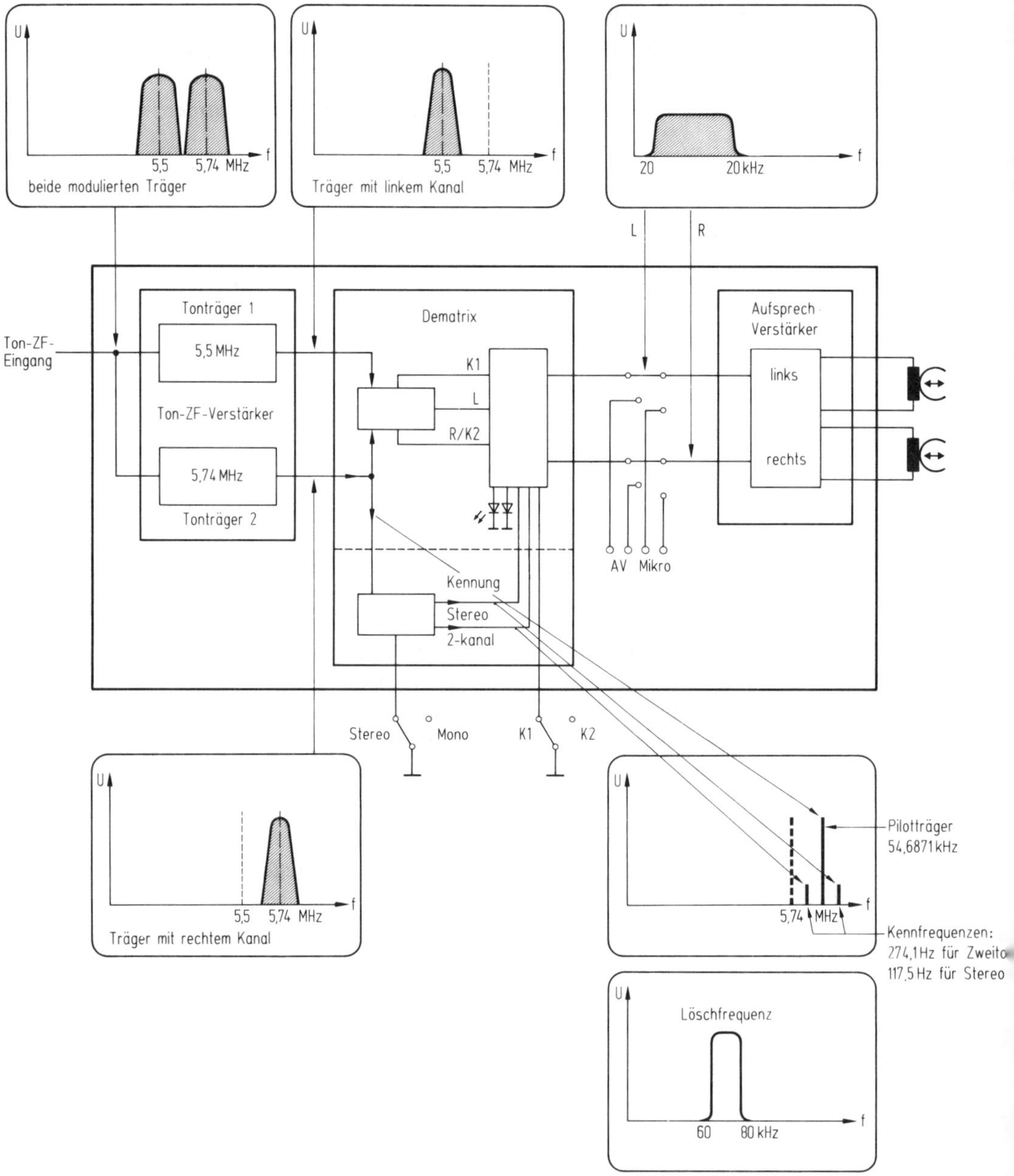

Abb. 14.7.1 Blockschaltbild eines Zwei-Kanal-Stereo-Tonteiles

getrennt, so daß die HF von 33,4 MHz ausgesiebt und einzeln verstärkt und dann moduliert wird, oder es wird Bild und Ton zusammen verstärkt und später erfolgt die Demodulation.

In der *Abb. 14.7.1* ist das Blockschaltbild eines Zwei-Kanal-Stereo-Tonteiles zu sehen.

Die ausgekoppelte Stereo-Ton-ZF wird zur Selektion und anschließenden Demodulation weitergeleitet. Die beiden Kanäle sind durch die Träger 5,5 MHz und 5,74 MHz voneinander getrennt.

Am Eingang der Ton-ZF-Verstärker liegen sie beide an. Sie werden durch Filter getrennt in die beiden Ton-ZF-Verstärker gebracht und einzeln verstärkt. In der Dematrix erfolgt die Demodulation und Kennung.

Während bei Monosendungen an beiden Kanälen der Ton 1 anliegt, und damit Monoaufnahmen über beide Kanäle möglich sind, wird bei Stereo- oder Zweitonsendungen durch die unterschiedlichen Kennfrequenzen automatisch auf Stereo oder Zweiton umgeschaltet.

Bei AV-Betrieb und Tonaufnahme über Stereo-Mikrofone wird das Tonsignal direkt in den Aufsprech-Verstärker eingespeist. Damit ist eine Möglichkeit gegeben, bei der Fehlersuche eine erste Fehlereinkreisung vorzunehmen. Wenn eine Stereo-Mikrofon- oder AV-Aufnahme einwandfrei wiedergegeben wird, dagegen aber eine HF-Aufnahme fehlerhaft ist, scheiden die Bauteile ab AV-Eingang bis zur Tonaufnahme als Fehlerquelle aus.

Im Blockschaltbild sind zur besseren Übersicht die einzelnen Frequenzbereiche und Trägerfrequenzen einzeln dargestellt worden, wie sie in den jeweiligen Baugruppen verarbeitet werden.

Bei der *Wiedergabe* werden die beiden Signalspannungen L und R in zwei getrennten aber identisch arbeitenden Verstärkern verstärkt, geregelt und frequenzgangkorrigiert. Die verstärkten NF-Signalspannungen werden an die AV-Buchse ausgegeben und außerdem zum UHF-Modulator geleitet. Über den UHF-Modulator ist nur Mono-Betrieb üblich. Dagegen werden über den AV-Anschluß beide Stereoinformationen getrennt weitergeleitet.

14.8 Die Fehlersuche

Die Fehlersuche bei Stereo-Videorecordern sollte in ähnlicher Weise wie bei Mono-Videorecordern vorgenommen werden. Eine Erleichterung ist darin zu sehen, daß im NF-Teil jeweils zwei teilweise identische Verstärker für den linken und den rechten Tonkanal vorhanden sind. Sollte der Ton eines Kanales fehlerhaft wiedergegeben werden, so kann die Fehlersuche durch Vergleichsmessungen im Signalweg des anderen Kanales erleichtert werden.

Es empfiehlt sich immer, im *AV-Betrieb bei Wiedergabe* mit der Fehlersuche zu beginnen. Zu dem Zweck wird eine *Fremdaufnahme* in Stereo wiedergegeben. Zeigt sich der beanstandete Fehler, so ist damit schon eine Eingrenzung des Fehlerortes auf den Stereo-NF-Teil erfolgt, weil das NF-Tonsignal nach der Verstärkung über die AV-Buchse ausgekoppelt wird. Zeigt sich der Fehler nur bei der Stereo-Wiedergabe einer *Eigenaufnahme*, so sollte der Signalweg rückwärts vom Aufsprechverstärker in Richtung HF-Teil verfolgt werden.

14.9 Fehler

14.9.1 Keine Stereo-Aufnahme

Der Stereo-Videorecorder ist im AV-Betrieb an einen Stereo-Fernsehempfänger angeschlossen. Bei der Wiedergabe einer Stereo-Fremdaufnahme ist der Ton in Stereoqualität zu hören. Bei der Wiedergabe einer Eigenaufnahme wird der Ton über beide Kanäle in Mono wiedergegeben.

Der Mono-Stereo-Schalter ist auf „Stereo“ geschaltet.

Fehlerursachen

1. Die Antennensignalspannung ist zu niedrig (<54 dBμV), deshalb erfolgt keine Umschaltung auf „Stereo“.
2. Die beiden Stereokanäle werden getrennt und einzeln zum Stereo-Aufsprechverstärker weitergeleitet. Die Stereokennung oder die Dematrix sind defekt. Da beide Schaltungsteile meistens integriert sind, kann der Fehler leicht gefunden werden.

14.9.2 Keine Stereo-Wiedergabe

Der Stereo-Videorecorder ist im AV-Betrieb an einen Stereo-Fernsehempfänger angeschlossen. Bei der Wiedergabe sowohl einer Stereo-Fremdaufnahme wie auch einer Stereo-Eigenaufnahme ist der Ton nicht in Stereoqualität zu hören, sondern über beide Kanäle in Mono.

Der Mono-Stereo-Schalter ist auf „Stereo“ geschaltet.

Fehlerursache

Es erfolgt keine Trennung der beiden Stereokanäle. Der Fehler wird an einer der Stellen zu suchen sein, an denen beide Signale mögliche Berührungspunkte haben können, das sind AV-Buchse, Umschaltlogik, Stereo/Zweikanal-Schaltung und Leitungswege.

14.9.3 Kein Zwei-Kanal-Empfang

Der Stereo-Videorecorder ist im AV-Betrieb an einen Stereo-Fernsehempfänger angeschlossen.

Bei der Wiedergabe einer Fremdaufnahme im Zwei-Kanal-Verfahren ist der Ton in beiden Kanälen normal zu hören. Bei der Wiedergabe einer Eigenaufnahme im Zweitonverfahren ist der zweite Ton nach dem Umschalten von Kanal 1 auf Kanal 2 nicht zu hören. Ton 1 ist in beiden Schaltstellungen zu hören.

Fehlerursache

Die Zwei-Kanal-Kennung oder die Zwei-Kanal-Umschaltung sind defekt.

14.10 Das HiFi-Tonsystem

Die niedrige Bandgeschwindigkeit von 2,34 cm/s läßt Tonqualitätsverbesserungen nur in begrenztem Maße zu. Mit der Einführung der Schrägspuraufzeichnung auch für die Tonaufzeichnung war es möglich, auch im Ton-Bereich die Qualität wesentlich zu verbessern. Die Bandvorschubgeschwindigkeit wird dabei auf etwa 5 m/s erhöht. Die Ton-Schrägspuraufzeichnung ist deshalb möglich, weil bei diesem Verfahren die *Tiefenschrift-Aufzeichnungstechnik* angewandt wird. Die Eindringtiefe der Signale in das Band ist in verschiedenen Frequenzbereichen unterschiedlich.

Dadurch können Doppelschichtaufnahmen hergestellt werden. Unterstützt wird die Tiefenschrift-Aufzeichnung durch die Verwendung unterschiedlicher Spaltbreiten der Köpfe und unterschiedlicher Vormagnetisierströme. Die Aufzeichnung wird folgendermaßen vorgenommen:

Ein Kopf mit einer größeren Spaltbreite (0,65 µm) zeichnet zuerst das frequenzmodulierte Tonsignal mit einer Frequenz von ca. 1,4 MHz für die erste und von ca. 1,8 MHz für die zweite Stereospur auf. Bei dieser Aufzeichnung wird die gesamte Magnetschicht des Bandes durchdrungen. Anschließend tasten die versetzt auf der Kopfscheibe angeordneten Videoköpfe das Band ab und schreiben mit Videoköpfen, die eine geringere Spaltbreite (0,45 µm) haben, das Y-FM-Signal mit addiertem Farbartsignal nur bis in eine Tiefe von ca. 0,8 µm in die Magnetschicht des Bandes. Auf diese Weise wird das Band in zwei verschiedenen Tiefen magnetisiert. Die *Abb. 14.10.1* zeigt die unterschiedlichen Eindringtiefen der Signale.

Die Trägerfrequenzen für die beiden Stereokanäle L und R wurden so gewählt, daß sie einerseits den heruntergesetzten Träger des Farbartsignales (627 kHz) nicht stören und auf der anderen Seite das Videosignal nicht beeinträchtigen.

Die Köpfe sind mit einem Winkel von jeweils 35–45° zueinander angeordnet. Dieser Azimutunterschied zwischen Ton- und Videoköpfen und die Frequenzverkämmung sorgen dafür, daß sich die beiden Informationen bei der Wiedergabe und der Aufnahme nicht gegenseitig stören. Zwischen den Tonspuren sorgt ein Rasen dafür, daß Übersprechen verhindert wird.

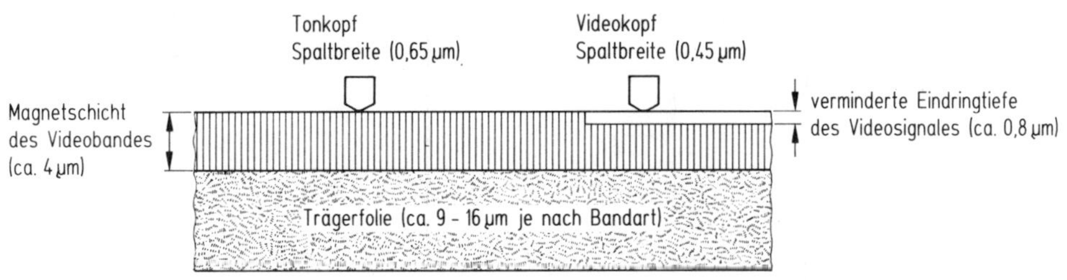

Abb. 14.10.1 Beim Tiefenschriftverfahren durchdringt das Tonsignal die Magnetschicht des Bandes wesentlich tiefer als das Videosignal

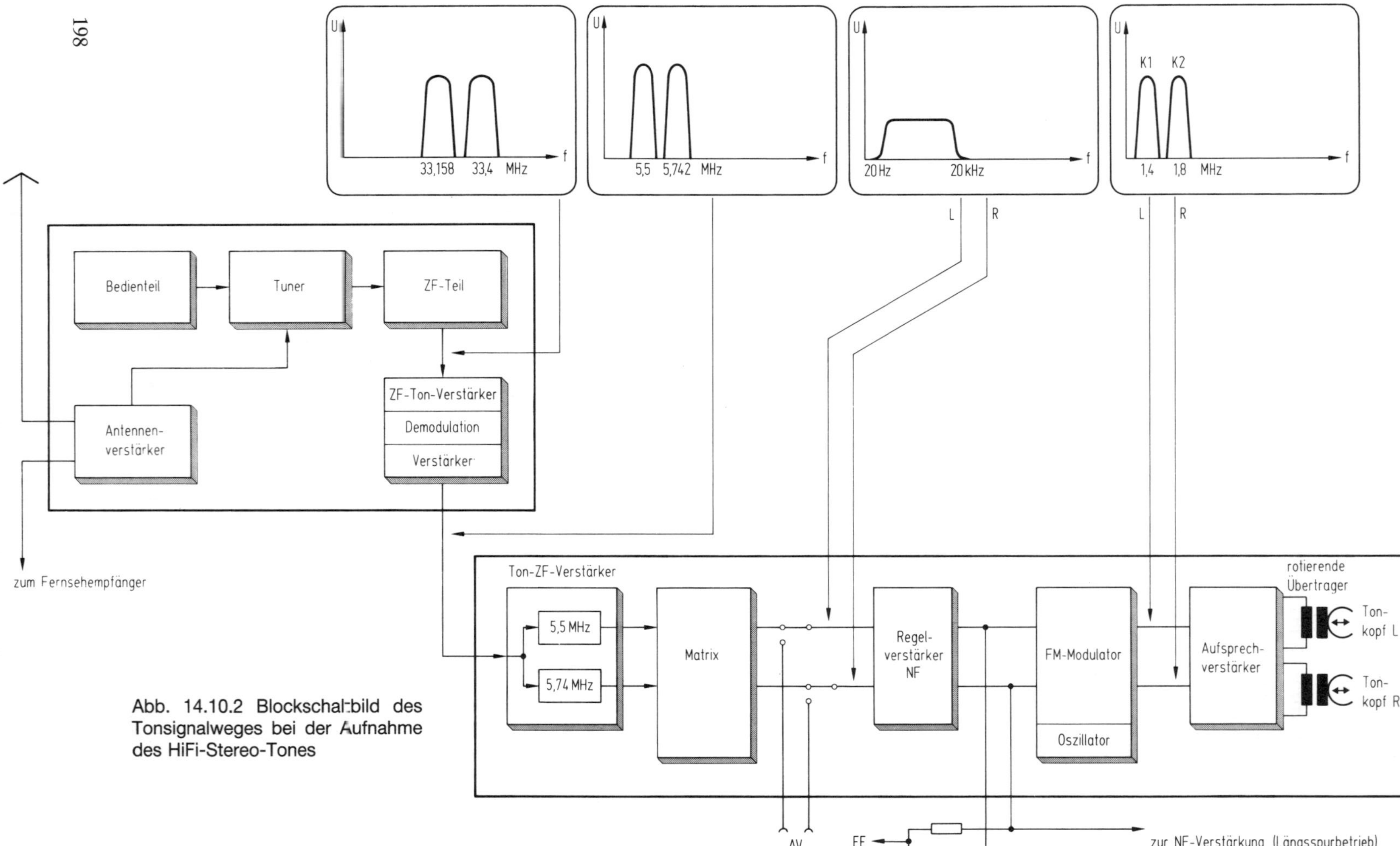

Abb. 14.10.2 Blockschaltbild des Tonsignalweges bei der Aufnahme des HiFi-Stereo-Tones

Auch die Tonköpfe sind wie die Videoköpfe über rotierende Übertrager angeschlossen. Bei der Aufnahme werden die beiden Ton-Zwischenfrequenzen von 5,5 MHz und 5,74 MHz mit Hilfe von Filtern getrennt, verstärkt und demoduliert. Sie werden über die Dematrix geleitet und um den Faktor 2 komprimiert.

Anschließend wird jedes Signal einzeln frequenzmoduliert auf 1,4 MHz und 1,8 MHz. Der Frequenzhub beträgt ±50 kHz. Ein nachgeschalteter Bandpaß sorgt dafür, daß nur ein jeweils schmales Band die Mischstufe erreicht. Anschließend wird die frequenzmodulierte Signalspannung im Aufsprechverstärker nochmals verstärkt und den rotierenden Übertragern zugeführt, die das Signal an die beiden Audioköpfe übertragen. In der *Abb. 14.10.2* ist der Signalweg des HiFi-Tonsignales im Blockschaltbild zu sehen. Zur Verdeutlichung der Vorgänge werden die verschiedenen Frequenzbereiche der Träger der NF-Spannung gezeigt.

Damit die Kompatibilität gewahrt bleibt, wird die NF-Signalspannung zusätzlich angekoppelt und einem Stereo-Tonkopf zugeführt. Auf diese Weise wird der Ton gleichzeitig auch in Längsspur aufgenommen.

Die Fehlersuche wird dadurch erleichtert. Es kann deshalb bei einem aufgetretenen Fehler zuerst geprüft werden, ob die Tonaufnahme sowohl in Schrägspuraufzeichnung wie auch in Längsspurbetrieb fehlerhaft ist. Dann kann der Fehler nur vor der Auskopplung zu suchen sein.

Liegt ein Fehler vor, bei dem nur der HiFi-Stereo-Ton fehlerhaft ist und die Tonaufnahme im Längsspurbetrieb zeigt keinen Fehler, so kann der Defekt nur im Signalzweig zwischen der Tonauskopplung und den HiFi-Tonköpfen liegen.

Die Tonauskopplung für den EE-Betrieb wird ebenfalls am Ton-NF-Verstärker vorgenommen. Auch dieses Tonsignal kann in die Überlegungen bei der Fehlersuche miteinbezogen werden.

Bei der *Wiedergabe* müssen die Tonkanäle jeweils umgeschaltet werden. Da die Tonköpfe den Videoköpfen vorauseilen, muß das Tonsignal um 18 μs verzögert werden. Zum Umschalten werden die Videokopf-Schaltimpulse benutzt.

Die von beiden Audioköpfen abgetastete Signalspannung wird in zwei verschiedene Wiedergabeverstärker gebracht. Mit Hilfe der Kopfwechselimpulse erfolgt die Kopfumschaltung und außerdem werden noch vorhandene Bildträgerreste entfernt. Eine automatische Verstärkungsregelung sorgt dafür, daß eventuell vorhandene Pegelunterschiede zwischen den Signalpaketen ausgeglichen werden. In zwei Verstärkern werden die frequenzmodulierten Signalspannungen verstärkt und daran anschließend werden die Signale mit zwei Bandpässen von 1,4 MHz und 1,8 MHz wieder getrennt. Dann stehen die frequenzmodulierten Signale L und R zur Demodulation zur Verfügung. Anschließend erfolgt die Matrizierung und die Auskopplung für den AV-Betrieb. Zur Weiterleitung zum UHF-Modulator wird meistens nochmals verstärkt. In der *Abb. 14.10.3* ist das Blockschaltbild des Tonsignalweges für die Wiedergabe zu sehen. Störungen oder kurzzeitige Aussetzfehler (Drop-outs) werden stummgeschaltet. Außerdem sorgen Kompander- und Expanderschaltungen dafür, daß die Dynamik erhalten bleibt.

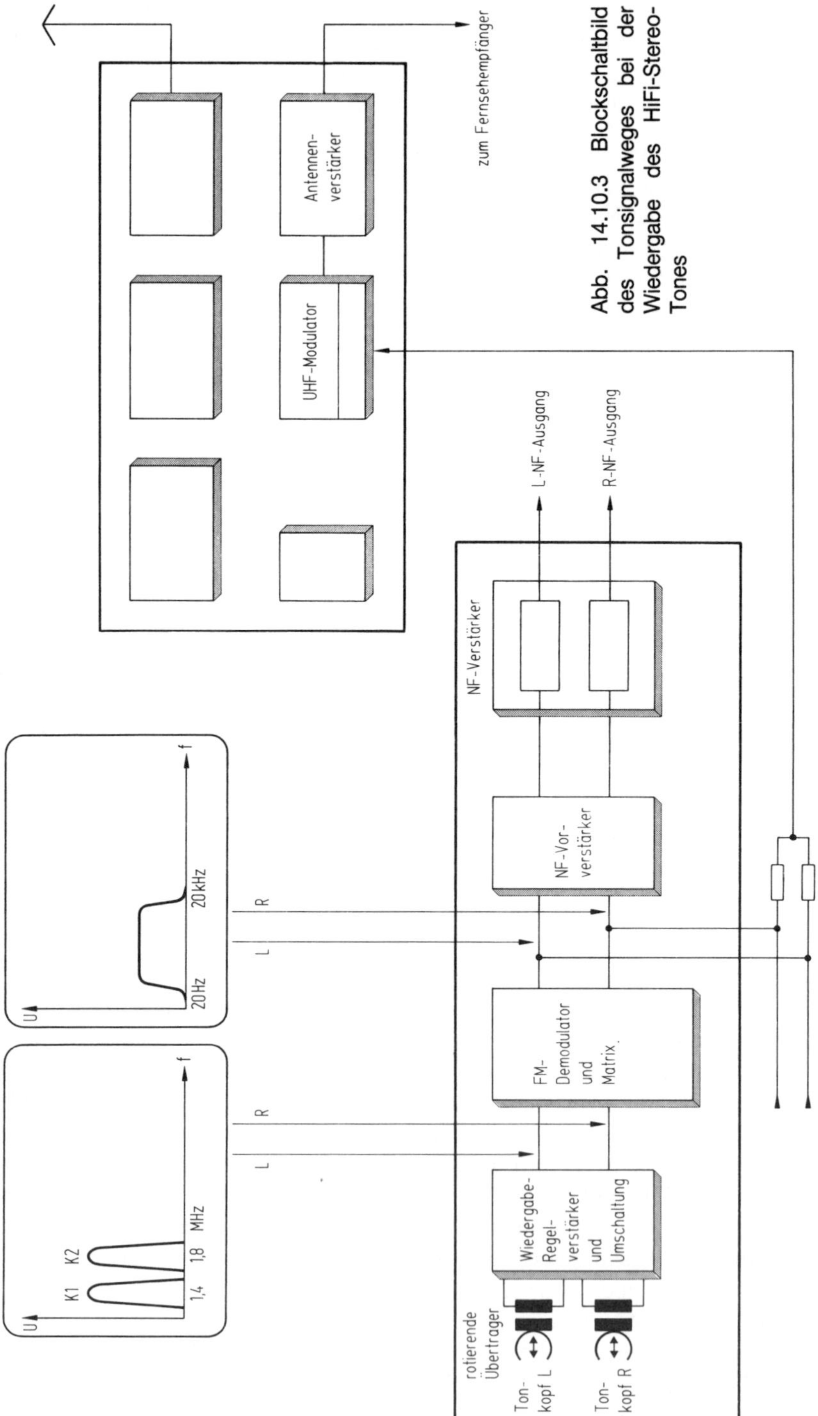

Abb. 14.10.3 Blockschaltbild des Tonsignalweges bei der Wiedergabe des HiFi-Stereo-Tones

14.11 Die Fehlersuche

Wegen der hohen Tonqualität werden Videorecorder mit HiFi-Qualität auch als Recorder nur für die Tonwiedergabe mitbenutzt. Schon geringfügig erscheinende Fehler machen sich dann besonders bemerkbar.

Bei der Fehlersuche muß deshalb zwischen Fehlern unterschieden werden, die auch bei Recordern mit Längsspur-Tonaufzeichnung auftreten und Fehlern, die nur die HiFi-Qualität bei Recordern mit Ton-Schrägspur-Aufzeichnung beeinträchtigen.

Bei der Wiedergabe ist das Zusammenfügen der beiden Kopf-Tonsignale problematischer als das der Videosignalzusammenführung. Der Kopfumschaltpunkt kann nicht, wie das beim Videosignal möglich ist, in den unteren, nicht sichtbaren Teil des Bildes verlagert werden. Der Ton ist fortlaufend immer hörbar. Die Umschaltung muß beim Ton deshalb wesentlich exakter und ohne jedes Umschaltgeräusch vorgenommen werden. Auch Knitterstellen im Band oder Aussetzstellen (Drop-outs) dürfen nicht als Tonstörungen hörbar sein. Sie müssen stummgeschaltet werden.

Sollte die Tonqualität beeinträchtigt sein, so ist es empfehlenswert, zuerst eine Fremdaufnahme in HiFi-Qualität wiederzugeben und anschließend eine Eigenaufnahme aufzunehmen und dann wiederzugeben. Auf diese Weise kann festgestellt werden, ob bei der Wiedergabe der Eigenaufnahme die Fehlererscheinung stärker auftritt als bei der zuerst erfolgten Wiedergabe der Fremdaufnahme.

Sollte das der Fall sein, so empfiehlt es sich, die Fehlersuche mit der Überprüfung der Tonköpfe zu beginnen, sie könnten verschmutzt sein. Außerdem sollte die optimale Einstellung der Pegel kontrolliert werden.

Wird der Fehler bei der Wiedergabe der Fremd- und auch bei der Eigenaufnahme festgestellt, so sollte die Eigenaufnahme auf einem anderen Videorecorder wiedergegeben werden. Zeigt sich dann kein Tonfehler, so ist der Fehler bei *Wiedergabe-Betrieb* zu suchen.

Zeigt die Eigenaufnahme auf dem zweiten Videorecorder denselben Fehler, so sollte im *Aufnahme-Betrieb* gesucht werden.

Die Prüfungen vor Beginn der Fehlersuche sollten in folgender Reihenfolge vorgenommen werden:

1. Wiedergabe einer Fremdaufnahme in HiFi-Qualität und in Längsspur-Betrieb
2. Aufnahme
3. Wiedergabe der Eigenaufnahme
4. Wiedergabe der Eigenaufnahme auf einem zweiten Recorder.

Außerdem kann auch überprüft werden, ob der Fehler im Längsspur-Betrieb auftritt.

14.12 Fehler

14.12.1 Totalausfall des Tones bei der Aufnahme

Bei der Wiedergabe einer Fremdaufnahme zeigt sich kein Fehler. Bei der Wiedergabe einer Eigenaufnahme ist nur Rauschen zu hören, die Ton-Aufnahme fehlt.

Fehlerursache

Der Aufnahmeverstärker, die Frequenzmodulations- und die Stummschaltung bei der Aufnahme sollten zuerst überprüft werden, also die Baugruppen, die nur beim Aufnahme-Betrieb genutzt werden. Die Aufnahme des Oszillogrammes nach der Zusammenführung der frequenzmodulierten Signalspannung bietet sich als erste Messung an. Fehlt hier das Nutzsignal, so wird weiter in Richtung AV-Ton-Buchse gesucht.

Kann andererseits die Signalspannung gemessen werden, so wird der Aufnahmeverstärker fehlerhaft sein.

14.12.2 Ton zu leise und verzerrt im Längsspur-Betrieb

Bei der Wiedergabe einer Fremdaufnahme im Längsspurbetrieb ist der Ton nur leise und verzerrt zu hören.

Fehlerursache

Die Vormagnetisierspannung wird vom Löschoszillator nicht zur Vormagnetisierung an den Längsspur-Tonkopf weitergeleitet. Der Einsteller sollte zuerst überprüft werden.

Der Löschoszillator als Erzeuger der Vormagnetisierspannung arbeitet noch, weil die alte Bandaufnahme gelöscht wurde. Eine Voraussetzung für diese Feststellung ist es allerdings, daß für die Eigenaufnahme kein neues, unbespieltes Band benutzt wird, sondern eine alte Aufnahme, die bei der Neuaufnahme gelöscht werden kann.

14.12.3 HiFi-Stereo-Ton zu leise bei der Wiedergabe

Der Ton ist zu leise bei der Wiedergabe einer Fremd- und Eigenaufnahme über beide Stereo-Kanäle zu hören.

Bei einer Eigenaufnahme, die auf einem zweiten Videorecorder wiedergegeben wird, zeigt sich kein Tonfehler.

Fehlerursache

Der Fehler ist im Ton-NF-Teil zu suchen. Zuerst sollte die Signalspannung nach dem Zusammensetzen der beiden Signale überprüft werden. Damit kann der Gang der weiteren Fehlersuche festgelegt werden. Sind die Pegel zu niedrig, wird in Richtung Wiedergabeköpfe weitergesucht. Stimmt die Höhe der Pegel dagegen, so wird in Richtung NF-Verstärkung bis zur AV-Buchse weitergesucht.

14.12.4 Totalausfall des HiFi-Stereo-Tones bei der Wiedergabe

Der Ton fehlt bei der Wiedergabe einer Fremdaufnahme.

Bei einer Eigenaufnahme, die auf einem zweiten Videorecorder wiedergegeben wird, zeigt sich kein Tonfehler.

Fehlerursache

Es wird sich um einen Defekt in einer Baugruppe handeln, die von beiden Stereosignalen gleichermaßen durchlaufen wird, weil der Ton beider Kanäle fehlt. Dafür kommt der geregelte Verstärker nach der Zusammensetzung der beiden Signale und vor der Trennung der frequenzmodulierten Signale in Frage.

Außerdem können auch gleichzeitig zwei Verstärker für L- und R-Information ausgefallen sein. Das ist wahrscheinlich dann der Fall, wenn beide Verstärker im gleichen IC enthalten sind.

Die Stummschaltung kann ebenfalls infolge eines Defektes fehlerhaft schalten.

14.12.5 Ausfall eines HiFi-Stereo-Tonkanales bei der Wiedergabe

Der Ton eines Stereokanals fehlt bei der Wiedergabe einer Fremdaufnahme. Bei einer Eigenaufnahme, die auf einem zweiten Videorecorder wiedergegeben wird, zeigt sich kein Tonfehler.

Fehlerursache

Der Signalweg für die Wiedergabe eines Kanales ist unterbrochen. Bei der Fehlersuche mit dem Oszilloskop kann der Fehlerort leicht gefunden werden, weil der zweite, intakte Signalweg zu Kontrollzwecken gleichzeitig mit überprüft werden kann. Meistens ist ein Wiedergabeverstärker defekt.

15 Fehlersuche in den Sonderfunktions-Schaltungen

15.1 Die Standbild-Wiedergabe

Beim Standbild-Betrieb wird der Bandlauf gestoppt. Der Kopfrad-Antrieb bleibt dagegen in Betrieb. So wird immer der gleiche Bereich des stehenden Bandes von den Videoköpfen abgetastet. Es handelt sich jedoch bei dieser Abtastung nicht um den gleichen Spurverlauf, wie er sich beim Bandlauf ergibt. *Der Neigungswinkel der abgetasteten Spur ändert sich dann, wenn das Band nicht transportiert wird.* Die Spurlänge wird dadurch beim stehenden Bild länger als beim bewegten Bild. Der Neigungswinkel verändert sich, wie das in der *Abb. 15.1.1* zu sehen ist.

Die Spur A beim Standbild ist länger als die Spur B, die bei dem eingeschalteten Bandtransport verkürzt wird.

Deshalb wird in der Standbild-Schaltung nicht mehr jeweils eine Spur abgetastet, sondern die Nachbarspur wird mit erfaßt. Da der Kopfspalt eines Videokopfes winkelversetzt ist, kann die Nachbarspur dabei nicht einwandfrei ausgelesen werden. Als Folge davon sind in dem abgetasteten Standbild Rauschzonen zu sehen. Diese Rauschzonen sind immer an den Stellen zu sehen, an denen die Abtastung die wiederzugebende Spur verläßt. In der *Abb. 15.1.2* sind einige Spurfolgen verkürzt dargestellt worden, mit denen das Band beim normalen Bandlauf abgetastet wird. Die Spurfolge entspricht der Spur B der Abb. 15.1.1. Bei Standbild-Wiedergabe verläuft die Spur jedoch über zwei dieser Spuren hinweg. Dieser Spurverlauf ist deutlich unter A zu erkennen. Dadurch ist eine sehr auffällige Bildstörung zu sehen, und es muß dafür gesorgt werden, daß die Rauschzone möglichst in einen Abtastbereich verlegt wird, der nicht sichtbar ist. Der Bandlaufmotor wird zu diesem Zweck schrittweise so gesteuert, daß der störende Rauschbalken außerhalb des sichtbaren Bildes

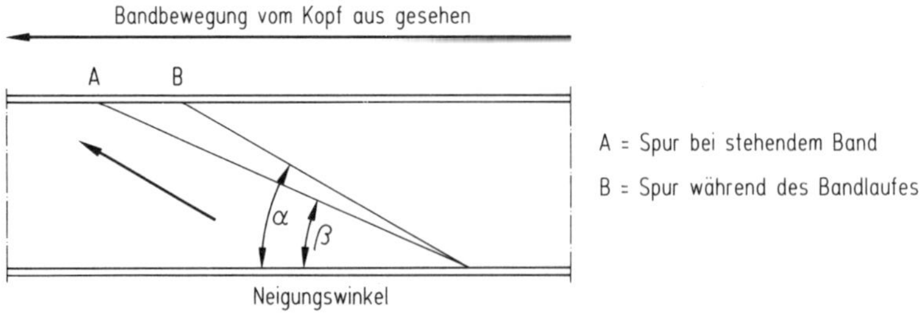

Abb. 15.1.1 Beim Standbild-Betrieb verändert sich der Neigungswinkel, die Spur wird länger

verlagert wird. Dort wird er dann während der Dauer des Standbild-Betriebes festgehalten. Zur Umschlingung des Kopfrades beginnt der Bandeinlauf 3° bevor der Kopfschaltimpuls wirksam wird; das entspricht einer Dauer von ungefähr 7 Zeilen. Daran schließen sich noch 6,5 Zeilen bis zum Beginn der Bildimpulse an. Diese benötigen weitere 5 Zeilen, und 5 Zeilen für die Nachtrabanten schließen sich an. So kann die Rauschzone in diesen Zeitabschnitt verlagert werden. In der *Abb. 15.1.3* sind zwei stark vergrößerte Spuren (verkürzt in ihrer Länge) zu sehen. Zur Verdeutlichung der Abtastung wurde die Rauschzone unten verlängert.

Damit eine Verlagerung des Rauschbalkens nach jeder Standbild-Einschaltung möglich ist, muß dem Bandlauf-Motor eine Nachsteuerspannung geliefert werden, und zwar so lange, bis der Rauschbalken seine Position in den nicht sichtbaren Teil des Bildes eingenommen hat. Zu dem Zweck muß eine Nachstimmspannung zur Verfügung stehen, die von der Rauschzone abhängig ist. In dem Moment, in dem das Rauschen am stärksten auftritt, muß diese Spannung vom Normalwert deutlich abweichen. Das Rauschen tritt ja dann auf, wenn nicht genügend Nutzsignalspannung verstärkt wird. Beim Standbild-Betrieb ist das dann der Fall, wenn durch die Veränderung des Neigungswinkels gleichzeitig die zweite Spur mit abgetastet wird. Da der Kopfspalt des Videokopfes winkelversetzt ist, wird die dann erfaßte Nachbarspur nicht ausgelesen und die anschließend verstärkten Spannungen sind im Normalbetrieb in etwa gleichbleibend hoch. In dem Moment jedoch, in dem eine Rauschzone auftritt, also vom Band kein Nutzsignal ausgelesen wird, sinkt die Nutzsignal-Spannung ab.

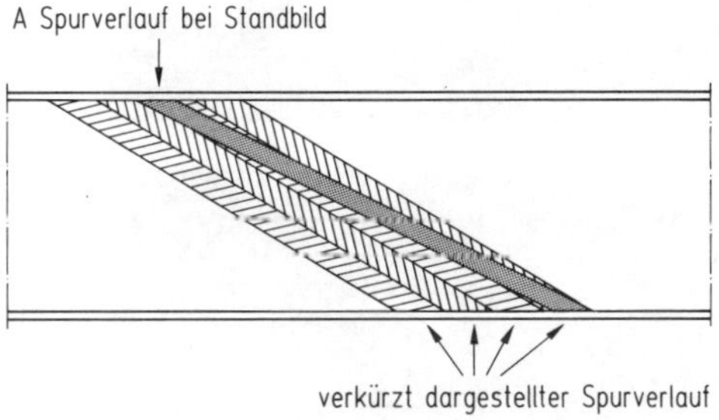

Abb. 15.1.2 Beim Standbild-Betrieb werden zwei Spuren des Bandes abgetastet

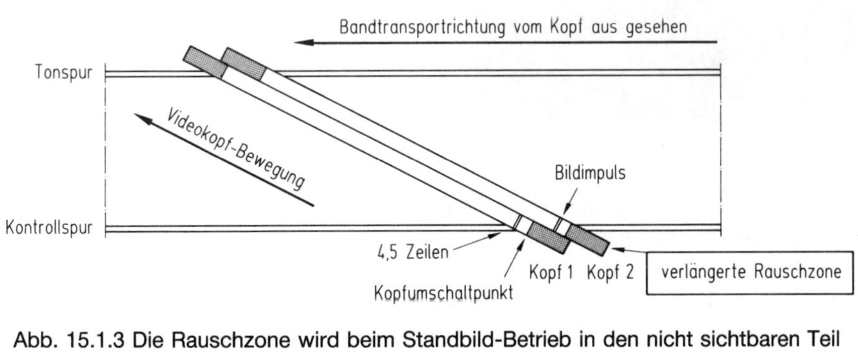

Abb. 15.1.3 Die Rauschzone wird beim Standbild-Betrieb in den nicht sichtbaren Teil des Spurverlaufes verlagert

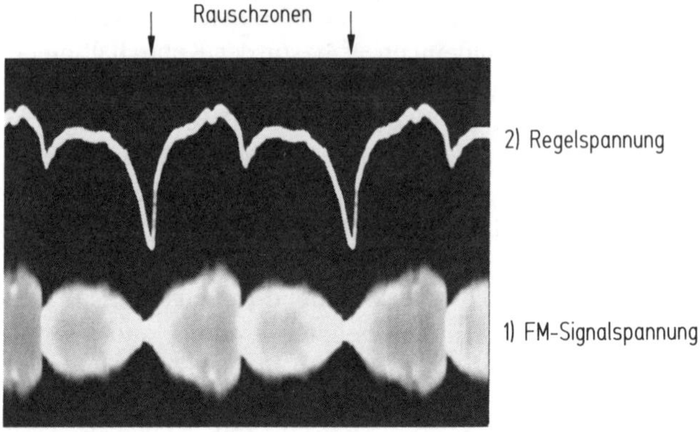

Abb. 15.1.4 Oszillogramme beim Standbild-Betrieb: 1. Die FM-Signalspannung zeigt beim Standbild-Betrieb Rauschzonen; 2. In Abhängigkeit davon wird eine Nachregelspannung erzeugt

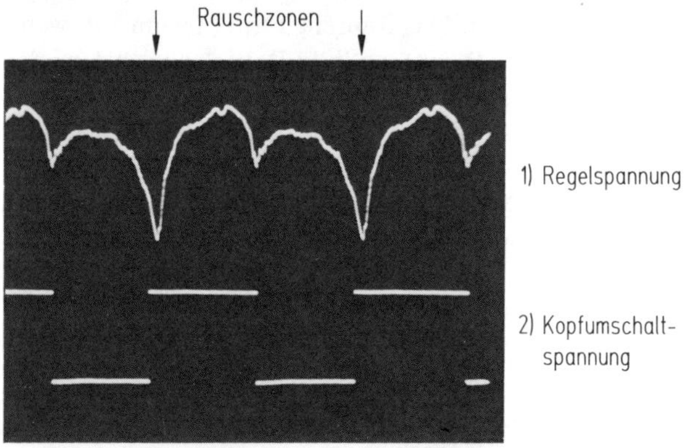

Abb. 15.1.5 Oszillogramme beim Standbild-Betrieb. Die Regelspannung (1) wird mit der Kopfumschaltspannung (2) verglichen. Die Rauschzone liegt am Beginn der Anstiegsflanke

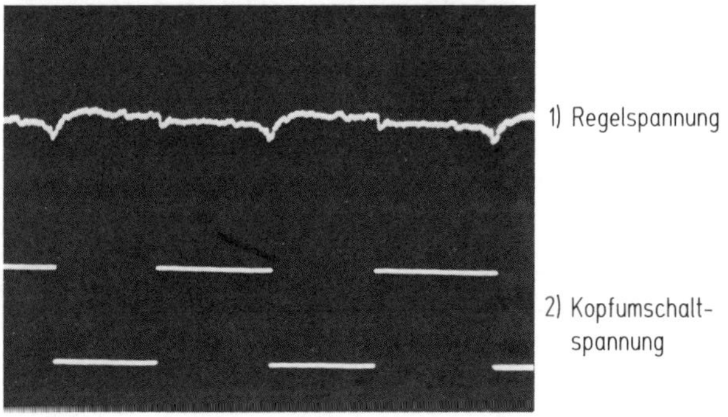

Abb. 15.1.6 Oszillogramme beim Wiedergabe-Betrieb. Da keine Rauschzonen abgetastet werden, fehlen die starken Spannungsschwankungen der Regelspannung (1)

Wird aus der FM-Signalspannung eine Nachregelspannung gewonnen, so steht dann die gewünschte, rauschabhängige Spannung zur Verfügung.

In der *Abb. 15.1.4* ist unten das Oszillogramm der FM-Signalspannung im Standbild-Betrieb zu sehen. In dem Moment, in dem keine Nutzsignal-Verstärkung möglich ist, weil der Kopf die winkelversetzte Nachbarspur mit abtastet, ist eine starke Einschnürung zu sehen. Eine in Abhängigkeit von der Amplitude der Nutzsignalspannung erzeugte Nachregelspannung wird dann auch ihren niedrigsten Wert haben. Diese Spannung steht im Videorecorder als automatische Verstärkungs-Regelspannung (*A*utomatic-*G*ain-*C*ontrol) zur Verfügung. Sie wird gleichzeitig auch für die Nachsteuerung im Standbild-Betrieb mit verwendet. In der Abbildung ist die Regelspannung oben zu sehen.

Diese Spannung muß mit einer weiteren Spannung verglichen werden, damit es möglich ist, das Rauschen wunschgemäß in den nicht sichtbaren Teil zu verschieben. Dazu eignet sich das Kopfumschaltsignal. Wenn beide Signale, gesteuert durch den Mikroprozessor, zusammentreffen, wird der Bandlaufmotor abgeschaltet. Zu dem Zweck wird eine bestimmte Impulsfolge vom Mikroprozessor ausgegeben. Innerhalb dieser Zeit müssen beide Impulse zusammentreffen. Nach dem Abschalten überprüft der Mikroprozessor noch den richtigen Stand. Sollte der Rauschbalken seine Position noch nicht erreicht haben, so wird der Motor nachgesteuert. Der Mikroprozessor wertet ständig die Lage des FM-Rauschens aus, um den Rauschbalken während der ganzen Zeit, in der das Standbild eingeschaltet ist, vom Bildschirm fernzuhalten.

In der *Abb. 15.1.5* wird das Oszillogramm der Verstärkungsregelspannung (1) gezeigt und darunter ist die Kopfumschaltspannung (2) zu sehen. Beide Spannungen sind in der richtigen Phasenlage. Der Rauschbalken liegt richtig am Beginn der Anstiegsflanke des Kopfumschaltimpulses. Zum Vergleich ist in der *Abb. 15.1.6* oben das Oszillogramm der automatischen Verstärkungs-Regelspannung im Wiedergabe-Betrieb zu sehen. Dabei ist keine Rauschzone vorhanden. Die vom Rauschen abhängigen Spannungsspitzen fehlen.

Eine Schaltungsanordnung für den Vergleich der beiden Impulsspannungen ist in der *Abb. 15.1.7* zu sehen. Nach der Verstärkung und Aufbereitung werden beide Spannungen verglichen. Wenn der Standbild-Betrieb eingeschaltet wird, gibt der Mikroprozessor zwei Sekunden lang eine Impulsfolge aus. Innerhalb dieser Zeit müssen die beiden Impulsspannungen richtig zusammentreffen. Dann stoppt der Motor. Anschließend wird nachgesteuert.

Am unteren Rand des Bildes werden im Normalbetrieb bei Aufnahme die Bildsynchronimpulse aufgezeichnet und im Wiedergabe-Betrieb wieder abgetastet. Mit dieser Impuls-

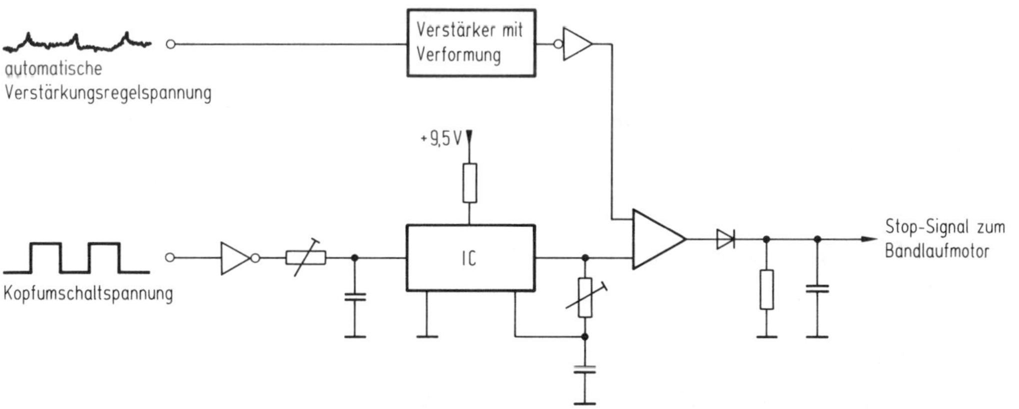

Abb. 15.1.7 Schaltungsanordnung für den Impulsvergleich beim Standbild-Betrieb

spannung wird das Bild synchronisiert. Beim Standbild-Betrieb ändert sich die relative Geschwindigkeit zwischen Videokopf und Band jedoch, weil der Bandlauf gestoppt wird. Damit ändert sich auch der Beginn der Abtastung der Teilbilder. Die Bildsynchronimpulse werden nicht mehr exakt am Beginn getastet. Das führt zu einer Instabilität der Bildsynchronisation. Zur Vermeidung von Synchronisationsfehlern des Bildes wird deshalb zusätzlich noch hilfsweise eine Bildsynchronimpuls-Spannung an den Schaltpunkt geführt, die dafür sorgt, daß der unterschiedliche Beginn der Teilbild-Abtastung kompensiert wird. Diese Impulsspannung wird auch beim Zeitlupen- und Zeitraffer-Betrieb zugeführt.

15.2 Fehler

15.2.1 Ein Rauschbalken bleibt sichtbar (Abb. 15.2.1.1, Tafel F 19)

Nach dem Einschalten des Standbild-Betriebes bleibt eine Rauschzone im Bild sichtbar. Die Rauschzone bleibt an einer Stelle stehen.

Fehlerursache

Der Mikroprozessor gibt nach dem Stoppen des Bandlaufmotors keine Impulsfolge aus oder die automatische Regelspannung trifft mit den Kopfschaltimpulsen nicht zusammen, so daß der Rauschbalken stehenbleibt. Zuerst sollte die Regelspannung der Standbildschaltung oszillografisch überprüft werden.

Bei einem Defekt des Mikroprozessors werden wahrscheinlich noch andere Funktionen fehlerhaft arbeiten.

15.2.2 Der Rauschbalken zieht nach unten (Abb. 15.2.2.1, Tafel F 20)

Nach dem Einschalten des Standbild-Betriebes zieht ein Rauschbalken von oben nach unten und *bleibt unten im sichtbaren* Bereich des Bildes stehen.

Fehlerursache

Die beiden Spannungen treffen im falschen Moment zusammen. Die Zeitkonstante muß neu abgeglichen werden.

15.2.3 Der Rauschbalken läuft durch das Bild

Ein Rauschbalken läuft langsam von oben nach unten über das Bild. Er bleibt nicht stehen.

Fehlerursache

Damit das Band beim Schalten in den Standbild-Betrieb keine Schlaufen bildet, bleibt der Bandwickelmotor bei den meisten Geräten eingeschaltet. Wenn der Bandzug jedoch fehlerhaft zu stark ist oder der Andruckrollen-Magnet durch einen Fehler nicht fest gegen die Capstanwelle drückt, kann es passieren, daß das Band langsam weitergezogen wird. Es ist dann nicht möglich, die Rauschzone außerhalb des sichtbaren Bildes zu verlagern.

Beim Auftreten dieses Fehlers sollte deshalb zuerst geprüft werden, ob das Band langsam weiterläuft.

Außerdem kann ein Fehler in der Impulsvergleichs-Schaltung vorliegen.

15.2.4 Die Bildsynchronisation versagt beim Standbild (Abb. 15.2.4.1, Tafel F 20)

Nach dem Einschalten des Standbildes läuft das Bild durch. Es bleibt nicht stehen.

Fehlerursache

1. Der Fernsehempfänger synchronisiert nicht, weil die Hilfsimpulse nicht dem Normsignal entsprechen.
2. Die Hilfsimpulse für die Bildsynchronisation beim Standbild werden nicht in die Standbild-Schaltung geführt. Sie fehlen am Einkoppelpunkt.

15.3 Der Zeitlupen-Betrieb

Während des Zeitlupen-Betriebes wird der Bandlauf ruckweise weitergeschaltet. Der Bandlauf-Motor erhält deshalb keine Betriebsgleichspannung, sondern eine Impulsspannung, mit der der Motor gesteuert wird. Die Ausführung der gewünschten ruckartigen Bewegung des Bandes wird deshalb erschwert, weil am Bandlaufmotor eine Schwungmasse mitläuft, die im Normalbetrieb für besseren Gleichlauf sorgt. Die Schwungmasse verursacht eine gewisse Trägheit beim Motorstart und -stop. Beim Start muß die Betriebsspannung deshalb erhöht werden und beim Stop muß zusätzlich abgebremst werden. Die Zeitlupen-Steuerspannung für den Bandlauf-Motor ist in der *Abb. 15.3.1* zu sehen. Es handelt sich um eine Treppen-Impulsspannung. Der Motor beginnt immer dann zu drehen, wenn nach der vorderen Anstiegsflanke die hohe Spannung anliegt, die dann erst zur Hälfte absinkt und dann mit steiler Flanke abschaltet.

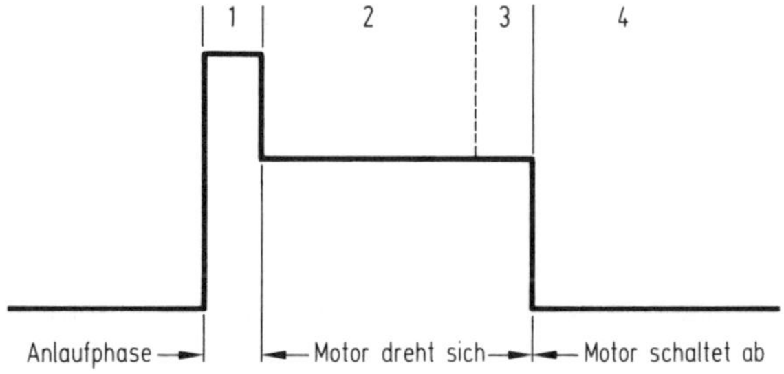

Abb. 15.3.1 Die Zeitlupen-Steuerspannung

Die Impulsfolge kann verändert werden und damit kann die Zeitlupe langsamer und schneller eingestellt werden. Diese Einstellung kann am Gerät vorgenommen werden. Bei Videorecordern mit Fernbedienung kann meistens zusätzlich auch fernbedient werden. Für die Bandlaufmotor-Steuerung wird eine vom Normalbetrieb getrennt arbeitende Schaltung benutzt. Die Steuerung erfolgt über die Datenausgabe. Nach dem Schalten auf Zeitlupe steuert der Mikroprozessor, der für die Datenausgabe zuständig ist, die Zeitlupenschaltung so, daß die Impuls-Schaltspannung am Bandlaufmotor anliegt.

15.4 Fehler

15.4.1 Totalausfall der Zeitlupe

Die Zeitlupe läßt sich nicht schalten. Alle anderen Funktionen sind normal zu bedienen.

Fehlerursache

Es wird sich um einen Ausfall der Schaltung für die Erzeugung der Impuls-Schaltspannung handeln. Diese Spannung kann oszillografiert werden. Wegen der niedrigen Frequenz können sich dabei Schwierigkeiten bei der Synchronisation ergeben. Die Impulsfolge läßt sich aber trotzdem beurteilen, weil sie in regelmäßigen Abständen über den Schirm des Oszilloskopes läuft.

Im vorliegenden Fall wird sie nicht meßbar sein.

Es besteht zwar noch die Möglichkeit, daß die Dateneingabe oder -ausgabe und der Mikroprozessor defekt sind, aber dann würden wahrscheinlich auch andere Funktionen wie beispielsweise „Standbild" fehlerhaft arbeiten.

15.4.2 Die Zeitlupen-Geschwindigkeit läßt sich nicht verändern

Trotz vorhandener Bedienung für langsamere und schnellere Zeitlupeneinstellung kann die Zeitlupen-Geschwindigkeit nicht variiert werden.

Fehlerursache

Der in einem IC enthaltene Mono-Multivibrator, der die Steuerspannung für den Bandlaufmotor bestimmt, kann nicht beeinflußt werden.

Der Fehler wird ausgehend von dem Zeitlupen-Geschwindigkeits-Einsteller bis zum Multivibrator zu finden sein.

15.4.3 Bei Zeitlupe zeigen sich Rauschzonen

Eine einwandfrei arbeitende Zeitlupe sollte keine Rauschbalken zeigen. Es wird ein Fehler vorliegen, wenn sich ständig Rauschzonen zeigen, wie das in der *Abb. 15.4.3.1, Tafel F 20* zu sehen ist.

Fehlerursache

Zuerst sollte die Spurlagen-Einstellung für die Zeitlupe überprüft werden. Dieser Einsteller kann am Gerät eingestellt werden. Bei falscher Einstellung ist eine Rauschbalken-Störung zu sehen. Sollte zusätzlich noch ein Vorregler (SLOW-PRESET) vorhanden sein, so muß der auf Mittenstellung gebracht werden und ein noch vorhandener Rauschbalken kann an den nicht sichtbaren Teil des Bildrandes verschoben werden.

Bleibt der Fehler trotzdem sichtbar, und sind alle anderen Funktionen normal auszuführen, dann handelt es sich um einen Fehler des Impulsverlaufes der Schaltspannung. Meistens schaltet der Motor am Ende eines jeden Impulses nicht exakt ab. Die Abschaltflanke fällt nicht senkrecht ab.

Der Fehler wird in der Schaltung zur Erzeugung der Impuls-Schaltspannung zu finden sein.

15.5 Der Zeitraffer-Betrieb

Während des Zeitraffer-Betriebes ändert sich die Lage der Spurabtastung entgegengesetzt zu der bei Standbildwiedergabe. Die Abtastung erfolgt über eine Nachbarspur hinweg in entgegengesetzter Richtung. Dabei entstehen ähnliche Rauschzonen, wie das beim Zeitlupenbetrieb beschrieben wurde.

15.6 Der Bildsuchlauf

Während des Suchlaufes wird die Geschwindigkeit des Bandtransportes je nach Gerätetyp um das 8–12fache der Wiedergabegeschwindigkeit erhöht. Der Suchlauf kann in Vorwärts- und Rückwärts-Richtung geschaltet werden. Dabei muß folgendes beachtet werden:

Die relative Geschwindigkeit ergibt sich aus der Bandlauf- und der Kopfrad-Geschwindigkeit. Während des Suchlaufes in Vorwärtsrichtung bewegen sich Köpfe und Band in gleicher Richtung. Die relative Geschwindigkeit verringert sich dabei gegenüber der Kopfrad-Geschwindigkeit.

Während des Suchlaufes in *Rückwärtsrichtung* bewegen sich Köpfe und Band in entgegengesetzter Richtung zueinander. Die relative Geschwindigkeit erhöht sich dabei.

Damit bei beiden Suchlaufarten die Bildstabilität erhalten bleibt, müssen die entstehenden Abweichungen kompensiert werden. Das wird dadurch erreicht, daß die Kopfrad-Geschwindigkeit beim Such-Vorlauf erhöht wird und beim Such-Rücklauf wird sie reduziert. Je nach Gesamt-Suchlauf-Geschwindigkeit beträgt die Erhöhung und Reduzierung zwischen 5–8 % der Kopfrad-Geschwindigkeit.

Bei der erhöhten Geschwindigkeit in beiden Richtungen werden von jedem Kopf gleichzeitig mehrere Spuren abgetastet. Im Prinzip ist das schon in ähnlicher Weise beim Standbild-Betrieb beschrieben worden. Da die Kopfspalte jeweils um $\pm 6°$ versetzt sind (Azimutwinkel) wird die Signalspannung nur bei jeder zweiten Spur so abgetastet, daß eine

Verstärkung möglich ist. Die abweichend versetzte Spur kann nicht einwandfrei verstärkt werden. Statt dessen entstehen an den Nahtstellen Rauschzonen. Deshalb sind beim Suchlauf-Betrieb im Bild mehrere Rauschzonen zu sehen, wenn diese nicht durch eine besondere Schaltung unterdrückt werden. Bei einer 10fachen Suchlauf-Geschwindigkeit werden deshalb 5 Rauschzonen zu sehen sein.

Die Synchronisation erfolgt mit Hilfe von Hilfsimpulsen. Auch während des Suchlaufes werden zusätzlich im Gerät erzeugte Bildimpulse eingefügt, damit Synchronisationsstörungen durch die Rauschzonen verhindert werden.

Über die Datenausgabe erfolgt die Steuerung. Beim Einschalten des *Bildsuch-Vorlaufes* wird die Bandlauf- und Kopfrad-Geschwindigkeit erhöht. Der Abwickelteller wird leicht gebremst, damit sich keine Bandschlaufen bilden können. Die Bandservoschaltung hält die erhöhte Geschwindigkeit konstant.

Beim Einschalten des *Bildsuch-Rücklaufes* wird die Bandlauf-Geschwindigkeit erhöht und die Kopfrad-Geschwindigkeit um ca. 5–8 % gesenkt. Der Bandlaufmechanismus schaltet auf Rücklauf. Der Aufwickelteller wird leicht abgebremst. Auch dabei wird die Geschwindigkeit von der Bandservoschaltung konstant gehalten.

15.7 Fehler

15.7.1 Totalausfall des Bildsuchlaufes

Der Suchlauf läßt sich nicht einschalten. Die vorher geschaltete Betriebsart bleibt weiter eingeschaltet.

Fehlerursache

Die Datenein- und -ausgabe funktioniert nicht, weil keine Funktion umgeschaltet wird. Die Betriebsartenwahlschaltung muß daraufhin untersucht werden, ob der Schaltbefehl ausgegeben wird.

15.7.2 Bildsuchlauf läuft nicht an

Nach dem Einschalten des Suchlaufes bleibt der Bandlauf stehen. Nach kurzer Zeit wird auf „Stop“ geschaltet.

Fehlerursache

Der Bandlauf arbeitet bei Suchlauf nicht. Der Antrieb funktioniert nicht, er soll eigentlich mit erhöhter Geschwindigkeit arbeiten. Da er stehenbleibt, schaltet das Kontrollsystem nach kurzer Zeit ab.

15.7.3 Die Bildsynchronisation versagt beim Bildsuchlauf

Sowohl beim Bildsuch-Vorlauf wie auch beim Rücklauf synchronisiert das Bild nicht, es läuft durch.

Fehlerursache

1. Die eingefügten Bildimpulse synchronisieren den Fernsehempfänger nicht, weil sie von den Normimpulsen der Fernsehsender abweichen. Die Bildsynchronisation des Fernsehempfängers muß nachgestellt werden.
2. Die Hilfsimpulse für die Bildsynchronisation fehlen.

15.8 Die Timer-Schaltung

Mit der Timer-Schaltung werden folgende Funktionen ausgeführt:

1. die Tageszeitanzeige
2. die Bandzählwerk-Funktion
3. die Memory-Funktion
4. die Timer-Funktion

Die Ausführung der Funktionen erfolgt über einen Mikrocompter.

1. Die Tageszeitanzeige
Es gibt zwei Möglichkeiten der Zeitanzeige, die beide in den verschiedenen Gerätemodellen angewendet werden.

Entweder liefert ein quarzgesteuerter Oszillator eine Oszillatorfrequenz, die auf 1 Hz heruntergeteilt wird, oder als Referenzfrequenz wird stattdessen die Netzfrequenz von 50 Hz benutzt, die ebenfalls auf 1 Hz heruntergeteilt wird. In dem angeschlossenen Mikrocomputer werden aus diesen Referenzimpulsen Minuten- und Stundenimpulse gebildet. Diese werden dann ausgegeben und steuern die digitale Uhranzeige.

2. Die Bandzählwerk-Funktion
In die Dateneingabe des Mikrocomputers wird die Impulsspannung gegeben, die aus der Umdrehungsfrequenz des Aufwickeltellers abgeleitet wird. Im Mikrocomputer werden die Impulse ausgezählt und das jeweilige Ergebnis wird in Form einer Digital-Information dem Bandzähler zugeführt, mit dessen Hilfe angezeigt wird.

3. Die Memory-Funktion
Nach dem Drücken der Memory-Taste läuft das weitergelaufene Band bis zur Zählposition 0000 zurück. In dieser Position gibt der Mikrocomputer einen H-Impuls aus und damit wird automatisch auf „Stop" geschaltet (*Abb. 15.8.1*).

4. Die Timer-Funktion
Die Uhr kann als Schaltuhr arbeiten. Sie kann mit dem Timer programmiert werden. Das Programm erfaßt:

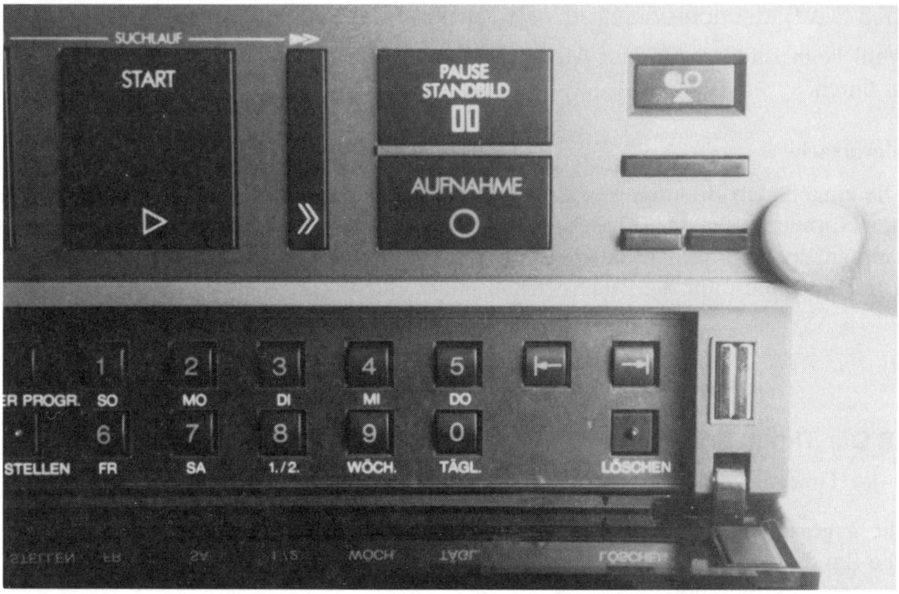

Abb. 15.8.1 Nach dem Einschalten der Memory-Funktion läuft das Band beim Umspulen bis zur Zählposition 0000 vor oder zurück

Abb. 15.8.2 Nach dem Programmieren wird die Timer-Aufnahme-Funktion eingeschaltet. Dann können keine anderen Betriebsarten geschaltet werden

1. den Aufnahmetag
2. den gewünschten Kanal (Sender)
3. die Einschaltzeit
4. die Ausschaltzeit

Die während der Programmierung gewählten Daten werden zur Kontrolle zusätzlich angezeigt. Anschließend wird die Timer-Funktion geschaltet (*Abb. 15.8.2*). Nach dem Einschalten läuft das gewählte Programm automatisch ab. Dabei wird kurz vor der Aufnahmezeit vorgestartet, das heißt, die Stromversorgung wird eingeschaltet, das Band wird eingefädelt und die Betriebsart „Pause“ wird geschaltet. Zur vorgegebenen Zeit löst der Aufnahme-Startimpuls des Timers die Funktion „Aufnahme“ aus und es wird aufgenommen. Nach dem Erreichen der Ausschaltzeit oder des Bandendes wird die Aufnahme beendet. Die Ausführung aller Timer-Funktionen wird von einem Mikrocomputer übernommen. Dabei kann wieder zwischen der Dateneingabe und der Datenausgabe unterschieden werden. Beispielsweise:

Dateneingabe:
Zuerst muß die Tageszeit eingegeben werden. Zu dem Zweck wird die Taste „Uhr setzen“ gedrückt. Damit wird die Uhrzeit gestoppt und beim gleichzeitigen Drücken der Tasten „Stunden“ und „Minuten“ kann die Tageszeit eingegeben werden. Nach dem Loslassen der Taste „Uhr setzen“ läuft die Uhr weiter und diese Zeit wird als Ausgangspunkt für die Ableitung der Programmierzeit genommen. Die Einstellung der Uhrzeit ist also die Voraussetzung, daß die dann folgenden Eingaben ihre Funktion zum richtigen Zeitpunkt ausführen.

Die beiden Eingabe-Tasten „Stunden“ und „Minuten“ werden auch für die Bestimmung der Aufnahme-Startzeit und der Aufnahme-Stopzeit benutzt. Auf die gleiche Weise, wie beim Setzen der Uhrzeit, kann die Aufnahme-Startzeit eingegeben werden, wenn statt der Taste „Uhr setzen“ die Taste „Aufnahme-Startzeit“ anhaltend gedrückt wird und dabei gleichzeitig die Stunden und Minuten der Timer-Aufnahme gestellt werden. Anschließend kann dann die Aufnahme-Stopzeit auf die gleiche Weise eingegeben werden. Die entsprechende Taste „Aufnahme-Stop“ wird dabei anhaltend gedrückt. Damit werden die Daten gespeichert.

Zusätzlich muß der Aufnahme-Tag durch Drücken der entsprechenden Taste noch mit gespeichert werden.

Anschließend wird die Timer-Funktion eingeschaltet. Damit wird ein Signal eingegeben, das dafür sorgt, daß die Timer-Ausgänge freigegeben werden. Damit ist die Daten-Eingabe der Vorprogrammierung vollzogen. Wenn sich nunmehr die vorprogrammierte Aufnahme-Startzeit der Uhrzeit nähert, wird 10 Sekunden vor der wirklichen Startzeit ein H-Signal ausgegeben. Das wird allerdings nur dann erfolgen, wenn auch die restlichen Voraussetzungen für den Start gegeben sind, das heißt, wenn die Tagesanzeige eingestellt wurde, wenn noch keine Programmierung abgelaufen ist (bei einmaliger Aufnahme) und wenn eine aufnahmebereite Kassette eingelegt wurde.

Datenausgabe:
Nachdem auf der Eingabeseite alle erforderlichen Daten eingegeben wurden, läuft das gewählte Programm ab. Ein Signal wird ausgegeben und löst den *Timer-Vorstart* aus. Daraufhin wird die Stromversorgung eingeschaltet. Der Einfädelvorgang wird eingeschaltet und die Andruckrolle am Bandlauf drückt sich an die Capstan-Welle. Das Gerät schaltet auf „Pause-Betrieb“. Dieser Ablauf ist innerhalb von 10 Sekunden beendet. Dann wird ein weiteres Ausgangssignal für den *Timer-Aufnahmestart* ausgegeben. Durch diesen Impuls wird der Bandlauf-Motor eingeschaltet und es wird auf „Aufnahme-Betrieb“ geschaltet. Außerdem wird dafür gesorgt, daß während des Timer-Programmes das einmal eingestellte Programm nicht geändert werden kann. Damit beginnt die Timer-Aufnahme. Sie endet dann, wenn das Band am Ende angelangt ist, oder wenn die vorprogrammierte Aufnahme-Stopzeit erreicht wird. Dann wird ausgeschaltet. Der Mikrocomputer gibt dann die Stopbefehle aus und schaltet ab.

Die Datenausgabe löst auch dann einen Impuls aus, wenn der Haupt-Netzschalter geschaltet wird oder wenn die Spannung nach einem Stromausfall des Netzes wieder anliegt. Dann kann es sein, daß die gespeicherten Uhrzeit-Daten je nach Gerätetyp sofort oder nach einiger Zeit gelöscht werden. Der *Rückstell-Impuls* (Reset-Impuls) läßt die Uhranzeige dann flackern. Damit wird darauf aufmerksam gemacht, daß die Uhrzeit neu eingestellt werden soll. Außerdem wird meistens zusätzlich auf die 1. Programmtaste geschaltet.

Die eingegebenen Daten, wie Uhrzeit, Startzeit und Stopzeit können digital angezeigt werden. Die Steuerung der Anzeige wird ebenfalls vom Mikrocomputer ausgeführt.

15.9 Fehler

15.9.1 Der Recorder läßt sich nicht einschalten

Es läßt sich keine Funktion ausführen und auch die Tageszeitanzeige leuchtet nicht.
Der Haupt-Netzschalter ist eingeschaltet. Die Stromversorgung arbeitet fehlerfrei.

Fehlerursache

Der Timer-Mikrocomputer kann defekt sein. Der Timer muß in den normalen Ablauf der verschiedenen Funktionen übergreifen. Das ist deshalb erforderlich, weil nach dem Einschalten des Timers dessen Programme Vorrang haben müssen und die Funktionen wie beispielsweise „Wiedergabe“ bis zum Ablauf des Timer-Programmes nicht zusätzlich geschaltet werden dürfen. Bei einem defekten Timer-Mikrocomputer kann es deshalb vorkommen, daß keine Funktionen ausgeführt werden können. Außerdem kann es in diesem Fall auch so sein, daß die Voraussetzung für das Arbeiten des Mikrocomputers nicht gegeben sind, und zwar fehlen die Betriebsspannungen, er wird nicht zurückgestellt (Reset) oder die Clock-Impulsspannung fehlt. Dann kann der Quarz defekt sein.

15.9.2 Im Timer-Betrieb wird zu falschen Zeiten eingeschaltet

Obwohl die richtige Ein- und Ausschaltzeit programmiert wurde, schaltet das Gerät zu einem falschen Zeitpunkt ein oder aus.

Die Tageszeit wird richtig angezeigt.

Fehlerursache

Die Ausgabe der Vorstart- und Start-Impulse erfolgt zum falschen Zeitpunkt. Der Timer-Mikrocomputer wird defekt sein.

15.9.3 Keine Tageszeitanzeige

Die Tageszeitanzeige fehlt völlig, sie leuchtet nicht. Alle Betriebsarten funktionieren jedoch normal.

Fehlerursache

Die Anzeige ist defekt. Meistens fehlt die Versorgungsspannung für das Display oder die zusätzlich mögliche Helligkeits-Einstellung der Anzeige ist defekt, so daß die Stromversorgung unterbrochen ist.

15.9.4 Die Ziffern der Tageszeitanzeige sind unvollständig

Es handelt sich dabei um waagerechte oder senkrechte Segmente, aus denen die verschiedenen Ziffern gebildet werden. Wenn eines dieser Segmente nicht mehr leuchtet, so fehlt nur an einer bestimmten Stelle ein Teilstrich einer Zahl.

Fehlerursache

Die Steuerung der Anzeige erfolgt über die Datenausgabe. Es besteht die Möglichkeit, daß eine Zuführung vom Mikrocomputer zur Anzeige unterbrochen ist. Meistens ist eine Lötstelle am Display fehlerhaft.

Sollte das nicht der Fall sein, so wird der Mikrocomputer defekt sein.

15.9.5 Der Timer arbeitet nicht

Alle anderen Betriebsarten arbeiten normal. Die Uhrzeit wird normal angezeigt, und auch die Programmierung läßt sich vornehmen, aber die Timer-Funktionen werden nicht ausgeführt. Es wird zur vorprogrammierten Zeit nicht auf „Aufnahme“ geschaltet.

Fehlerursache

Beim Einschalten des Timer-Betriebes wird meistens mit Hilfe einer ausgegebenen Impulsspannung ein Relais geschaltet, das wiederum die Stromversorgung einschaltet. Es besteht die Möglichkeit, daß dieses Relais nicht schaltet.

Ferner kann eine Leitungsunterbrechung von der Datenausgabe des Timer-Vorstartes oder Startes bis zum Einschalten der Stromversorgung vorhanden sein, oder der Timer-Mikrocomputer kann die Daten nicht ausgeben. Dann wird er defekt sein.

15.9.6 Falsche Zeitanzeige

Es kann auch sein, daß ständig oder unregelmäßig wechselnd, unterschiedliche Zahlen angezeigt werden.

Fehlerursache

Die Speicherung hält nicht mehr. Der Speicher ist defekt.

15.9.7 Die Zeitanzeige schaltet auf 0000

Die Betriebsspannung der Timer-Schaltung wird zu niedrig. Beim Unterschreiten einer Mindestspannung schaltet die Uhr zurück. Es wird sich wahrscheinlich nur um die Versorgungsspannung handeln, die auch dann anliegt, wenn der Recorder ausgeschaltet ist.

Beim Unterschreiten der anderen Versorgungsspannungen schaltet das Kontrollsystem ab.

16 Fehlersuche im VPS-System

16.1 Die Wirkungsweise

Das Video-Programm-System, kurz VPS genannt, bietet die Möglichkeit, Programmbeiträge in voller Länge aufzuzeichnen, und zwar unabhängig davon, ob sich die Programmfolge senderseitig zeitlich verschiebt. Bei einer Timer-Programmierung ohne VPS wird exakt zur vorprogrammierten Zeit aufgenommen. Bei einer Verschiebung des Sendebeginns des aufzuzeichnenden Programmes verschiebt sich der Startzeitpunkt nicht mit. Dadurch werden falsche Teile einer nichtgewünschten Sendung aufgezeichnet und von der gewünschten Aufzeichnung fehlen Teile. Mit VPS wird trotz geänderter Sendezeit exakt richtig aufgenommen.

Zu dem Zweck wird jeder Programmbeitrag senderseitig mit einem speziellen Code (Label) versehen. Dieses Label setzt sich aus einem 5-Byte-Wort zusammen, das folgenden Angaben enthält:

1. Adreßbereich
2. Tag
3. Monat
4. Stunde
5. Minute
6. Nationalität (Land)
7. Programmquellen-Bezeichnung (Kennung).

Das Mitsenden der Kennung ist erforderlich, um zu vermeiden, daß es zu Überschneidungen mit VPS-Sendungen anderer Sender kommt. Die Kennung wird darüber hinaus auch teilweise dazu benutzt, eine Klartext-Anzeige im Fernsehbild oder in dem Anzeigefeld des Videorecorders abzuleiten. Der jeweils gerade empfangene Sender kann so angezeigt werden. Das unverwechselbare Label wird der jeweiligen Sendung digital als 5-Byte-Wort in der Bild-Austastlücke der Datenzeile 16 beigefügt (Istwert).

Der Videorecorder wird mit genauer Startzeit (oder besonders angegebener VPS-Zeit) und dem gewünschten Programm vorprogrammiert (Sollwert).

Im VPS-Decoder werden der Soll- und der Istwert verglichen. Sobald beide Werte übereinstimmen, startet der Recorder. Er schaltet erst dann wieder ab, wenn das nächste Label des nachfolgenden Programmbeitrages gesendet wird.

Die Programmierung erfolgt bei VPS also nicht mehr zeitbezogen, sondern sie wird programmgesteuert.

Damit der Vergleich des Soll- mit dem Istwert erfolgen kann, muß die FBAS-Signalspannung dem VPS-Decoder zugeführt werden. Die *Abb. 16.1.1* zeigt einen Blockschaltbild-Auszug mit VPS-Decoder. Die Zuführung des FBAS-Signales wird darin dargestellt. Im

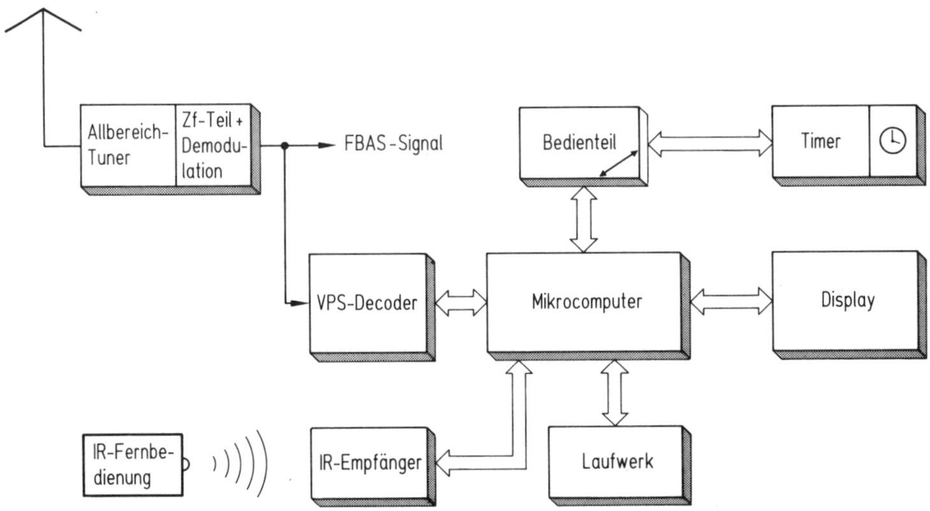

Abb. 16.1.1 Blockschaltbild-Auszug mit VPS-System

VPS-Decoder wird das Signal der Datenzeilen-Abtrennung zugeleitet. Dem FBAS-Signal werden die digitalen VPS-Daten entnommen und mit einer Taktfrequenz synchronisiert. Anschließend erfolgt die Decodierung und der Datenvergleich. Dabei wird geprüft, ob jedes Datenbit mit seinem komplementären Bit kombiniert ist. Zeigt die Prüfung, daß das der Fall ist, so werden die Daten decodiert und zur Auswertung dem Hauptrechner zugeführt. Darin werden die decodierten Daten mit den vorprogrammierten Daten verglichen. Bei Übereinstimmung wird der Videorecorder dann gestartet. Erst bei einer späteren senderseitigen Änderung des Labels wird er wieder ausgeschaltet.

Außer dem VPS-Label können den Programmbeiträgen von den Sendern auch andere Codes beigefügt werden. Dann ist eine VPS-Aufzeichnung nicht möglich. Vor einer Fehlersuche im VPS-Decoder sollte deshalb immer zuerst geklärt werden, ob bei einer mißlungenen VPS-Programmierung das VPS-Label überhaupt gesendet wurde. Es können folgende Codes mitgesendet werden:

1. VPS-Label
Eine VPS-Programmierung ist möglich.

2. Status-Code
Er gibt an, daß keine VPS-Programmierung möglich ist. Normaler Timerbetrieb ist jedoch möglich.

3. Leercode
Dabei ist weder VPS- noch Timer-Betrieb möglich. Er wird beispielsweise bei der Ausstrahlung von Testbildern mitgesendet.

4. Unterbrechungscode
Er wird innerhalb einer VPS-Sendung dann gesendet, wenn die VPS-Aufzeichnung nur unterbrochen werden soll. Das kann beispielsweise während der Halbzeit eines Fußballspie-

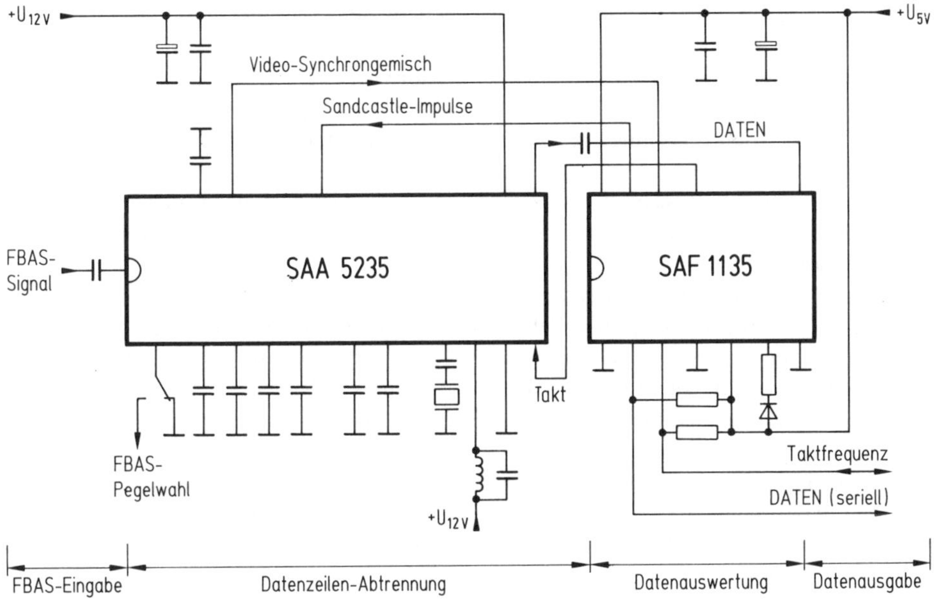

Abb. 16.1.2 Die Schaltungsanordnung eines VPS-Decoders

les sein, wenn die Nachrichtensendung eingespielt wird. Der Recorder wird die VPS-Aufnahme nach Beendigung des Unterbrechungscodes fortsetzen.

Die *Abb. 16.1.2* zeigt die Schaltungsanordnung eines VPS-Decoders. Das FBAS-Signal wird bei der Aufnahme in das IC SAA 5235 geleitet. Aus diesem Signal wird ein Synchrongemisch erzeugt, das mit der Taktfrequenz verkoppelt wird. Die Taktfrequenz wird mit den Sandcastle-Impulsen und dem Beginn der Dateninformation synchronisiert. Diese Information wird in das IC SAF 1135 zur Datenauswertung weitergeleitet. Der Datenzeilen-Decoder wählt die 16. Zeile des Signales und decodiert die VPS-Information. Über die Datenausgabe werden die Daten dem Hauptrechner zugeleitet. Dort erfolgt die Datenauswertung und der Datenvergleich.

16.2 Die Fehlersuche

Vor dem Beginn der Fehlersuche in der Schaltung sollte immer zuerst geprüft werden, ob alle Voraussetzungen erfüllt wurden, die den VPS-Betrieb erst ermöglichen. Folgende Bedingungen müssen erfüllt sein:

1. Die Grundeinstellung des Videorecorders muß stimmen, das heißt, Tag, Monat, Jahr und Uhrzeit müssen eingestellt sein.
2. Der Videorecorder muß je nach Gerätetyp eingeschaltet oder in Bereitschaft (stand by) geschaltet sein.

3. Bei der Vorprogrammierung muß die *richtige* VPS-Zeit und das Datum eingegeben worden sein.
4. Der Sender muß das VPS-Label für den gewünschten Programmbeitrag mit ausstrahlen. Die Anzeige der VPS-Kontrolle ist zu beachten.
5. Der VPS-Betrieb muß eingeschaltet sein oder nach der VPS-Programmierung bestätigt werden.
6. Eine Kassette muß sich im Recorder befinden. Sie darf nicht gegen Neubespielen gesichert sein. Außerdem muß sie eine der Dauer der Aufnahme entsprechende Bandlänge haben.

Wenn alle genannten Voraussetzungen erfüllt sind und es trotzdem nicht zu einer VPS-Aufnahme kommt, so sollte anschließend eine manuelle *Aufnahme-Programmierung ohne VPS* vorgenommen werden. Ist auch damit keine Aufnahme möglich, so sollte zuerst die Timer-Schaltung untersucht werden (Kapitel 15.8 und 15.9).

Arbeitet die Timer-Aufnahme ohne VPS jedoch normal, dann wird mit der Fehlersuche im VPS-Decoder begonnen.

Zuerst sollten die *Spannungen* an den ICs gemessen werden. Fehlt eine der Spannungen am Decoder-Eingang, so wird weiter in Richtung Netzteil gesucht. Ist eine Spannung jedoch nur stark gesunken (über 20 % des Normalwertes), so wird das damit versorgte IC defekt sein.

Zur weiteren Kontrolle werden die *Oszillogramme* aufgenommen. Zuerst sollte festgestellt werden, ob das *FBAS-Signal am Eingang* anliegt. Anschließend wird die *Taktfrequenz* (clock) oszillografisch überprüft. Sollte diese nicht mehr meßbar sein, so wird der Schwingquarz defekt sein.

16.3 Fehler

Vor jeder Fehlersuche sollte kontrolliert werden, ob alle Voraussetzungen für den VPS-Betrieb erfüllt wurden, weil falsche Bedienung und falsche Programmierung häufig als Fehlerursache in Frage kommen.

16.3.1 Nur im VPS-Betrieb schaltet der Recorder nicht ein

Der Recorder bleibt in Stop-Stellung, eine VPS-Aufnahme ist nicht möglich. Eine manuelle Timer-Vorprogrammierung arbeitet jedoch normal.

Der Fehler ist im VPS-Decoder zu suchen. Nur in ganz seltenen Fällen kann auch der folgende Mikrocomputer einen Fehler aufweisen. Im Rahmen der schon beschriebenen Fehlersuche kann das defekte Teil gefunden werden. Das IC für die Datenzeilen-Abtrennung wird häufiger defekt als das IC für die Datenauswertung.

16.3.2 Während des VPS-Betriebes schaltet der Recorder wiederholt ein und aus

Das VPS-Label kann im Decoder zeitweilig nicht einwandfrei ausgewertet werden. Die Ursache hierfür ist meistens darin zu suchen, daß die Bildqualität nicht einwandfrei ist. In der Antennenspannung sind Reflexionen enthalten. Die Antennenanlage muß untersucht bzw. neu ausgerichtet werden.

16.3.3 Bei VPS-Betrieb fehlt der Beginn der aufzuzeichnenden Sendung

Es besteht die Möglichkeit, daß die Sendung wesentlich früher als vorgesehen begann und der Recorder dadurch im Timer-Betrieb zur programmierten und damit späteren Zeit einschaltete.

Bei mehreren Programmierungen, bei denen sich die Sendezeiten überschneiden oder bei denen eine Programmänderung vorgenommen wurde, wird immer die zuerst beginnende Aufnahme bis zu ihrem Ende durchgeführt. Es kann dann passieren, daß der Beginn der nachfolgenden Aufnahme fehlt. Sollte die Programmänderung bei der Programmierung schon bekannt sein, so wird die mögliche Fehlbedienung angezeigt. Einige Recordermodelle schalten die schon begonnene Sendung nicht ein.

Scheiden die vorgenannten Fehlbedienungen als Fehlerursache aus, so wird der Fehler am oder im Mikrocomputer liegen. Er schaltet statt des VPS-Betriebes den Timer-Betrieb ein.

16.3.4 Bei VPS-Betrieb fehlt das Ende der aufzuzeichnenden Sendung

Scheiden Fehlbedienungen als Fehlerursache aus und hatte die eingelegte Kassette noch genügend Restspielzeit, so wird der Recorder fälschlich von VPS-Betrieb auf Timer-Betrieb umgeschaltet haben. Es wird ein Fehler am oder im Mikrocomputer vorliegen.

16.4 Die Wirkungsweise mit Lichtgriffel-Programmierung

Bei der VPS Programmierung am Recorder oder mit Hilfe der Fernbedienung gibt es verschiedene Möglichkeiten der Fehlbedienung. Zur Vereinfachung der Programmierung wurde deshalb die Strichcode-Programmierung eingeführt. Dabei wird die Eingabe der Daten mit einem Lesestift vorgenommen, der über den gewünschten Code einer mitgelieferten Strichcode-Liste geführt wird. Noch einfacher kann programmiert werden, wenn ein kompletter Strichcode eingegeben wird, der in einer Programm-Zeitschrift in Verbindung mit der gewünschten Sendung abgedruckt wird.

Die Programmierung erfolgt duch Drücken der Programmiertaste. Anschließend wird der gewählte Strichcode mit dem Lesestift überstrichen. An der Multifunktions-Anzeige oder an der Anzeige am Lesestift kann jeweils kontrolliert werden, ob die Eingabe richtig vorgenommen wurde.

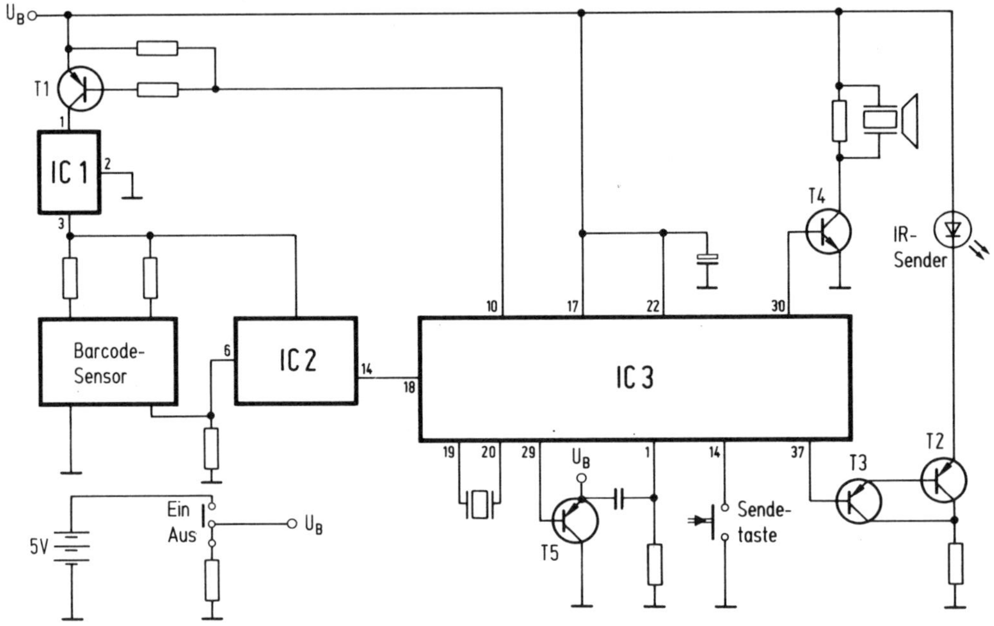

Abb. 16.5.1 Vereinfachte Schaltungsanordnung eines Lesestiftes zur VPS-Programmierung

16.5 Fehler

Beim Einlesen muß der Lesestift schnell und vollständig über den Strichcode geführt werden, andernfalls ist die Eingabe unvollständig und muß wiederholt werden. Sollte keine Eingabe möglich sein, so kommen folgende Fehlerursachen in Betracht:

1. Der Sensor in der Spitze des Lesestiftes ist stark verschmutzt. Er muß gereinigt werden.
2. Das Programmblatt mit den Strichcodes ist stark verschmutzt oder zerknittert. Es muß gereinigt oder geglättet werden.
3. Die Batterien im Lesestift sind verbraucht. Sie müssen ausgewechselt werden. Da die Lebensdauer der Batterien normalerweise sehr lang ist, sind sie meistens dann vorzeitig erschöpft, wenn oft vergessen wurde, den Lesestift nach der Benutzung auszuschalten, oder die Sendetaste klemmt.
4. Der Lesestift ist defekt.

In der *Abb. 16.5.1* ist das vereinfachte Schaltbild eines Lesestiftes zu sehen. Zuerst wird die Betriebsspannung U_B gemessen. Anschließend wird festgestellt, ob alle Spannungen direkt an den ICs, den Transistoren und der Sendediode anliegen. Meistens ist IC 3 oder ein Transistor defekt.

16.6 Die Wirkungsweise beim VPV-Verfahren

In Verbindung mit einem eingebauten Videotext-Teil ist eine einfache Art der Programmierung möglich (*V*ideotext *p*rogrammiert *V*ideorecorder). Über den Videotext-Decoder wird die Porgrammvorschau des gewünschten Senders gewählt. Dann kann mit Hilfe einer Cursor-Taste das gewünschte Programm angewählt werden. Anschließend wird das angewählte Programm über eine Bestätigungstaste (OK-Taste) VPS-programmiert. Weitere Zeiteingaben entfallen bei diesem Verfahren.

16.7 Fehler

Eine weitere Vereinfachung besteht darin, daß Bedienfehler schon während des Programmierens angezeigt werden. So wird angezeigt:

1. Es befindet sich keine Kassette im Gerät.
2. Die eingelegte Kassette ist gegen Neubespielen gesichert.
3. Die Restspielzeit der Kassette reicht für die Aufnahme nicht aus.
4. Die Aufnahmezeiten der Timer-Plätze überschneiden sich.

Diese Fehlermöglichkeiten scheiden deshalb aus.

Eine Voraussetzung für die VPV-Programmierung ist es, daß einzelne Programmplätze mit Sendern belegt sind, die Videotext-Programmseiten senden. Diese Programmseiten des jeweils gewünschten Senders müssen anwählbar sein. Sollte das nicht möglich sein, so muß dieser Fehler im *Videotext-Teil* gesucht werden. Zur Kontrolle empfiehlt es sich, eine manuelle Dateneingabe vorzunehmen. Die Aufnahme wird dann möglich sein, wenn nur der Videotext-Decoder defekt ist.

Wird der Videorecorder nach dem Programmieren durch manuelle Dateneingabe jedoch nicht zum vorgesehenen Zeitpunkt eingeschaltet, so muß der Fehler im *VPS- und Timer-Teil* gesucht werden.

17 Fehlersuche in Netzteilen

Mit Hilfe des Netzteiles wird der Videorecorder mit Strömen und Spannungen versorgt. An die Stromversorgung werden dabei unterschiedliche Forderungen gestellt. Der Antennenverstärker muß beispielsweise auch dann mit Strom versorgt werden, wenn kein Videobetrieb durchgeführt wird. Andere Baugruppen müssen nach dem Einschalten ständig stromversorgt werden und darüber hinaus müssen einzelne Baugruppen und Motore dann versorgt werden, wenn sie zusätzlich eingeschaltet werden. Die verschiedenen, vom Netzteil zu liefernden Spannungen und Ströme können deshalb in drei Gruppen eingeteilt werden:

1. Die Dauerspannungen
2. Die Einschalt-Spannungen
3. Die Einzel-Funktionsspannungen

Dabei ist besonders zu bemerken, daß es sich in den meisten Fällen nicht nur um das Anlegen einer Spannung handelt, sondern daß der Stromkreis geschlossen wird. Da der Reparaturtechniker aber vornehmlich die Spannung mißt, wird in der Folge meistens von dieser gesprochen. Beim Netzschalter des Videorecorders muß zwischen dem Haupt-Netzschalter und dem Ein- und Ausschalter unterschieden werden.

Der Hauptnetzschalter ist meistens an der Rückseite angeordnet und steht normalerweise in Stellung „Ein". Wenn er in Stellung „Aus" geschaltet wird, ist die gesamte Stromversorgung unterbrochen. Keine der drei genannten Spannungen liegt dann an.

Der *Ein- und Ausschalter* ist dagegen an der Frontseite angeordnet und ständig bedienbar. Wenn er in Stellung „Aus" geschaltet wird, bleiben die Dauerspannungen trotzdem noch eingeschaltet. Mit dem Einschalten werden dann alle Spannungen dazugeschaltet, die für den Betrieb ständig zur Verfügung stehen müssen.

Die *Einzel-Funktionsschalter* ermöglichen darüber hinaus das Einschalten einzelner Betriebsarten. Sie sind ebenfalls an der Frontseite mit Kurzhub- oder Sensortasten bedienbar. Außerdem besteht die Möglichkeit der zusätzlichen Fernbedienung.

Die Dauerspannungen

Die Dauerspannungen müssen auch dann zur Verfügung stehen, wenn der Videorecorder ausgeschaltet ist. (Der Haupt-Netzschalter jedoch bleibt eingeschaltet.) Es handelt sich dabei um folgende Funktionen:

1. Die Stromversorgung des Antennenverstärkers
2. Die Stromversorgung der Uhr mit Timer
3. Die Spannungsversorgung für den Speicher
4. Die Kopftrommelheizung

Beim HF-Betrieb wird die Antennensignalspannung zuerst über den Antennenverstärker geleitet und anschließend zum Fernsehempfänger weitergeführt. Der Verstärker muß auch dann arbeiten, wenn der Videorecorder nicht in Betrieb genommen wird, damit der Fernsehempfänger jederzeit betriebsbereit bleibt.

Die Uhr muß ebenfalls ständig mit Strom versorgt werden, damit die Tageszeit ständig angezeigt werden kann. Erst dann ist der Timer-Betrieb möglich. Die Stromversorgung muß deshalb dauernd bestehen bleiben. Damit die Daten für die Sender-Abstimmspannung immer abrufbar gespeichert bleiben, muß auch der Speicher mit einer Dauerspannung versorgt werden, wenn das nicht auf andere Weise erreicht wird.

Zur Verhinderung von Bandlauffehlern durch Kondenswasserbildung ist in verschiedenen Modellen noch eine Heizung für die Kopftrommel eingebaut.

Die Einschalt-Spannungen

Nach dem Einschalten muß der Videorecorder sofort betriebsbereit sein. Deshalb müssen die verschiedenen Baugruppen mit den dafür benötigten Strömen und Spannungen versorgt werden. Meistens geschieht das Einschalten mittels eines Relais, dessen Einschalt-Kontaktsätze dann geschlossen werden, so daß die verschiedenen Spannungen und Ströme getrennt weitergeleitet werden können.

Die Einzel-Funktionsspannungen

Mit den einzelnen Funktionstasten wird die jeweils gewählte Betriebsart eingeschaltet. Es kann also beispielsweise Wiedergabe, Aufnahme, Vorlauf, Rücklauf, Zeitlupe, Standbild und so fort eingeschaltet werden. Dabei wird die jeweils erforderliche Stromversorgung für diese Betriebsart zusätzlich eingeschaltet.

17.1 Die Regelung mit Transistoren

Die Belastung des Netzteiles verändert sich während des Betriebes durch das Ein- und Zuschalten einzelner Funktionsabläufe über die Mikroprozessor-Steuerung und auch nach unterschiedlicher Betriebsartenwahl. Darüber hinaus muß am Netzeingang mit schwanken der Spannung gerechnet werden. Trotzdem sollen die Spannungen und Ströme stabil bleiben, weil nur im Zusammenwirken der einzelnen Baugruppen mit gleichbleibender Stromversorgung einwandfreie Aufnahmen und Wiedergaben zu erzielen sind. Ein Teil der Spannungen muß deshalb geregelt werden. Das wird mit Hilfe von Spannungs- und Strom-Stabilisierungsschaltungen vorgenommen. Die Aufgabe dieser Schaltung besteht darin, sowohl Eingangsspannungs-Änderungen wie auch Belastungsänderungen am Ausgang so zu regeln, daß Ausgangsströme und -spannungen immer gleich bleiben.

Die Regelung wird mit Transistoren oder Regel-ICs erreicht. Auch Zenerdioden werden häufig als Elemente der Regelung verwendet. Da Spannungen und Ströme für unterschiedliche Zwecke stabilisiert werden müssen, besitzen die Netzteile meistens mehrere Stabilisierschaltungen.

Die erste Aufgabe bei der Fehlersuche in Stabilisierschaltungen besteht darin, die komplette Regelschaltung und ihre Arbeitsweise im Schaltbild herauszufinden. Dabei kann gesagt werden, daß die gebräuchlichsten Grundschaltungen immer wieder in den verschiedenen Schaltungen anzutreffen sind.

Eine solche Grundschaltung mit Stell- und Regeltransistor zeigt die *Abb. 17.1.1.*

Die ungeregelte Eingangsspannung wird an den Kollektor des Stell- oder Längstransistors gelegt und über den Emitter weitergeleitet. Die Steuerung erfolgt über die Basis. Daran liegt der Kollektor des Regeltransistors, dessen Kollektorstrom mit der Basisspannung U_B eingestellt wird. Die Basisspannung wiederum ist über die Widerstände R_3 und R_4 von der Ausgangsspannung abhängig. Der Strom durch den Stelltransistor ist damit von der Basisspannungsänderung des Regeltransistors abhängig und zwar über dessen Kollektorstrom. Dieser Wert beeinflußt direkt die Höhe der Ausgangsspannung.

17.1.1 Fehlersuche

Bei vermuteten Fehlern in diesen und ähnlichen Regelschaltungen sollten zuerst die Spannungen am Längstransistor gemessen werden.

Bei einer *Unterbrechung* im T_1 wird die Ausgangsspannung fehlen. Als Folge davon wird sich auch kein Kollektorstrom I_c einstellen und somit auch die Basisspannung von T_1 fehlen. Es wird also nur die Kollektorspannung zu messen sein. Liegt ein solcher Fall vor, so sollte vor dem Auswechseln des Stelltransistors zuerst noch der Regeltransistor überprüft werden. Wenn dieser einen Kurzschluß aufweist, so wird ein neu eingesetzter Längstransistor nach dem Einschalten möglicherweise sofort wieder defekt werden, da sich eine völlig falsche Basisspannung einstellt.

Auch bei einem *Kurzschluß* im Längstransistor, der dann vermutet wird, wenn auch die Kollektorspannung fehlt (Sicherung defekt), oder wesentlich zu niedrig geworden ist, sollten der Regeltransistor und die Zenerdiode gleichzeitig mitüberprüft werden. Sie können die Ursache des Fehlers sein.

Sehr häufig wird auch eine Schaltung benutzt, bei der eine konstant gehaltene Referenzspannung mit der Ausgangsspannung verglichen wird. Über einen Regelverstärker wird

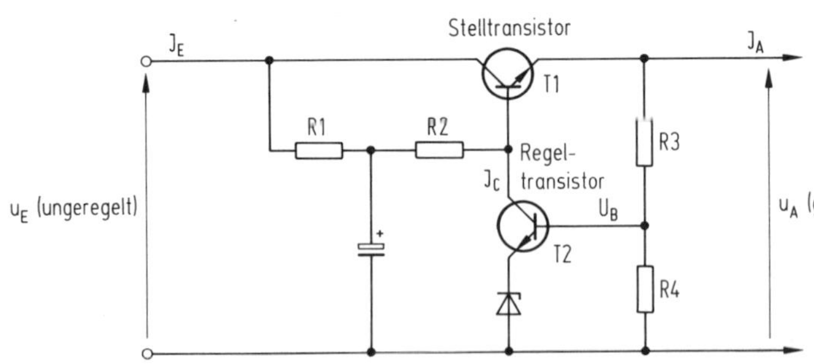

Abb. 17.1.1 Schaltungsanordnung einer einfachen Regelschaltung mit Stell- und Regeltransistor

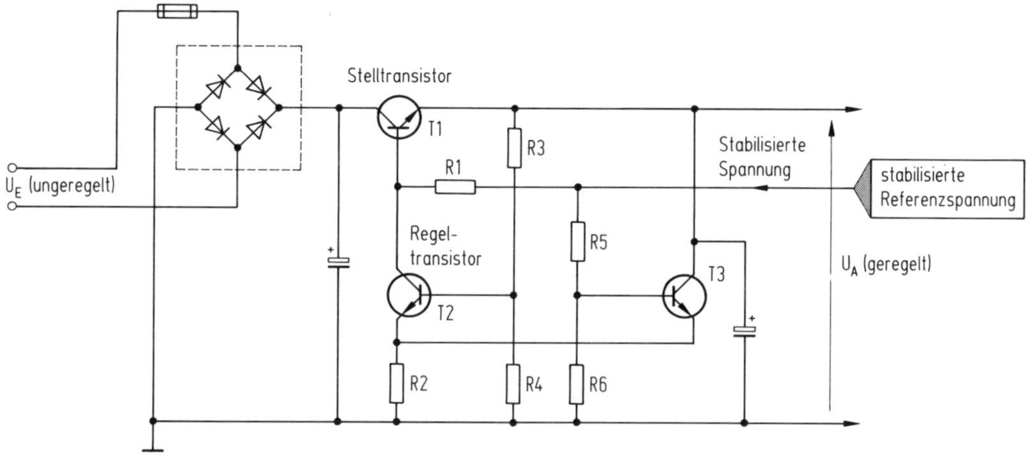

Abb. 17.1.1.2 Schaltungsanordnung eines Netzteiles mit einer Regelschaltung mit Referenzspannung

dann eine Sollwertkorrektur vorgenommen. Die *Abb. 17.1.1.2* zeigt eine solche Schaltungsanordnung. Dabei wird eine geregelte Spannung zugeführt, die als Steuerspannung für den Stelltransistor T_1 dient. Gleichzeitig wird die Spannung über R_5 an die Basis des T_3 gelegt. Der Transistor T_2 vergleicht die über den Emitter von T_3 am Emitter von T_2 anliegende Referenzspannung mit der Ausgangsspannung, die an der Basis anliegt, und steuert den Stelltransistor. Damit wird die Ausgangsspannung U_A stabilisiert.

Die Ausgangsspannung wird dann nicht anliegen, wenn die Referenzspannung fehlt. Damit kann der Stromfluß über T_1 unterbrochen werden. Bei der Fehlersuche sollten deshalb auch bei dieser Schaltungsanordnung zuerst die Spannungen am Stelltransistor gemessen werden. Fehlt die Basisspannung, so wird auch keine Spannung am Emitter zu messen sein. Die Ursache der Unterbrechung wird aber ausgehend von der Basis zu finden sein.

17.2 Die Regelung mit ICs

Die einzelnen Bauteile einer Regelschaltung können auch in einer integrierten Schaltung zusammengefaßt werden. Die Fehlersuche wird dadurch vereinfacht. Die gleichgerichtete, ungeregelte Spannung wird in das IC geleitet. Innerhalb des ICs erfolgt die Regelung und am Ausgang stehen geregelte Spannungen zur Verfügung. Zusätzlich kann dabei noch ein Schaltimpuls angelegt werden, der dafür sorgt, daß die Ausgangsspannung geschaltet wird. So kann ein anliegender H-Pegel dafür sorgen, daß die Spannung durchgeschaltet wird und bei einem anliegenden L-Pegel wird gesperrt.

Bei der Fehlersuche ist immer zuerst zu messen, ob die Eingangsspannung anliegt. Ist das der Fall und fehlt die Ausgangsspannung, so muß anschließend die Schaltspannung kontrol-

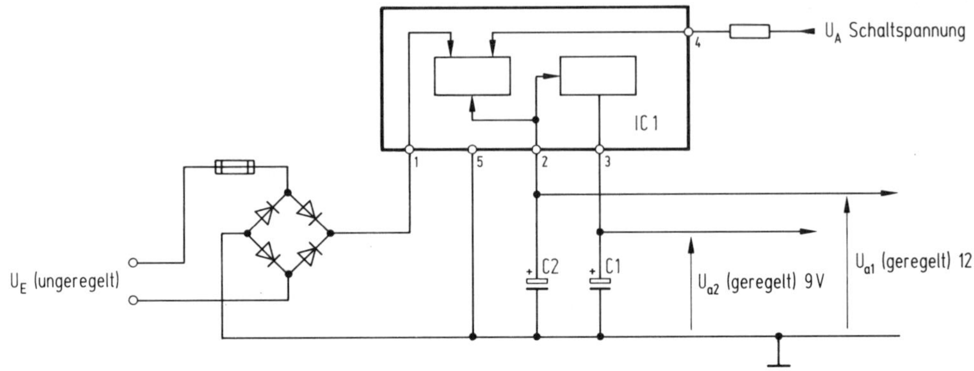

Abb. 17.2.1 Schaltungsanordnung eines Netzteiles mit einer Regelschaltung mit IC

liert werden. Es besteht die Möglichkeit, daß der Schaltimpuls nicht zugeführt wird und deshalb die Ausgangsspannung fehlt. Die *Abb. 17.2.1* zeigt eine Regelschaltung mit IC, deren Aufbau einfach ist. Die beiden Kondensatoren haben die Aufgabe, die Schwingneigung der Schaltung im Bereich um 1 MHz zu beseitigen. In dem Beispiel werden zwei geregelte Spannungen über Anschluß 2 (+12 V) und Anschluß 3 (+9 V) herausgeführt. Die Schaltspannung wird über Anschluß 4 zugeführt.

17.3 Fehlersuche in geregelten Netzteilen

Ein komplettes Netzteil mit unterschiedlichen Regelungsarten zeigt die *Abb. 17.3.1.* Die Netztrennung erfolgt mit dem Netztransformator. Im Primärkreis sorgen Kondensatoren für eine Entstörung der Netz-Wechselspannung. Sekundärseitig sind mehrere Wicklungen aufgebracht, an denen unterschiedliche Spannungen für mehrere Gleichrichterschaltungszweige abgegriffen werden. Da nicht alle Spannungen geregelt werden müssen, werden auch ungeregelte Spannungen entnommen.

Die Fehlersuche gestaltet sich dann verhältnismäßig einfach, wenn vor Beginn der Messungen ein Überblick darüber geschaffen wird, wie die einzelnen Gleichrichterschaltungen aufgebaut sind. Dabei ist besonders die Rückführung der Schaltspannung zu beachten.

Nachdem das geklärt ist, sollte zuerst festgestellt werden, welche Spannungen fehlen oder nur fehlerhaft zu messen sind. Mit dieser Feststellung kann schon erkannt werden, ob nur ein bestimmter Zweig der Schaltung defekt ist, oder mehrere Gleichrichterschaltungen an dem aufgetretenen Defekt beteiligt sind.

Bei den Messungen bieten sich zuerst die Gleichrichterschaltungen an, die leicht auffindbar sind. Die Gleichspannungsmessung gibt schon einen ersten Hinweis für das weitere Vorgehen. Sind alle Spannungen zu niedrig, wird der Fehler in Richtung Netztransformator weiter gesucht. Liegt nur an einem Gleichrichter eine zu niedrige Spannung an, so sollte der Videorecorder nach einiger Betriebszeit ausgeschaltet werden. Danach wird durch Anfassen

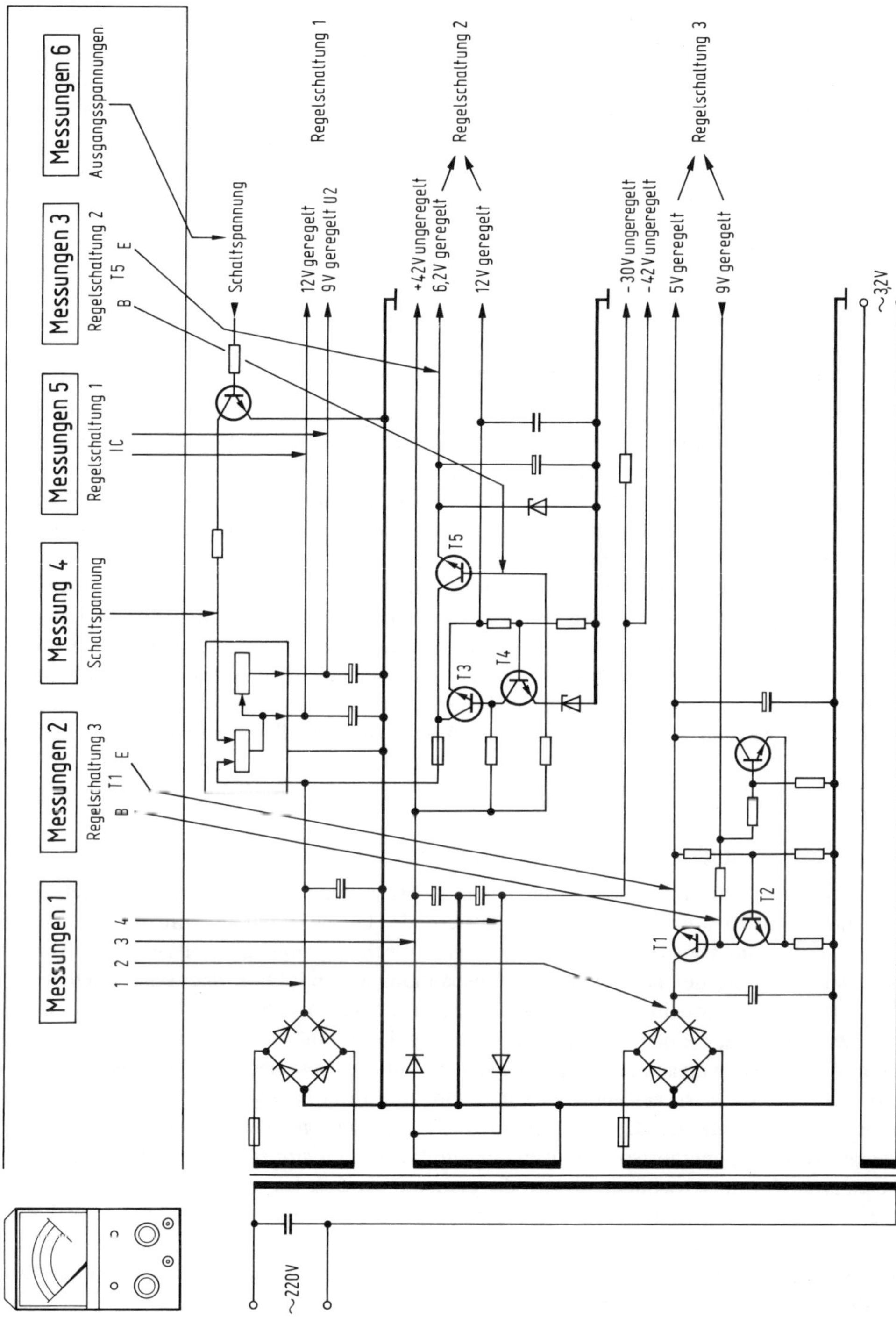

Abb. 17.3.1 Komplette Netzteilschaltung mit unterschiedlichen Regelungen

des Gleichrichters geprüft, ob eine Überlastung vorlag. Der Gleichrichter wird dann noch stark erwärmt sein (Vorsicht beim Anfassen), wenn er vorher, während des Betriebes, überlastet wurde. Der Fehler wird dann in den folgenden Schaltungsteilen zu finden sein. Bleibt der Gleichrichter jedoch kühl, obwohl an seinem Ausgang eine zu niedrige Gleichspannung gemessen wurde, wird er selbst defekt sein. Sicherheitshalber wird noch die anliegende Wechselspannung überprüft. Nur wenn diese schon zu niedrig ist, wird der Fehler wechselspannungsseitig zu suchen sein.

17.4 Schaltnetzteile

Immer mehr hat sich die flache Bauform mit möglichst geringer Höhe bei Videorecordern durchgesetzt. Das erfordert gleichzeitig auch eine weitere Verminderung der Abmessungen der Bauteile. Bei der herkömmlichen Bauweise läßt sich das Volumen und das Gewicht des Netztransformators jedoch nur in begrenztem Maße reduzieren. Das ist ein Grund dafür, daß in steigendem Maße Schaltnetzteile zur Stromversorgung in Videorecordern verwendet werden. Weitere Gründe sind darin zu finden, daß die Wärmeentwicklung bei Schaltnetzteilen wegen des wesentlich kleineren Netztransformators niedriger ist und daß es leichter möglich ist, verschiedene Schutzschaltungen gegen zu hohe Strom- und Spannungsbelastung einzufügen. Es ist auch möglich, die Schutzschaltungen so zu dimensionieren, daß nach einer kurzen Unterbrechung selbsttätig wieder eingeschaltet wird. Außerdem erhöht sich der Wirkungsgrad und verringert sich der Stromverbrauch. Angewendet werden in Videorecordern vorwiegend Schaltnetzteile, die nach dem Sperrwandlerprinzip arbeiten.

17.4.1 Die Wirkungsweise des Sperrwandlers

Der Netz-Wechselstrom mit der Frequenz von 50 Hz wird dabei zuerst gleichgerichtet. Die nach der Gleichrichtung entstehende pulsierende Gleichspannung wird anschließend gesiebt, so daß eine Gleichspannung mit geringem Wechselspannungsanteil zum Sperrwandler weitergeleitet werden kann. Diese Gleichspannung wird mit Hilfe eines schnell schaltenden Leistungstransistors im Sperrwandler zerhackt. Dabei entsteht eine Rechteckspannung mit einer Frequenz, die oberhalb des Hörbereiches liegen muß, damit kein Störgeräusch zu hören ist. Es werden meist Frequenzen zwischen 18 und 50 kHz gewählt. Der Leistungstransistor wird über die Basis gesteuert. Die steuernde Schaltfrequenz wird in einem besonderen Generator erzeugt. Da der Generator keine Rechteckschwingung in der gewünschten Form erzeugt, wird die Generatorspannung einem *Pulsdauermodulator* zugeführt, der eine Rechteckspannung formt. Anschließend wird die geregelte Rechteckspannung einer Treiberstufe zugeführt, die den Leistungs-Schalttransistor steuert. Die Sperrwandler-Spannung wird anschließend gleichgerichtet und gesiebt. Sie steht dann zur Versorgung des Videorecorders zur Verfügung und wird zur Regelung des Tastverhältnisses zum Pulsdauermodulator zurückgeführt.

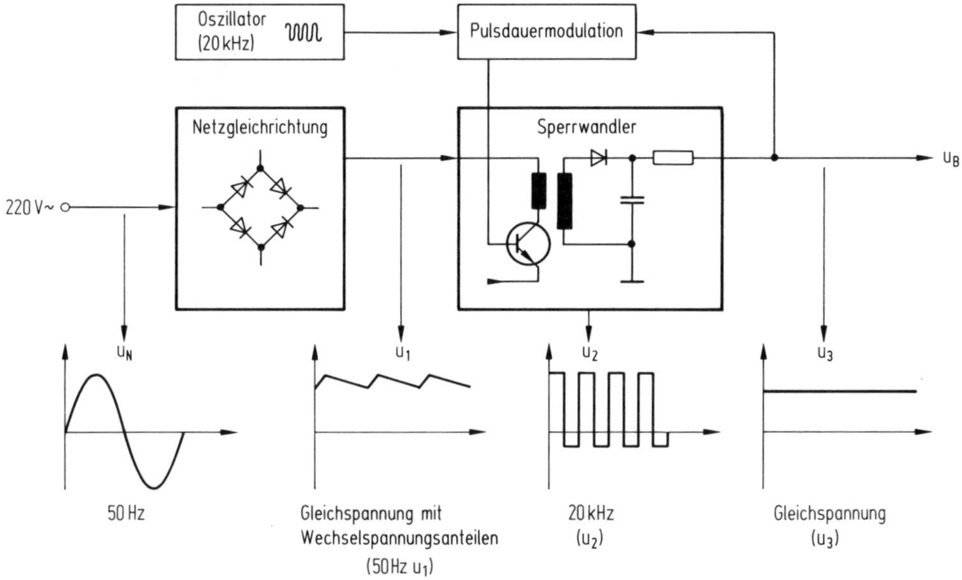

Abb. 17.4.1.1 Erweitertes Blockschaltbild eines Sperrwandler-Netzteiles mit Pulsdauermodulator

Die *Abb. 17.4.1.1* zeigt das Prinzip dieser Schaltung mit den entsprechenden Spannungen.

Die Arbeitsweise der eigentlichen Sperrwandler-Schaltung als Herzstück der Anordnung wird in der *Abb. 17.4.1.2* deutlicher dargestellt. Während der *Leitphase* des Transistors (Schaltung links) wird Energie von der Primärspule des Transformators aufgenommen. Der Strom in der Spule steigt linear an. Die Spule nimmt magnetische Energie auf. Zu diesem Zeitpunkt sperrt die Diode D_1 den Stromfluß sekundärseitig. Anschließend folgt die *Sperrphase* (Schaltung rechts). Der Transistor sperrt, und der Strom fließt im Sekundärkreis. Es wird Energie an den Lastwiderstand abgegeben und der Kondensator C1 lädt sich auf.

Durch die anliegende Rechteckspannung folgt der Sperrphase wieder eine Leitphase, in der primärseitig Strom fließt und sekundärseitig der Stromfluß durch die Diode D1 gesperrt wird. Da der Kondensator C1 jedoch während der vorangegangenen Phase aufgeladen wurde, gibt er nunmehr Energie an den Lastwiderstand ab. Er sorgt damit gleichzeitig für eine Glättung der Ausgangsspannung.

Eine Leistungssteuerung kann auch durch eine *Veränderung der Schaltfrequenz* erfolgen. Dann bleibt das Tastverhältnis konstant. Die Frequenz variiert je nach Belastung des Netzteiles zwischen ungefähr 20–40 kHz. Die Steuerung erfolgt mit Hilfe einer Spannung, die der dem Netzteil entnommenen Energie proportional ist. So erhöht sich die Frequenz bei niedriger Belastung und verringert sich bei höherer Belastung.

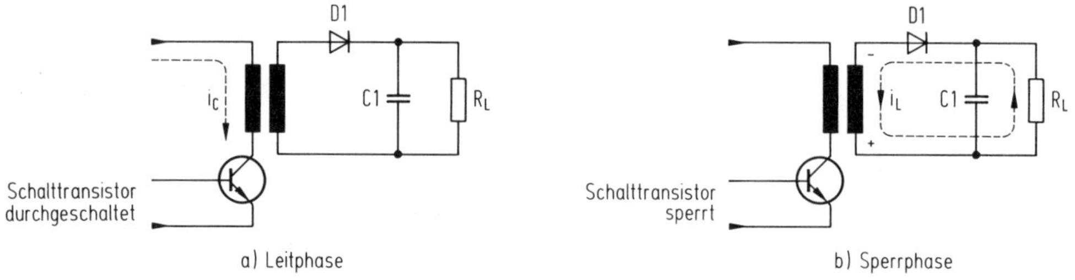

Abb. 17.4.1.2 Prinzipschaltung eines Sperrwandlers

17.4.2 Fehlersuche in Schaltnetzteilen

Bei auftretenden Fehlern in Schaltnetzteilen muß zwischen *internen* und *externen* Fehlern unterschieden werden. Interne Fehler haben ihren Ursprung im Netzteil selbst und externe Fehler sind auf eine außerhalb des Netzteiles aufgetretene Überlastung oder zu hohe Spannungen zurückzuführen. Da in den Schaltnetzteilen Schutzschaltungen eingebaut sind, die bei Überlastungen und bei zu hohen Spannungen abschalten, wird das Netzteil bei externen Fehlern abschalten.

Die erste Aufgabe bei der Fehlersuche besteht darin, festzustellen, ob es sich um einen Fehler handelt, der im Netzteil selbst aufgetreten ist, oder ob das Netzteil nur deshalb nicht ordnungsgemäß arbeitet, weil ein Strom- oder Spannungsfehler in einer der versorgten Schaltungsteile aufgetreten ist.

Ein interner Fehler wird dann vermutet, wenn sich keine Betriebsart schalten läßt oder eine der Netzsicherungen nach dem Auswechseln sofort wieder defekt wird. Dann sollte die Fehlersuche im Netzteil selbst beginnen.

17.5 Die interne Fehlersuche

Die *Abb. 17.4.1.3* zeigt die komplette Schaltung des Schaltnetzteiles eines Videorecorders.

Bei der Fehlersuche muß zuerst beachtet werden, daß im Netzteil die Netztrennung vorgenommen wird. Dies ist für die Fehlersuche deshalb wichtig, weil vor der Netztrennung, also primärseitig, ein anderes Massepotential vorhanden ist als sekundärseitig. Das ist beim Anschluß eines Spannungsmeßgerätes zu beachten. Bei der Fehlersuche im Schaltnetzteil sollte die Stromzuführung immer über einen Regeltransformator vorgenommen werden. Wenn das Netzteil keine Spannung liefert, sollten folgende Prüfungen vorgenommen werden.

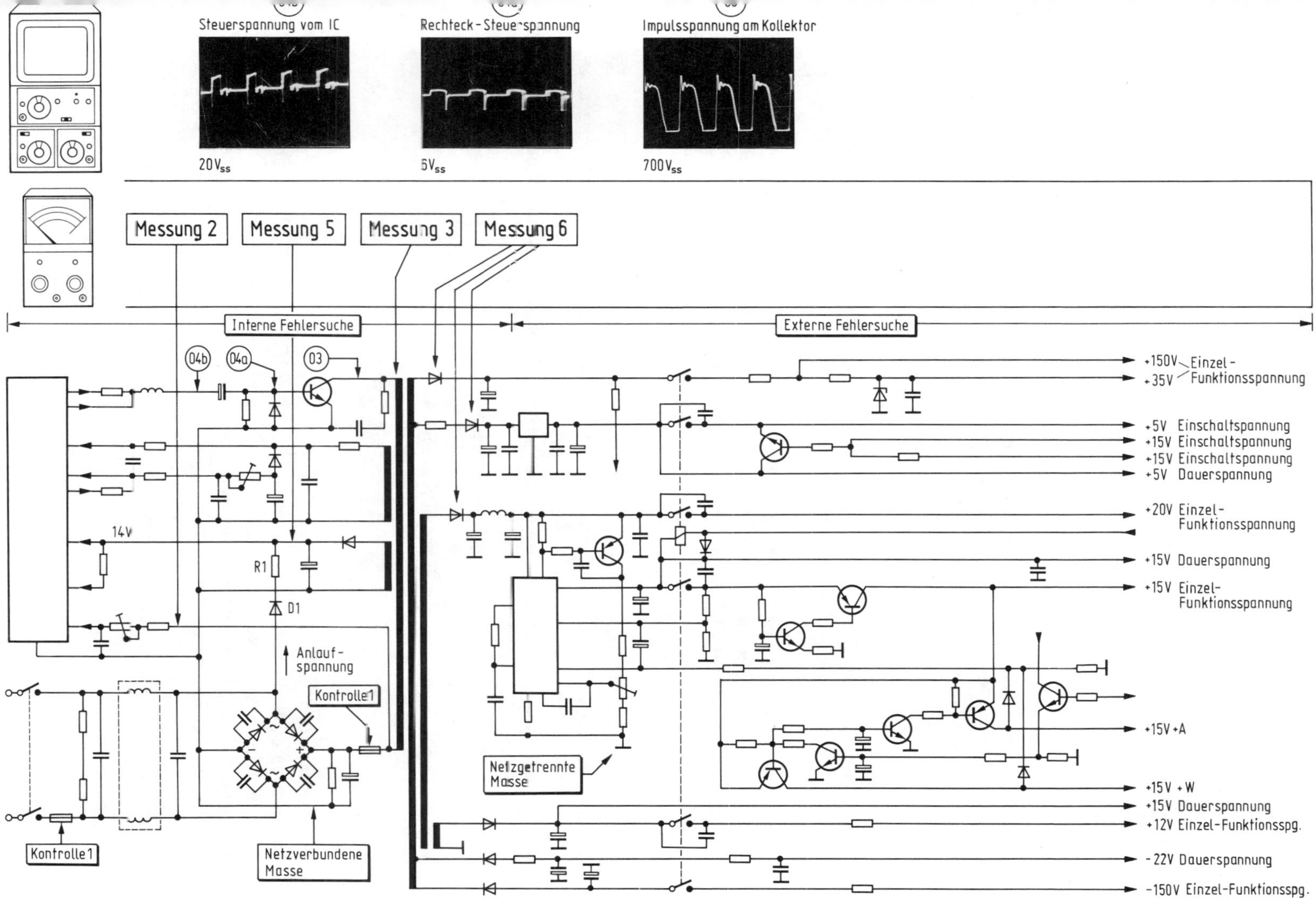

Abb. 17.4.1.3 Komplette Schaltung eines Videorecorder-Schaltnetzteiles

1. Prüfung

Sicherungen kontrollieren (Kontrolle 1)
Neben der Netzspannung ist meistens noch der Schaltstromkreis primärseitig abgesichert, so daß auch diese Sicherung überprüft werden muß.

2. Prüfung

Betriebs-Gleichspannung am Netzgleichrichter messen (Messung 2)
Damit kann festgestellt werden, ob die Netzgleichrichterschaltung die Spannung liefert. Wenn die Spannung in normaler Höhe zu messen ist, dann folgt die

3. Prüfung

Kollektorspannung am Schalttransistor messen (Messung 3 und Oszillogramm 3)
Die schon am Netzgleichrichter gemessene Spannung muß in etwa der gleichen Höhe auch am Kollektor anliegen.
Im Schwingzustand kann eine Wechselspannung von ca. 600–700 V_{ss} gemessen werden. Es ist deshalb Vorsicht geboten beim Messen. Sollte die Wechselspannung jedoch nicht anliegen und wird nur die Gleichspannung gemessen, so folgt die

4. Prüfung

Basisspannung des Schalttransistors messen
Sicherheitshalber sollte hier eine Oszillogrammaufnahme der Ansteuerspannung vorgenommen werden, da eine Gleichspannungsmessung zu einer Fehlbeurteilung führen kann. Wenn die Ansteuerspannung fehlt, so sollte eine weitere Oszillogramm-Aufnahme vor dem Koppelkondensator durchgeführt werden. Es könnte sein, der Kondensator ist defekt, dann wird die Steuerspannung dort anliegen (Messungen 04a und 04b). Fehlt die Impulsspannung jedoch, so wird direkt am IC gemessen. Ist auch dort keine Wechselspannung zu messen, so wird die Impuls-Spannung vom IC nicht ausgegeben.

5. Prüfung

Anlaufspannung messen (Messung 5)
Die Schwingschaltung kann nicht arbeiten, wenn zum IC keine Anlaufspannung geliefert wird. Sie wird von der Netzwechselspannung abgegriffen und über die Diode D_1 und den Widerstand R_1 zum IC geleitet und als Gleichspannung zum IC geleitet. Es kommt häufiger vor, daß der Leitungsweg unterbrochen ist.
In anderen Schaltungen wird die Netzwechselspannung abgegriffen, über eine Diode gleichgerichtet und über einen Widerstand an die Basis des Schalttransistors gelegt. Der dann noch vorhandene Wechselspannungsanteil bildet die Anlaufspannung.

6. Prüfung

Schaltdioden überprüfen (Messung 6)
Sollte eine interne Überlastung vorliegen, so daß die Schutzschaltung ständig abschaltet, kann eine der Schaltdioden defekt geworden sein, oder ein Ladekondensator ist defekt. Diese Bauteile gehören noch mit zur internen Fehlersuche, denn ohne die sekundärseitig angeordneten Dioden und Kondensatoren kann die Sperrwandler-Schaltung nicht arbeiten.

17.6 Fehler

17.6.1 Folgefehler in Schaltnetzteilen

Bei einem Kurzschluß im Schalttransistor können Folgefehler eintreten, das heißt, durch diesen Fehler können weitere Bauteile defekt werden. Ein ausgewechselter, neuer Schalttransistor kann dann sofort nach der Inbetriebnahme des Recorders gleichzeitig wieder defekt werden. In einem solchen Fall müssen deshalb alle gefährdeten Bauteile überprüft werden. In der *Abb. 17.6.1* werden die Bauteile eines Transistor-Schaltnetzteiles gezeigt, die bei einem Ausfall des Schalttransistors in einer solchen oder ähnlich aufgebauten Schaltung überprüft werden sollten.

17.6.2 Schaltnetzteil setzt aus

Das Schaltnetzteil arbeitet zuerst normal, es schaltet aber schon nach kurzer Betriebszeit wieder ab.

Fehlerursache:

Das Netzteil schwingt zwar eine kurze Zeit lang an, die Schwingung reißt jedoch wieder ab, weil die Schaltfrequenz nicht gehalten werden kann. Einer der primärseitig vom Netztransformator angeordneten Kondensatoren hat seine Kapazität verringert. Auch zwei oder mehrere Kondensatoren können den Fehler verursachen. Vorwiegend handelt es sich dabei um defekte Elektrolyt-Kondensatoren.

17.6.3 Die Netz-Kontrollampe leuchtet dauernd

Die Netz-Einschalt-Kontrollampe leuchtet auch nach dem Ausschalten noch schwach.

Fehlerursache:

Zwischen der Dauerspannung und der Kontrollampe besteht ein Feinschluß, der einen schwachen Strom über die Kontrollampe verursacht. Der Weg zwischen der anliegenden Dauerspannung und dem Netzschalter-Anschluß muß untersucht werden. Meistens sperrt ein Transistor nur mangelhaft, und als Folge davon, fließt der schwache Leckstrom.

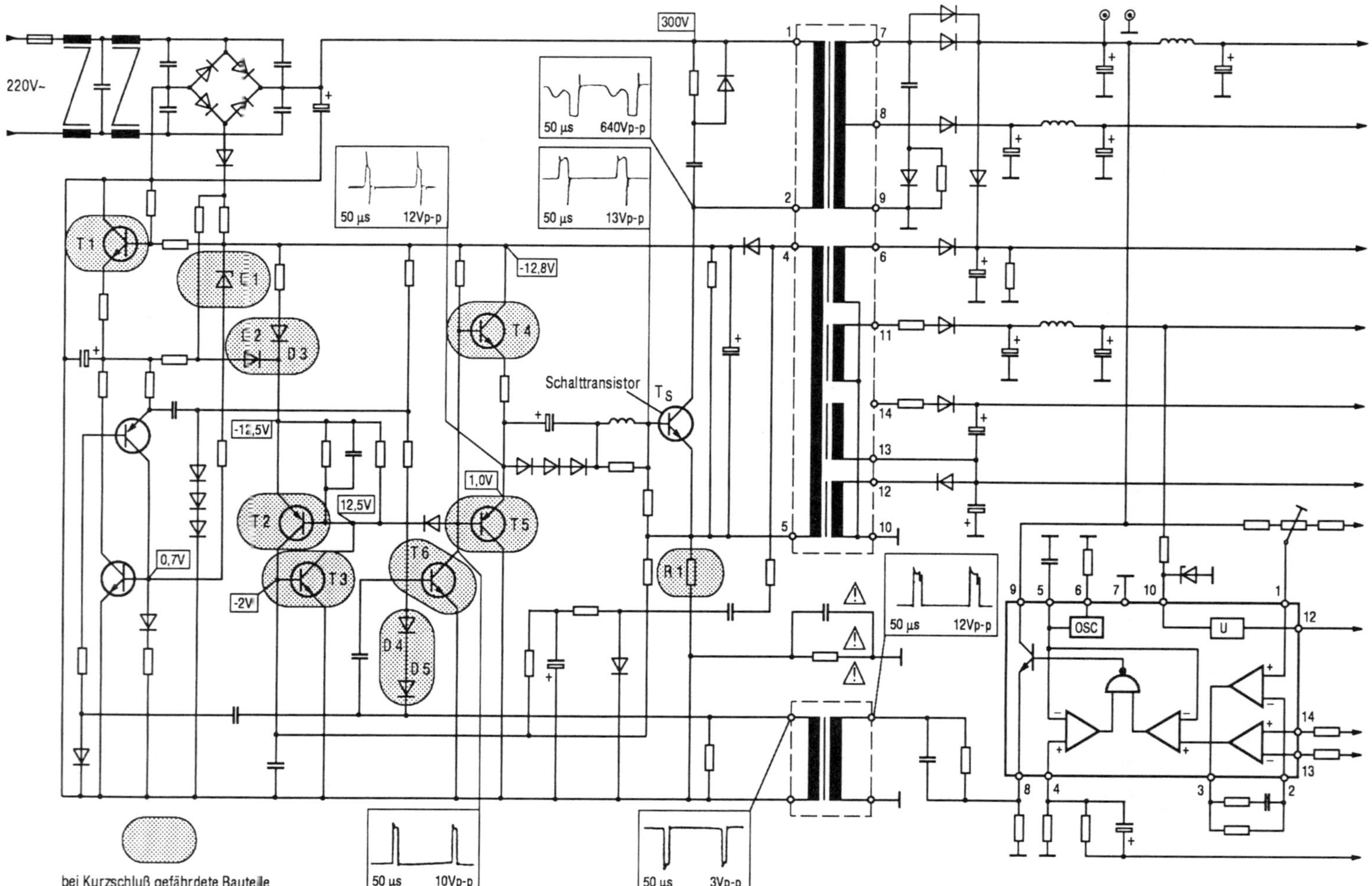

Abb. 17.6.1 Bauteile, die bei einem Defekt des Schalttransistors gefährdet sind

17.6.4 Aussetzfehler in Netzteilen

Es ist oft schwierig und zeitaufwendig, *zeitweilige* Unterbrechungen der Strom- und Spannungsversorgung zu beseitigen. Weil diese Fehler nur in zeitlich unregelmäßigen Abständen auftreten, ist eine kontinuierliche Fehlersuche nicht möglich. Die Fehlersuche kann jedoch dann erleichtert werden, wenn *vorbeugende Maßnahmen* zur Fehlersuche getroffen werden.

Zu diesem Zweck sollte zuerst herausgefunden werden, in welchem Zweig der Strom- und Spannungsversorgung der Fehler zu suchen ist. Die Fehlererscheinung selbst gibt dafür die notwendigen Hinweise. Dann kann der Leitungsverlauf dieses Zweiges zuerst daraufhin untersucht werden, ob eine *zeitweilige Leitungsunterbrechung* die Fehlerursache ist. Meistens kann eine schadhafte Lötstelle als Ursache gefunden werden. Häufig verursachen teilweise entlötete Anschlüsse von Widerständen, die sich nach längerer Betriebszeit erwärmen, die zeitweilige Unterbrechung. Sollte diese Fehlersuche jedoch nicht zum Erfolg führen, so ist es empfehlenswert, mehrere Spannungsmeßgeräte anzuschließen und Dauerbetrieb durchzuführen. Die Meßpunkte der Voltmeter werden dabei so gewählt, daß die Spannung am Eingang und am Ausgang des vermutlich defekten Zweiges der Stromversorgung gemessen wird. Darüber hinaus sollte noch ein weiteres Meßgerät an den vermuteten Fehlerort angelegt werden. Tritt der Fehler dann während des Dauerbetriebes auf, so kann an den Meßgeräten sofort abgelesen werden, ob eine Spannung fehlt. Anschließend können dann weitere Meßpunkte gewählt werden, die noch näher am Fehlerort liegen und den Fehler weiter eingrenzen. Auf diese Weise kann der Fehlerort am Ende der Prüfungen gefunden werden.

18 Fehlersuche in S-VHS-Recordern

18.1. Die Wirkungsweise

Beim *PAL-System* steht für das Y-Signal (auch Luminanz-Signal genannt) ein Frequenzband von 0...5 MHz zur Verfügung. Die Zeilenauflösung (Horizontal-Auflösung) wird von der Breite dieses Bandes bestimmt und sie beträgt etwa 400 Zeilen.

Beim *VHS-System* für Videorecorder steht jedoch nur ein reproduzierbares Demodulationsband von etwa 0...3,2 MHz zur Verfügung. Damit kann nur eine Zeilenauflösung von etwa 250 Zeilen erreicht werden. In der *Abb. 18.1.1* sind die Unterschiede dargestellt worden. Bei dem allgemein zu beobachtenden Trend zur Wiedergabe von größeren Bildern macht sich die weniger hohe Auflösung beim VHS-System sehr nachteilig bemerkbar. Die reproduzierbare Bildqualität ist wesentlich schlechter als die Fernseh-Bildqualität.

Beim *S-VHS-System* wird dieser Nachteil wieder beseitigt. Das reproduzierbare Frequenzband des Y-Signales wird dabei um etwa 2,2 MHz gegenüber dem VHS-System

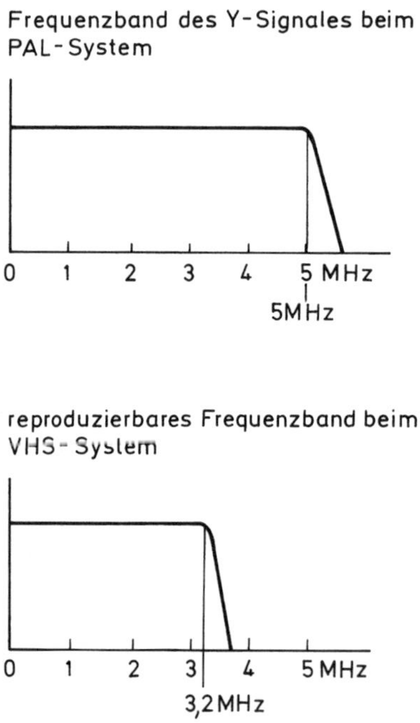

Abb. 18.1.1 Frequenzbereiche des Y-Signales beim PAL- und beim VHS-Video-System

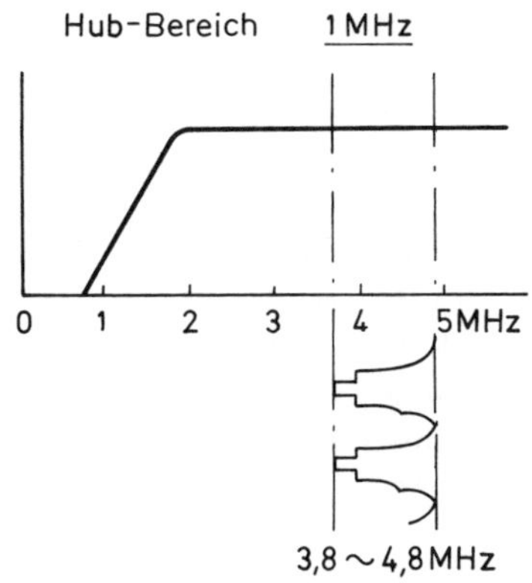

Der Frequenz- und Hub-Bereich beim VHS-System

Abb. 18.1.2 Frequenz- und Hub-Bereiche bei der FM-Modulation des S-VHS- und des VHS-Systems

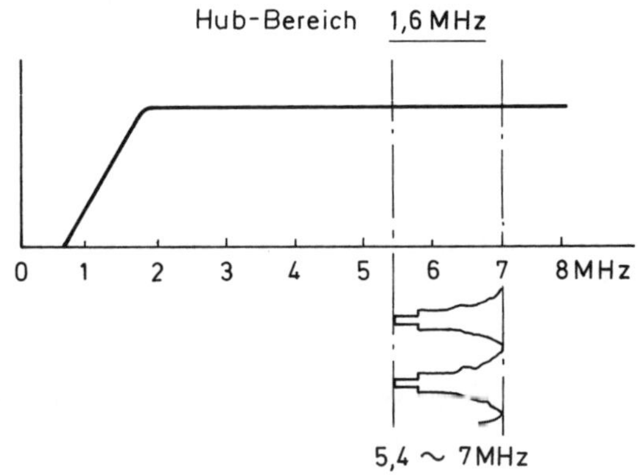

Der Frequenz- und Hub-Bereich beim S-VHS-System

erweitert. Damit ist es möglich, eine Zeilenauflösung von etwa 430 Zeilen zu erreichen. Die Bildqualität des PAL-Systems für das Fernsehbild kann noch übertroffen werden. Das ist auch darauf zurückzuführen, daß noch weitere Maßnahmen zur Verbesserung der Bildqualität getroffen werden.

Während die FM-Modulation beim VHS-System im Bereich von 3,8–4,8 MHz vorgenommen wird, muß sie beim S-VHS-System in den höheren Bereich von 5,4–7 MHz verschoben werden. Die Synchronsignal-Spitzen liegen dann bei 5,4 MHz und die weißen Signal-Spitzen bei 7 MHz. In der *Abb. 18.1.2* sind die Frequenz- und Hub-Bereiche des Y-Signales beim VHS- und beim S-VHS-System zu sehen.

18.2 S-VHS-Umschaltung

Das S-VHS-System erfordert es, für Aufnahme und Wiedergabe qualitativ verbessertes Bandmaterial zu verwenden, damit die erhöhte Zeilenauflösung auch exakt gespeichert und wiedergegeben werden kann. Das wird durch die Erhöhung der Koerzitiv-Feldstärke und der Remanenz des Bandmaterials erreicht. Diese für den S-VHS-Betrieb geeigneten Bänder werden in Kassetten geliefert, die an der Seite ein Erkennungsloch besitzen. Damit wird beim Einlegen der Kassette in den Videorecorder erkannt, daß eine S-VHS-Kassette eingeschoben wurde und gleichzeitig ist auch eine Umschaltmöglichkeit gegeben. Außerdem sind S-VHS-Recorder mit einem Wahlschalter ausgerüstet.

Bei *S-VHS-Aufnahmen* muß der S-VHS-Wahlschalter eingeschaltet und eine S-VHS-Kassette eingelegt werden.

Wird der Wahlschalter ausgeschaltet, so wird in VHS-Qualität aufgenommen, auch wenn eine S-VHS-Kassette eingelegt wurde.

Nach dem Einlegen einer VHS-Kassette wird in VHS-Qualität aufgenommen, unabhängig davon, in welcher Stellung der Wahlschalter steht.

Bei der *S-VHS-Wiedergabe* sorgt eine Diskriminatorschaltung für eine automatische Umschaltung. Zu dem Zweck wird das Y-FM-Signal über diese Schaltung geleitet. Mit Hilfe einer Frequenz-/Spannungs-Umwandlung wird aus dem anliegenden Signal eine Spannung erzeugt, deren Höhe frequenzabhängig ist. Bei einem anliegendem VHS-Signal mit einem Frequenzhub von 1 MHz bei 3,8–4,8 MHz entsteht bei der Frequenz-/Spannungs-Umwandlung eine Spannung von 1–2 V.

Bei einem anliegendem S-VHS-Signal mit einem Frequenzhub von 1,6 MHz bei 5,4 bis 7 MHz entsteht eine proportional höhere Spannung von etwa 3 V.

Durch diese unterschiedlichen Spannungen kann mit einer IC-Schaltung automatisch umgeschaltet werden.

Eine im S-VHS-System aufgezeichnete Kassette kann jedoch nicht über einen VHS-Recorder (ohne S-VHS) wiedergegeben werden.

Beim Service sind diese unterschiedlichen Umschaltmöglichkeiten zu beachten, denn ein beachtlicher Teil von Fehlermeldungen sind auf falsche Umschaltung zurückzuführen.

18.3 Die Fehlersuche bei der Aufnahme

18.3.1 Der Signalweg des Y-Signales

Die erreichbaren Vorteile der Bildqualitätsverbesserung können nur dann optimal sichtbar gemacht werden, wenn das Y-Signal und das Farbartsignal durchgehend getrennt verarbeitet werden. Das S bei dem Begriff „S-VHS" steht für „Separated Y/C", also für getrennte Verarbeitung von Y (= Luminanz-) und C (= Chroma-)Signal. Bei der Aufzeichnung einer Fernsehsendung erfolgt diese Trennung innerhalb des Recorders. Für den Anschluß einer zweiten Signalquelle, wie beispielsweise eines zweiten Videorecorders zum Überspielen, steht ein S-Video-Eingang zur Verfügung, über den die Signale getrennt eingegeben werden können. Die *Abb. 18.3.1* zeigt das Blockschaltbild eines S-VHS-Recorders im Aufnahme-

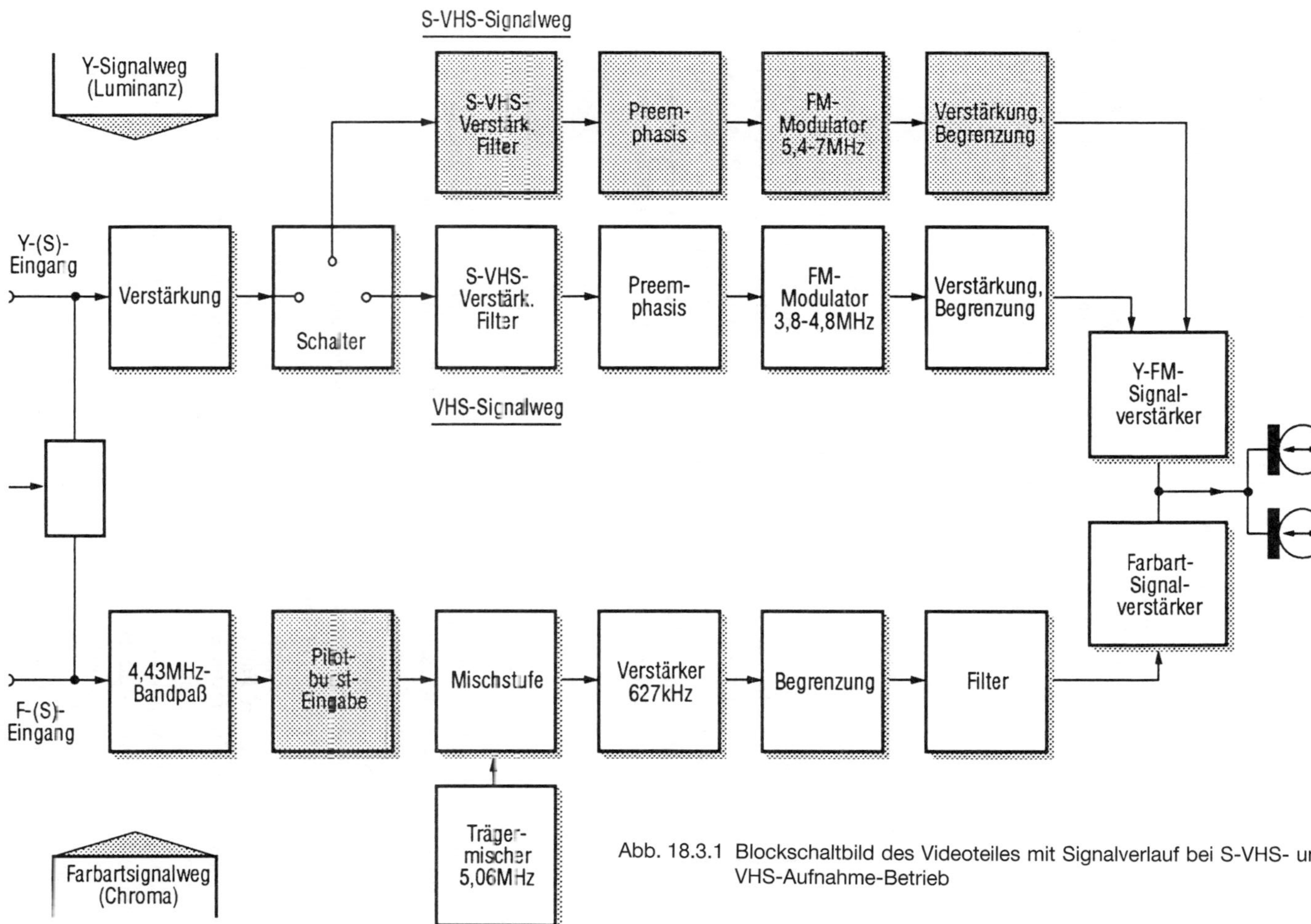

Abb. 18.3.1 Blockschaltbild des Videoteiles mit Signalverlauf bei S-VHS- und VHS-Aufnahme-Betrieb

Betrieb. Die Signale werden getrennt eingegeben (oder zuerst getrennt) und einzeln weiterverarbeitet. Die Y-Signalspannung wird zuerst verstärkt und bei S-VHS-Aufnahmebetrieb in den S-VHS-Zweig geleitet. Nach Filterung, Begrenzung und Korrektur sowie dem Durchlaufen einer Sub-Emphasis-Schaltung und weiteren Frequenzgang-Verbesserungen wird die Signalspannung in den FM-Modulator eingegeben, der im Bereich von 5,4–7 MHz arbeitet. Das darin umgesetzte, frequenzmodulierte Signal wird anschließend verstärkt und begrenzt. Je nach Konzeption des Herstellers werden noch weitere Verbesserungen vorgenommen. Anschließend wird es in den Y-FM-Signalverstärker zur Aufnahme eingegeben. Der Aufnahmestrom ist bei S-VHS-Betrieb etwa 25 % höher als bei VHS-Betrieb.

Bei einer VHS-Aufnahme wird der VHS-Zweig gewählt. Die FM-Modulation wird dabei im Bereich von 3,8–4,8 MHz vorgenommen.

18.3.2 Der Signalweg des Farbartsignales

Der Signalweg des Farbartsignales (Chromasignales) unterscheidet sich von dem im Kapitel 8.5 beschriebenen Weg nur in der Weise, daß zusätzlich in das Farbartsignal eine Pilotburst-Spannung eingegeben wird. Dabei handelt es sich um eine Impulsspannung, die in Frequenz und Amplitude dem schon vorhandenen Farbburst entspricht. Der Pilotburst wird in den Austastbereich der Zeilensynchronisation vor den Farbburst plaziert. Die Phase des Pilotburstes wird bei 90° und bei 270° in Relation zur U-Achse des Farbartsignales dazu benutzt, den Geräuschabstand und die Farbstabilität zu verbessern. Das geschieht über eine Phasendiskriminator-Schaltung. Servicemäßig entstehen durch das Einfügen des Pilotburstes kaum Probleme.

18.3.3 Fehlersuche

Ein Fehler im S-VHS-Aufnahmeteil kann dadurch festgestellt werden, daß zuerst eine fremdbespielte S-VHS-Kassette wiedergegeben wird. Erfolgt diese Wiedergabe einwandfrei und zeigt eine anschließend wiedergegebene S-VHS-Eigenaufnahme Fehler, so wird der Fehler im S-VHS-Aufnahmeteil zu suchen sein.

Bei der Wiedergabe der fehlerhaften S-VHS-Aufnahme kann schon erkannt werden, ob der Fehler im Y-Zweig oder im Farbartsignal-Zweig zu suchen ist. Fehler im Y-Zweig können meistens an der mangelhaften Bildschärfe erkannt werden, während Fehler im Farbartsignal-Zweig die Farben fehlerhaft verändern.

Relativ häufig wird festgestellt, daß keine S-VHS-Qualität aufgenommen wird. Es kann kein Unterschied zwischen VHS und S-VHS festgestellt werden. Dann sollte zuerst geprüft werden, ob die Umschaltung einen Fehler aufweist. Meistens müssen mehrere impulsgesteuerte Schalter im S-VHS-Betrieb umschalten. Zur weiteren Fehlersuche sollten deshalb die Oszillogramme aufgenommen werden. Auf diese Weise kann schnell und zweifelsfrei festgestellt werden, ob eine Signalverarbeitung im S-VHS-Zweig oder im VHS-Zweig stattfindet. Vor der FM-Modulation kann das Y-Signal aufgenommen werden, und nach der FM-Modulation muß die FM-Modulationsspannung je nach Verstärkung in gleichbleibender Höhe zu sehen sein. Anschließend können die unterschiedlichen Aufnahmeströme bei VHS- und bei S-VHS-Aufnahmebetrieb gemessen werden. Bei transistorisierten Schaltungen kann ein oszillografisch festgestellter Fehler anschließend mittels Spannungsmessungen an den Transistoren gefunden werden.

Bei Fehlern in den Schaltungen, die mit integrierten Schaltungen bestückt sind, wird eine genaue Fehlerbestimmung dadurch erschwert, daß in den ICs meistens beide Signale verarbeitet werden. Auftretende Fehler zeigen sich deshalb meist bei der Wiedergabe gleichermaßen bei S-VHS- und VHS-Betrieb. Wenn kein Spannungsfehler vorliegt, muß das IC ausgewechselt werden.

Bei der Fehlersuche im Farbartsignalzweig kann oszillografisch überprüft werden, ob das Pilotburst-Signal bis zur Unterdrückung im Farbartsignal enthalten ist. Darüber hinaus sind in diesem Signalzweig keine Unterschiede zwischen S-VHS- und VHS-Betrieb festzustellen.

18.4 Die Fehlersuche bei der Wiedergabe

18.4.1 Der Signalweg des Y-Signales

In der *Abb. 18.4.1* ist das Blockschaltbild eines Recorders mit S-VHS-Teil im Wiedergabe-Betrieb zu sehen. Je nach Konstruktion weichen die verschiedenen Schaltungen in Detailfragen voneinander ab. Prinzipiell bestehen jedoch grundlegende Übereinstimmungen, die in dem Schaltbild wiedergegeben werden und die für den Service von Bedeutung sind.

Im Y-FM-Signalzweig wird, wie schon beim Aufnahme-Betrieb, zwischen S-VHS- und VHS-Betrieb unterschieden. Die Signalspannungen werden teilweise getrennt verarbeitet. Die Umschaltung erfolgt automatisch durch die schon erwähnte Phasendiskriminator-Schaltung. Die Bedienung des S-VHS-Wahlschalters von Hand ist deshalb nicht nötig. Die eingelegte Kassette wird in ihrer Aufnahmequalität wiedergegeben, also entweder wird automatisch VHS-Betrieb oder S-VHS-Betrieb gewählt. Bei S-VHS wird die Signalspannung gefiltert, begrenzt, über eine Drop-out-Kompensation geleitet und der FM-Demodulation zugeführt. Die FM-Demodulation wird oft in einer Schaltung gemeinsam für beide Signale vorgenommen. Wegen der höheren Bandbreite des Y-Signales bei S-VHS könnte es zu Störungen kommen. Deshalb werden zur weiteren Verstärkung wieder getrennte Verstärker benutzt, und es werden zusätzlich weitere Filter, Bandpässe und verbesserte Kammfilter verwendet.

Die Y-Signalspannung wird dann an die S-Video-Ausgangsbuchsen gelegt. Von diesen Buchsen aus kann dann eine Verbindung zu dem mit S-Video-Eingangsbuchsen ausgerüsteten Fernsehempfänger hergestellt werden. Auf diese Weise ist es möglich, die Signalverarbeitung durchgehend getrennt vorzunehmen. Auch Kassetten, die im VHS-System aufgenommen wurden, können so wiedergegeben werden.

Darüber hinaus werden Y- und Farbart-Signal für VHS-Betrieb zusammengeführt und an die Ausgangsbuchsen gelegt.

Der Signalverlauf des Farbartsignales entspricht weitgehend der VHS-Signalverarbeitung bei der Wiedergabe. Lediglich der bei der Aufnahme eingefügte Pilotburst muß am Ausgang wieder beseitigt werden. Zu dem Zweck ist eine Pilotburst-Unterdrückungs-Schaltung eingefügt worden.

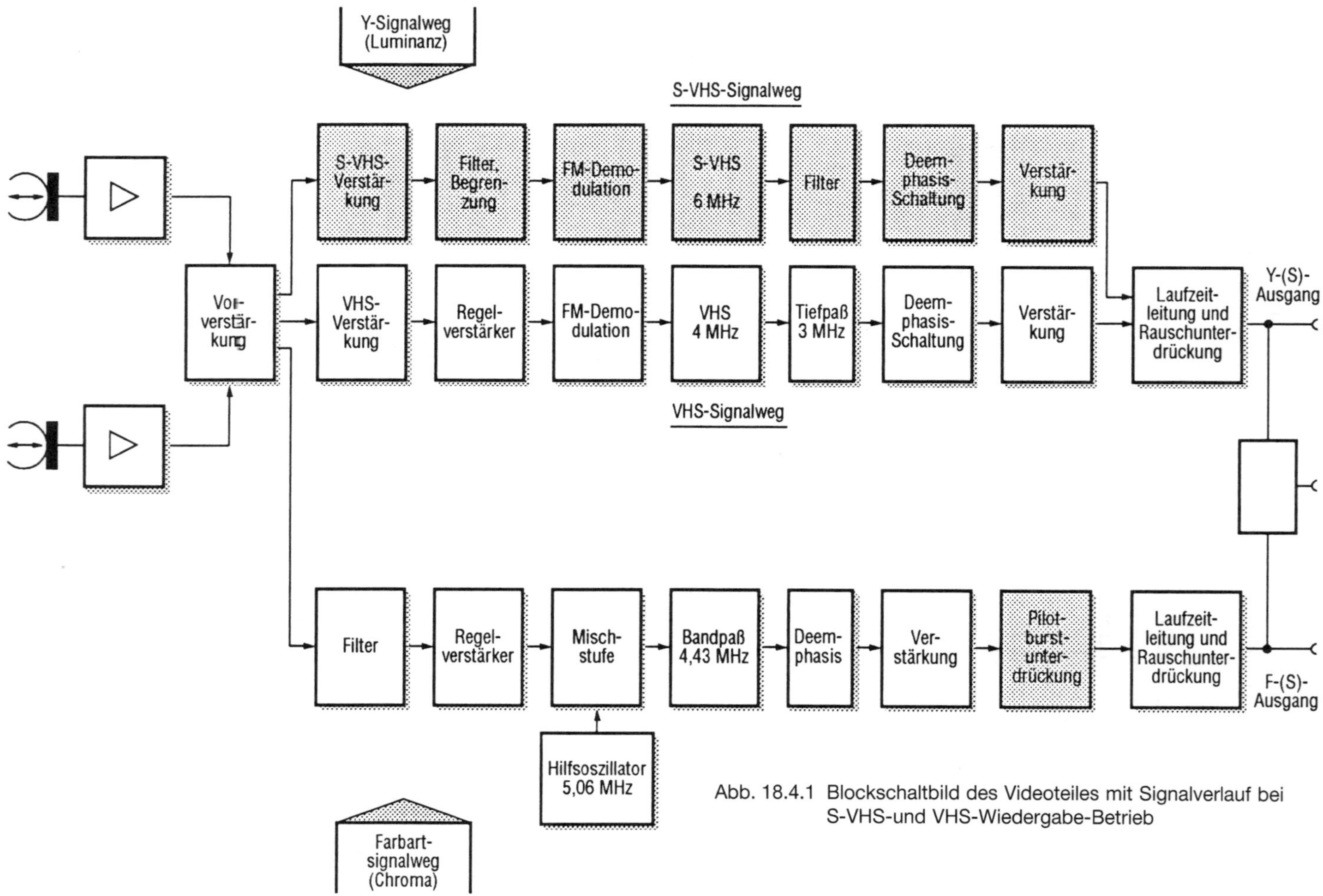

Abb. 18.4.1 Blockschaltbild des Videoteiles mit Signalverlauf bei S-VHS-und VHS-Wiedergabe-Betrieb

18.4.2 Fehlersuche

Ein Fehler im S-VHS-Wiedergabeteil kann dadurch festgestellt werden, daß eine fremdbespielte Testkassette in S-VHS-Qualität wiedergegeben wird. Sind dabei Fehler im Bild zu sehen, so wird die Wiedergabe mit einer fremdbespielten Testkassette in VHS-Qualität wiederholt. Wenn diese Wiedergabe einwandfrei zu sehen ist, so wird ein Fehler im S-VHS-Wiedergabe-Zweig vorliegen.

Auch umgekehrt kann der VHS-Zweig fehlerhaft sein, wenn eine S-VHS-Aufnahme einwandfrei wiedergegeben wird, eine VHS-Wiedergabe jedoch Fehler aufweist. Dann sollten die jeweils voneinander abweichenden Signalwege oszillografisch überprüft werden. Mit der vorstehend beschriebenen Wiedergabe mit S-VHS- und VHS-Testkassetten kann auch einwandfrei festgestellt werden, ob die automatische S-VHS-Umschaltung arbeitet. Erfolgt im S-VHS-Betrieb, also wenn eine S-VHS-Kassette wiedergegeben werden soll, keine Umschaltung, so bleibt der S-VHS-Zweig gesperrt und es wird nur VHS-Qualität wiedergegeben. Auch ein solcher Fehler läßt sich leicht oszillografisch nachweisen. Die Fehlerursache ist meist in der automatischen Umschaltung zu finden.

Zur Verbesserung der Bildqualität werden bei S-VHS-Recordern Videoköpfe mit besonders schmalen Kopfspalten (etwa 0,3 μm) verwendet. Schon leichte Verschmutzungen können dabei die Bildqualität in beiden Betriebsarten verschlechtern.

19 Fehlersuchtabellen

4. Fehlersuchtabelle für Antennenverstärker

Fehlererscheinung	Fehlerursache	Prüfungen
Fernsehempfang über angeschlossenen **Videorecorder (Antennenverstärker)** Bild: stark verschneit Ton: Rauschen *Fehlerbild: Abb. 4.2.1.1, Tafel F 2*	Totalausfall des Antennenverstärkers	1. **Stromversorgung des Videorecorders kontrollieren** Hauptnetzschalter auf „Ein“ 2. Fernsehempfänger allein anschließen Die Antennenzuführung direkt zum Fernsehempfänger leiten, wenn dann kein Fehler mehr, anschließend wieder HF-Anschluß herstellen 3. Kontrolle der Spannungen des Antennenverstärkers
Fernsehempfang über angeschlossenen **Videorecorder (Antennenverstärker)** Bild: zieht krumm Ton: Brummen im Ton	Siebung der Versorgungsspannungen mangelhaft	1. **Fernsehempfänger allein anschließen** Die Antennenzuführung direkt zum Fernsehempfänger leiten, wenn dann kein Fehler mehr, anschließend wieder HF-Anschluß herstellen und 2. Oszillografische Überprüfung der Versorgungsspannungen des Antennenverstärkers
Fernsehempfang über angeschlossenen **Videorecorder (Antennenverstärker) an Kabelnetz** Bild: Empfang im unteren Sonderkanalbereich mangelhaft Ton: Rauschen	Videorecorder nicht für Kabelfernsehen tauglich	1. **Kabeltauglichen Fernsehempfänger allein anschließen** Die Antennenzuführung direkt zum Fernsehempfänger leiten, wenn dann kein Fehler mehr, anschließend wieder HF-Anschluß herstellen und 2. **Taxifunk-Saugkreis entfernen,** Kabeltuner einbauen
Fernsehempfang über angeschlossenen **Videorecorder (Antennenverstärker)** Bild: Schnee im Bild Ton: leichtes Rauschen *Fehlerbild: Abb. 4.2.4.1, Seite 35*	Antennenverstärker-Schalter steht in Stellung „Low“. Verminderte Verstärkung	1. **Stromversorgung des Videorecorders kontrollieren** Hauptnetzschalter auf „Ein“ 2. Antennenverstärker-Schalter kontrollieren 3. Kontrolle der Spannungen des Antennenverstärkers

5. Fehlersuchtabelle für UHF-Modulatoren

Fehlererscheinung	Fehlerursache	Prüfungen
HF-Aufnahmebetrieb: normal EE-Bild: nur Schnee EE-Ton: nur Rauschen	Totalausfall des UHF-Modulators	1. AV-Betrieb durchführen, wenn dann der Wiedergabe-Betrieb normal ist: 2. UHF-Kanal-Einstellung überprüfen und Abstimmung zwischen Fernsehempfänger (AV-Taste) und Videorecorder (Kanal 30...40) kontrollieren 3. Kontrolle der Spannungen des UHF-Modulators
HF-Aufnahmebetrieb: normal EE-Bild: verschwommene Bildkonturen EE-Ton: leise oder leicht verrauscht	UHF-Modulator falsch abgestimmt	1. UHF-Kanal-Einstellung überprüfen und Abstimmung zwischen Fernsehempfänger (AV-Taste) und Videorecorder (Kanal 30...40) kontrollieren, richtiges Maximum wählen
HF-Aufnahmebetrieb: normal EE-Bild: normal EE-Ton: Brummen im Ton	Intercarrierbrummen	1. AV-Betrieb durchführen, wenn dann der Wiedergabe-Betrieb normal ist, dann wieder HF-Betrieb und 2. Schwarzwert nachstellen, nachstimmen
HF-Aufnahmebetrieb: normal EE-Bild: normal EE-Ton: kein Tonempfang	Ton-DF-Verstärker oder Ton-DF-Oszillator 5,5 MHz defekt	1. AV-Betrieb durchführen, wenn dann Ton normal zu hören ist, dann 2. Kontrolle des Ton-DF-Verstärkers, Ton-DF-Oszillators (5,5 MHz), Spannungsmessungen 3. Kontrolle der Spannungen des Ton-DF-Teiles

6a. Fehlersuchtabelle für Bedienteil mit mechanischer Abstimmung

Fehlererscheinung	Fehlerursache	Prüfungen
HF-Aufnahme-Betrieb: Bild: nur Schnee Ton: nur Rauschen	Totalausfall der Abstimmung	1. HF-Wiedergabe-Betrieb durchführen Ist mit Fremdkassette Wiedergabe normal, dann 2. Im HF-Aufnahme-Betrieb Sender abstimmen, das EE-Bild kontrollieren, dann 3. Kontrolle der Tuner-Abstimmspannung 4. Kontrolle der Spannungszuführung
HF-Aufnahme-Betrieb: Bild: ein Programmplatz nur Schnee Ton: ein Programmplatz nur Rauschen	Abstimmung EINES Programmplatzes defekt	1. Im HF-Betrieb auf diesem Programmplatz Sender abstimmen 2. Kontrolle der Tuner-Abstimmspannung dieses Programmplatzes 3. Kontrolle der Spannungszuführung dieses Programmplatzes

6b. Fehlersuchtabelle für Bedienteil mit Sendersuchlauf

Fehlererscheinung	Fehlerursache	Prüfungen
Nach dem Einschalten zeigt die LED-Anzeige „Netz ein" an. Es sind aber keine Betriebsarten zu schalten	Totalausfall des Bedienteiles	1. Ausschalten und nach einigen Minuten wieder einschalten (der Bedienteil-Mikrocomputer blockiert), wenn dann kein Normalbetrieb möglich ist: 2. Kontrolle der Spannungen im Netzteil 3. Kontrolle der Spannungen im Bedienteil 4. Kontrolle der Taktfrequenz des Bedienteil-Mikrocomputers 5. Rückstell-Kontrolle (Reset)
HF-Aufnahmebetrieb: Bild: nur Schnee Ton: nur Rauschen Mit dem Suchlauf lassen sich die Sender jedoch einstellen	Totalausfall der Programmwahl	1. Kontrolle der Spannungen in der Programmwahlschaltung 2. Kontrolle der Tuner-Abstimmspannung bei der Programmwahl 3. Kontrolle des Bedienteil-Mikrocomputers
HF-Aufnahmebetrieb: Bild: ein Programmplatz nur Schnee Ton: ein Programmplatz nur Rauschen	Abstimmung EINES Programmplatzes defekt	1. Kontrolle der Tuner-Abstimmspannung dieses Programmplatzes 2. Kontrolle der Dateneingabe 3. Kontrolle des Bedienteil-Mikrocomputers
HF-Aufnahmebetrieb: Bild: nur Schnee Ton: nur Rauschen	Totalausfall des Speichers	1. Kontrolle der Betriebsspannungen des Speicher-ICs 2. Kontrolle des Speicher-ICs
HF-Aufnahmebetrieb: Bild: nur Schnee Ton: nur Rauschen Die Sender lassen sich normal programmieren. Sie verschwinden jedoch allmählich wieder	Der Speicher verliert sein „Gedächtnis"	1. Kontrolle der Betriebsspannungen des Speicher-ICs Die Spannung muß über einen längeren Zeitraum kontrolliert werden 2. Kontrolle des Speicher-ICs

6c. Fehlersuchtabelle für den Sendersuchlauf

Fehlererscheinung	Fehlerursache	Prüfungen
HF-Aufnahme-Betrieb: Der Suchlauf startet nicht	Totalausfall des Suchlaufes	1. Kontrolle der Kassetteneingabe (Kassette muß eingelegt sein) 2. Kontrolle der Suchlauf-Start-Spannung 3. Kontrolle der Spannungen des Bedienteiles 4. Kontrolle des Bedienteil-ICs
HF-Aufnahme-Betrieb: Der Suchlauf stoppt nicht	Suchlauf-Stop-Spannung fehlt	1. Kontrolle der Stop-Spannung vom ZF-Verstärker aus rückwärts 2. Kontrolle der Senderkennung
HF-Aufnahme-Betrieb: Der Suchlauf stoppt neben den Sendern	Suchlauf-Stop-Impuls fehlerhaft	1. Suchlauf-Stop-Impulsspannungs-Erzeugung im ZF-Teil überprüfen
HF-Aufnahme-Betrieb: Der Suchlauf stoppt zu häufig	Suchlauf-Stop-Spannung zu hoch	1. Suchlauf-Stop-Impulsspannungs-Erzeugung im ZF-Teil überprüfen
HF-Aufnahme-Betrieb: Der Suchlauf stoppt, die Sender lassen sich jedoch nicht speichern	Speicher defekt	1. Kontrolle der Spannungen des Bedienteil-ICs 2. Speicher-IC überprüfen

6d. Fehlersuchtabelle für IR-Fernbedienungen

Fehlererscheinung	Fehlerursache	Prüfungen
Fernbedienung: keine Funktion Nahbedienung: normale Funktion	Totalausfall der Fernbedienung	1. Kontrolle der Batteriespannung 2. Kontrolle der Betriebsspannungen 3. Kontrolle der IR-Diode
Fernbedienung: funktioniert nur in unmittelbarer Nähe des Videorecorders Nahbedienung: normale Funktion	Verminderte Sendeleistung	1. Kontrolle der Batteriespannung 2. Kontrolle der Betriebsspannungen 3. Kontrolle der IR-Diode
Fernbedienung: funktioniert nur in unmittelbarer Nähe des Videorecorders Nahbedienung: normale Funktion Batterien sind vorzeitig erschöpft	Feinschluß in der Schaltung	1. Kontrolle des Stromverbrauches 2. Kontrolle der Spannungen 3. Kontrolle der Kondensatoren in der Fernbedienung
Fernbedienung: keine Funktion Nahbedienung: normale Funktion Batterien sind nach kurzer Zeit erschöpft	Kurzschluß in der Schaltung Stromversorgung schaltet nicht aus	1. Kontrolle des Stromverbrauches 2. Kontrolle der Spannungen 3. Kontrolle der Schalterkontakte 4. Kontrolle der Kondensatoren in der Fernbedienung
Fernbedienung: eine Funktion läßt sich nicht schalten Nahbedienung: normale Funktion	Kontaktfehler	Kontrolle der Kontaktgabe

6e. Fehlersuchtabelle für IR-Vorverstärker

Fehlererscheinung	Fehlerursache	Prüfungen
Fernbedienung: keine Funktion Nahbedienung: normale Funktion **Fernbedienung ist in Ordnung**	Totalausfall des IR-Vorverstärkers	1. Kontrolle der Spannungen 2. Kontrolle der IR-Empfangsdiode (Unterbrechung im IR-Vorverstärker)
Fernbedienung: funktioniert nur in unmittelbarer Nähe des Videorecorders Nahbedienung: normale Funktion **Fernbedienung ist in Ordnung**	Verminderte Verstärkung	1. Kontrolle der Spannungen 2. Kontrolle der IR-Empfangsdiode (Empfindlichkeit)
Fernbedienung: nur einige Funktionen lassen sich schalten Nahbedienung: normale Funktion **Fernbedienung ist in Ordnung**	Bandbreite nicht ausreichend	1. Kontrolle der Spannungen 2. Oszillografische Überprüfung

7a. Fehlersuchtabelle für Tuner

Fehlererscheinung	Fehlerursache	Prüfungen
HF-Aufnahme-Betrieb: Bild: nur Schnee Ton: nur Rauschen Antennensignalspannung liegt an, EE-Betrieb: gleicher Fehler *Fehlerbild: Abb. 7.3.1.1. Tafel F 3*	Totalausfall des Tuners	1. AV-Betrieb durchführen, wenn dann der Wiedergabe-Betrieb fehlerfrei ist, dann 2. Kontrolle der Antennenverstärkung 3. Kontrolle des Bedienteiles 4. Kontrolle der Versorgungsspannungen 5. Kontrolle der Tuner-Abstimmspannung
HF-Aufnahme-Betrieb: Bild: verschneit Ton: Rauschen im Ton Antennensignalspannung liegt an, EE-Betrieb: gleicher Fehler *Fehlerbild: Abb. 7.3.2.1, Tafel F 3*	Verminderte Verstärkung	1. AV-Betrieb durchführen, wenn dann der Wiedergabe-Betrieb fehlerfrei ist, dann 2. Kontrolle der Feinabstimmung 3. Kontrolle des Antennenverstärkers 4. Kontrolle der Spannungen des Tuners
HF-Aufnahme-Betrieb: Bild: verzieht sich andauernd Ton: normal EE-Betrieb: gleicher Fehler *Fehlerbild: Abb. 7.3.4.1, Tafel F 4*	Brummspannungsüberlagerung der Tuner-Abstimmspannung	1. AV-Betrieb durchführen, wenn dann der Wiedergabe-Betrieb fehlerfrei ist, dann 2. Fernsehempfänger allein anschließen (Kontrolle des Antennenverstärkers) 3. Oszillografische Überprüfung der Tuner-Abstimmspannung

7b. Fehlersuchtabelle für die ZF-Verstärkung mit ZF-Demodulation

Fehlererscheinung	Fehlerursache	Prüfungen
HF-Aufnahme-Betrieb: Bild: nur Schnee (feinkörnig) Ton: nur Rauschen Antennensignalspannung liegt an, EE-Betrieb: gleicher Fehler *Fehlerbild: Abb. 7.3.5.1, Tafel F 4*	Totalausfall der ZF-Verstärkung	1. AV-Betrieb durchführen, wenn der Wiedergabe-Betrieb normal ist, dann 2. Kontrolle der Antennenverstärkung 3. Kontrolle der Abstimmung 4. Kontrolle des Tuners 5. Kontrolle der Spannungen der ZF-Verstärkung
HF-Aufnahme-Betrieb: Bild: verschneit (feinkörnig) Ton: leiser und wenig verrauscht EE-Betrieb: gleicher Fehler	Verminderte Verstärkung	1. AV-Betrieb durchführen, wenn der Wiedergabe-Betrieb normal ist, dann 2. Kontrolle des Tuners 3. Kontrolle der Spannungen der ZF-Verstärkung 4. Kontrolle der Regelung
HF-Aufnahme-Betrieb: Bild: Schirm weiß Ton: fehlt (kein Rauschen) EE-Betrieb: gleicher Fehler	1. ZF-Demodulation 2. Regelung 3. Selbsterregung in der ZF-Verstärkung	1. AV-Betrieb durchführen, wenn der Wiedergabe-Betrieb normal ist, dann 2. Kontrolle der Versorgungs-Spannungen 3. Kontrolle der Regelspannungen 4. Kontrolle der ZF-Demodulation
HF-Aufnahme-Betrieb: Bild: verzieht sich Ton: normal *Fehlerbild: Abb. 7.3.4.1, Tafel F 4*	Tunerabstimmspannung mangelhaft gesiebt	1. AV-Betrieb durchführen, wenn der Wiedergabe-Betrieb normal ist, dann 2. Oszillografische Überprüfung der Versorgungsspannungen 3. Oszillografische Überprüfung der Tunerabstimmspannung
EE-Betrieb: Bild: normal Ton: Intercarrierbrummen	Intercarrierbrummen	1. ZF-Verstärker nachstimmen 2. ZF-Verstärker auswechseln

8a. Fehlersuchtabelle für Fehler im Y-Signalzweig bei der Aufnahme

Fehlererscheinung	Fehlerursache	Prüfungen
Wiedergabe von Eigenaufnahmen: Bild: Schirm weiß (oder grau) Ton: normal Der Ton kann evtl. im angeschlossenen Fernsehempfänger stummgeschaltet werden *Fehlerbild: Abb. 8.3.1.1, Tafel F 4*	Totalausfall des Y-Signalzweiges	1. Wiedergabe einer Fremdkassette (AV-Betrieb), wenn die Wiedergabe normal ist, dann 2. Oszillografische Überprüfung des Y-Signalzweiges beginnend mit dem Y-FM-Modulator 3. Kontrolle der Spannungen im Y-Signalzweig
Wiedergabe von Eigenaufnahmen: Bild: nur graues Bild bei Schwarzweiß-Einstellung Ton: normal *Fehlerbild: Abb. 8.3.2.2, Tafel F 5*	Verminderte Verstärkung	1. Wiedergabe einer Fremdkassette (AV-Betrieb), wenn die Wiedergabe normal ist, dann 2. Grundeinstellung der Verstärkung überprüfen 3. Oszillografische Überprüfung der Y-Signalverstärkung 4. Kontrolle der Spannungen im Y-Signalzweig
Wiedergabe von Eigenaufnahmen: Bild: Störungen im Bild, Farbverfälschungen Ton: normal *Fehlerbild: Abb. 8.3.3.1 Tafel F 5*	Farbartsignal nicht gefiltert	1. Wiedergabe einer Fremdkassette (AV-Betrieb), wenn der Wiedergabe-Betrieb normal ist, dann 2. Oszillografische Überprüfung der Y-Signalzweiges

8b. Fehlersuchtabelle für Fehler im Farbartsignalweg bei der Aufnahme

Fehlererscheinung	Fehlerursache	Prüfungen
Wiedergabe von Eigenaufnahmen: Bild: nur Schwarzweiß-Bild Ton: normal *Fehlerbild: Abb. 8.7.1.1, Tafel F 6*	Totalausfall des Farbartsignalzweiges	1. Wiedergabe einer Fremdkassette (AV-Betrieb), wenn die Wiedergabe normal ist, dann 2. Kontrolle der Tuner-Feinabstimmung 3. AV-Aufnahme durchführen, wenn gleicher Fehler, dann 4. Oszillografische Überprüfung des Farbartsignalzweiges 5. Kontrolle der Spannungen im Farbartsignalzweig
Wiedergabe von Eigenaufnahmen: Bild: Farben verrauscht Ton: normal *Fehlerbild: Abb. 8.7.2.1, Tafel F 6*	Verminderte Verstärkung	1. Wiedergabe einer Fremdkassette (AV-Betrieb), wenn die Wiedergabe normal ist, dann 2. Kontrolle des Einstellers für das Farbartsignal 3. Oszillografische Überprüfung 4. Kontrolle der Spannungen im Farbartsignalzweig
Wiedergabe von Eigenaufnahmen: Bild: Störung in den Farben Ton: normal *Fehlerbild: Abb. 8.7.3.1, Tafel F 7*	Erhöhte Verstärkung	1. Wiedergabe einer Fremdkassette (AV-Betrieb), wenn die Wiedergabe normal ist, dann 2. Kontrolle des Einstellers für Farbartsignal 3. Oszillografische Überprüfung der Regelung 4. Kontrolle der Spannungen im Farbartsignalzweig
Wiedergabe von Eigenaufnahmen: Bild: Störungen in der Farbe Ton: normal *Fehlerbild: Abb. 8.7.4.1, Tafel F 8*	BAS-Signal nicht ausgefiltert	1. Wiedergabe einer Fremdkassette (AV-Betrieb), wenn die Wiedergabe normal ist, dann 2. Oszillografische Überprüfung

8c. Fehlersuchtabelle für Aufsprechverstärker

Fehlererscheinung	Fehlerursache	Prüfungen
Wiedergabe von Eigen-aufnahmen: Bild: kein Bild Ton: normal EE-Betrieb: Bild und Ton normal	Totalausfall des Aufsprechverstärkers	1. Wiedergabe einer Fremdkassette (AV-Betrieb), wenn die Wiedergabe normal ist, dann 2. Oszillografische Überprüfung 3. Kontrolle der Aufsprechstrom-Einsteller 4. Kontrolle der Spannungen des Aufsprechverstärkers
Wiedergabe von Eigen-aufnahmen: Bild: Störung in den Farben Ton: normal EE-Betrieb: Bild und Ton normal *Fehlerbild: Abb. 8.7.3.1, Tafel F 7*	Farbaufsprechstrom zu hoch (Erhöhte Verstärkung)	1. Wiedergabe einer Fremdkassette (AV-Betrieb), wenn Wiedergabe normal ist, dann 2. Kontrolle des Farbaufsprechstrom-Einstellers 3. Oszillografische Überprüfung 4. Kontrolle der Regelung des Farbartsignales
Wiedergabe von Eigen-aufnahmen: Bild: Farben verrauscht Ton: normal EE-Betrieb: Bild und Ton normal *Fehlerbild: Abb. 8.9.3.1. Tafel F 8*	Farbaufsprechstrom zu niedrig	1. Wiedergabe einer Fremdkassette (AV-Betrieb), wenn Wiedergabe normal ist, dann 2. Kontrolle des Einstellers für Farbaufsprechstrom 3. Oszillografische Überprüfung 4. Kontrolle der Spannungen des Aufsprechverstärkers

9a. Fehlersuchtabelle für Fehler im Y-Signalzweig bei der Wiedergabe

Fehlererscheinung	Fehlerursache	Prüfungen
Wiedergabe von Fremdaufnahmen: Bild: Schirm weiß oder grau Ton: normal	Totalausfall des Y-Signalzweiges	1. Wiedergabe einer Fremdkassette (AV), wenn der Fehler bleibt, dann 2. Überprüfung des Wiedergabe-Kopfverstärkers 3. Oszillografische Überprüfung 4. Kontrolle der Spannungen des Y-Signalzweiges
Wiedergabe von Fremdaufnahmen: Bild: statt Schwarz oder Weiß helles und dunkles Grau im Schwarzweiß-Bild Ton: normal	Verminderte Verstärkung	1. Wiedergabe einer Fremdkassette (AV-Betrieb), wenn der Fehler bleibt, dann 2. Überprüfung der Wiedergabe-Kopfverstärkung 3. Oszillografische Überprüfung 4. Kontrolle der Spannungen des Y-Signalzweiges
Wiedergabe von Fremdaufnahmen: Bild: farbige Streifen im Bild Ton: normal	Übersprechen	1. Wiedergabe einer Eigenaufnahme, wenn kein Fehler zu sehen, dann 2. Oszillografische Überprüfung

9b. Fehlersuchtabelle für Fehler im Farbartsignalzweig bei der Wiedergabe

Fehlererscheinung	Fehlerursache	Prüfungen
Wiedergabe von Fremdaufnahmen: Bild: nur Schwarzweiß-Bild Ton: normal *Fehlerbild: Abb. 8.7.1.1, Tafel F 6*	Totalausfall des Farbartsignalzweiges	1. Wiedergabe einer Fremdkassette im AV-Betrieb, wenn dann der Fehler bleibt, dann 2. Kontrolle der Schaltspannung für die Farbsperre 3. Oszillografische Überprüfung 4. Kontrolle der Spannungen im Farbartsignalzweig bei der Wiedergabe
Wiedergabe von Fremdaufnahmen: Bild: Farben verrauscht und zu schwach Ton: normal *Fehlerbild: Abb. 8.9.3.1, Tafel F 8*	Verminderte Verstärkung	1. Wiedergabe einer Fremdkassette im AV-Betrieb, wenn der Fehler bleibt, dann 2. Kontrolle der Einsteller für Farbartsignal 3. Oszillografische Überprüfung 4. Kontrolle der Spannungen im Farbartsignalzweig bei der Wiedergabe
Wiedergabe von Fremdaufnahmen: Bild: Streifenstörung in den Farben, Schwarzweiß-Bild normal Ton: normal *Fehlerbild: Abb. 9.3.7.1, Tafel F 10*	Erhöhte Verstärkung	1. Kontrolle der Einsteller für Farbartsignal 2. Oszillografische Überprüfung 3. Kontrolle der Regelung 4. Kontrolle der Spannungen im Farbartsignalzweig

10a. Fehlersuchtabelle für defekte Videoköpfe

Fehlererscheinung	Fehlerursache	Prüfungen
Wiedergabe von Eigen- und Fremdaufnahmen: Bild: Ausreißen von Zeilen oder Rauschzonen im Bild Ton: normal *Fehlerbilder: Abb. 10.4.1.1...10.4.1.3, Tafeln F 11 und F 12*	Verschmutzte Videoköpfe	1. Reinigung der Videoköpfe 2. Oszillografische Überprüfung der Kopfspannung
Wiedergabe von Eigen- und Fremdaufnahmen: Bild: Ausreißen von Zeilen, Rauschzonen, Bildlauf Ton: normal *Fehlerbilder: Abb. 10.4.2.1...10.4.2.4, Tafeln F 12 und F 13*	Videoköpfe defekt	1. Reinigung der Videoköpfe 2. Oszillografische Überprüfung der Kopfspannung 3. Kopfscheibe auswechseln
Wiedergabe von Eigen- und Fremdaufnahmen: Bild: verzogen und Schnee Ton: normal *Fehlerbild: Abb. 10.4.3.1, Tafel F 13*	Ein Videokopf defekt	1. Reinigung der Videoköpfe 2. Oszillografische Überprüfung der Kopfspannung 3. Kopfscheibe auswechseln

10b. Fehlersuchtabelle für Bandlauf-Fehler

Fehlererscheinung	Fehlerursache	Prüfungen
Wiedergabe von Eigen- und Fremdaufnahmen: Bild: breite Rauschzonen unten im Bild Ton: normal *Fehlerbild: Abb. 10.8.1.1, Tafel F 14*	Band liegt nicht richtig am Kopfrad an	1. Optische Kontrolle des Bandlaufes 2. Mechanische Kontrolle des Bandlaufes
Wiedergabe von Eigen- und Fremdaufnahmen: Bild: Rauschzone oben im Bild Ton: normal *Fehlerbild: Abb. 10.8.2.2, Tafel F 14*	Das Band läuft zu hoch ein	1. Optische Kontrolle des Bandlaufes 2. Mechanische Kontrolle des Bandlaufes
Wiedergabe von Eigen- und Fremdaufnahmen: Bild: das Bild wird nicht synchronisiert Ton: normal *Fehlerbild: Abb. 10.8.3.1, Tafel F 15*	Das Band läuft zu tief ein	1. Optische Kontrolle des Bandlaufes 2. Mechanische Kontrolle des Bandlaufes
Wiedergabe von Eigen- und Fremdaufnahmen: Bild: mehrere Rauschzonen im Bild Ton: normal *Fehlerbild: Abb. 10.8.4.2, Tafel F 15*	Der Bandauslauf endet zu hoch	1. Optische Kontrolle des Bandlaufes 2. Mechanische Kontrolle des Bandlaufes
Wiedergabe von Eigen- und Fremdaufnahmen: Bild: Rauschzone unten im Bild Ton: normal *Fehlerbild: Abb. 10.8.5.1, Tafel F 16*	Der Bandauslauf endet zu tief	1. Optische Kontrolle des Bandlaufes 2. Mechanische Kontrolle des Bandlaufes

10c. Fehlersuchtabelle für Fehler in der Band-Endabschaltung

Fehlererscheinung	Fehlerursache	Prüfungen
Bandlauf: läßt sich nicht einschalten	Kassettenlampe defekt (VHS)	1. Kassettenlampe kontrollieren (VHS) 2. Kontrollsystem überprüfen
Bandlauf: Rücklauf immer eingeschaltet, Band läuft zurück und bleibt stehen	Die Bandendabschaltung erkennt immer „Bandende“	1. Kontrolle der „Bandende“-Erkennung 2. Kontrolle der Spannungen der Bandendabschaltung
Bandlauf: stoppt selbsttätig während des Betriebes (VHS)	Bandantrieb fehlerhaft	1. Kontrolle der Kassette 2. Kontrolle des Bandantriebes 3. Kontrollsystem überprüfen 4. Kontrolle der Bandendabschaltung
Bandlauf: stoppt selbsttätig während des Betriebes (Beta)	Bandendabschaltung fehlerhaft	1. Kontrolle der Kassette 2. Kontrolle der Bandendabschaltung 3. Kontrolle der Spannungen der Bandendabschaltung

11a. Fehlersuchtabelle für Bandlauf-Geschwindigkeitsfehler

Fehlererscheinung	Fehlerursache	Prüfungen
Bandlauf: läßt sich nicht einschalten Kopfradantrieb: läuft an und schaltet kurzzeitig wieder ab	1. Kassettenwickel dreht sich nicht 2. Kassettenlampe defekt (VHS) 3. Capstanmotor hat keine Stromzufuhr oder ist defekt 4. Andruckrolle wird nicht angedrückt 5. Kontrollsystem schaltet ab	1. Prüfkassette einlegen und einschalten 2. Kassettenlampe kontrollieren 3. Kontrolle der Spannung am Capstanmotor 4. Motor-Überprüfung 5. Mechanische Überprüfung des Bandantriebes 6. Kontrollsystem überprüfen
Bandlauf: läuft an und schaltet nach einiger Zeit selbsttätig ab Bild: kippt weg, Farbe setzt aus Ton: leiert sehr stark	1. Bandlauf wesentlich zu langsam, Kassette schwergängig 2. Capstanmotor fehlerhafte Stromzufuhr oder defekt 3. Geschwindigkeits-Regelung defekt 4. Mechanischer Fehler des Bandantriebes	1. Prüfkassette einlegen und einschalten 2. Kontrolle der Spannung am Capstanmotor 3. Motor-Überprüfung 4. Mechanische Überprüfung des Bandantriebes

11a. Fehlersuchtabelle für Bandlauf-Geschwindigkeitsfehler (Fortsetzung)

Bild: Rauschzonen im Bild, selten ist das Bild kurzzeitig zu sehen Ton: leiert sehr stark *Fehlerbild: Abb. 11.4.1, Tafel F 18*	1. Bandlauf zu langsam, Kassette schwergängig 2. Capstanmotor fehlerhafte Stromzufuhr oder defekt 3. Geschwindigkeits-Regelung defekt 4. Mechanischer Fehler des Bandantriebes	1. Prüfkassette einlegen und einschalten 2. Mechanische Überprüfung des Bandantriebes 3. Kontrolle der Spannung am Capstanmotor 4. Motor-Überprüfung 5. Kontrolle des Geschwindigkeits-Regelkreises
Bild: normal, aber in Intervallen sind Rauschzonen im Bild zu sehen Ton: leiert *Fehlerbild: Abb. 11.4.1, Tafel F 18*	1. Bandlauf wenig zu langsam, Kassette schwergängig 2. Mechanischer Fehler des Bandantriebes 3. Capstanmotor fehlerhafte Stromzufuhr oder defekt 4. Bandlauf-Servoregelung defekt	1. Prüfkassette einlegen und einschalten 2. Mechanische Überprüfung des Bandantriebes 3. Kontrolle der Spannung am Capstanmotor 4. Motor-Überprüfung 5. Kontrolle der Bandlauf-Servoregelung

11b. Fehlersuchtabelle für die Kopfrad-Servoschaltung

Fehlererscheinung	Fehlerursache	Prüfungen
Bild: Farben ineinander verschoben Ton: normal *Fehlerbild: Abb. 11.2.1, Tafel F 16*	Kopfrad-Geschwindigkeit wenig vermindert	1. Kopfrad-Motor-Spannung kontrollieren 2. Regelung überprüfen (beim Abbremsen muß sich die Spannung erhöhen) 3. Oszillografische Überprüfung der Kopfrad-Servoschaltung 4. Kontrolle der Spannungen der Kopfrad-Servoschaltung
Bild: Rauschzonen im Bild bei Wiedergabe Ton: normal *Fehlerbild: Abb. 11.2.2, Tafel F 16*	Kopfrad-Geschwindigkeit vermindert	1. Kopfrad-Motor-Spannung kontrollieren 2. Regelung überprüfen (beim Abbremsen muß sich die Spannung erhöhen) 3. Neuabgleich der Kopfrad-Servoregelung 4. Kontrolle der Spannungen der Servoregelung 5. Oszillografische Überprüfung der Servoschaltung
Bild: mehrere Rauschzonen im Bild bei Wiedergabe Ton: normal *Fehlerbilder: Abb. 11.2.3 und 11.2.4, Tafel F 17*	Kopfrad-Geschwindigkeit stärker vermindert	1. Kopfrad-Motor-Spannung kontrollieren 2. Regelung überprüfen (beim Abbremsen muß sich die Spannung erhöhen) 3. Kontrolle des Motors 4. Kontrolle der Spannungen der Kopfrad-Servoschaltung 5. Oszillografische Überprüfung der Servoschaltung

11b. Fehlersuchtabelle für die Kopfrad-Servoschaltung (Fortsetzung)

Bild: kippt weg, Farbe setzt aus, Bandlauf stoppt selbsttätig Ton: bis zum Stoppen normal *Fehlerbilder: Abb. 11.2.5 und 11.2.6, Tafeln F 17 und F 18*	Kopfrad-Geschwindigkeit mehr als 20 % vermindert Kontrollsystem schaltet ab	1. Kontrolle des Motors 2. Kontrolle der Spannungen des Antriebes 3. Kontrolle der Spannungen der Kopfrad-Servoschaltung
Bild: nur schwarzweiße Streifen zu sehen Ton: normal	Kopfrad-Geschwindigkeit zu hoch	1. Kopfrad-Motor-Spannung kontrollieren (zu hoch) 2. Regelung überprüfen 3. Oszillografische Überprüfung der Servoschaltung
Bild: in mehr oder weniger längeren Zeitabständen kippt das Bild weg und fängt sich dann anschließend wieder Ton: normal	Kopfrad-Antrieb hat falsche Betriebsspannung	1. Kopfrad-Motor-Schaltung kontrollieren 2. Neuabgleich der Kopfrad-Servoregelung 3. Kontrolle der Spannungen des Kopfrad-Antriebes 4. Kontrolle der Spannungen der Servoschaltung

12. Fehlersuchtabelle für das Kontrollsystem

Fehlererscheinung	Fehlerursache	Prüfungen
Recorder läßt sich einschalten Kassette wird nicht angenommen	1. Dateneingabe: Kassettenschachtschalter schließt nicht 2. Datenausgabe: Mikroprozessor	1. Kassettenschachtschalter überprüfen 2. Kontrolle der Spannungen für die Dateneingabe 3. Kontrolle der Spannungen für die Datenausgabe 4. Kontrolle der Spannungen für Mikroprozessor 5. Mikroprozessor
Bandlauf beginnt nicht	1. Kopfradantrieb defekt 2. Bandantrieb defekt 3. Bandendabschaltung wird fehlerhaft erkannt 4. Betriebsspannungen zu niedrig	1. Kontrolle des Kopfrad-Laufes 2. Kontrolle des Bandantriebes 3. Kontrolle der automatischen Bandendabschaltung 4. Kontrolle der Spannungen
Bandlauf beginnt und schaltet nach kurzer Zeit ab	1. Bandlauf wesentlich zu langsam 2. Kopfrad-Geschwindigkeit wesentlich zu langsam 3. Aufwickeln des Bandes fehlerhaft 4. Betriebsspannung zu niedrig	1. Prüfkassette einlegen, Wiedergabe- und Aufnahme-Betrieb 2. Bandantrieb kontrollieren 3. Kopfradantrieb kontrollieren 4. Aufwickeln des Bandes kontrollieren 5. Betriebsspannungskontrolle

12. Fehlersuchtabelle für das Kontrollsystem (Fortsetzung)

Bänder reißen am Bandende oder -anfang nach Vor- oder Rücklauf	Bandend- oder Bandanfangs-Überwachung defekt	1. Kontrolle mit Prüfkassette 2. Kontrolle der Bandend- und Bandanfangs-Abschaltung
Timerbetrieb läßt sich nicht einschalten	Datenein- oder -ausgabe für Timerschaltung defekt	1. Dateneingabe der Timerschaltung überprüfen (Schalter) 2. Datenausgabe der Timerschaltung überprüfen (Kontrollimpuls) 3. Mikroprozessor 4. Kassette nur für Wiedergabe geeignet
Bandbeschädigung nach Standbild-Betrieb	Standbild-Betrieb wird nicht automatisch abgeschaltet (nach längerer Betriebszeit)	1. Datenausgabe der Abschaltspannung kontrollieren 2. Mikroprozessor

13. Fehlersuchtabelle für die Betriebsartenwahl

Fehlererscheinung	Fehlerursache	Prüfungen
Hauptnetzschalter ist eingeschaltet **Recorder schaltet nicht ein** Kassette wird nicht angenommen	Netz-Einschaltung defekt Betriebsartenwahl defekt	1. Kontrolle der Netzspannungs-Einschaltung 2. Kontrolle der Kassettenschacht-Schaltung 3. Kontrolle der Betriebsspannungen 4. Kontrolle der Spannungen der Datenausgabe des Mikroprozessors für die Betriebsartenwahl 5. Mikroprozessor der Steuerung
Kassette wird angenommen, Band wird jedoch nicht eingefädelt	Fädelschaltung defekt Betriebsartenwahl defekt	1. Kontrolle der Fädelschaltung 2. Kontrolle der Betriebsspannungen 3. Kontrolle der Spannungen des Mikroprozessors für die Datenausgabe der Fädelschaltung 4. Mikroprozessor der Steuerung
Band wird eingefädelt, Kontrollampe leuchtet. Der Bandlauf beginnt **nicht**, stattdessen wird ausgefädelt. Das Band wird nicht in die Kassette zurückgeführt	Wickelmotor arbeitet nicht Betriebsartenwahl defekt	1. Kontrolle der Wickelmotorspannungen 2. Kontrolle des Wickelmotors 3. Mechanische Überprüfung 4. Kontrolle der Spannungen des Mikroprozessors für die Datenausgabe der Wickelmotorschaltung 5. Mikroprozessor der Steuerung

13. Fehlersuchtabelle für die Betriebsartenwahl (Fortsetzung)

Schneller Vor- und Rücklauf drehen sich zu langsam	Schaltung für schnellen Vor- und Rücklauf fehlerhaft Betriebsartenwahl defekt	1. Kontrolle der Spannungen der Schaltung für den schnellen Vor- und Rücklauf 2. Kontrolle der Spannungen des Mikroprozessors für die Betriebsartenwahl 3. Mikroprozessor der Steuerung
Bremsmagnet zieht nicht an, in der Folge „Bandsalat“	Bremsmagnetschaltung defekt Betriebsartenwahl defekt	1. Kontrolle der Spannungen der Bremsmagnetschaltung 2. Mikroprozessor der Steuerung
Andruckrollenmagnet zieht nicht an, in der Folge kein Bandlauf Kontrollsystem schaltet ab	Andruckrollenmagnetschaltung defekt Betriebsartenwahl defekt	1. Kontrolle der Spannungen der Andruckrollenmagnetschaltung 2. Mikroprozessor der Steuerung

14a. Fehlersuchtabelle für das Tonsignal bei der Aufnahme

Fehlererscheinung	Fehlerursache	Prüfungen
Wiedergabe: Fremdaufnahmen: Ton normal Eigenaufnahmen: kein Ton	Totalausfall des Tonsignalweges bei der Aufnahme	1. Kontrolle der Spannungen des Tonsignalweges bei der Aufnahme 2. Oszillografische Überprüfung
Wiedergabe: Fremdaufnahmen: Ton normal Eigenaufnahmen: Ton zu leise und verzerrt	Vormagnetisierspannung fehlt Tonverstärker für Aufnahme fehlerhaft	1. Kontrolle der Vormagnetisierspannung 2. Kontrolle der Spannungen des Tonaufnahmeverstärkers 3. Oszillografische Überprüfung
Wiedergabe: Fremdaufnahmen: Ton wenig leiser Eigenaufnahmen: Ton wesentlich leiser	Tonkopf verschmutzt	Tonkopf reinigen
Wiedergabe: Fremdaufnahmen: Ton normal Eigenaufnahmen: alte und neue Aufnahme gleichzeitig zu hören	Löschoszillator defekt	1. Kontrolle der Löschoszillator-Spannung 2. Oszillografische Überprüfung

14b. Fehlersuchtabelle für das Tonsignal bei der Wiedergabe

Fehlererscheinung	Fehlerursache	Prüfungen
Wiedergabe: Fremdaufnahmen: kein Ton Eigenaufnahmen: kein Ton	Totalausfall des Tonsignalweges bei der Wiedergabe	1. Kontrolle der Spannungen des Tonsignalweges bei der Wiedergabe 2. Kontrolle der Stummschaltung 3. Wiedergabe der Eigenaufnahme mit einem anderen Videorecorder, wenn dann Ton hörbar, dann 4. Oszillografische Überprüfung des Tonsignalweges bei der Wiedergabe
Wiedergabe: Fremdaufnahmen: Ton zu leise Eigenaufnahmen: Ton zu leise	Tonkopf verschmutzt	Tonkopf reinigen
Wiedergabe: Fremdaufnahmen: Ton verzerrt Eigenaufnahmen: Ton verzerrt	Ton-Wiedergabeverstärker fehlerhaft	1. Kontrolle der Spannungen des Ton-Wiedergabeverstärkers 2. Oszillografische Überprüfung des Ton-Wiedergabeverstärkers

14c. Fehlersuchtabelle für den Stereo-Tonteil

Fehlererscheinung	Fehlerursache	Prüfungen
Wiedergabe im AV-Betrieb: Stereo-Fremdaufnahmen: Stereoton normal zu hören Stereo-Eigenaufnahmen: nur Mono-Ton zu hören	1. Antennensignalspannung zu niedrig 2. Stereo-Kennung oder Dematrix defekt	1. Mono-Stereo-Schalter in Stellung „Stereo“ 2. Kontrolle der Eigenaufnahme (Schnee im Bild) 3. Dematrix und Stereo-Kennung überprüfen 4. Kontrolle der Spannungen
Wiedergabe im AV-Betrieb: Stereo-Fremdaufnahmen: nur Mono-Ton zu hören Stereo-Eigenaufnahmen: nur Mono-Ton zu hören	Stereo-Kanäle werden nicht getrennt	1. Mono-Stereo-Schalter in Stellung „Stereo“ 2. Oszillografische Überprüfung der einzelnen Stereokanäle
Wiedergabe im AV-Betrieb: Stereo-Fremdaufnahmen: Zwei-Kanal-Betrieb normal Stereo-Eigenaufnahmen: Zwei-Kanal-Betrieb nur Ton 1 zu hören	Zwei-Kanal-Umschaltung oder Zwei-Kanal-Kennung defekt	1. Zwei-Kanal-Umschaltung überprüfen 2. Zwei-Kanal-Kennung überprüfen

14d. Fehlersuchtabelle für den HiFi-Tonteil bei der Aufnahme

Fehlererscheinung	Fehlerursache	Prüfungen
Wiedergabe: Fremdaufnahmen: HiFi-Ton normal Eigenaufnahmen: nur Rauschen zu hören	HiFi-Tonsignalweg bei der Aufnahme unterbrochen	1. Kontrolle der Spannungen des Tonsignalweges bei der Aufnahme 2. Oszillografische Überprüfung
Wiedergabe: Fremdaufnahmen: HiFi-Ton normal Eigenaufnahmen: Ton leise und verzerrt	Vormagnetisierspannung fehlt Ton-Aufnahme-Verstärker fehlerhaft	1. Kontrolle der Vormagnetisierspannung 2. Kontrolle der Spannungen des Tonsignalweges bei der Aufnahme 3. Oszillografische Überprüfung
Wiedergabe: Fremdaufnahmen: HiFi-Ton fast normal Eigenaufnahmen: HiFi-Ton nicht sauber	Tonköpfe verschmutzt	HiFi-Tonköpfe überprüfen

14e. Fehlersuchtabelle für den HiFi-Tonteil bei der Wiedergabe

Fehlererscheinung	Fehlerursache	Prüfungen
Wiedergabe im AV-Betrieb: Fremdaufnahmen: kein Ton Eigenaufnahmen: kein Ton	Totalausfall beider Stereo-Signale	1. Kontrolle der Baugruppen, die von beiden Stereo-NF-Signalen durchlaufen werden 2. Kontrolle der Stummschaltung 3. Kontrolle der Spannungen an ICs
Wiedergabe im AV-Betrieb: Fremdaufnahmen: Ton zu leise und verzerrt Eigenaufnahmen: Ton zu leise und verzerrt	NF-Verstärkung fehlerhaft	1. Kontrolle der Spannungen der NF-Verstärkung 2. Oszillografische Überprüfung
Wiedergabe im AV-Betrieb: Fremdaufnahmen: Ton eines Stereokanales fehlt Eigenaufnahmen: Ton eines Stereokanales fehlt	Ein Stereokanal defekt	1. Kontrolle der Spannungen der getrennten Stereo-Verstärker 2. Oszillografische Überprüfung

15a. Fehlersuchtabelle für Fehler im Standbild-Betrieb

Fehlererscheinung	Fehlerursache	Prüfungen
Standbild-Betrieb: Rauschbalken	Fehler in der Impulsvergleichs- oder Regelschaltung	1. Neuabgleich der Zeitkonstanten 2. Oszillografische Überprüfung der Vergleichsimpulse für die Nachregelung 3. Kontrolle der Spannungen des Mikroprozessors
Standbild-Betrieb: Rauschbalken zieht sich im Bild nach unten, bleibt aber sichtbar	Impulsvergleich falsch	1. Neuabgleich der Zeitkonstanten 2. Oszillografische Überprüfung des Impulsvergleiches
Standbild-Betrieb: Rauschbalken läuft durch das Bild, er bleibt nicht stehen	Bandlauf fehlerhaft Fehler in der Impulsvergleichs-Schaltung	1. Kontrolle des Bandlaufes 2. Oszillografische Überprüfung des Impulsvergleiches
Standbild-Betrieb: Bildsynchronisation arbeitet nicht, das Bild läuft durch	Hilfsimpulse für die Bildsynchronisation bei Standbild fehlen oder sind fehlerhaft	1. Bildsynchronisation des Fernsehempfängers nachstellen 2. Oszillografische Überprüfung der Bildsynchronimpulse 3. Oszillografische Überprüfung der Hilfsimpulse für den Standbild-Betrieb

15b. Fehlersuchtabelle für Fehler im Zeitlupen-Betrieb

Fehlererscheinung	Fehlerursache	Prüfungen
Zeitlupen-Betrieb: läßt sich nicht einschalten	Zeitlupen-Schaltspannung fehlt	1. Oszillografische Überprüfung der Impuls-Spannungs-Erzeugung 2. Kontrolle der Spannungen der Zeitlupen-Schaltung 3. Kontrolle der Dateneingabe des Mikroprozessors für Zeitlupe
Zeitlupen-Betrieb: Geschwindigkeit läßt sich nicht verändern	Steuerspannung nicht veränderbar	1. Kontrolle des Geschwindigkeits-Einstellers 2. Oszillografische Überprüfung der Steuerspannung 3. Kontrolle der Spannungen der Zeitlupen-Schaltung
Zeitlupen-Betrieb: Rauschzonen	Spurlage fehlerhaft	1. Einsteller für Spurlage nachstellen 2. Vorregler (wenn vorhanden) nachstellen 3. Oszillografische Überprüfung der Schaltspannung 4. Kontrolle der Schaltung zur Erzeugung der Schaltspannung

15c. Fehlersuchtabelle für Fehler des Bildsuchlaufes

Fehlererscheinung	Fehlerursache	Prüfungen
Bildsuchlauf-Betrieb: läßt sich nicht einschalten	Betriebsartenwahl-schaltung „Bildsuchlauf" defekt	1. Überprüfung des Schalters 2. Kontrolle der Dateneingabe für den Suchlauf 3. Kontrolle der Datenausgabe für den Suchlauf 4. Kontrolle der Schaltspannung
Bildsuchlauf-Betrieb: Bandlauf bleibt nach dem Einschalten stehen (Kontrollsystem schaltet dann ab)	Spannung für Bildsuchlauf-Antrieb fehlt	1. Kontrolle der Motor-Spannung des Capstan-Motors 2. Kontrolle der Spannungen für den Bildsuchlauf
Bildsuchlauf-Betrieb: Bildsynchronisation arbeitet nicht, das Bild läuft durch	Hilfsimpulse für die Bildsynchronisation beim Bildsuchlauf fehlen oder sind fehlerhaft	1. Bildsynchronisation des Fernsehempfängers nachstellen 2. Oszillografische Überprüfung der Bildsynchronimpulse 3. Oszillografische Überprüfung der Hilfsimpulse für den Bildsuchlauf

15d. Fehlersuchtabelle für Fehler der Timer-Schaltung

Fehlererscheinung	Fehlerursache	Prüfungen
Hauptnetzschalter „Ein“, Stromversorgung fehlerfrei Der Videorecorder läßt sich nicht einschalten Keine Tageszeitanzeige	Timer-Mikrocomputer arbeitet fehlerhaft	1. Netzschalter überprüfen 2. Kontrolle der Spannungen am Timer-Mikrocomputer 3. Timer-Mikrocomputer
Timer schaltet zur vorprogrammierten Zeit nicht ein	Datenausgabe unterbrochen Timer-Mikrocomputer defekt	1. Einschalt-Relais überprüfen 2. Datenausgabe für Timer überprüfen 3. Kontrolle der Spannungen des Timer-Mikrocomputers 4. Timer-Mikrocomputer
Timer schaltet zu falschen Zeiten ein und aus Alle anderen Betriebsarten arbeiten normal	Speicher für Timer-Betrieb defekt	1. Kontrolle der Betriebsspannungen der Timer-Schaltung 2. Timer-Mikrocomputer
Tageszeitanzeige bleibt dunkel Alle anderen Betriebsarten arbeiten normal	Ziffern-Anzeige defekt	1. Kontrolle der Helligkeitseinstellung der Anzeige 2. Kontrolle der Stromversorgung für die Anzeige
Ziffern der Zeitanzeige unvollständig Alle anderen Betriebsarten arbeiten normal	Datenausgabe des Timer-Mikrocomputers	1. Kontrolle des Ziffern-Displays auf Unterbrechung 2. Timer-Mikrocomputer

16. Fehlersuchtabelle für Fehler im VPS-System

Fehlererscheinung	Fehlerursache	Prüfungen
Zur VPS-programmierten Zeit wird nicht eingeschaltet Timer-Betrieb arbeitet normal	Totalausfall des VPS-Teiles	1. Grundeinstellung (Tag, Monat, Jahr, Uhrzeit) überprüfen 2. Kontrolle der VPS-Zeit-Einstellung 3. Kontrolle der eingelegten Kassette 4. Kontrolle der Spannungen im VPS-Teil 5. Oszillografische Überprüfung des **FBAS-Signales am Eingang** des VPS-Teiles 6. Oszillografische Überprüfung der **Taktfrequenz** am VPS-Mikrocomputer 7. Kontrolle des Mikrocomputers
Während des VPS-Betriebes zeitweiliges Aus- und Einschalten Timer-Betrieb arbeitet normal	Antennensignalspannung nicht einwandfrei oder zeitweilige Betriebsspannungs-Schwankungen im VPS-Teil	1. Kontrolle der Antennensignalspannung 2. Dauerkontrolle der Betriebsspannungen des VPS-Teiles
Nach VPS-Betrieb fehlt der Anfang der aufzuzeichnenden Sendung	Fehlbedienung oder Mikrocomputer defekt	1. VPS-Programmierung wiederholen 2. Kontrolle des Mikrocomputers
Nach VPS-Betrieb fehlt das Ende der aufzuzeichnenden Sendung	Fehlbedienung oder Mikrocomputer defekt	1. VPS-Programmierung wiederholen 2. Kontrolle der eingelegten Kassette (Bandlänge) 3. Kontrolle des Mikrocomputers
Mit Lesestift keine Programmierung möglich Timer-Betrieb normal	Einlesefehler	1. Spitze des Lesestiftes reinigen 2. Programmblatt glätten und reinigen 3. Kontrolle der Batterie-Spannung 4. Kontrolle der Spannungen der Schaltungsanordnung des Lesestiftes

17. Fehlersuchtabelle für Fehler im Netzteil und den Dauerspannungen

Fehlererscheinung	Fehlerursache	Prüfungen
Fernsehempfang über angeschlossenen Videorecorder (HF-Betrieb) Bild: stark verschneit Ton: Rauschen Keine Uhrzeitanzeige	Dauerspannungen fehlen	1. Hauptnetzschalter auf „Ein“ 2. Stromversorgung des Videorecorders kontrollieren 3. Kontrolle des Netzteiles (Dauerspannungen)
Fernsehempfang über angeschlossenen Videorecorder (HF-Betrieb) Bild: Schnee im Bild Ton: Rauschen im Ton	Antennenverstärker defekt	1. Hauptnetzschalter auf „Ein“ 2. Fernsehempfänger allein anschließen, wenn Bild dann fehlerfrei, 3. Kontrolle der Dauerspannungen für den Antennenverstärker
HF-Aufnahme-Betrieb Bild: Schnee Ton: Rauschen Die Sender lassen sich normal programmieren; sie verschwinden jedoch allmählich wieder	Dauerspannung für Programmspeicher fehlerhaft	1. Kontrolle der Betriebsspannung des Speicher-ICs über einen längeren Zeitraum 2. Kontrolle des Netzteiles (Dauerspannungen)

17. Fehlersuchtabelle für Fehler im Netzteil und den Dauerspannungen (Fortsetzung)

Fehlererscheinung	Fehlerursache	Prüfungen
Timer-Betrieb Zur vorprogrammierten Zeit wird nicht eingeschaltet	Datenausgabe des Timer-Mikrocomputers unterbrochen Timer-Mikrocomputer defekt	1. Kontrolle des Netzteil-Schaltkreises 2. Kontrolle der Spannungen des Timer-Mikrocomputers 3. Kontrolle des Timer-Mikrocomputers
Timer-Betrieb Es wird zu falschen Zeiten ein- und ausgeschaltet	Timer-Mikrocomputer defekt	1. Kontrolle der Spannungen am Timer-Mikrocomputer 2. Kontrolle des Mikrocomputers
Falsche Zeitanzeige nach längerer Betriebszeit	Mikrocomputer-Speicher defekt	1. Kontrolle der Spannungen der Timer-Schaltung 2. Speicher-IC
Zeitanzeige schaltet um auf 0000	Betriebsspannung zu niedrig	1. Kontrolle der Dauerspannung der Zeitanzeige (evtl. Aussetzfehler) 2. Timer-Mikrocomputer

20 Übersetzungen gebräuchlicher englischer Bezeichnungen

adress input	Adresseneingang
adress latch enable	Adressenfreigabe
adjustment screw	Einstellschraube
aerial	Antenne
aerial connector	Antennenanschluß
amplifier	Verstärker
amplifier separator	Amplitudensieb
assembly	Montage, Einbau
audio amplifier	Niederfrequenz-Verstärker
audio dubbing	Nachvertonung, Tonmischung
audio erase head	Ton-Löschkopf
audio level adjustment	Ton-Pegeleinstellung
audio line in	Tonleitungs-Eingang
audio line out	Tonleitungs-Ausgang
automatic chrominance control	automatische Farbartsignal-Regelung
automatic frequency control	automatische Frequenz-Regelung
automatic gain control	automatische Verstärkungs-Regelung
automatic program search	automatischer Programm-Suchlauf
auto scanning	Sendersuchlauf

back space	Rücklauf
back tension	Abwickelzug (Bandzug)
back tension lever	Bremshebel
ball – bearing	Kugellager
basic adjustment	Grundeinstellung
belt	Riemen
bias	Vormagnetisierung, Vorspannung
bias current	Vormagnetisierstrom
bilingual TV signal	Zweiton-FS-Signal
blanking	Austastung
blockade of upper cylinder	Kopfscheiben-Blockade
booster	Antennenverstärker, Zusatzverstärker
bracket	Winkel
brake	Bremse
brake amplifier	Bremsverstärker
brake arm	Bremshebel
brake solenoid	Bremszugmagnet
brush	Schleifer
buffer	Trennverstärker, Zwischenspeicher
bus	Mehrfachdatenleitung
bush slide plate	Schwenkhebel für Andruckrolle
button	Taste, Knopf

cage	Schacht
cam master	Kurvenrad
capacitor	Kondensator
capstan	Bandantriebswelle
capstan flywheel	Antriebs-Schwungmasse
capstan motor	Bandantriebsmotor
capstan servo control	Bandantriebs-Servo-Regelung
capstan speed error	Bandantriebs-Geschwindigkeits-Regelspannung
carrier	Träger, Farbträger
carrier trap	Trägersperre
cassette eject lever	Kassettenauswurftaste
cassette elevator	Kassettenfahrstuhl
cassette injection door	Kassetteneinschubklappe
cassette loading circuit	elektron. Schaltung für Kassetteneinschub
channel	Kanal, Sender
channel display	Kanalanzeige
check	Kontrolle
choke	Drossel
chrominance recording current	Chroma-Aufsprechstrom
circuit	Schaltung, Schaltkreis
clamp	klemmen
clamping	Klemmstufe
clock	Takt
clock data	Taktsignal
clock data enable	Taktsignal-Freigabe
clock input	Takteingang
clutch	Kupplung
coil	Spule
colour killer	Farbsperre
colour level	Farbsignal-Pegel
colour record level	Farbaufnahme-Pegel
comb filter	Kammfilter
command	Befehl
comparator	Vergleichsstufe
continuous image	Standbild
continuous operation	Dauerlauf
control panel	Bedienteil-Frontplatte
control unit	Bedienteil, Steuereinheit
connector	Stecker, Anschlußbuchse
converted subcarrier	heruntergesetzter Hilfsträger
counter	Zähler
counter reset	Zähler-Rückstellung
cover	Abdeckung
cover plate	Abdeckplatte
crispening	Versteilerung, Verbesserung der Bildqualität
cross talk cancel	Übersprech-Unterdrückung
curl	Bandschlaufen-Bildung, Bandverwerfung
current	Strom
curved wheel	Kurvenrad

data	Daten
data circuit	Datenverbindung
data control	Datensteuerung
data enable	Datenfreigabe
data input	Dateneingabe
data output	Datenausgabe
data processing	Datenverarbeitung
data select	Datenauswahl
dedector	Gleichrichter, Demodulator, Umschaltung
deemphasis	Wiedergabe-Entzerrung, Höhenabsenkung
delay line	Verzögerungsleitung
detent arm	Sperrhebel
deviation	Hub
digital circuit	Digital-Schaltung
digital display	Digital-Anzeige
direct current	Gleichstrom
direction	Richtung
dirty head	verschmutzter Video- oder Tonkopf
display	Anzeige
distance piece	Distanzstück
drive mechanism	Antriebsmechanismus
drive wheel	Antriebsrad
drop in	Störsignal
drop out	kurzer Signalausfall
drum (upper)	Kopftrommel
drum sampling	Tastimpuls für Kopftrommel-Servoregelung
drum servo	Kopftrommel-Servoregelung
drum speed error	Kopftrommel-Geschwindigkeits-Regelspannung
drum speed system	Kopftrommel-Geschwindigkeitsregelung
dubbing	kopieren
dubbing cable	Kopierkabel
dummy plug	Blindstecker
dust cover	Schutzabdeckung
duty ratio	Tastverhältnis
dynamiciser	Parallel/Serien-Wandler

---

edge	Kante, Impulsflanke, Kontur
edit	schneiden, Schnittbetrieb
eject	Kassettenauswurf
eject button	Kassettenauswurf-Taste
eject solenoid	Zugmagnet für Kassettenauswurf
emphasis	Höhenanhebung
enable signal	Freigabe-, Aktivierungs-Signal
entrance guide	Bandführung am Kassetteneingang
erase	löschen
erase head	Löschkopf
erase voltage	Löschspannung
error	Fehler, Abweichung, Regelspannung

error amplifier	Vergleichsstufe
excess current cut circuit	Überstrom-Schutzschaltung
external guide	Bandführung am Kassetteneingang
exploded view (drawing)	Explosionszeichnung, Einzelteil-Darstellung
fast forward	schneller Vorlauf
fast reverse	schneller Rücklauf
fast wind	Schnellauf
fault indication	Fehleranzeige
fault location	Fehlersuche
feed back	Gegenkopplung, Rückkopplung
feeder wire	Antennenkabel
fine tuning	Feinabstimmung
flame resistant resistor	schwer entflammbarer Widerstand
flutter	schnelle Gleichlaufschwankungen
fly back	Rücklauf
flywheel	Schwungmasse
forward back tension	Abwickelzug
forward tension	Aufwickelzug
frame	Vollbild (= 2 Halbbilder)
frame advance	Einzelbildschaltung
frame synchronisation	Bildsynchronisation
frequency band	Frequenzbereich
front panel	Frontplatte
full erase head	Gesamt-Löschkopf
full erase head circuit board	Gesamt-Löschkopf-Platte
fuse	Sicherung
fuse holder (post)	Sicherungshalter
fuse resistor	Sicherungswiderstand
gain control	Verstärkungs-(Lautstärke-)Regelung
gap	Kopfspalt des Video- oder Tonkopfes
gate circuit	Torschaltung
gauge	Meßlehre
gear	Zahnrad
gear cam	Kurvenrad
gear pulley	Zwischenrad
go-to	Ziellauf
ground	Masse, Erde, Chassis
guide	Bandführungselement
guide flange	Führungsflansch
guide roller	Umlenk- oder Führungsrolle
head	Videokopf, Tonkopf, Kopf
head amplifier	Kopfspannungs-Vorverstärker
head drum	Kopftrommel
head switching	Kopfumschaltung
head switching point	Kopfumschaltpunkt
heater	Heizung der Kopftrommel
heat sink	Kühlblech, Kühlkörper
high	H-Pegel

high pass filter	Hochpaß
high speed picture	Zeitraffer
high speed picture search	Bildsuchlauf
hinge	Scharnier
horizontal definition	Horizontal-Auflösung
housing assembly	Kassettenschacht
hum	Netzbrumm, Welligkeit

---

idler	Zwischenrad
indicator	Anzeige
infrared remote control	Infrarot-Fernbedienung
inhibit	sperren
input	Eingabe von Daten, Eingang einer Schaltung
input select	Eingangswahl
input unit	Eingabe-Einheit
insert edit mode	Einfügeschnitt-Funktion
instant edit function	Sofortschnitt-Funktion
interface	Schnittstelle
intermediate frequency	Zwischenfrequenz

---

jack	Buchse
jitter	Synchronisationsfehler
jog mode	Sonderfunktion
junction	Verbindung
junction board	Verbindungsplatte

---

key	Taste, Schlüssel
keyboard	Tastatur
keyboard unit	Bedieneinheit
key select	Wahlschalter

---

label	Markierung, Kennzeichnung bei VPS
latch	Zwischen-Signalspeicher
latch voltage	Schaltspannung zum Umschalten eines Flipflops
leader tape	Vorspannband
level	Pegel
level control	Pegelregler
lever	Hebel
light dependant resistor (LDR)	Fotowiderstand
light emitting diode (LED)	Leuchtdiode
lifting magnet	Hubmagnet
line	Zeile
line input	Direkt-Eingang, Eingangsbuchse
line output	Direkt-Ausgang, Ausgangsbuchse
load	Last
loading mechanism	Fädelmechanismus
loading motor	Fädelmotor

locking lever	Sperrhebel
logic control	Logiksteuerung
low	L-Pegel
low cut switch	Sprache-/Musik-Schalter
low pass filter	Tiefpaß
luminance	Leuchtdichte (Helligkeit)
luminance signal	Y-(Leuchtdichte-)Signal
main	Haupt
main amplifier	Leistungs-Endverstärker
mains	Netz (Strom)
mains power supply	Netzteil
mains switch	Netzschalter
mains transformer	Netztransformator
mechacon	Mechanik-Steuerteil
memory	Speicher
memory control	Speicher-Steuerschaltung
memory preset	Speicher-Programmierung
midway pulley	Zwischenrolle
mistracking	Spurlagenfehler
mix booster	Antennenverstärker (Mischer)
mode	Betriebsart
mode selector	Betriebsarten-Wähler (-Schalter)
monitor	mithören, kontrollieren
monitoring	Hinterbandkontrolle
motor control	Motorsteuerung
multiple connector	mehrpoliger Stecker
muting	Unterdrückung des Senderrauschens, Stummschaltung, Lautstärkeregelung
noise	Rauschen, Störgeräusch
noise canceller	Störaustastung
noise level	Rauschpegel
noise reduction	Rauschunterdrückung
not connected	nicht angeschlossen
non still capable	nicht standbildfähig
note	Hinweis
nut	Mutter
off tape mode	Betriebsart Kopieren
off tape video	FM-moduliertes Videosignal
one touch recording	Eintastenbedienung bei Aufnahme
open	unterbrochen, kurzgeschlossen (in einem Bauteil)
operate	Bedienung
operating instruction	Bedienungsanleitung
operation	Funktion
operation indicator	Kontrollampe
output	Ausgangssignal, Ausgang, Ausgabe von Daten
output level switch	Schalter für Ausgangspegel

parts list	Ersatzteil-Liste
pause button	Pausentaste
pawl	Sperrklinke
peak level	Spitzenwert
peak to peak	von Spitze zu Spitze messen (Spannungsamplitude)
phase locked loop	Phasenregel-Schleife (-Kreis
phone	Klinkenbuchse
photo resistor	Fotowiderstand
picture frequency	Bildwechselfrequenz
picture search	Bildsuchlauf
pinch	Andruck
pinch roller	Andruckrolle
pinch solenoid	Andruckrollen-Zugmagnet
playback	Wiedergabe
playback mode switch	Wiedergabetaste (-schalter)
plug	Stecker
pole guide	Führungsrolle
post	Bolzen
power amplifier	Leistungs-Verstärker
power connection	Netzanschluß
power indicator lamp	Betriebsbereitschafts-Lampe
power output	Ausgangsleistung
power switch	Netzschalter (-taste)
power supply voltage	Betriebsspannung
preprogramming	Vorprogrammierung
preset time	programmierte Einschaltzeit
pressure spring	Druckfeder
pressure roller (wheel)	Andruckrolle
program selection key	Programmwahltaste
pulley	Riemenscheibe, Rolle
pulse	Impuls
push button knob	Drucktastenknopf

---

ramp generator	Sägezahngenerator
random access memory (RAM)	Speicher mit direktem Zugriff
range	Bereich
range switching	Bereichsumschaltung
read only memory (ROM)	Festwertspeicher
record	Aufnahme
record bias	Aufnahme-Vormagnetisierung
record current	Aufsprechstrom
recording level control	Aufnahme-Pegelregler
rectifier	Gleichrichter
reel (table)	Bandwickelteller
reel belt	Bandantriebsriemen
reel (drive) motor	Wickelmotor
relay	Relais
release lever	Auslöse-Hebel

remote control	Fernbedienung
replacement	Austausch
reset	zurücksetzen
reset signal	Rückstellsignal-Spannung
review	Bildsuchlauf rückwärts
rewind	Rücklauf, Zurückspulen
rise	ansteigen (Spannungsflanke)
roller	Rolle
rotary head	rotierende Videokopfscheibe
rotary sensor	Bandtellersensor
rubber	Gummi
run	starten, laufen

sample	Abtastwert
sample and hold circuit	Abtast- und Haltekreis-Schaltung
satellite button	Satellitenempfangstaste
sawtooth	Sägezahn
scan button	Suchlauftaste
screening plate	Abschirmblech
screw	Schraube, Justierschraube
search mode	Betriebsart Suchlauf
send key	Eingabetaste
sensing lever	Fühlhebel
separator	Trennstufe
sequence control	Ablaufsteuerung
serial mode	serieller Betrieb
setscrew	Stellschraube
shaft	Achse
shaper	Impulsformer
shield	Abschirmung
signal path	Signalweg
slanted azimuth recording	Schrägspur-Aufzeichnung
slider gear	Andruckrollen-Schlitten
slow (motion)	Zeitlupe
slow down	Zeitlupe langsam
slow up	Zeitlupe schnell
slow pulse	Zeitlupenspannungs-Impulse
solenoid	Zugmagnet
solenoid bracket	Zugmagnet-Halterung
sound intermediate frequency	Ton-Zwischenfrequenz
speed	Geschwindigkeit
sound track	Tonspur
spacer	Distanzscheibe, Federring, Abstandsstück
speaker	Lautsprecher
spindle	Welle
spring	Feder
spring off resistor	Sicherungswiderstand
spring washer	Sprengring
standby	Bereitschaft

station finder key	Sendersuchlauf-Taste
station memory	Senderspeicher
still	Standbild
still mode	Betriebsart Standbild
stop bracket	Haltewinkel
stopper	Anschlag, Klemme
subcarrier	Hilfsträger
sub cam gear	Kurvenrad
supply brake	Abwickelbremse
supply tension regulator	Abwickelzug-Hebel
switch	Schalter
switched	geregelt, stabilisiert, geschaltet
switch slide	Schiebeschalter

---

tape copy	Überspielen von Bändern
tape counter	Bandzählwerk
tape curl	Bandschlaufen-Bildung
tape guide	Bandführungsrolle
tape loading motor	Fädelmotor
tape run	Bandlauf
tape select switch	Bandsorten-Wahlschalter
tension	Bandzug
tension control	Bandzug-Regelung
tension roller	Spannrolle
tension spring	Zugfeder
terminal	Anschluß
test	prüfen
threading arm guide	Fädelring-Führung
threading ring	Fädelring
threading vold	Band-Umlenkbolzen
time setting	Uhrzeit-Einstellung
toggle switch	Wippschalter
track	Spur
tracking	Spurlage, Spurmittenabtastung
trap	Sperre
transmitter	Sender
tuner	Kanalwähler
turn over pulse	Umschalt-Impuls
unit	Einheit, Baugruppe, Gerät
unloading	Entladen der Kassette
unregulated voltage	ungeregelte Spannung
unthread, to	ausfädeln
unthreading end switch arm	Hebel des Ausfädel-Endschalters
upper drum	Kopftrommel, oberes Kopftrommelteil
upper cylinder	Kopfscheibe

---

variable resistor	Potentiometer
vertical deflection frequency	Bildwechselfrequenz
voice track	Tonspur

voltage	Spannung
volume control	Lautstärke-Einstellung
VPS processing	VPS-Verarbeitung
washer	Unterlegscheibe, Scheibe (klein)
wide	Breite
wire	Draht, Kabel
wired remote control	Kabel-Fernbedienung
wireless remote control	drahtlose Fernbedienung
white level	Weißpegel
wow	langsame Gleichlaufschwankung

21 Übersetzungen gebräuchlicher englischer Abkürzungen

AC	Wechselstrom, -spannung	alternating current
ACC	autom. Farbartsignal-Regelung	automatic chroma control
ACK	automatische Farbabschaltung	automatic colour killer
AC in	Wechselspannungseingang	alternating current in
ADC	Analog/Digital-Wandler	analog to digital converter
AD (ADUB)	Nachvertonung	audio dubbing
ADD	Addierstufe	adder
Adj	Einstellen	adjustment
AE	Ton löschen	audio erase
AF	Niederfrequenz	audio frequency
AFC	automatische Frequenzregelung	automatic frequency control
AFT	automatische Sender-Feineinstellung	automatic fine tuning
AGC	automatische Verstärkungsregelung	automatic gain control
AL	nach dem Einfädeln	after loading
ALC	Tonpegel-Einsteller	audio level control
ALE	Adressen-Freigabe	adress latch enable
AM	Amplituden-Modulation	amplitude modulation
AMP	Verstärker	amplifier
AO	Ton-Ausgang	audio out
APC	automatische Phasenregelung	automatic phase control
AS	Ablaufsteuerung	sequence control
Ass	montiert, zusammengebaut, Zusammenbau	assembly

ATT	Abschwächer, Dämpfungsglied	attenuater
AUX	Reserve-Eingang	auxiliary
AW	Aufnahme/Wiedergabe	record playback

B	Basis	base
BGP	Burst-Tastimpuls	burst gate pulse
Bias	Vormagnetisierung, Vormagnetisierspannung	bias
BPF	Bandpaß-Filter	band pass filter
BRK	Bremse	brake
B.Sol	Bremsmagnet	brake solenoid
BT	Wellenbereichs-Einstellung	band tuning
B/W	Schwarz/Weiß	black/white

C	Widerstand	capicator
Cap	Bandantrieb	capstan
Carr	Träger(-Frequenz)	carrier
Cass	Kassette	cassette
CCA	Regelstrom-Verstärker, Strombegrenzung	current control amplifier
CCT	Schaltung, Schaltkreis	circuit
CCW	gegen den Uhrzeigersinn	counter clockwise
CD	abwärts zählen	count down
CE	IC-Freigabe-Eingang	chip enable
CF	Keramik-Filter	ceramic filter
Ch	Kanal	channel
Clamp	Klemmstufe, klemmen	clamping
Clk	Takt, Uhr	clock
CLR	löschen	clear
CNT	Zähler	counter
COL	Farbe	colour
Comb	Kammfilter	comb filter
Comp	Vergleichsstufe	comparator
Conn	Steckverbindung	connector
Conv	Umsetzer, Konverter	converter
CS	Vergleichssignal	comparison signal
CSW	Kassetten-Schalter	cassette switch
C.Sea	Memory- Suchlauf	counter search
CTL	Steuerung	control
CUE	Bildsuchlauf vorwärts	cue
CM	im Uhrzeigersinn	clockwise

D	Kopftrommel, Kopfscheibe	drum
DAC	Digital/Analog-Wandler	digital to analog converter
Data	Daten-Signalspannung	data
DAVN	Daten richtig empfangen	data valid
DE	Daten-Freigabe	data enable

Dec	Decoder	decoder
Del	Verzögerung	delay
Dem	Demodulator	demodulator
Det	Auswerter, Detektor	dedector
Diff	Differenzierglied	differencial
Disc	Frequenzgleichrichter, Diskriminator	discriminator
DL	Verzögerungsleitung	delay line
DOC	Drop-out-Kompensationsschaltung	drop out compensator
D.PU	Abtaster für Kopftrommelmagnet	drum pick up
DZC	VPS-Takt	VPS clock
DZDA	VPS-Daten	VPS data
EE (mode)	Durchschleif-Betrieb	electronics to electronics
EPROM	lösch- und programmierbarer Speicher mit freiem Zugriff	erasable programmable read only memory
Era	löschen	erase
ES	Endsensor	end sensor
ESW	elektronischer Schalter	electronic switch
EVP	Überspannungsschutz	electronic voltage protection
F	Sicherung	fuse
F.Adn	Einzelbild-Betrieb	frame advance
FE	Gesamt-Löschkopf	full erase head
FF	schneller Vorlauf	fast forward
FG	Fequenzgenerator	frequency generator
FH pulse	zeilenfrequenter Tastimpuls	horizontal pulse
FM	Frequenzmodulation	frequency modulation
FR	Gesamt-Neuaufnahme	full recording
FWD	vorwärts	forward
G	Ausgangs-Freigabe	output enable
Gen	Generator	generator
GND (G)	Masse	ground
H	logischer Zustand	high
HA	Kopfverstärker	head amplifier
Head SW	Kopf-Umschalter	head switch
HG	Hallgenerator	hall generator
Hold Amp	Abtast- und Haltesignal-Verstärker	sample and hold amplifier
HPF	Hochpaßfilter	high pass filter
ID	Identifikations-Impuls	identifications pulse
IF	Zwischenfrequenz	intermediate frequency
IFT	Zwischenfrequenz-Überträger	intermediate frequency transformer
Imax	Strom-Begrenzer	current limiter
IN	Eingang	input

IND	Anzeige	indicator
Inh	sperren	inhibit
INV	Inverter	inverter
L	logischer Zustand	low
LCD	Flüssigkeits-Kristall-Anzeige	liquid crystal display
LDR	Fotowiderstand	light dependant resistor
LED	Leuchtdiode	light emitting diode
LIM	Begrenzer	limiter
LM	Fädelmotor	loading motor
LN	rauscharm	low noise
Load	einfädeln	loading
LP	Langspiel-Betrieb	long play
LPF	Tiefpaßfilter	low pass filter
LSW	Fädelmotor-Schalter	loading motor switch
MDA	Motor-Treiber-Verstärker	motor drive amplifier
Mechacon	Mechanik-Steuerung	mechanism control
Mic	Mikrofon	microphone
Mix	Misch-Stufe	mixer
Mod	Modulator	modulator
Mode	Betriebsart	mode
Mod cont	Betriebsarten-Steuerung	mode control
MPS	Mikroprozessor-System	microprocessor system
MUTE	Stummabstimmung, Stummschaltung	muting
MPX	Multiplex-Signal	multiplex
NC	nicht angeschlossen, frei	not connected
NR	Rauschunterdrückung	noise reduction
NT	Netzteil	power supply
off	aus, ausgeschaltet	off
on	ein, eingeschaltet	on
OP	Betrieb	operation
Osc	Oszillator	oscillator
Out Amp	Ausgangsverstärker	output amplifier
OVP	Überspannungsschutz	overvoltage protection
PB	Wiedergabe	playback
PC	Phasen-Steuerung (-Kontrolle)	phase control
Peakg	Spitzenwert-Bildung	peaking
PG	Impulsgenerator	pulse generator
PI	Lichtschranke	photo interrupter
PLL	Phasenregelkreis	phase-locked loop
PLPS	pulsgeregeltes Schaltnetzteil	pulse-locked power supply
pp	von Spitze zu Spitze messen (Spannungsamplitude)	peak to peak

PR	Andruckrolle	pinch roller
Pre Amp	Vorverstärker	preliminary amplifier
P/S	Pause/Standbild	pause/still
PSEN	Programmspeicher-Freigabe	program store enable
PSW	Netzschalter	power switch
PWR	Leistung	power
RAM	Speicher mit freiem Zugriff	random access memory
REC	Aufnahme	record
REC AMP	Aufnahme-Verstärker	record amplifier
REF	Sollwert, Referenzwert	reference
Reg	Regelung	regulator
rev	rückwärts, entgegengesetzt	reverse
REW	Rücklauf	rewind
RF	Hochfrequenz	radio frequency
RMP	Sägezahn-Generator	ramp generator
ROM	Lesespeicher	read only memory
R/P	Aufnahme/Wiedergabe	record/playback
RST	zurücksetzen	reset
Run Ind	Bandlaufanzeige	running indicator
S (SW)	Schalter	switch
SC	Hilfsträger	subcarrier
SCK (SCL)	serieller Takt	serial clock
SDA	serielle Daten	serial data
Sear	Suchen	search
SEL	Auswahl	select
Sens	Sensor	sensor
S.a.H.	Abtast- und Haltekreis	sample and hold
SI	serieller Eingang	serial input
SIF	Ton-Zwischenfrequenz	sound intermediate frequency
SN	Signal-/Rausch-Abstand	signal to noise ratio
SO	serieller Ausgang	serial output
SOL	Magnet	solenoid
SP	Normal-Betrieb	standard play
SR	Abwickel-Spulenteller	supply reel
SS	Start-Sensor	start sensor
S.Sep	Synchronsignal-Abtrennstufe, Amplitudensieb	sync separator
STBY	Bereitschafts-Stellung	stand by
UE	Byte – Ende	byte complete
UL	Entladen, Ausfädeln	unloading
Uref	Referenzspannung	reference voltage
VAGND	Bezugsmasse für A/D-Wandler	reference ground
VAREF	Bezugsspannung für A/D-Wandler	reference voltage for the A/D converter

VCS	Video-Synchronspannungs-Gemisch	video composit sync
VI	Video-Eingang	video input
VIF	Video-Zwischenfrequenz	video intermediate frequency
V.Hold	Vertikal-Synchronisation	vertical hold
VM	Motor-Betriebsspannung	operation voltage for the motor
VMA	gültige Speicheradresse	valid memory access
VO	Video-Ausgang	video output
VPD	Betriebsspannung für RAM	power supply voltage for RAM
VPRE	Betriebsspannung	power supply voltage
VS	Video-Suchlauf	video search
VSS	Masse	ground
VT	Abstimmspannung	tuning voltage
XTAL	Oszillator-Anschluß	oscillator connection
Y	Leuchtdichte	luminance

Literaturverzeichnis

Fachbücher

Bahr, H., Alles über Video, Philips Fachbücher, Philips Hamburg
Bahr, H., Philips Lehrbriefe, Band 2, Dr. Alfred Hüthig Verlag, Heidelberg
Freyer, Ulrich, Nachrichten-Übertragungstechnik, Carl Hanser Verlag, München, Wien
Heinrichs, Gerhard, Videorecorder-Service-Handbuch, Franzis-Verlag, München
Macek, Otto, Schaltnetzteile-Motorsteuerungen, Dr. Alfred Hüthig Verlag, Heidelberg
Manz, Friedrich, Videorecorder-Technik, Vogel-Verlag, Würzburg
Muller, Pierre, SL-F1E Video-Technik leicht gemacht, Sony, Technische Information und Schulung
Rodekurth, Bernd, Videorecorder Bildfehler-Fibel, Franzis-Verlag, München
Webers, Johannes, Handbuch der Film- und Videotechnik, Franzis-Verlag, München
Wezel, van Ru, Video-Handbuch, Franzis-Verlag, München
Wüstehube, Joachim, u. a., expert-Verlag, 7031 Grafenau, VDE-Verlag, Berlin

Kundendienst-Informationen und Serviceanweisungen folgender Firmen:

AEG-Telefunken GmbH, Hannover
Akai Deutschland, 6073 Engelsbach
Blaupunkt-Werke GmbH, Hildesheim
Fisher Europa-Vertriebs GmbH, München
Grundig-Radio-Werke, Fürth/Bayern
Hitachi, Sales Europe GmbH, Hamburg
ITT-Schaub-Lorenz, Pforzheim
Loewe-Opta GmbH, Kronach/Ofr.
Metz-Apparatewerke, Fürth/Bayern
Norddeutsche Mende GmbH, Bremen
Panasonic Deutschland GmbH, Hamburg
Philips, Deutsche Philips GmbH, Hamburg
Saba GmbH, Villingen/Schwarzwald
Sanyo, Neu-Isenburg
Siemens-Elektrogeräte, München
Sony Deutschland GmbH, Köln

Sachverzeichnis

A

B

C

D

E

M

N

O

P

Q

R

S

T